"十四五"高职高专精品教材
职业教育"双高计划"建设项目精品教材
高等职业教育校企合作开发教材

机械制造基础

朱荣华　孔祥峰　李　刚　主编

北京交通大学出版社
·北京·

内 容 简 介

本书在编写过程中注重理论知识与现场应用的结合，以项目任务形式进行编排，全书分为3个模块，分别为机械工程材料选用、机械制造及材料成形技术、机械制造零件精度。其中，模块一机械工程材料选用包含3个子项目，内容包括材料的性能、机械工程材料与选用、热处理；模块二机械制造及材料成形技术包含4个子项目，内容包括铸造、锻压、焊接、金属切削加工；模块三机械制造零件精度包含3个子项目，内容包括尺寸、公差与配合，几何公差，表面粗糙度。

本书适合作为新形势下高职高专院校机械类、机电类、制造类专业“机械制造基础”课程的教学用书。

图书在版编目（CIP）数据

机械制造基础 / 朱荣华，孔祥峰，李刚主编. —北京：北京交通大学出版社，2023.1
ISBN 978-7-5121-4881-9

Ⅰ. ① 机… Ⅱ. ① 朱… ② 孔… ③ 李… Ⅲ. ① 机械制造–高等职业教育–教材 Ⅳ. ① TH

中国版本图书馆CIP数据核字（2022）第258103号

机械制造基础
JIXIE ZHIZAO JICHU

策划编辑：张 亮 责任编辑：刘 蕊
出版发行：北京交通大学出版社 电话：010–51686414 http://www.bjtup.com.cn
地 址：北京市海淀区高梁桥斜街44号 邮编：100044
印 刷 者：北京时代华都印刷有限公司
经 销：全国新华书店
开 本：185 mm×260 mm 印张：20.5 字数：525千字
版 印 次：2023年1月第1版 2023年1月第1次印刷
印 数：1～2 000册 定价：49.00元

本书如有质量问题，请向北京交通大学出版社质监组反映。对您的意见和批评，我们表示欢迎和感谢。
投诉电话：010-51686043，51686008；传真：010-62225406；E-mail：press@bjtu.edu.cn。

前　言

机械制造业作为国民经济的基础产业，不仅对提高人民生活水平起着重要的保障作用，而且对科技发展起着积极的推动作用。经济的竞争归根结底是制造技术和制造能力的竞争，机械制造业的发展水平是衡量一个国家经济实力和科技水平的重要标志之一。21 世纪要提升综合国力，实现中华民族伟大复兴，就必须大力发展机械制造业及机械制造技术。

机械制造基础是轨道车辆检修和制造类专业课程体系中一门重要的技术基础课程。随着各院校轨道车辆检修和制造类专业课程体系改革的不断深入，原有课程正面临着变革和发展的新机遇，同时，新课程体系对该类课程提出了新的要求。本书根据全国铁道职业教育行指委人才培养要求，结合最新教学改革理念和成果，依据高等职业院校机械类、机电类、制造类专业对培养高级技术应用型人才的需求编写而成。本书适合作为新形势下高职高专院校机械类、机电类、制造类专业“机械制造基础”课程的教学用书。

本书在编写过程中注重理论知识与现场应用的结合，以项目任务形式进行编排，每个项目中既有理论知识，又设计了相关的实践应用，拉近了学校与企业、课堂与现场的距离，注重提高学生自主学习、综合分析、实践应用的能力。

本书由南京铁道职业技术学院朱荣华、孔祥峰、李刚主编，南京铁道职业技术学院陈辉、周培、鲍廷义、尤涛参与编写。本书在编写过程中得到了许多专家和企业工程技术人员的指导，同时也从许多文献中得到有益的启发。编者在此对所有为本书编写工作提供帮助的同仁、专家表示衷心的感谢。本书的顺利出版得到了北京交通大学出版社的大力帮助和指导，编者在此表达诚挚的谢意。

由于编者水平有限，书中难免存在欠妥之处，恳请广大读者不吝指正，以便在修订时加以完善。

编　者

2022 年 12 月

目　录

模块一　机械工程材料选用

模块二　机械制造及材料成形技术

模块一

机械工程材料选用

项目一

材料的性能

生产生活中的各类机械设备，大多是由种类繁多、性能各异的工程材料经过加工制成的零件构成的。工程材料分金属材料和非金属材料，其中金属材料是工程中应用最广泛的。为了更好地选用金属材料，首先需要了解它的性能。

机械工业使用的材料中金属材料的使用量占90%以上。使用时，材料表现出来的性能特点有机械性能、物理性能和化学性能，这些性能决定了材料的应用范围、安全可靠性及使用寿命。金属材料的性能包括使用性能和工艺性能。使用性能是指金属材料在使用过程中应具备的性能，包括力学性能（强度、塑性、硬度、冲击韧性、疲劳强度等）、物理性能（密度、熔点、热膨胀性、导热性、导电性等）和化学性能（耐蚀性、抗氧化性等）。工艺性能是指金属材料从冶炼到成品的生产过程中，适应各种加工工艺（冶炼、铸造、冷热压力加工、焊接、切削加工、热处理等）应具备的性能。

知识目标

1. 掌握金属材料的常用力学性能指标。
2. 了解金属材料的其他性能指标。
3. 理解金属材料常用力学性能指标的含义，会计算金属材料常用的力学性能指标。
4. 能够使用仪器测量金属材料常用力学性能指标值。

任务一　材料的力学性能

任务引入

【1】螺栓连接在选择尺寸参数前常需要进行强度校核，表1–1给出了螺纹连接件常用材料的力学性能。试分析 σ_b、σ_s、σ_{-1} 这些力学性能有什么含义，如何来获得这些力学性能指标。

表1–1　螺纹连接件常用材料的力学性能

钢号	抗拉强度 σ_b/MPa	屈服强度 σ_s/MPa	疲劳强度	
			弯曲 σ_{-1}/MPa	抗拉 σ_{-1}/MPa
Q235	410～470	240	170～220	120～160
45	610	360	250～340	190～250
40Cr	750～1 000	650～900	320～440	240～340

【2】机械制造中所用的量具、刃具和模具等是否都应该具备足够的硬度？没有足够硬度的零件能保证其使用性能和使用寿命吗？

【3】1912 年 4 月 15 日凌晨，号称永不沉没的豪华游轮“泰坦尼克号”在首航的第 5 天撞击了一座冰山，最终沉没。从材料科学的观点来看，试分析庞然大物泰坦尼克号撞击冰山时，为什么它的造船材料不堪一击。

相关知识准备

金属材料的力学性能是指金属材料在外力作用下所表现的抵抗能力。这些性能是机械设计、材料选择、工艺评定及材料检验的主要依据。

一、强度

强度是指金属材料在载荷作用下，抵抗塑性变形和断裂的能力。

金属材料的强度、塑性一般可以通过金属拉伸试验来测定。

（一）拉伸试样

拉伸试样的形状通常有圆柱形和板状两类。图 1-1（a）所示为圆柱形拉伸试样。在圆柱形拉伸试样中 d_0 为试样直径，l_0 为试样的标距长度，根据标距长度和直径之间的关系，试样可分为长试样（$l_0=10d_0$）和短试样（$l_0=5d_0$）。

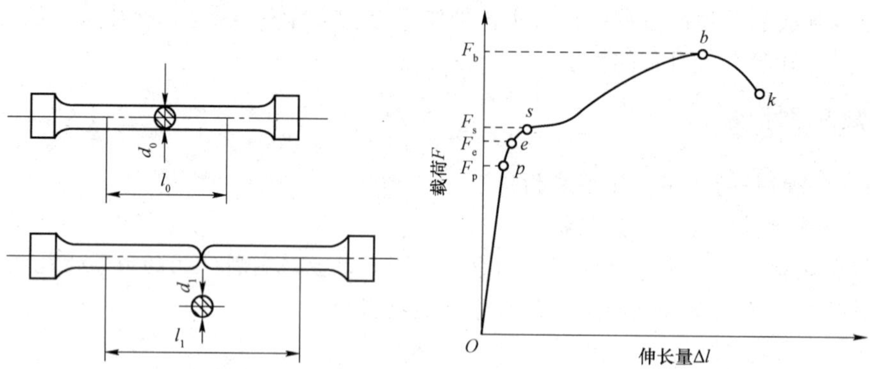

（a）拉伸试样　　（b）拉伸曲线

图 1-1　拉伸试样与拉伸曲线

（二）拉伸曲线

在进行拉伸试验时，将试样两端夹装在试验机的上下夹头上，随后缓慢地增加载荷，随着载荷的增加，试样逐步变形伸长，直到被拉断为止。在试验过程中，试验机自动记录了每一瞬间载荷 F 和变形量 Δl，并给出了它们之间的关系曲线，即拉伸曲线（或拉伸图）。拉伸曲线反映了材料在拉伸过程中的弹性变形、塑性变形和直到拉断时的力学特性。

图 1-1（b）为低碳钢的拉伸曲线。由图可见，低碳钢试样在拉伸过程中，可分为弹性变形、塑性变形和断裂三个阶段。当载荷不超过 F_p 时，拉伸曲线 OP 为一直线，即试样的伸长量与载荷成正比地增加，如果卸除载荷，试样立即恢复到原来的尺寸，即试样处于弹性变形阶段。载荷在 F_p 与 F_e 间，试样的伸长量与载荷已不再成正比关系，但若卸除载荷，试样仍然恢复到原来的尺寸，故仍处于弹性变形阶段。当载荷超过 F_e 后，试样将进一步伸长，但此

时若卸除载荷，弹性变形消失，而有一部分变形却不能消失，即试样不能恢复到原来的长度，称为塑性变形或永久变形。当载荷增加到 F_s 时，试样开始发生明显的塑性变形，在拉伸曲线上出现了水平的或锯齿形的线段，这种现象称为屈服。当载荷继续增加到某一最大值 F_b 时，试样的局部截面缩小，产生了颈缩现象。由于试样局部截面的逐渐缩小，载荷也逐渐降低，当达到拉伸曲线上的 k 点时，试样就被拉断。

（三）强度指标

1. 弹性极限

金属材料在载荷作用下产生弹性变形时所能承受的最大应力称为弹性极限，用符号 σ_e 表示，计算公式为

$$\sigma_e = \frac{F_e}{A_0} \qquad (1-1)$$

式中：F_e——试样产生弹性变形时所承受的最大载荷，N；

A_0——试样原始横截面积，mm^2。

2. 屈服强度

金属材料开始明显塑性变形时的最低应力称为屈服强度，用符号 σ_s 表示：

$$\sigma_s = \frac{F_s}{A_0} \qquad (1-2)$$

式中：F_s——试样屈服时的载荷，N；

A_0——试样原始横截面积，mm^2。

生产中使用的某些金属材料，在拉伸试验中不出现明显的屈服现象，无法确定其屈服点。所以国标中规定，以试样塑性变形量为试样标距长度的 0.2%时，材料承受的应力为“条件屈服强度”，并以符号 $\sigma_{0.2}$ 表示。$\sigma_{0.2}$ 的确定方法如图 1–2 所示：在拉伸曲线横坐标上截取 c 点，使 $Oc=0.2\%l_0$，过 c 点作 Op 斜线的平行线，交曲线于 s 点，则可找出相应的载荷 $F_{0.2}$，从而计算出 $\sigma_{0.2}$。

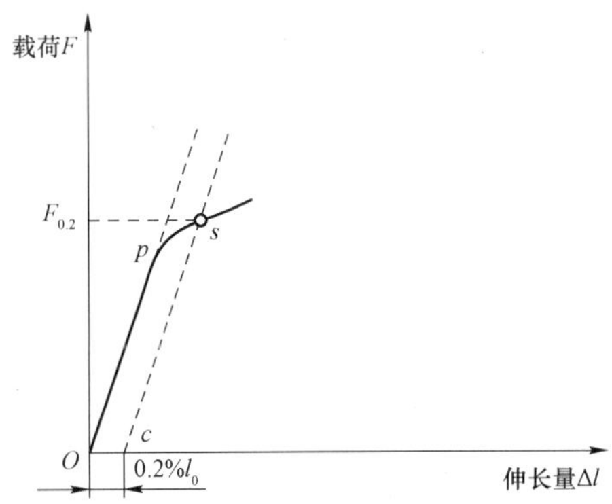

图 1–2 屈服强度测定

3. 抗拉强度

金属材料在断裂前所能承受的最大应力称为抗拉强度，用符号 σ_b 表示，计算公式为

$$\sigma_b = \frac{F_b}{A_0} \qquad (1-3)$$

式中：F_b——试样在断裂前的最大载荷，N；

A_0——试样原始横截面积，mm^2。

脆性材料没有屈服现象，则用 σ_b 作为设计依据。

二、塑性

金属材料在载荷作用下，产生塑性变形而不破坏的能力称为塑性。常用的塑性指标有伸长率 δ 和断面收缩率 ψ。

（一）伸长率

试样拉断后，标距长度的增加量与原标距长度的百分比称为伸长率，用 δ 表示，计算公式为

$$\delta=\frac{l_1-l_0}{l_0}\times100\% \qquad (1-4)$$

式中：l_0——试样原标距长度，mm；

l_1——试样拉断后标距长度，mm。

材料的伸长率随标距长度增加而减小。所以，同一材料短试样的伸长率 δ_5 大于长试样的伸长率 δ_{10}。

（二）断面收缩率

试样拉断后，标距横截面积的缩减量与原横截面积的百分比称为断面收缩率，用 ψ 表示，计算公式为

$$\psi=\frac{A_0-A_1}{A_0}\times100\% \qquad (1-5)$$

式中：A_0——试样原横截面积，mm^2；

A_1——试样拉断后最小横截面积，mm^2。

δ、ψ 是衡量材料塑性变形能力大小的指标，δ、ψ 大，表示材料塑性好，既保证压力加工的顺利进行，又保证机件工作时的安全可靠。

金属材料的塑性好坏，对零件的加工和使用都具有重要的实际意义。塑性好的材料不仅能顺利地进行锻造、轧制等成型工艺，而且在使用时万一超载，由于塑性变形，能避免突然断裂。

三、硬度

硬度是衡量金属材料软硬程度的指标。它是指金属表面抵抗局部塑性变形或破坏的能力，是检验毛坯或成品件、热处理件的重要性能指标。目前生产上应用最广的静载荷压入法硬度试验有布氏硬度试验、洛氏硬度试验和维氏硬度试验。

（一）布氏硬度试验

布氏硬度试验原理如图 1-3 所示。它是用一定直径的钢球或硬质合金球，以相应的试验力压入试样表面，经规定的保持时间后，卸除试验力，用读数显微镜测量试样表面的压痕直径。布氏硬度值 HBS 或 HBW 是试验力 F 除以压痕球形表面积所得的商，即

$$\text{HBS(HBW)}=\frac{F}{A}=\frac{0.102\times2F}{\pi D(D-\sqrt{D^2-d^2})} \qquad (1-6)$$

式中：F——压入载荷，N；

A——压痕表面积，mm^2；

d——压痕直径，mm；

D——淬火钢球（或硬质合金球）直径，mm。

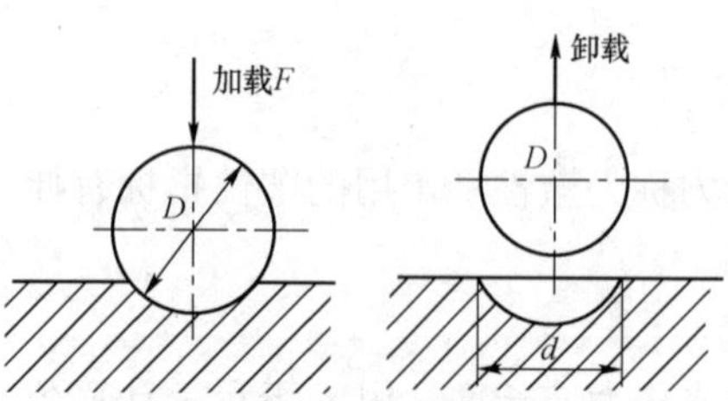

图 1-3　布氏硬度试验原理图

布氏硬度值的单位为 kgf/mm^2，一般情况下可不标出。压头为淬火钢球时，布氏硬度用符号 HBS 表示，适用于布氏硬度值在 450 以下的材料；压头为硬质合金球时，用 HBW 表示，适用于布氏硬度值在 650 以下的材料。符号 HBS 或 HBW 之前为硬度值，符号后面按以下顺序用数值表示试验条件：

（1）球体直径；

（2）试验力；

（3）试验力保持时间（10～15 s 不标注）。

例如，125HBS10/1 000/30 表示用直径 10 mm 淬火钢球在 1 000×9.8 N 试验力作用下保持 30 s 测得的布氏硬度值为 125；500HBW5/750 表示用直径 5 mm 硬质合金球在 750×9.8 N 试验力作用下保持 10～15 s 测得的布氏硬度值为 500。

布氏硬度试验是在布氏硬度试验机上进行的。当 F/D^2 的比值保持一定时，能使同一材料所得的布氏硬度值相同，不同材料的硬度值可以比较。试验后用读数显微镜在两个垂直方向测出压痕直径，根据测得的 d 值查表求出布氏硬度值。

布氏硬度试验的优点：测出的硬度值准确可靠，因压痕面积大，能消除因组织不均匀引起的测量误差；布氏硬度值与抗拉强度之间有近似的正比关系，$\sigma_b=K\cdot$HBS（或 HBW）（低碳钢 K=0.36，合金调质钢 K=0.325，灰铸铁 K=0.1）。

布氏硬度试验的缺点：当用淬火钢球时，不能用来测量大于 450HBS 的材料；用硬质合金球时，亦不宜超过 650HBW；压痕大，不宜测量成品件硬度，也不宜测量薄件硬度；测量速度慢，测得压痕直径后还需计算或查表。

（二）洛氏硬度试验

以顶角为 120° 的金刚石圆锥体或一定直径的淬火钢球作压头，以规定的试验力使具压入试样表面，根据压痕的深度确定被测金属的硬度值。

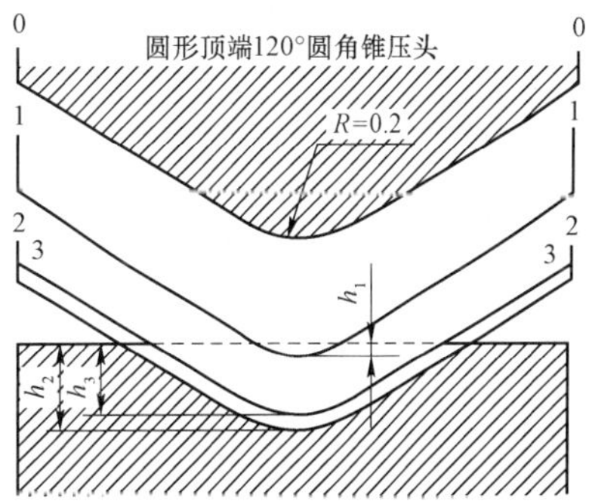

图 1－4　洛氏硬度试验原理图

如图 1－4 所示，当载荷和压头一定时，所测得的压痕深度 $h=h_3-h_1$ 越大，表示材料硬度越低，一般来说，数值越大硬度越高。为此，用一个常数 K（对于 HRC，K 为 0.2；对于 HRB，K 为 0.26）减去 h，并规定每 0.002 mm 深为一个硬度单位，因此，洛氏硬度值计算公式为

$$\text{HRC(HRA)}=0.2-h=100-\frac{h}{0.002} \tag{1-7}$$

$$\text{HRB}=0.26-h=130-\frac{h}{0.002} \tag{1-8}$$

根据所加的载荷和压头不同，洛氏硬度值有三种标度：HRA、HRB、HRC，常用 HRC，其有效值范围是 20～67HRC。

洛氏硬度试验是在洛氏硬度试验机上进行的，其硬度值可直接从表盘上读出。洛氏硬度符号 HR 前面的数字为硬度值，后面的字母表示级数，如 60HRC 表示 C 标尺测定的洛氏硬度值为 60。洛氏硬度试验操作简便、迅速，效率高，可以测定软、硬金属的硬度；压痕小，可用于成品检验。但压痕小，测量组织不均匀的金属硬度时，重复性差，而且不同的硬度级别测得的硬度值无法比较。

（三）维氏硬度试验

维氏硬度试验原理与布氏硬度试验原理相同，都是根据压痕单位面积上所受的平均载荷计量硬度值，不同的是维氏硬度试验的压头采用金刚石制成的锥面夹角 α 为 136° 的正四棱锥体，如图 1－5 所示。维氏硬度试验是在维氏硬度试验机上进行的。试验时，根据试样大小、厚薄选用（5～120）×9.8 N 载荷压入试样表面，保持一定时间后去除载荷，用附在试验机上的测微计测量压痕对角线长度 d，然后通过查表或根据下列公式计算维氏硬度值

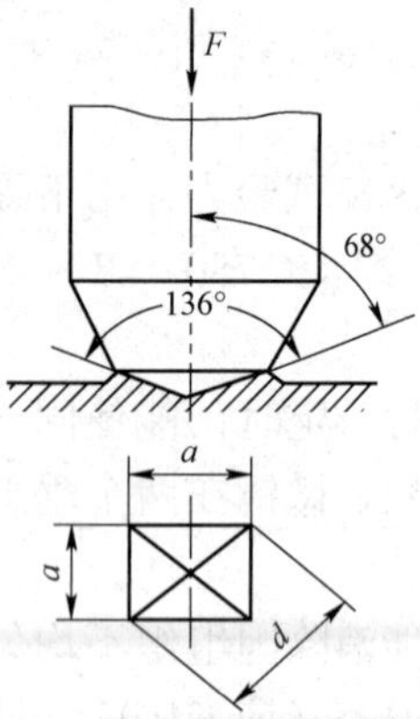

图 1-5　维氏硬度试验原理图

$$HV = \frac{F}{A} = \frac{1.8544 \times 0.102 \times F}{d^2} \quad (1-9)$$

式中：A ——压痕的面积，mm^2；

d ——压痕对角线的长度，mm；

F ——试验载荷，N。

维氏硬度符号 HV 前是硬度值，符号 HV 后附以试验载荷，如 640HV30/20 表示在 30×9.8 N 作用下保持 20 s 后测得的维氏硬度值为 640。

维氏硬度试验的优点是试验时加载小，压痕深度浅，可测量零件表面淬硬层，测量对角线长度 d 误差小；其缺点是生产率比洛氏硬度试验低，不宜用于成批生产检验。

四、冲击韧性

生产中许多机器零件，都是在冲击载荷（载荷以很快的速度作用于机件）下工作。试验表明，载荷速度增加，材料的塑性、韧性下降，脆性增加，易发生突然性破断。因此，使用的材料就不能用静载荷下的性能来衡量，而必须用抵抗冲击载荷的作用而不破坏的能力，即冲击韧度来衡量。

目前应用最普遍的是一次摆锤弯曲冲击试验。将标准试样放在冲击试验机的两支座上，使试样缺口背向摆锤冲击方向（图 1-6），然后把质量为 m 的摆锤提升到 h_1 高度，摆锤由此高度下落时将试样冲断，并升到 h_2 高度。因此冲断试样所消耗的功为 $A_k=mg(h_1-h_2)$。金属的冲击韧度 a_k（J/cm^2）就是冲断试样时在缺口处单位面积所消耗的功，即

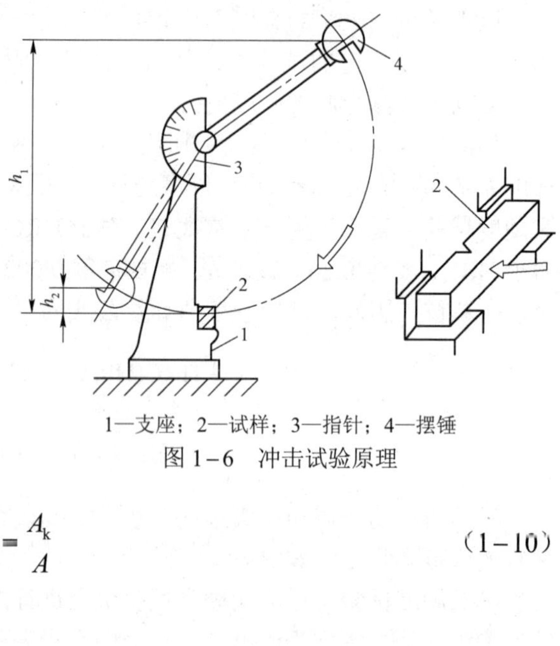

1—支座；2—试样；3—指针；4—摆锤

图 1-6　冲击试验原理

$$a_k = \frac{A_k}{A} \quad (1-10)$$

式中：a_k ——冲击韧度，J/cm^2；

A ——试样缺口处原始截面积，cm^2；

A_k ——冲断试样所消耗的功，J。

冲击吸收功 A_k 值可从试验机的刻度盘上直接读出。A_k 值的大小，代表了材料的冲击韧度。材料的冲击韧度值除了取决于材料本身外，还与环境温度及缺口的状况密切相关。所以，冲击韧度除了用来表征材料的韧性大小外，还用来测量金属材料随环境温度下降由塑性状态变为脆性状态的冷脆转变温度，也用来考查材料对于缺口的敏感性。

五、疲劳强度

许多机械零件是在交变应力作用下工作的，如轴类、弹簧、齿轮、滚动轴承等。虽然零件所承受的交变应力数值小于材料的屈服强度，但在长时间运转后也会发生断裂，这种现象

称为疲劳断裂。它与静载荷下的断裂不同，断裂前无明显塑性变形，因此，具有更大的危险性。

交变应力大小和断裂循环次数之间的关系通常用疲劳曲线来描述（图 1–7）。疲劳曲线表明，当应力低于某一值时，即使循环次数无穷多也不发生断裂，此应力值称为疲劳强度或疲劳极限。光滑试样的对称弯曲疲劳强度用 σ_{-1} 表示。在疲劳强度的测定中，不可能把循环次数作到无穷大，而是规定一定的循环次数作为基数。常用钢材的循环基数为 10^7 次，有色金属和某些超高强度钢的循环基数为 10^8 次。

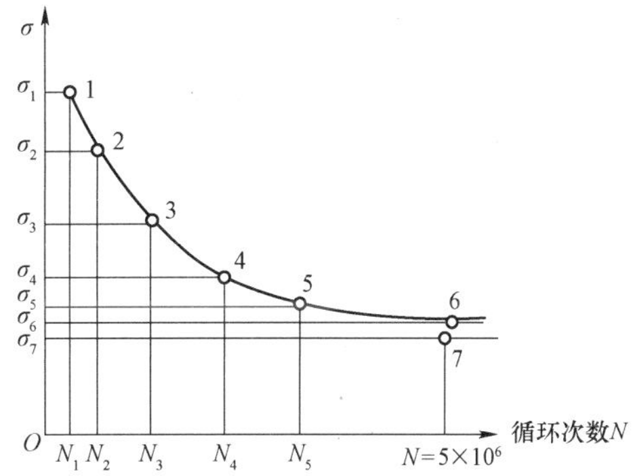

图 1–7　钢的疲劳曲线

疲劳断裂常发生在金属材料最薄弱的部位，如热处理产生的氧化、脱碳、过热、裂纹；钢中的非金属夹杂物、试样表面有气孔、划痕等缺陷均会产生应力集中，使疲劳强度下降。为了提高疲劳强度，加工时要降低零件的表面粗糙度值和进行表面强化处理，如表面淬火、渗碳、氮化、喷丸等，使零件表层产生残余的压应力，以抵消零件工作时的一部分拉应力，从而使零件的疲劳强度提高。

任务二　材料的其他性能

任务引入

【1】神舟十三号返回舱（图 1–8）于 2022 年 4 月成功着陆于内蒙古的东风着陆场，实现首次在轨驻留 6 个月，中国女航天员首次进驻中国空间站、首次实施出舱活动等实验。试分析返回舱制造材料应具有什么物理化学性质。

图 1–8　神舟十三号返回舱

【2】CRH380A 高速动车组最高运行速度达到 380 km/h，实现头型、轻量化车体、转向架、减振降噪、系统集成等关键技术的突破，其车体（图 1–9）采用铝合金焊接结构。试分析什么是动车组车体铝合金焊接性能。

图 1–9　CRH380A 高速动车组车体

相关知识准备

一、材料的物理性能

物理性能包括电性能、热性能、磁性能、密度、熔点等，是材料所固有的属性。

（一）电性能

1. 导电性

导电性是金属传导电流的能力，金属导电性的好坏常用电阻率 ρ 表示，也常用电导率表示，电导率是电阻率的倒数。电阻率是单位长度、单位截面积的电阻值，其单位为 Ω·m。电阻率越小，电导率越大，导电性越好，金属材料的导电性随温度升高而降低。金属中银的导电性最好，铜与铝次之，通常金属的纯度越高，其导电性越好，合金的导电性比纯金属差，高分子材料和陶瓷一般都是绝缘体。

根据电阻率或电导率数值的大小，可将金属材料分为超导体、导体、半导体和绝缘体等。其电阻率分布如下：超导体 $\rho \to 0$，导体 ρ 为 10^{-8}～10^{-5}Ω·m，半导体 ρ 为 10^{-5}～10^{7}Ω·m，绝缘体 ρ 为 10^{7}～10^{22}Ω·m。

电阻率是选用导电材料和绝缘材料的主要依据。导电器材常选用导电性良好的材料制造，以减少损耗；而加热元件、电阻丝则选用导电性差的材料制造，以提高功率。

2. 介电性能

电介质或介电体在电场内虽然没有电荷或电流的传输，但仍对电场表现出某些特性，可用材料的介电性能来描述。介电性能用介电常数 K 来表示，介电常数反映电介质储存电荷的相对能力，介电常数与材料成分、温度和电场频率等因素有关。在强电场中，当电场强度超过某一临界值（称为介电强度）时，电介质就会丧失其绝缘性能，这种现象称为电击穿。

电绝缘体必须是介电体，要具有高电阻率、高介电强度和较小的介电常数。

3. 超导现象

温度下降到某一值时，导体的电阻会突然消失，这种现象称为超导现象。电阻突然变为零时的温度称为临界温度。具有超导性的物质称为超导体。超导体在超导状态下电阻为零，可输送大电流而不发热、不损耗，具有高载流能力，可长时间无损耗地储存大量的电能，产生极强的磁场。

目前发现具有超导性的金属元素有钛、钒、锆、铌、钼、钽、钨、铼等。非过渡族元素有铋、铝、锡等。但由于实现超导的温度太低，获得低温所消耗的电能远远超过超导所节省的电能，因而阻碍了超导技术的推广。

（二）热性能

1. 导热性

导热性是材料受热作用而反映出来的性能，用热导率 λ 表示。热导率的含义是在单位温度梯度下，单位时间内从单位垂直断面通过的热量，单位为 W/（m·℃）或 W/（m·K），热导率越大，导热性越好。一般纯金属具有良好的导热性，合金的成分越复杂，导热性越差。导热性是传热设备和元件应考虑的主要性能，如散热器等传热元件应采用导热性好的材料制造，保温器材应采用导热性差的材料制造。金属的热加工工艺与导热性有密切关系，在热处理、铸造、锻造、焊接过程中，若材料的导热性差，则会使工件内外产生大的温差而出现较大的内应力，导致工件变形或开裂。常用金属的热导率见表 1-2。

表 1–2 常用金属的热导率

材料	银	铜	铝	铁	灰铸铁	碳钢
热导率 λ/［W/（m·K）］	419	393	222	75	63	67（100 ℃）

2. 热膨胀性

金属随温度的升高而出现体积增大的现象称为热膨胀，衡量热膨胀性的指标称为热膨胀系数，用线膨胀系数 α 或体膨胀系数 β 来表示。线膨胀系数 α 是温度上升 1 ℃时单位长度的伸长量，单位为 1/℃，线膨胀系数不是一个固定不变的数值，它随温度的升高而增大。体膨胀系数约为线膨胀系数的 3 倍。

由热膨胀系数大的材料制造的零部件或结构，在温度变化时，尺寸和形状变化较大。装配、热加工和热处理时应考虑材料热膨胀的影响。异种材料组成的复合结构还要考虑热膨胀系数的匹配问题。

（三）磁性能

磁性能是金属材料在磁场中被磁化能吸引铁、钴、镍等物质的性能。金属材料中只有三种金属（铁、钴、镍）及其合金具有显著的磁性能，磁性能只存在于一定温度的金属材料内，在高于一定温度时，其磁性能就会消失，如铁在 770 ℃以上就没有磁性能，这一温度称为居里点。

常用的磁性材料有以下几种。

1. 铁磁性材料

具有铁磁性的材料有铁、镍、钴及其合金，以及某些稀土元素的合金。

2. 亚铁磁性材料

亚铁磁性材料是指具有亚铁磁性的材料，如各种铁氧体。亚铁磁性材料主要用于制造变压器铁芯、电感器和存储器件等。

3. 永磁材料

材料经磁化后，当外磁场去除后仍保留磁性，并具有高的剩磁和矫顽力。

4. 软磁材料

软磁材料是指容易磁化和退磁的材料。

（四）密度

密度是指在一定温度下单位体积金属的质量，用符号 ρ 表示。密度的计算公式为

$$\rho=\frac{m}{V} \tag{1-11}$$

式中：ρ——金属的密度，kg/m³；

m——金属的质量，kg；

V——金属的体积，m³。

在机械制造中，一般将密度小于 5×10^3 kg/m³ 的金属称为轻金属；密度大于 5×10^3 kg/m³ 的金属称为重金属。某些机械零件在选材时，必须考虑金属的密度，如发动机活塞，根据使用要求常选用密度小的铝合金制成。常用金属材料的密度（20 ℃）见表 1–3。

表 1–3 常用金属材料的密度（20 ℃）

材料	铅	铜	铁	钛	铝	锡	钨
密度 ρ/（kg/m³）	11.3×10^3	8.9×10^3	7.8×10^3	4.5×10^3	2.7×10^3	7.28×10^3	19.3×10^3

（五）熔点

熔点是金属由固态转变为液态的温度。金属等晶体材料一般具有固定的熔点。按熔点的高低不同金属分为低熔点金属和难熔金属两大类。锡、铅、铋、锌等属于低熔点金属，钨、钼、铬、钒等属于难熔金属。不同熔点的金属具有不同的应用场合，难熔金属可用于制造耐高温的零件（如火箭、导弹、燃气轮机零件等），低熔点金属可用于制造熔丝、焊接钎料等。

金属的熔点是热加工的重要工艺参数，常用金属材料的熔点见表 1–4。

表 1–4　常用金属材料的熔点

材料	钨	钼	铁	钢	铜	铝	铅	铋	锡	铸铁	碳钢	铝合金
熔点/℃	3 380	2 630	1 677	1 538	1 083	660	327	271	232	1 148～1 279	1 450～1 500	447～575

二、材料的化学性能

金属材料抵抗各种化学作用的能力称为化学性能，主要包括耐腐蚀性和抗氧化性。

（一）耐腐蚀性

耐腐蚀性是指金属材料在常温下抵抗氧、水及其他化学物质腐蚀的能力。金属材料的腐蚀形式主要有两种，一种是化学腐蚀，另一种是电化学腐蚀。化学腐蚀是金属直接与周围介质发生纯化学作用。电化学腐蚀是金属在酸、碱、盐等电介质溶液中由于原电池的作用而引起的腐蚀。金属的腐蚀既会造成表面金属光泽的缺失和材料的损失，也会造成一些隐蔽性和突发性的事故。金属材料中铬镍不锈钢可以抵抗含氧酸的腐蚀，耐候钢、铜及铜合金、铝及铝合金能抵抗大气的腐蚀。提高材料的耐腐蚀性的方法有很多，如均匀化处理、表面处理等都可以提高材料的耐腐蚀性。

（二）抗氧化性

抗氧化性是指金属在高温下抵抗氧化的能力。在高温下金属材料易与氧结合，形成氧化皮，造成金属的损耗和浪费，因此高温下使用的工件，要求其材料具有抗氧化性，如各种加热炉、锅炉等，应选用抗氧化性良好的材料。耐热钢、高温合金、钛合金等都具有良好的抗氧化性。提高抗氧化性的措施是使材料表面迅速氧化后形成一层连续而致密并与母体结合牢靠的膜，从而阻止其进一步氧化。

三、材料的工艺性能

（一）铸造性能

铸造性能是指金属用铸造方法获得优质铸件的性能。衡量金属材料铸造性能的指标有流动性和收缩率两种。流动性好的材料容易充满铸模获得完整而致密的铸件。收缩率小的材料铸造冷却后，铸件缩孔小，表面无空洞，也不会因收缩不均匀而引起开裂，尺寸比较稳定。金属材料中铸铁、青铜有较好的铸造性能，可以用来铸造一些形状复杂的铸件。

（二）塑性加工性能

塑性加工性能是指金属通过塑性加工（锻造、冲压、挤压、轧制等）将原材料（如各型材）加工成优质零件（毛坯或成品）的性能。它取决于材料本身塑性高低和变形抗力（抵抗变形能力）的大小，也与材料的成分和加工条件有很大关系，如铜、铝、低碳钢具有较好的塑性和较小的变形抗力，因此容易塑性加工成形，而铸铁、硬质合金不能进行塑性加工成形。

（三）焊接性能

焊接性能是指两种相同或不同的材料，通过加热、加压或两者并用将其连接在一起所表现出来的性能。焊接性能好的金属能获得没有裂纹、气孔等缺陷的焊缝，并且焊接接头具有一定的力学性能。影响焊接性能的因素很多，导热性过高或过低、热膨胀系数大、塑性低或焊接时容易氧化的材料焊接性能较差。导热性好、热膨胀系数小的金属材料焊接性能都比较好，如低碳钢具有良好的焊接性能，高碳钢，不锈钢、铸铁的焊接性能较差。

（四）切削加工性能

切削加工性能是指金属切削加工的难易程度。切削加工性能好的金属在切削加工时，刀具磨损量小，切削用量大，加工表面也比较光洁。切削加工性能的好坏与金属材料的硬度、导热性、金属内部结构、加工硬化等因素有关，尤其与硬度关系较大，材料硬度在170～230 HBW时最容易切削加工。从材料种类而言，铸铁、铜合金、铝合金及一般碳素钢都具有较好的切削加工性能，而高合金钢的切削加工性能较差。

（五）热处理性能

热处理性能是指金属经过热处理后其组织和性能改变的能力，包括淬硬性、淬透性、回火脆性等。淬硬性是钢在理想条件下淬火所能达到的最高硬度表征的材料特征。淬透性是在规定条件下钢试样淬硬深度和硬度分布表征的材料特征。回火脆性是淬火钢回火后出现韧性下降的现象。

思考与练习

1. 有一低碳钢长试样，原直径为10 mm，在试验力为2 100 N时屈服，试样断裂前的最大试验力为30 000 N，拉断后长度为133 mm，断裂处最小直径为6 mm，试计算σ_s、σ_b、δ、ψ。

2. 三种不同材料的拉伸曲线（试样尺寸相同），如图1－10所示，试比较这三种材料的抗拉强度、屈服强度和塑性大小，并指出屈服强度的确定方法。

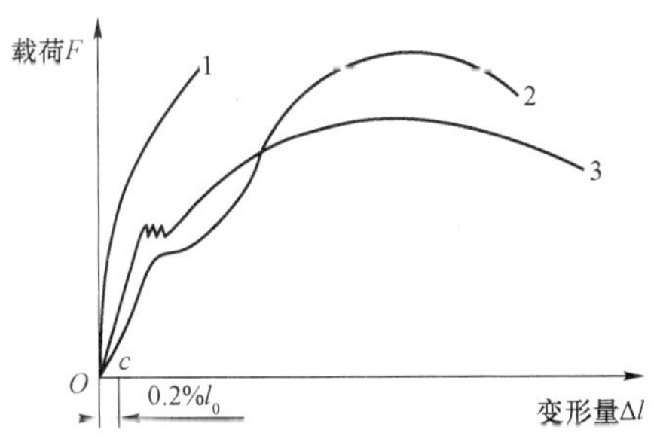

图1－10

3. 为什么相同材料进行拉伸试验时$\delta_5 > \delta_{10}$?

4. A_k的含义是什么？它的单位是什么？有了塑性指标为何还要测定A_k?

项目二

机械工程材料与选用

生产生活中的各类机械设备主要是由零件构成的，零件由各种工程材料制成。工程材料分金属材料和非金属材料，其中金属材料是应用最广泛的。金属材料通常分为黑色金属和有色金属。非金属材料通常分为高分子材料、无机非金属材料和复合材料。

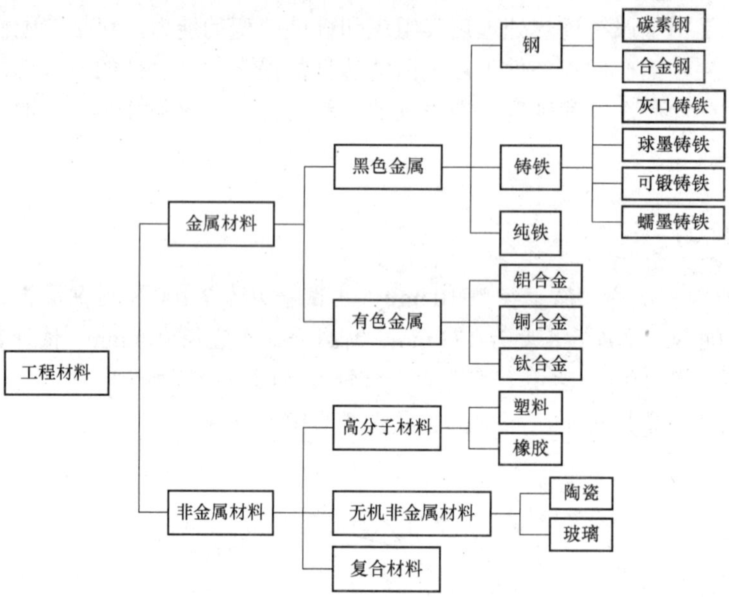

知识目标

1. 掌握金属材料的种类与用途。
2. 了解非金属材料的种类与用途。
3. 熟悉材料的选用原则。

任务一　黑 色 金 属

任务引入

【1】发动机作为汽车的心脏，主要分为铸铁气缸发动机和铝合金气缸发动机。试对比如

图 2–1 所示的两种材质的汽车发动机气缸，分析究竟孰优孰劣，各有什么优缺点。

(a) 铸铁气缸　　(b) 铝合金气缸

图 2–1 汽车发动机气缸

【2】汽车安全性关乎驾乘人员的生命安全，车架的强度取决于车身的设计与材料强度。汽车车身结构（车架）材料分为普通钢和高强钢，图 2–2 所示的汽车车架常采用高强钢，试分析这样选材的原因。

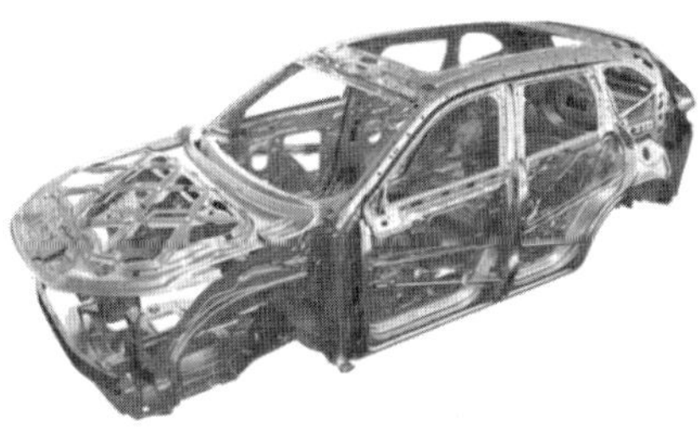

图 2–2 汽车车架（高强钢）

相关知识准备

黑色金属又称铁碳合金，包括杂质总含量小于 0.2%及含碳量不超过 0.021 8%的工业纯铁，含碳量 0.021 8%～2.11%的钢，含碳量大于 2.11%的铸铁。

一、碳素钢

（一）碳素钢分类与编号

1. 碳素钢分类

按碳的质量分数可分为低碳钢（w_C<0.25%）、中碳钢（w_C=0.25%～0.60%）、高碳钢（w_C>0.60%）。按钢的冶金质量和钢中有害杂质元素硫、磷的质量分数可分为普通质量钢（w_S=0.035%～0.050%，w_P=0.035%～0.045%）、优质钢（w_S，w_P≤0.035%）、高级优质钢（w_S= 0.020%～0.030%，w_P=0.025%～0.030%）。按用途可分为结构钢、工具钢。

2. 碳素钢编号方法

（1）碳素结构钢

碳素结构钢牌号表示方法由代表屈服点“屈”字的汉语拼音字母、屈服极限数值、质量等级符号及脱氧方法符号四个部分按顺序排列组成。Q 表示“屈”。A、B、C、D 表示质量等级，它反映了碳素钢结构中有害杂质（碳、磷）质量分数的大小，C、D 级硫、磷质量分数最小，质量好，可用作重要焊接结构件。例如，Q235AF 即表示屈服点为 235 MPa、A 等级质量的沸腾钢。F、b、Z、TZ 依次表示沸腾钢、半镇静钢、镇静钢、特殊镇静钢，一般情况下符号 Z 与 TZ 在牌号表示中可省略。

（2）优质碳素结构钢

其牌号用两位数字表示，两位数字表示钢中平均碳质量分数的万倍。例如，45 钢表示平均 w_C=0.45%，08 钢表示平均 w_C=0.08%。优质碳素结构钢按锰的质量分数不同，分为普通锰钢（w_{Mn}=0.25%～0.80%）与较高锰钢（w_{Mn}=0.70%～1.20%）两组。较高锰优质碳素结构钢牌号数字后加 Mn，如 45Mn。

（3）碳素工具钢

其牌号冠以 T（T 为"碳"字的汉语拼音首字母），后面的数字表示平均碳质量分数的千倍。碳素工具钢分优质和高级优质两类。若为高级优质钢，则在数字后加 A。例如，T8A 钢表示平均 w_C=0.8%的高级优质碳素工具钢。对含较高锰（w_{Mn}=0.40%～0.60%）的碳素工具钢，则在数字后加 Mn，如 T8Mn、T8MnA 等。

（4）铸造碳钢

其牌号用 ZG 代表"铸钢"二字，后面第一组数字为屈服强度（单位：MPa），第二组数字为抗拉强度（单位：MPa）。例如，ZG200—400 表示屈服强度 σ_s（或 $\sigma_{0.2}$）≥200 MPa，抗拉强度 σ_b≥400 MPa 的铸造碳钢件。

（二）碳素结构钢

碳素结构钢的硫、磷含量较多，但由于冶炼容易，工艺性好，价格便宜，在力学性能上一般能满足普通机械零件及工程结构件的要求，因此用量很大，约占钢材总量的 70%。表 2-1 为常用碳素结构钢的牌号、化学成分、力学性能和用途。

碳素结构钢一般以热轧空冷状态供应。其中牌号 Q195 与 Q275 碳素结构钢是不分质量等级的，出厂时既保证力学性能，又保证化学成分。Q215、Q235、Q255 牌号的碳素结构钢，当质量等级为 A、B 级时，只保证力学性能，化学成分可根据需方要求作适当调整；Q235 的 C、D 级，力学性能和化学成分都应保证。D 级（w_S，w_P≤0.035%）质量等级最高，达到了碳素结构钢的优质级。

Q195 钢的碳的质量分数很低，塑性好。常用作螺钉、螺母及各种薄板，也可用来代替优质碳素结构钢 08 或 10 钢，制造冲压件、焊接结构件。

Q275 钢强度较高，可代替 30 钢、40 钢用于制造某些较重要的零件，以降低材料成本。

表 2-1 常用碳素结构钢的牌号、化学成分、力学性能和用途

牌号	质量等级	化学成分				脱氧方法	拉伸试验									主要用途
		w_C/%	w_{Mn}/%	w_S/%	w_P/%		σ_s/MPa				σ_b/MPa	δ_5/%				
		不大于					钢材厚度（直径）/mm					钢材厚度（直径）/mm				
							≤16	>16～40	>40～60	>60～100		≤16	>16～40	>40～60	>60～100	
							不小于									
Q195		0.12	0.50	0.040	0.035	F、Z	195	185			315～390	33	32			用于制作铁丝、铆钉、垫块、钢管及轻负荷冲压件等
Q215	A	0.15	1.2	0.050	0.045	F、Z	215	205	195	185	335～410	31	30	29	28	
	B			0.045												

续表

牌号	质量等级	化学成分				脱氧方法	拉伸试验									主要用途
		w_C/%	w_{Mn}/%	w_S/%	w_P/%		σ_s/MPa				σ_b/MPa	δ_5/%				
							钢材厚度（直径）/mm					钢材厚度（直径）/mm				
		不大于					≤16	>16～40	>40～60	>60～100		≤16	>16～40	>40～60	>60～100	
							不小于									
Q235	A	0.22	1.4	0.050	0.045	F、Z	235	225	215	205	375～460	26	25	24	23	应用最广，用于制作各种板材、型材、受力不大的机器零件，如小轴、拉杆、连杆等
	B	0.20		0.045												
	C	0.17		0.040	0.040	Z										
	D			0.035	0.035	TZ										
Q275		0.20	1.5	0.050	0.045	B、Z	275	265	255	245	490～610	20	19	18	17	可用于制作承受中等载荷的普通零件，如链轮、拉杆、心轴、键、齿轮、传动轴等

注：1. 表中数据摘自 GB/T 700—2006《碳素结构钢》。

2. 表中符号：Q—屈服强度，“屈”字汉语拼音首字母；F—沸腾钢；b—半镇静钢；Z—镇静钢；TZ—特殊镇静钢。在牌号中，Z、T 符号予以省略。

（三）优质碳素结构钢

优质碳素结构钢 S、P 含量较低，非金属夹杂物也较少，因此力学性能比碳素结构钢优良，被广泛用于制造机械产品中较重要的结构钢零件，为了充分发挥其性能潜力，一般都是在热处理后使用。常用优质碳素结构钢的牌号、化学成分、力学性能和用途见表 2-2。

08、10 钢碳的质量分数低，塑性好，焊接性能好，主要用于制造冲压件和焊接件。

15、20 钢属于渗碳钢，这类钢强度较低，但塑性和韧性较高，焊接性能及冷冲压性能较好。可以制造各种受力不大，但要求高韧性的零件，此外还可用作冷冲压件和焊接件。渗碳钢经渗碳、淬火+低温回火后，表面硬度可达 60HRC 以上，耐磨性好，而心部具有一定的强度和韧性，可用来制造要求表面耐磨并能承受冲击载荷的零件。

30、35、40、45、50、55 钢属于调质钢，经淬火+高温回火后，具有良好的综合力学性能，主要用于要求强度、塑性和韧性都较高的机械零件，如轴类零件，这类钢在机械制造中应用最广泛，其中以 45 钢更为突出。

65、70 钢属于弹簧钢，经淬火+中温回火后可获得高的弹性极限、高的屈强比，主要用于制造弹簧等弹性零件及耐磨零件。

优质碳素结构钢中较高锰含量的一组牌号（15Mn～70Mn），其性能和用途与普通锰的一组对应牌号相同，但其淬透性略高。

表 2-2 常用优质碳素结构钢的牌号、化学成分、力学性能和用途

牌号	化学成分			力学性能							用途举例
	w_C/%	w_{Si}/%	w_{Mn}/%	σ_b/MPa	σ_s/MPa	δ_5/%	ψ/%	α_k/(J/cm^2)	HBW 热轧	HBW 退火	
				不小于					不大于		
08F	0.05~0.11	≤0.03	0.25~0.50	295	175	35	60		131		用于制造强度要求不高，而需经受大变形的冲压件、焊接件，如外壳、盖、罩、固定挡板等
08	0.05~0.12	0.17~0.37	0.35~0.65	325	195	33	60		131		用于制造受力不大的焊接件、冲压件、锻件和心部强度要求不高的渗碳件，如角片、支臂、帽盖、垫圈、锁片、销钉、小轴等。退火后可制造电磁铁或电磁吸盘等磁性零件
10	0.07~0.14	0.17~0.37	0.35~0.65	335	205	31	55		137		
15	0.12~0.19	0.17~0.37	0.35~0.65	375	225	27	55		143		主要用作低负荷、形状简单的渗碳、碳氮共渗零件，如小轴、小模数齿轮、仿形样板、套筒、摩擦片等，也可用作受力不大但要求韧性较好的零件，如螺栓、法兰盘等
20	0.17~0.24	0.17~0.37	0.35~0.65	410	245	25	55		156		
30	0.27~0.35	0.17~0.37	0.50~0.80	490	295	21	50	63	179		用作截面较小、受力较大的机械零件，如螺钉、丝杆、转轴、曲轴、齿轮等。30 钢也适于制造顶锻零件和焊接件，但 35 钢一般不用作焊件
35	0.32~0.40	0.17~0.37	0.50~0.80	530	315	20	45	55	197		
40	0.37~0.45	0.17~0.37	0.50~0.80	570	335	19	45	47	217	187	用于制造承受负荷较大的小截面满质件和应力较小的大型正火零件以及对心部强度要求不高的表面部火件，如曲轴、传动轴、连杆、链轮、齿轮、齿条、蜗杆等
45	0.42~0.50	0.17~0.37	0.50~0.80	600	355	16	40	39	229	197	
50	0.47~0.55	0.17~0.37	0.50~0.80	630	375	14	40	31	241	207	用作要求较高强度和耐磨性或弹性、动载荷及冲击载荷不大的零件，如齿轮、连杆、轧辊、机床主轴、曲轴、犁铧、轮圈、弹簧等
55	0.52~0.60	0.17~0.37	0.50~0.80	645	380	13	35		255	217	
65	0.62~0.70	0.17~0.37	0.50~0.80	695	410	10	30		255	229	主要在淬火+中温回火状态下使用，用作要求较高弹性或耐磨性的零件，如气门弹资、弹簧垫圈、U 形卡、轧棍、轴、凸轮及钢丝绳等
65 Mn	0.62~0.70	0.17~0.37	0.90~1.20	735	430	9	30		285	229	
70	0.67~0.75	0.17~0.37	0.50~0.80	715	420	9	30		269	229	用作截面不大、承受载荷不太大的各种弹性零件和耐磨零件，如各种板簧、螺旋弹簧、轧辊、凸轮、钢轨等
75	0.72~080	0.17~0.37	0.50~0.80	1 08 0	880	7	30		285	241	

（四）碳素工具钢

这类钢的碳的质量分数为 w_C=0.65%～1.35%，分优质碳素工具钢与高级优质碳素工具钢两类。牌号后加 A 的属高级优质（w_S ≤0.020%，w_P≤0.030%；对平炉冶炼的钢，w_S ≤0.25%）。常用碳素工具钢的牌号、化学成分和用途见表 2–3。

表 2–3　常用碳素工具钢的牌号、化学成分和用途

牌号	化学成分（质量分数）/%			退火状态 HBS 不大于	试样淬火[①] HRC 不小于	用途举例
	C	Si	Mn			
T7 T7A	0.65～ 0.74	≤0.35	≤0.40	187	800～820 ℃ 水 62	承受冲击、韧性较好、硬度适当的工具，如扁铲、手钳、大锤、旋具、木工工具
T8 T8A	0.75～ 0.84	≤0.35	≤0.40	187	780～800 ℃ 水 62	承受冲击、硬度较高的工具，如冲头、压缩空气工具、木工工具
T8Mn T8MnA	0.80～ 090	≤0.35	0.40～ 0.60	187	780～800 ℃ 水 62	同 T8，但淬透性较大，可制造断面较大的工具
T9 T9A	0.85～ 0.94	≤0.35	≤0.40	192	760～780 ℃ 水 62	韧性中等、硬度高的工具，如冲头、木工工具、凿岩工具
T10 T10A	0.95～ 1.04	≤0.35	≤0.40	197	760～780 ℃ 水 62	不受剧烈冲击、高硬度耐磨的工具，如车刀、刨刀、冲头、丝锥、钻头、手锯条、小型冷 冲模
T11 T11A	1.05～ 1.24	≤0.35	≤0.40	207	760～780 ℃ 水 62	不受剧烈冲击、高硬度耐磨的工具，如车刀、刨刀、冲头、丝锥、钻头、手锯条
T12 T12A	1.15～ 1.24	≤0.35	≤0.40	207	760～780 ℃ 水 62	不受冲击、高硬度耐磨的工具，如锉刀、刮刀、精车刀、丝锥、量具
T13 T13A	1.25～ 1.35	≤0.35	≤0.40	217	760～780 ℃ 水 62	同 T12，更耐磨的工具，如刮刀、剃刀

① 淬火后硬度不是指用途举例中各种工具的硬度，而是指碳素工具钢材料在淬火后的最低硬度。

此类钢在机械加工前一般进行球化退火，组织为铁素体基体+细小均匀分布的粒状渗碳体，硬度≤217HBS。作为刃具，最终热处理为淬火+低温回火，组织为回火马氏体+粒状渗碳体+少量残余奥氏体。其硬度可达 60～65HRC，耐磨性和加工性都较好，价格又便宜，生产上得到广泛应用。碳素工具钢的缺点是红硬性差，当刃部温度高于 250 ℃时，其硬度和耐磨性会显著降低。此外，钢的淬透性也低，并容易产生淬火变形和开裂。因此，碳素工具钢大多用于制造刃部受热程度较低的手用工具和低速、小进给量的机用工具，亦可制造尺寸较小的模具和量具。

（五）铸造碳钢

铸造碳钢一般用于制造形状复杂、力学性能要求比铸铁高的零件，如水压机横梁、轧钢机机架、重载大齿轮等，这种机件用锻造方法难以生产，用铸铁又无法满足性能要求，只能用碳钢采用铸造方法生产。铸造碳钢中碳的质量分数一般为 w_C=0.15%～0.60%。碳的质量分

数过高则塑性差，易产生裂纹。一般工程用铸造碳钢件的牌号、化学成分和力学性能见表 2-4。

铸造碳钢的特性及用途举例如下。

（1）ZG200-400 有良好的塑性、韧性和焊接性能。用于制造承受载荷不大、要求韧性的各种机械零件，如机座、变速箱壳等。

（2）ZG230-450 有一定的强度和较好的塑性、韧性，焊接性能良好，切削加工性尚可。用于制造承受载荷不大、要求韧性的各种机械零件，如砧座、外壳、轴承盖、底板、阀体、犁柱等。

（3）ZG270-500 有较高的强度和较好的塑性，铸造性能良好，焊接性能尚好，切削加工性佳，用途广泛，用于制造轧钢机机架、轴承座、连杆、箱体、缸体等。

（4）ZG310-570 强度和切削加工性良好，塑性和韧性较低，用于制造承受载荷较高的各种机械零件，如大齿轮、缸体、制动轮、辊子等。

（5）ZG340-640 有高的强度、硬度和耐磨性，切削加工性中等，焊接性能较差，流动性好，裂纹敏感性较大，用于制造齿轮、棘轮等。

表 2-4　一般工程用铸造碳钢件的牌号、化学成分和力学性能

牌号	化学成分（质量分数）/%					室温力学性能，不小于				
	C	Si	Mn	P	S	σ_s 或 $\sigma_{0.2}$/MPa	σ_b/MPa	δ/%	ψ/%	A_{KV}/J
ZG200-400	0.2	0.5	0.8	0.04		200	400	25	40	47
ZG230-450	0.3	0.5	0.9	0.04		230	450	22	32	35
ZG270-500	0.4	0.5	0.9	0.04		270	500	18	25	27
ZG310-570	0.5	0.6	0.9	0.04		310	570	15	21	24
ZG340-640	0.6	0.6	0.9	0.04		340	640	10	18	16

二、铸铁

铸铁是 w_C ≥2.11%的铁碳合金，合金中含有较多的硅、锰等元素，使碳在铸铁中大多数以石墨形式存在。铸铁具有优良的铸造性能、切削加工性、减摩性与消振性和低的缺口敏感性，而且熔炼铸铁的工艺与设备简单、成本低。目前，铸铁仍然是工业生产中最重要的工程材料之一。

根据铸铁中石墨的形态不同，铸铁可分为灰口铸铁（石墨以片状形式存在）、球墨铸铁（石墨以球状形式存在）、可锻铸铁（石墨以团絮状形式存在）、蠕墨铸铁（石墨以蠕虫状形式存在）。

（一）灰口铸铁

灰口铸铁化学成分的一般范围是：w_C=2.5%～4.0%，w_{Si}=1.0%～2.2%，w_{Mn}=0.5%～1.3%，w_S≤0.15%，w_P≤0.3%。

灰口铸铁组织由金属基体和片状石墨两部分组成，其基体可分为珠光体、珠光体+铁素体、铁素体三种。

（1）灰口铸铁的性能

灰口铸铁的力学性能主要取决于基体组织和石墨存在形式，灰口铸铁中含有比钢更多的

硅、锰等元素，这些元素可溶于铁素体而使基体强化，因此，其基体的强度与硬度不低于相应的钢。但由于片状石墨的强度、塑性、韧性几乎为零，所以铸铁的抗拉强度、塑性、韧性比钢低。石墨片的数量越多，尺寸越粗大，分布越不均匀，铸铁的抗拉强度和塑性就越低。灰口铸铁的抗压强度、硬度与耐磨性，由于石墨的存在对其影响不大，故灰口铸铁的抗压强度较高。为了提高灰口铸铁的力学性能，生产上常采用孕育处理。它是在浇注前往铁液中加入少量孕育剂（硅铁或硅钙合金），使铁液在凝固时产生大量的人工晶核，从而获得细晶粒珠光体基体加上细小均匀分布的片状石墨的组织。经孕育处理后的铸铁称为孕育铸铁。

孕育铸铁具有较高的强度和硬度，具有断面缺口敏感性小的特点，因此孕育铸铁常用于制造力学性能要求较高，且断面尺寸变化大的大型铸件，如机床床身等。

灰口铸铁具有良好的铸造性能、切削加工性、减摩性和消振性，铸铁对缺口的敏感性较低。

（2）灰口铸铁的牌号和应用

灰口铸铁的牌号、力学性能和用途见表 2–5。其中 HT 为“灰铁”二字的汉语拼音首字母，后面三位数字表示最小抗拉强度值。

表 2–5 灰口铸铁的牌号、力学性能和用途

牌号	铸件级别	铸件壁厚/mm	铸件最小抗拉强度 σ_b/Mpa	用途举例
HT100	铁素体灰口铸铁	2.5～10	130	低载荷和不重要零件，如盖、外罩、手轮、支架、重锤等
		10～20	100	
		20～30	90	
		30～50	80	
HT150	珠光体+铁素体灰口铸铁	2.5～10	175	承受中等应力（抗弯应力小于 100 MPa）的零件，如支柱、底座、齿轮箱、工作台、刀架、端盖、阀体、管路附件及一般无工作条件要求的零件
		10～20	145	
		20～30	130	
		30～50	120	
HT200	珠光体灰口铸铁	2.5～10	220	承受较大应力（抗弯应力小于 300 MPa）和较重要零件，如气缸体、齿轮、机座、飞轮、床身、缸套、活塞、刹车轮、联轴器、齿轮箱、轴承座、液压缸等
		10～20	195	
		20～30	170	
		30～50	160	
HT250		4.0～10	270	
		10～20	240	
		20～30	220	
		30～50	200	
HT300	孕育铸铁	10～20	290	承受高弯曲应力（小于 500 MPa）和抗拉应力的重要零件，如齿轮、凸轮、车床卡盘、剪床和压力机的机身、床身、高压油压缸、滑阀壳体等
		20～30	250	
		30～50	230	
HT350		10～20	340	
		20～30	290	
		30～50	260	

（二）球墨铸铁

球墨铸铁的化学成分与灰口铸铁相比，其特点是碳、硅的质量分数高，而锰的质量分数较低，对硫和磷的限制较严，并含有一定量的稀土镁。一般 w_C=3.6%～4.0%，w_{Si}=2.0%～3.2%。锰有去硫、脱氧的作用，并可稳定和细化珠光体。珠光体基体 w_{Mn}=0.5%～0.7%，铁素体基体 w_{Mn}<0.6%。硫、磷都是有害元素，一般 w_S<0.07%，w_P≤0.1%。球墨铸铁的组织是在钢的基体上分布着球状石墨。球墨铸铁在铸态下，其基体是有不同数量铁素体、珠光体，甚至有渗碳体同时存在的混合组织，故生产中需经不同热处理以获得不同的组织。生产中常有铁素体球墨铸铁、珠光体+铁素体球墨铸铁、珠光体球墨铸铁和下贝氏体球墨铸铁。

（1）球墨铸铁的性能

由于球墨铸铁中石墨呈球状，对金属基体的割裂作用较小，使球墨铸铁的抗拉强度、塑性和韧性、疲劳强度高于其他铸铁，球墨铸铁有一个突出优点是其屈强比较高，因此对于承受静载荷的零件，可用球墨铸铁代替铸钢。

球墨铸铁的力学性能比灰口铸铁高，而成本却接近于灰口铸铁，并保留了灰口铸铁的优良铸造性能、切削加工性、减摩性和缺口不敏感等性能。因此它可代替部分钢用作较重要的零件，对实现以铁代钢、以铸代锻起重要的作用，具有较大的经济效益。

（2）球墨铸铁的牌号和应用

我国国家标准中列了 8 个球墨铸铁的牌号，见表 2-6。牌号由 QT 与两组数字组成，其中 QT 为“球铁”二字汉语拼音首字母，第一组数字代表最低抗拉强度值，第二组数字代表最低伸长率。

表 2-6 球墨铸铁的牌号、力学性能和用途

牌号	基体组织	力学性能				用途举例
		σ_b/MPa	$\sigma_{0.2}$/MPa	δ/%	HBS	
		不小于				
QT400-18	铁素体	400	250	18	130～180	承受冲击、振动的零件，如汽车、拖拉机的轮毂、驱动桥壳、减速器壳、拨叉，农机具零件，中低压阀门，上、下水及输气管道，压缩机上高低压气缸，电机机壳，齿轮箱，飞轮壳等
QT400-15	铁素体	400	250	15	130～180	
QT450-10	铁素体	450	310	10	160～210	
QT500-07	铁素体+珠光体	500	320	7	170～230	机器座架、传动轴、飞轮、电动机架、内燃机的机油泵齿轮、铁路机车车辆轴瓦等
QT600-03	珠光体+铁素体	600	370	3	190～270	载荷大、受力复杂的零件，如汽车、拖拉机的曲轴、连杆、凸轮轴、气缸套，部分磨床、铣床、车床的主轴、轧钢机轧辊、大齿轮，小型水轮机主轴，气缸体，桥式起重机大小滚轮等
QT700-02	珠光体	700	420	2	225～305	
QT800-02	珠光体或回火组织	800	480	2	245～335	
QT900-02	贝氏体或回火马氏体	700	530	2	240～290	强度齿轮，如汽车后桥螺旋锥齿轮、大减速器齿轮，内燃机曲轴，凸轮轴等

（三）可锻铸铁

可锻铸铁俗称马铁。可锻铸铁具有一定的塑性与韧性，因此得名，实际上是不能锻造的。可锻铸铁组织是钢的基体上分布着团絮状的石墨，有铁素体可锻铸铁（黑心可锻铸铁）和珠光体可锻铸铁两种。以下介绍可锻铸铁的牌号、性能和应用。

表 2-7 列出了我国常用可锻铸铁的牌号、力学性能和用途。其牌号由 KTH 或 KTZ 与两组数字组成。其中 KT 表示“可锻铸铁”中“可”和“铁”二字的汉语拼音首字母；H 和 Z 分别表示“黑”和“珠”的汉语拼音首字母；牌号后边第一组数字表示最小抗拉强度值；第二组数字表示最小伸长率。

可锻铸铁的力学性能优于灰口铸铁，并接近于同类基体的球墨铸铁。但与球墨铸铁相比，具有铁水处理简易、质量稳定、废品率低等优点。故生产中，常用可锻铸铁制造一些截面较薄、形状较复杂、工作时受振动而强度、韧性要求较高的零件。因为这些零件若用灰口铸铁制造，则不能满足力学性能要求；若用铸钢制造，则因其铸造性能较差，质量不易保证。

表 2-7　可锻铸铁的牌号、力学性能和用途

种类	牌号	试样直径/mm	力学性能				用途举例
			σ_b/MPa	$\sigma_{0.2}$/MPa	δ/%	HBS	
			不小于				
黑心可锻铸铁	KTH300-06	12 或 15	300		6	不大于 150	弯头、三通管件、中低压阀门等
	KTH330-08		330		8		扳手、犁刀、犁柱、车轮壳等
	KTH350-10		350	200	10		汽车、拖拉机前后轮壳、减速器壳、转向节壳、制动器及铁道零件等
	KTH370-12		370		12		
珠光体可锻铸铁	KTZ450-06	12 或 15	450	270	6	150～200	载荷较高和耐磨损零件，如曲轴、凸轮轴、连杆、齿轮、活塞环、轴套、耙片、万向接头、棘轮、扳手、传动链条等
	KTZ550-04		550	340	4	180～250	
	KTZ650-02		650	430	2	210～260	
	KTZ700-02		700	530	2	240～290	

（四）蠕墨铸铁

蠕墨铸铁是 20 世纪 70 年代发展起来的一种新型铸铁，因其石墨很像蠕虫而命名。蠕墨铸铁的力学性能介于相同基体组织的灰口铸铁和球墨铸铁之间，它的抗拉强度、屈服点、伸长率、疲劳强度均优于灰口铸铁，接近于铁素体球墨铸铁；而铸造性能、减振能力、导热性、切削加工性均优于球墨铸铁，与灰口铸铁相近。蠕墨铸铁是将蠕化剂（稀土镁钛合金、稀土镁钙合金、镁钙合金等）置于浇包内的一侧，另一侧冲入铁液，经熔化而成的。蠕墨铸铁的牌号由 RuT 与一组数字组成。其中 RuT 中 R 和 T 为“蠕铁”二字汉语拼音首字母，后面三位数字表示其最小抗拉强度值，见表 2-8。

表 2–8　蠕墨铸铁的牌号、力学性能和用途

牌号	力学性能				用途举例
	σ_b/MPa	$\sigma_{0.2}$/MPa	δ/%	HBS	
	不小于				
RuT260	260	195	3	121～195	增压器废气进气壳体、汽车底盘零件等
RuT300	300	240	1.5	140～217	排气管、变速箱体、气缸盖、液压件、纺织机零件、钢锭模等
RuT340	340	270	1.0	170～249	重型机床件，大型齿轮箱体、飞轮、起重机卷筒等
RuT380	380	300	0.75	193～274	活塞环、气缸套、制动盘、钢珠研磨盘、吸淤泵体等
RuT420	420	335	0.75	200～280	气缸盖、气缸套、钢锭模、液压件等

三、合金钢

合金钢是为了提高钢的性能，在冶炼碳素钢的基础上，加入一些合金元素而炼成的钢，如铬钢、锰钢、铬锰钢、铬镍钢等。

（一）合金钢的分类与编号方法

1. 合金钢的分类

按合金元素总的质量分数不同分为低合金钢（w_{Me}<5%）、中合金钢（w_{Me}=5%～10%）、高合金钢（w_{Me}>10%）；按钢中主要合金元素种类不同，又可分为锰钢、铬钢、硼钢、铬镍钢、铬锰钢等；按用途分为合金结构钢、合金工具钢、特殊性能钢；按正火后组织分为铁素体钢、奥氏体钢、莱氏体钢等。

2. 合金钢的编号方法

（1）低合金高强度结构钢

其牌号由代表屈服点的“屈”字的汉语拼音首字母（Q）、屈服极限数值、质量等级符号（A、B、C、D、E）三个部分按顺序排列组成。例如 Q390A，表示屈服强度 σ_s=390 MPa、质量等级 A 的低合金高强度结构钢。

（2）合金结构钢

其牌号由两位数字+元素符号+数字三部分组成。前面两位数字代表钢中平均碳质量分数的万倍，元素符号表示钢中所含的合金元素，元素符号后面数字表示该元素的平均质量分数的百倍。合金元素的平均质量分数 w_{Me}<1.5%时，一般只标明元素而不标明数值；当平均质量分数≥1.5%，2.5%，3.5%，…时，则在合金元素后面相应地标出 2，3，4，…。例如 40Cr，其平均碳的质量分数 w_C=0.4%，平均铬的质量分数 w_{Cr}<1.5%。如果是高级优质钢，则在牌号的末尾加 A，如 38CrMoAlA 钢，则属于高级优质合金结构钢。

（3）滚动轴承钢

其牌号由 G（“滚”字汉语拼音的首字母）+Cr+数字等部分组成，后面数字表示铬的质量分数的千倍，其碳的质量分数不标出。例如，GCr15 钢，就是平均铬的质量分数 w_{Cr}=1.5%的滚动轴承钢。当铬轴承钢中若含有除铬外的其他合金元素时，这些元素的表示方法同一般的合金结构钢。滚动轴承钢都是高级优质钢，但牌号后不加 A。

（4）合金工具钢

这类钢的编号方法与合金结构钢的区别仅在于：当 w_C＜1%时，用一位数字表示碳的质

量分数的千倍；当 $w_C \geq 1\%$时，则不予标出。例如 Cr12MoV 钢，其平均碳的质量分数为 w_C=1.45%～1.70%，所以不标出；Cr 的平均质量分数为 12%，Mo 和 V 的质量分数都是小于 1.5%。又如 9SiCr 钢，其平均 w_C=0.9%，平均 w_{Si}，w_{Cr}＜1.5%。不过高速工具钢例外，其平均碳的质量分数无论多少均不标出。因合金工具钢及高速工具钢都是高级优质钢，所以它的牌号后面也不必再标 A。

（5）不锈钢与耐热钢

这类钢牌号前面数字表示碳质量分数的千倍。例如 3Cr13 钢，表示平均 w_C=0.3%，平均 w_{Cr}=13%。当碳的质量分数 $w_C \leq 0.03\%$及 $w_C \leq 0.08\%$时，则在牌号前面分别冠以 00 及 0 表示，如 00Cr17 Ni14Mo2、0Cr19 Ni9 钢等。

（二）合金结构钢

1. 低合金高强度结构钢

低合金高强度结构钢是结合我国资源条件发展起来的钢种。它是低碳结构钢，合金元素总量在 3%以下，以锰为主要元素。与碳素结构钢相比有较高强度，足够的塑性、韧性，良好的焊接工艺性能，较好的耐腐蚀性和低的冷脆转变温度。

为保证有良好的塑性与韧性，良好的焊接性能和冷成形性能，低合金高强度结构钢中碳的质量分数一般均较低，大多数为 w_C=0.16%～0.20%。

合金元素的主要作用是：加入锰（为主加元素）、硅、铬、镍元素为强化铁素体；加入钒、铌、钛、铝等元素为细化铁素体晶粒，增加珠光体数量；加入碳化物形成元素（钒、铌、钛）及氮化物形成元素（铝），使细小化合物从固溶体中析出，产生弥散强化作用。

低合金高强度结构钢可按屈服极限分 295、345、390、420、460（MPa）五个强度等级，其中 295～390 MPa 级的应用最广，低合金高强度结构钢的力学性能见表 2-9。

表 2-9　低合金高强度结构钢的力学性能

牌号	质量等级	厚度（直径）/mm				σ_s/MPa 公称厚度～80 mm	δ_5/% 公称厚度～80 mm	冲击吸收功 A_{KV}/J 公称厚度直径、边长 12～150 mm				180° 弯曲试验 d=弯心直径 a=试样厚度 钢材厚度（直径）/mm	
		≤16	>16～40	>40～63	>63～80			+20 ℃	0 ℃	−20 ℃	−40 ℃		
		σ_s/MPa 不小于						≥				≤16	>16～100
Q345	A	345	335	325	315	470～630	19	34	34	34	34	$d=2a$	$d=3a$
	B						19						
	C	345	335	325	315	470～630	20	34	34	34	34	$d=2a$	$d=3a$
	D						20						
	E						20						
Q390	A	390	370	350	330	490～650	19	34	34	34	34	d=2a	d=3a
	B												
	C												
	D												
	E												

续表

牌号	质量等级	厚度（直径）/mm ≤16	>16～40	>40～63	>63～80	σ_s/MPa 公称厚度～80 mm	δ_5/% 公称厚度～80 mm	冲击吸收功 A_{KV}/J 公称厚度直径、边长 12～150 mm +20 ℃	0 ℃	−20 ℃	−40 ℃	180° 弯曲试验 d=弯心直径 a=试样厚度 钢材厚度（直径）/mm ≤16	>16～100
		σ_s/MPa 不小于						≥					
Q420	A												
	B												
	C	420	400	380	360	520～680	18	34	34	34	34	d=2a	d=3a
	D												
	E												
Q460	C												
	D	460	440	420	400	550～720	17		34	34	34	d=2a	d=3a
	E												

低合金高强度结构钢大多数是在热轧、正火状态下使用，其组织为铁素体+少量珠光体。对 Q420、Q460 的 C、D、E 级钢也可先淬成低碳马氏体，然后进行高温回火以获得低碳回火索氏体组织，从而获得良好的力学性能。其中 Q345 钢的应用最广泛。我国的南京长江大桥、内燃机车机体、万吨巨轮、压力容器、载重汽车大梁等都采用 Q345 钢制造。

2. 合金渗碳钢

合金渗碳钢主要用来制造工作中承受较强烈的冲击作用和磨损条件下的渗碳零件。例如，制造承受动载荷和重载荷的汽车变速箱齿轮、汽车后桥齿轮和内燃机里的凸轮轴、活塞销等。这类钢经渗碳、淬火和低温回火后表面具有高的硬度和耐磨性，心部具有较高的强度和足够的韧性。

合金渗碳钢中碳的质量分数一般在 0.10%～0.25%之间，以保证渗碳零件心部具有良好的塑性和韧性。碳素渗碳钢的淬透性低，热处理对心部的性能改变不大，加入合金元素可提高钢的淬透性，改善心部性能。常用的合金元素有铬、镍、锰和硼等，其中以镍的作用最好。为了细化晶粒，还加入少量阻止奥氏体晶粒长大的强碳化物形成元素，如钛、钒、钼等，它们形成的碳化物在高温渗碳时不溶解，可有效抑制渗碳时的过热现象。

为了保证渗碳零件表面得到高硬度和高耐磨性，大多数合金渗碳钢采用渗碳后淬火+低温回火。渗碳后的钢种，表层碳的质量分数为 0.85%～1.05%，经淬火+低温回火后，表层组织由合金渗碳体、回火马氏体及少量残余奥氏体组成，硬度可达 58～64HRC，而心部的组织与钢的淬透性及零件的截面有关：当全部淬透时是低碳回火马氏体，硬度可达 40～48HRC，未淬透的情况下是珠光体+铁素体或低碳回火马氏体加少量铁素体的混合组织，硬度为 25～40HRC。

合金渗碳钢可按淬透性分为低淬透性、中淬透性及高淬透性钢三类，主要力学性能列于表 2-10。

表 2－10　常用合金渗碳钢的牌号、热处理、性能和用途

牌号	试样尺寸/mm	热处理/℃				力学性能（不小于）					用途举例
		渗碳	第一次淬火	第二次淬火	回火	σ_b/MPa	σ_s/MPa	δ_5/%	Ψ/%	A_{KU2}/J	
20Cr	15	930	880 水、油	780 水－820 油	200	835	540	10	40	47	用于 30 mm 以下、形状复杂而受力不大的渗碳件，如机床齿轮、齿轮轴、活塞销
20MnVB	15	930	860 水、油	—	200	1 080	585	10	45	55	代替 20Cr，也可用于锅炉、压力容器、高压管道等
20CrMnTi	15	930	880 油	870 油	200	1 080	850	10	45	55	用于截面在 30 mm 以下，承受高速、中或重载、摩擦的重要渗碳件，如齿轮、凸轮等
20Cr2 Ni4	15	930	860 油	780 油	200	1 180	1 080	10	45	63	用于承受高负荷的重要渗碳件，如大型齿轮和轴类件
18Cr2 Ni4WA	15	930	950 空气	850 空气	200	1 180	835	10	45	78	用于大截面的齿轮、传动轴、曲轴、花键轴等

3. 合金调质钢

合金调质钢指调质处理后使用的合金结构钢，其具有良好的综合力学性能。合金调质钢广泛用于制造一些重要零件，如机床的主轴、汽车底盘的半轴、柴油机连杆螺栓等。

合金调质钢碳的质量分数一般在 0.25%～0.50%之间。碳的质量分数过低不易淬硬，回火后达不到所需要的强度；碳的质量分数过高，零件韧性较差。

合金调质钢的主加元素有铬、镍、锰、硅、硼等，以增加淬透性、强化铁素体；钼、钨的主要作用是防止或减轻第二类回火脆性，并增加回火稳定性；钒、钛的作用是细化晶粒。

合金调质钢在锻造后为了改善切削加工性能应采用完全退火作为预先热处理。最终热处理采用淬火后进行 500～650 ℃的高温回火，以获得回火索氏体，使钢件具有高的综合力学性能。合金调质钢常按淬透性大小分为三类，其牌号、热处理、力学性能和用途见表 2－11。

表 2－11　常用合金调质钢的牌号、热处理、力学性能和用途

牌号	试样尺寸/mm	热处理		力学性能（不小于）					用途举例
		淬火/℃	回火/℃	σ_b/MPa	σ_s/MPa	δ_5/%	Ψ/%	A_{KU2}/J	
40Cr	25	850 油	520 水、油	980	785	9	45	47	用于重要调质件，如轴类件、连杆螺栓、汽车转向节、后半轴、齿轮等

续表

牌号	试样尺寸/mm	热处理		力学性能（不小于）					用途举例
		淬火/℃	回火/℃	σ_b/MPa	σ_s/MPa	δ_5/%	Ψ/%	A_{KU2}/J	
40MnB	25	850 油	500 水、油	980	785	10	45	47	代替 40Cr
30CrMnSi	25	880 油	520 水、油	1 080	885	10	45	39	用于飞机重要件，如起落架、螺栓、对接接头、冷气瓶等
30CrMo	25	880 油	540 水、油	930	785	12	50	63	用于重要调质件，如大电机轴、锤杆、轧钢曲轴，是 40CrNi 的代用钢
38CrMoAl	30	940 水、油	640 水、油	980	835	14	50	71	用于需渗氮的零件，如佐杆、磨床主轴、精密丝杠、高压阀门、量规等
40CrMnMo	25	850 油	600 水、油	980	785	10	45	63	用于受冲击载荷的高强度件，是 40CrNiMo 钢的代用钢
40CrNiMoA	25	850 油	600 水、油	980	835	12	55	78	用于重型机械中高负荷的轴类、直升飞机的旋翼轴、汽轮机轴、齿轮等

4. 合金弹簧钢

弹簧是机器、车辆和仪表及生活中的重要零件，主要在冲击、振动、周期性扭转和弯曲等交变应力下工作，弹簧工作时不允许产生塑性变形，因此要求制造弹簧的材料具有较高的强度。

合金弹簧钢碳的质量分数一般为 0.5%～0.7%，碳的质量分数过高时，塑性和韧性差，疲劳强度下降。常加入以硅、锰为主的合金元素，提高钢的淬透性和强化铁素体。

合金弹簧钢根据弹簧尺寸的不同，成形与热处理方法也有不同，其主要牌号、热处理、力学性能和用途见表 2-12。

表 2-12　常用合金弹簧钢的牌号、热处理、力学性能和用途

牌号	热处理		力学性能（不小于）			用途举例
	淬火/℃	回火/℃	σ_b/MPa	σ_s/MPa	Ψ/%	
60Si2Mn	870 油	480	1 275	1 180	25	汽车、拖拉机、机车车辆的板簧、螺旋弹簧，安全阀及止回阀用簧，工作温度低于 250 ℃的耐热弹簧，高应力的重要弹簧
60Si2CrA	870 油	420	1 765	1 570	20	高负荷、耐冲击的重要弹簧，工作温度低于 250 ℃的耐热弹簧
50CrVA	850 油	500	1 225	1 130	40	大截面（50 mm）高应力螺旋弹簧，工作温度低于 300 ℃的耐热弹簧
30W4Cr2VA	1 050～1 100 油	600	1 470	1 325	40	制作 540 ℃蒸汽电站用弹簧，锅炉安全阀用弹簧等

（1）热成形弹簧钢

弹簧丝直径或弹簧钢板厚度大于 10～15 mm 的螺旋弹簧或板弹簧，采用热态成形，成形后利用余热进行淬火，然后中温回火（350～500 ℃）处理，得到回火屈氏体，具有高的弹性极限、高的屈强比，硬度一般为 42～48HRC。弹簧经热处理后，一般还要进行喷丸处理，使表面强化，并在表面产生残余应力，以提高其疲劳强度。

（2）冷成形弹簧钢

对于钢丝直径小于 8～10 mm 的弹簧，常用冷拉弹簧钢丝冷卷成型。钢丝在冷拔过程中，首先将盘条坯料加热至奥氏体组织后，再在 500～550 ℃的铅浴或盐浴中等温转变获得索氏体组织，然后经多次冷拔，得到均匀的所需直径和具有冷变形强化效果的钢丝。

冷拉钢丝在拉制过程中已被强化，所以在冷卷成型后，不必再进行淬火处理，只需在 200～300 ℃进行一次去应力退火，以消除在冷拉、冷卷过程中产生的应力并稳定弹簧尺寸。

常用合金弹簧钢的牌号有 60Si2Mn、60Si2CrVA 和 50CrVA。合金弹簧钢主要用于制造各种弹性元件，如制造汽车、拖拉机、坦克、机车车辆的减振板弹簧和螺旋弹簧，大炮的缓冲弹簧，钟表的发条。

5. 滚动轴承钢

滚动轴承钢是制造各种滚动轴承的滚珠、滚柱、滚针的专用钢，也可作其他用途，如形状复杂的工具、冷冲模具、精密量具以及要求硬度高、耐磨性高的结构零件。

一般的轴承用钢是高碳低铬钢，其碳的质量分数为 0.95%～1.15%，属过共析钢，目的是保证轴承具有高的强度、硬度和足够的碳化物，以提高耐磨性。铬的含量为 0.4%～1.65%，铬的作用主要是提高淬透性，使组织均匀，并增加回火稳定性。铬与碳作用形成的（Fe、Cr）3C 合金渗碳体，能提高钢的硬度及耐磨性，铬还能提高钢的回火稳定性。

滚动轴承钢的纯度要求极高，硫、磷含量限制极严（$w_S<0.020\%$，$w_P<0.027\%$）。硫、磷形成非金属夹杂物，会降低接触疲劳抗力。滚动轴承钢是一种高级优质钢（但在牌号后不加 A），其热处理包括预先热处理（球化退火）和最终热处理（淬火+低温回火）。轴承钢淬火、回火后的组织为极细回火马氏体和分布均匀的细小碳化物以及少量的残余奥氏体，回火后硬度为 61～65HRC。

对于精密轴承，由于低温回火不能完全消除残余应力和残余奥氏体，因此为了稳定尺寸，可在淬火后立即进行冷处理（−80～−60 ℃），以减少残余奥氏体量，然后再进行低温回火和磨削加工，最后再进行一次稳定尺寸的稳定化处理（在 120～130 ℃保温 10～20 h）。

常用滚动轴承钢的牌号、化学成分、热处理和用途见表 2−13。

表 2−13 常用滚动轴承钢的牌号、化学成分、热处理和用途

牌号	化学成分（质量分数）/%						热处理			用途举例
	C	Cr	Mn	Si	S	P	淬火温度/℃	回火温度/℃	回火后硬度/HRC	
GCr9	1.00～1.10	0.90～1.20	0.25～0.45	0.15～0.35	≤0.020	≤0.027	810～830	150～170	62～66	直径 10～20 mm 的滚珠、滚柱及滚针
GCr15	0.95～1.05	1.40～1.65	0.25～0.45	0.15～0.35	≤0.020	≤0.027	825～845	150～170	62～66	壁厚<12 mm、外径 <250 mm 的套圈，直径为 25～50 mm 的钢球

续表

牌号	化学成分（质量分数）/%						热处理			用途举例
	C	Cr	Mn	Si	S	P	淬火温度/℃	回火温度/℃	回火后硬度/HRC	
GCr15SiMn	0.95～1.05	1.40～1.65	0.95～1.25	0.45～0.75	≤0.020	≤0.027	820～840	150～170	≥62	壁厚≥ 12 mm、外径≥250 mm 的套圈，直径>50 mm 的滚珠

（三）合金工具钢

合金工具钢按用途分为合金刃具钢、合金模具钢、合金量具钢。

1. 合金刃具钢

合金刃具钢是用来制造各种切削刀具的钢，如车刀、铣刀、钻头等，对刃具钢的性能要求是：高硬度、高耐磨性、高红硬性（红硬性是指钢在高温下保持高硬度的能力）、一定的韧性和塑性。

（1）低合金刃具钢

为了保证高硬度和高耐磨性，低合金刃具钢碳的质量分数为 0.75%～1.45%，加入的合金元素硅、铬、锰可提高钢的淬透性；硅、铬还可以提高钢的回火稳定性，使其一般在 300 ℃以下回火后硬度仍保持 60HRC 以上，从而保证一定的红硬性。钨在钢中可形成较稳定的特殊碳化物，基本上不溶于奥氏体，能使钢的奥氏体晶粒保持细小，增加淬火后钢的硬度，同时还提高钢的耐磨性及红硬性。

常用低合金刃具钢的牌号、化学成分、热处理和用途见表 2–14。

刃具毛坯经锻造后的预先热处理为球化退火，最终热处理采用淬火+低温回火，组织为细回火马氏体+粒状合金碳化物+少量残余奥氏体，硬度一般为 60HRC。

表 2–14　常用低合金刃具钢的牌号、化学成分、热处理和用途

牌号	化学成分（质量分数）/%					试样淬火		退火状态 HBS 不小于	用途举例
	C	Si	Mn	Cr	其他	淬火温度/℃	HBC 不小于		
Cr06	1.30～1.45	≤0.40	≤0.40	0.50～0.70	—	780～810 水	64	241～187	锉刀、刮刀、刀片、剃刀、外科医疗刀具
Cr2	0.95～1.10	≤0.40	≤0.40	1.30～1.65	—	830～860 油	62	229～179	车刀、插刀、铰刀、冷轧辊等
9SiCr	0.85～0.95	1.20～1.60	0.30～0.60	0.95～1.25	—	830～860 油	62	241～197	丝锥、板牙、钻头、铰刀、齿轮、铣刀、小型拉刀、冷冲模等
8MnSi	0.75～0.85	0.30～1.60	0.80～1.10	—	—	800～820 油	62	≤229	多用作木工凿子、锯条或其他工具
9Cr2	0.85～0.95	≤0.40	≤0.40	1.30～1.70	—	820～850 油	62	217～179	尺寸较大的铰刀和车刀等刃具、冷轧辊、冷冲模、木工工具等
W	1.05～1.25	≤0.40	≤0.40	0.10～0.30	W0.08～1.20	800～830 水	62	229～187	低速切削硬金属刃具，如麻花钻、车刀和特殊切削工具

（2）高速钢

高速钢是一种红硬性、耐磨性较高的高合金工具钢，它的红硬性高达 600 ℃，可以进行高速切削，故称为高速钢。高速钢具有高的强度、硬度、耐磨性及淬透性。

高速钢的成分特点是含有较高的碳和大量形成碳化物的元素钨、钼、铬、钒、钴、铝等，碳的质量分数为 0.70%～1.60%，合金元素总量大于 10%。由于高速工具钢含有大量合金元素，故铸态组织出现莱氏体，属于莱氏体钢。其中共晶碳化物呈鱼骨状且分布很不均匀，造成强度及韧性下降。这些碳化物不能用热处理来消除，必须通过高温轧制及反复锻造将其击碎，并使碳化物呈小块状均匀分布在基体上。因此，高速工具钢锻造的目的不仅仅在于成形，更重要的是打碎莱氏体中粗大的碳化物。因高速工具钢的奥氏体稳定性很好，经锻造后空冷，也会发生马氏体转变。

为了改善其切削加工性能，消除残余内应力，并为最终热处理作组织准备，必须进行退火。通常采用等温球化退火（即在 830～880 ℃范围内保温后，较快地冷却到 720～760 ℃范围内等温），退火后组织为索氏体及粒状碳化物，硬度为 210～250HBS。

高速钢的红硬性主要决定于马氏体中合金元素的含量，即加热时溶入奥氏体中的合金元素量。对 W18Cr4V 钢，随着加热温度升高，溶入奥氏体中的合金元素含量增加，为了使钨、钼、钒元素尽可能多地溶入奥氏体，提高钢的红硬性，其淬火温度应高（为 1 270～1 280 ℃）。但加热温度过高时，奥氏体晶粒粗大，剩余碳化物聚集，使钢性能变坏，故高速工具钢的淬火加热温度一般不超过 1 300 ℃。高速工具钢的淬火方法常用油淬空冷的双介质淬火法或马氏体分级淬火法。淬火后的组织是隐针马氏体、粒状碳化物及 20%～25%的残余奥氏体。

为了消除淬火应力，减少残余奥氏体量，稳定组织，提高力学性能指标，淬火后必须进行回火。在 560 ℃左右回火过程中，由马氏体中析出高度弥散的钨、钒的碳化物，使钢的硬度明显提高。同时残余奥氏体中也析出碳化物，使其碳和合金元素含量降低，在回火冷却过程中残余奥氏体转变成马氏体使硬度提高达到 64～66HRC，形成二次硬化。

由于 W18Cr4V 钢在淬火状态有 20%～25%的残余奥氏体，一次回火难于全部消除，经三次回火后即可使残余奥氏体减至最低量（第一次回火 1 h 降到 10%左右，第二次回火后降到 3%～5%，第三次回火后降到最低量 1%～2%）。高速钢正常淬火、回火后组织为极细小的回火马氏体+较多的粒状碳化物及少量残余奥氏体，其硬度为 63～66HRC。

我国常用的高速工具钢有三类，见表 2－15。W18Cr4V 是钨系高速工具钢，其热硬性较高，过热敏感性较小，磨削性好，但碳化物较粗大，热塑性差，热加工废品率较高。W18Cr4V 钢适用于制造一般的高速切削刃具，但不适合制造薄刃的刃具。

表 2－15 常用高速工具钢的牌号、化学成分、热处理和红硬性

种类	牌号	化学成分（质量分数）/%						热处理			红硬性 HRC
		C	Cr	W	Mo	V	其他	淬火温度/℃	回火温度/℃	回火后硬度 HRC	
钨类	W18Cr4V	0.70～0.80	3.80～4.40	17.50～19.00	≤ 0.30	1.00～1.40		1 270～1 285	550～570	63	61.5～62

续表

种类	牌号	化学成分（质量分数）/%						热处理			红硬性HRC
		C	Cr	W	Mo	V	其他	淬火温度/℃	回火温度/℃	回火后硬度HRC	
钨钼类	CW6Mo5Cr4V2	0.95～1.05	3.80～4.40	5.50～6.75	4.50～5.50	1.75～2.20		1 190～1 210	540～560	65	—
	W6Mo5Cr4V2	0.80～0.90	3.80～4.40	5.50～6.75	4.50～5.50	1.75～2.20		1 210～1 230	540～560	64	60～61
	W6Mo5Cr4V3	1.00～1.10	3.75～4.50	5.00～6.75	4.75～5.50	2.80～3.30		1 200～1 240	540～560	64	64
	W9Mo3Cr4V	0.77～0.87	3.80～4.40	8.50～9.50	2.75～3.30	1.30～1.70		1 210～1 230	540～560	64	—
超硬系	W18Cr4V2Co8	0.75～0.85	3.75～5.00	17.50～19.00	0.50～1.25	1.80～2.40	Co：7.00～9.50	1 270～1 290	540～560	65	64
	W6Mo5Cr4V2Al	1.05～1.20	3.80～4.40	5.50～6.75	4.50～5.50	1.75～2.20	Al：0.80～1.20	1 230～1 240	540～560	65	65

2. 合金模具钢

根据工作条件的不同，模具钢又可分为冷作模具钢和热作模具钢。

1）冷作模具钢

冷作模具钢用于制造在室温下使金属变形的模具，如冷冲模、冷镦模、拉丝模、冷挤压模等。它们在工作时承受高的压力、摩擦与冲击，因此冷作模具钢要求具有高的硬度和耐磨性、较高强度、足够韧性和良好的工艺性。

常用来制造冷作模具的合金工具钢中有一部分为低合金工具钢，如 CrWMn、9CrWMn、9Mn2V 以及列在表 2-14 中的 9SiCr、Cr2、9Cr2 等。对尺寸比较大、工作载荷较重的冷作模具应采用淬透性比较高的低合金工具钢制造。对于尺寸不是很大但形状复杂的冷冲模，为减少变形也应使用此类钢制造。

对于要求热处理变形小的大型冷作模具采用高碳高铬模具钢（Cr12、Cr12MoV）制造。Cr12 钢中主要的碳化物是（Cr、Fe）$_7C_3$，这些碳化物在高温加热淬火时大量溶于奥氏体，增加钢的淬透性。Cr12 钢缺点是碳化物多而且分布不均匀，残余奥氏体含量也高，强度、韧性大为降低。在 Cr12 钢基础上加入钼、钒后，除可以进一步提高钢的回火稳定性，增加淬透性外，还能细化晶粒，改善韧性，所以 Cr12MoV 钢性能优于 Cr12 钢。

含有钼、钒的高碳高铬钢在 500 ℃左右回火后产生二次硬化，因此具有高的硬度和耐磨性。常用冷作模具钢的牌号、热处理、硬度和用途见表 2-16。

表 2-16　常用冷作模具钢的牌号、热处理、硬度和用途

<table>
<tr><th rowspan="3">牌号</th><th colspan="4">热处理</th><th rowspan="3">回火后硬度HBW</th><th rowspan="3">用途举例</th></tr>
<tr><th colspan="2">退火及硬度</th><th colspan="2">淬火及回火</th></tr>
<tr><th>温度/℃</th><th>硬度HBW</th><th>淬火温度/℃</th><th>回火温度/℃</th></tr>
<tr><td rowspan="2">Cr12</td><td rowspan="2">850～870</td><td rowspan="2">≤269</td><td>950～980 油</td><td>180～220</td><td>60～62</td><td rowspan="2">用于耐磨性能高而不受冲击的模具，如冷冲模冲头、冷切剪刀、钻套、量规、粉末冶金模、拉丝模，车刀、铰刀等</td></tr>
<tr><td>1 050～1 080 油</td><td>510～520（三次）</td><td>59～60</td></tr>
<tr><td rowspan="2">Cr2MoV</td><td rowspan="2">850～870</td><td rowspan="2">≤255</td><td>980～1 030 油</td><td>160～180</td><td>61～63</td><td rowspan="2">用于截面较大、形状复杂、工作条件繁重的模具，如圆锯、搓丝板、切边模、滚边模、标准工具与量规等</td></tr>
<tr><td>1 080～1 150 油</td><td>510～520（三次）</td><td>60～62</td></tr>
</table>

2）热作模具钢

热作模具钢用于制造加热的固态金属或液态金属在压力下成形的模具。前者称为热锻模或热挤压模，后者称为压铸模。

模具承受载荷很大，要求强度高，模具在工作时往往还承受很大冲击，要求韧性好，既要求综合力学性能好，又要求有良好的淬透性和抗热疲劳性。

常用热作模具钢的牌号、热处理、硬度和用途见表 2-17。

表 2-17　常用热作模具钢的牌号、热处理、硬度和用途

<table>
<tr><th rowspan="3">牌号</th><th colspan="6">热处理</th><th rowspan="3">用途举例</th></tr>
<tr><th colspan="2">退火</th><th colspan="2">淬火</th><th colspan="2">回火</th></tr>
<tr><th>温度/℃</th><th>硬度HBW</th><th>温度/℃</th><th>冷却介质</th><th>温度/℃</th><th>硬度HRC</th></tr>
<tr><td>5CrNiMo</td><td>830～860</td><td>197～241</td><td>830～860</td><td>油</td><td>530～550</td><td>39～43</td><td>用于形状复杂、冲击负荷重的各种大、中型锤锻模（边长>400 mm）</td></tr>
<tr><td>Cr2MoV</td><td>820～850</td><td>197～241</td><td>820～850</td><td>油</td><td>560～580</td><td>35～39</td><td>用于中型锤锻模（边长≤30～400 mm）</td></tr>
<tr><td>4Cr5MoSiV</td><td>840～900</td><td>≤235</td><td>1 000～1 010</td><td>空气</td><td>550</td><td>40～54</td><td>用于模锻锤锻模、热挤压模具（挤压铝、镁）、塑料模具、高速锤锻模、铝合金压铸模等</td></tr>
<tr><td>3Cr2W8V</td><td>860～880</td><td>207～255</td><td>1 075～1 125</td><td>油</td><td>560～660（三次）</td><td>44～54</td><td>用于热挤压模（挤压铜、钢）、压铸模、热剪切刀</td></tr>
<tr><td>4Cr5W2SiV</td><td>840～900</td><td>≤229</td><td>1 030～1 050</td><td>油或空气</td><td>580（二次）</td><td>45～50</td><td>用于寿命要求高的热锻模、高速锤用模具与冲头、热挤压模具及芯棒、有色金属压铸模等</td></tr>
</table>

（1）热锻模具钢

包括锤锻模、热挤压模、热镦模及精锻模用钢。一般碳的质量分数为 0.4%～0.6%，以保证淬火及中、高温回火后具有足够的强度与韧性。

热锻模经锻造后需进行退火，以消除锻造内应力，均匀组织，降低硬度，改善切削加工性能。加工后通过淬火、中温回火，得到主要是回火屈氏体的组织，硬度一般为 40～50HRC，

来满足使用要求。常用的热锻模具钢牌号是5CrNiMo、5CrMnMo。5CrNiMo钢具有良好的韧性、强度、耐磨性和淬透性。5CrNiMo钢是世界通用的大型锤锻模用钢，适于制造形状复杂的、受冲击载荷重的大型及特大型的锻模。5CrMnMo钢以锰代镍，适于制造中型锻模。

热作模具钢中的4CrMnSiMoV钢具有良好的淬透性，故尺寸较大的模具空冷也可得到马氏体组织，并具有较好的回火稳定性和良好的力学性能，其抗热疲劳性及较高温度下的强度和韧性接近5CrNiMo钢，因此在大型锤锻模和水压机锻造用模上，4CrMnSiMoV钢可以代替5CrNiMo钢。

铬系热模具钢4Cr5MoSiV可用于制造尺寸不大的热锻模、热挤压模、高速精锻模、锻造压力机模等。5Cr4Mo3SiMnVAl为冷热兼用的模具钢，可用其制造压力机热压冲头及凹模，寿命较长。

（2）压铸模钢

压铸模工作时与炽热金属接触时间较长，要求有较高的耐热疲劳性、较高的导热性、良好的耐磨性和必要的高温力学性能。此外，还需要具有耐高温金属液的腐蚀和冲刷能力。常用压铸模钢是3Cr2W8V钢，具有高的热硬性和抗热疲劳性。这种钢在600～650 ℃下强度可达1 000～1 200 MPa，淬透性也较好。

近年来，铝镁合金压铸模用钢还可用铬系热模具钢4Cr5MoSiV钢，其中用4Cr5MoSiV钢制造的铝合金压铸模具，寿命要高于3Cr2W8V钢。

3. 合金量具钢

合金量具钢是用于制造游标卡尺、千分尺、量块、塞规等测量工件尺寸的工具用钢。量具钢选用实例及热处理方法见表2-18。

表2-18　合金量具钢选用实例及热处理方法

量具名称	选用钢号实例	热处理方法
形状简单、精度不高的量规、塞规等	T10A、T12A、9SiCr	淬火+低温回火
精度不高、耐冲击的卡板、平样板等	15、20、20Cr、15Cr	渗碳+淬火+低温回火
	50、60、65Mn	高频感应淬火
高精度量块等	GCrl5、Cr2、CrMn	淬火+低温回火
高精度、形状复杂的量规、量块等	CrWMn	淬火+低温回火

量具在使用过程中与工件接触，受到磨损与碰撞，因此要求工作部分应有高的硬度（58～64HRC）、耐磨性、尺寸稳定性和足够的韧性。合金工具钢9Mn2V钢、CrWMn钢及GCr15钢，由于淬透性好，用油淬造成的内应力比水淬的碳钢小，低温回火后残余内应力也较小，同时合金元素使马氏体分解温度提高，因而使组织稳定性提高，故在使用过程中尺寸变化倾向较碳素工具钢小。因此要求高精度和形状复杂的量具，常用合金工具钢制造。量具的最终热处理主要是淬火、低温回火，以获得高硬度和高耐磨性。对于高精度的量具，为保证尺寸稳定，在淬火与回火之间进行一次冷处理（-80～-70 ℃），以消除淬火后组织中的大部分残余奥氏体。对精度要求特别高的量具，在淬火、回火后还需进行时效处理。时效温度一般为120～130 ℃，时效时间为24～36 h，以进一步稳定组织，消除内应力。量具在精磨后还要进行8 h左右的时效处理，以消除精磨中产生的内应力。

（四）特殊性能钢

特殊性能钢是指具有特殊的物理、化学性能的钢。其种类较多，常用的特殊性能钢有不锈钢、耐热钢和耐磨钢。

1. 不锈钢

不锈钢是在腐蚀性介质中具有耐腐蚀能力的钢。

1）金属腐蚀

腐蚀通常可分为化学腐蚀和电化学腐蚀两种类型。化学腐蚀指金属与周围介质发生纯化学作用的腐蚀，在腐蚀过程中没有微电流产生，如钢的高温氧化、脱碳等。电化学腐蚀指金属在大气、海水及酸、碱、盐类溶液中产生的腐蚀，在腐蚀过程中有微电流产生。在这两种腐蚀中，危害最大的是电化学腐蚀。大部分金属的腐蚀都属于电化学腐蚀。

2）常用不锈钢

目前常用的不锈钢，按其组织状态主要分为马氏体不锈钢、铁素体不锈钢和奥氏体不锈钢三大类，其牌号、化学成分、热处理、力学性能和用途见表 2–19。

表 2–19　常用不锈钢的牌号、化学成分、热处理、力学性能和用途

类别	牌号	化学成分			热处理		力学性能				用途举例
		w_C/%	w_{Cr}/%	$w_{其他}$/%	淬火温度/℃	回火温度/℃	σ_b/MPa	$\sigma_{0.2}$/MPa	ψ/%	硬度HBW	
马氏体	12Cr13	≤0.15	11.50～13.50	—	950～1 000油冷	700～750快冷	≥540	≥343	≥55	≥159	制造抗弱腐蚀介质并承受冲击的零件，如汽轮机叶片、水压机阀、螺栓、螺母等
	20Cr13	0.16～0.25	12.00～14.00		920～980油冷	600～750快冷	≥637	≥441	≥50	≤192	
	30Cr13	0.26～0.40	12.00～14.00		920～980油冷	600～750快冷	≥735	≥539	≥40	≤217	制造刃具、喷嘴、阀座、阀门、医疗器具等
	32Cr13Mo	0.28～0.35	12.00～14.00	Mo 0.5～1.0	1 025～1 075油冷	200～300快冷				HRC ≥50	制造高温及高耐磨性的热油系物、轴承、阀片、弹簧等
铁素体	10Cr17	≤0.12	16.00～18.00		780～850空冷或缓冷		≥451	≥206	≥50	≥183	制造建筑内装饰、家庭用具、重油燃烧部件、家用电器部件等
	008Cr13Mo2	≤0.12	28.5～32	Mo 1.5～2.5	900～1 000快冷		≥451	≥294	≥45	≥228	耐蚀性很好，用于制造苛性碱设备及有机酸设备

续表

类别	牌号	化学成分			热处理		力学性能				用途举例
		w_C/%	w_{Cr}/%	$w_{其他}$/%	淬火温度/℃	回火温度/℃	σ_b/MPa	$\sigma_{0.2}$/MPa	ψ/%	硬度HBW	
奥氏体	06Cr19Ni10	≤0.08	18.0～20.00	Ni 8.0～10.5	1 010～1 150 快冷		≥520	≥206	≥60	≤187	用于制造食品设备，一般化工设备、原子能工业设备
	12Cr18Ni9	≤0.15	17.00～19.00	Ni 8.0～10.0	1 010～1 150 快冷		≥520	≥206	≥60	≤187	制造建筑用装饰部件及耐有机酸、碱溶液腐蚀的设备零件、管道等
	06Cr19Ni13Mo3	≤0.08	18.0～20.00	Ni 11.0～15.0 Mo 3.0～4.0	1 010～1 150 快冷		≥520	≥206	≥60	≤187	耐蚀性好，制造染色设备零件
	022Cr19Ni13Mo3	≤0.03	18.0～20.00	Ni 11.0～15.0 Mo 3.0～4.0	1 010～1 150 快冷		≥481	≥177	≥60	≤187	制造要求耐晶间腐蚀性好的零件

（1）马氏体不锈钢

常用马氏体不锈钢碳的质量分数为 0.1%～0.4%，铬的含量为 w_{Cr}=11.50%～14.00%，属铬不锈钢，通常指 Cr13 型不锈钢。淬火后能得到马氏体，故称为马氏体不锈钢。随着钢中碳的质量分数的增加，钢的强度、硬度、耐磨性提高，但耐蚀性下降。为了提高耐蚀性，不锈钢的碳的质量分数一般要求 w_C≤0.4%。

碳的质量分数较低的 12Cr13 钢和 20Cr13 钢，具有良好的抗大气、海水、蒸汽等介质腐蚀的能力，塑性、韧性很好。适用于制造在腐蚀条件下工作、受冲击载荷的结构零件，如汽轮机叶片、各种阀、机泵等。这两种钢常用热处理方法为淬火后高温回火，得到回火索氏体组织。碳的质量分数较高的 30Cr13 钢、32Cr13Mo 钢，经淬火后低温回火，得到回火马氏体和少量碳化物，硬度可达 50HRC 左右，用于制造医疗手术工具、量具、弹簧、轴承及弱腐蚀条件下工作而要求高硬度的耐蚀零件。

（2）铁素体不锈钢

典型牌号有 10Cr17、008Cr13Mo2 等。常用的铁素体不锈钢中，w_C≤0.12%，w_{Cr}=12%～13%，这类钢从高温到室温，其组织均为单相铁素体组织，所以在退火和正火状态下使用，不能利用热处理来强化。其耐蚀性、塑性、焊接性均优于马氏体不锈钢，但强度比马氏体不锈钢低，主要用于制造耐蚀零件，广泛用于硝酸和氮肥制造设备中。

（3）奥氏体不锈钢

这类钢一般铬的含量为 w_{Cr}=17%～19%，w_{Ni}=8%～11%，故简称 18-8 型不锈钢。其典型牌号有 06Cr19 Ni10、12Cr18 Ni9、06Cr19 Ni13Mo3、022Cr19 Ni13Mo3 等。这类钢中碳的

质量分数不能过高，否则易在晶间析出碳化物（Cr、Fe）$_{23}C_6$ 引起晶间腐蚀，使钢中铬量降低产生贫铬区，故其碳的质量分数一般控制在 0.10%左右，有时甚至控制在 0.03%左右。有晶间腐蚀的钢，稍受力即沿晶界开裂或粉碎。这类钢在退火状态下呈现奥氏体和少量碳化物组织，碳化物的存在，对钢的耐腐蚀性有很大损伤，故采用固溶处理方法来消除。固溶处理是把钢加热到 1 100 ℃左右，使碳化物溶解在高温下所得到的奥氏体中，然后水淬快冷至室温，即获得单相奥氏体组织，提高钢的耐蚀性。

由于铬镍不锈钢中铬、镍的含量高，且为单相组织，故其耐蚀性高。它不仅能抵抗大气、海水、燃气的腐蚀，而且能抗酸的腐蚀，抗氧化温度可达 850 ℃，具有一定的耐热性。铬镍不锈钢没有磁性，故用其制造电器、仪表零件，不受周围磁场及地球磁场的影响。又由于塑性很好，可以顺利进行冷、热压力加工。

2. 耐热钢

耐热钢是抗氧化钢和热强钢的总称。钢的耐热性包括高温抗氧化性和高温强度两个方面的综合性能。高温抗氧化性是指钢在高温下对氧化作用的抗力。高温强度是指钢在高温下承受机械载荷的能力，即热强性。耐热钢既要求高温抗氧化性能好，又要求高温强度高。在钢中加入铬、硅、铝等合金元素，它们与氧亲和力大，优先被氧化，形成一层致密、完整、高熔点的氧化膜（Cr_2O_3、Fe_2SiO_4、Al_2O_3），牢固覆盖于钢的表面，可将金属与外界的高温氧化性气体隔绝，从而避免进一步被氧化。钢铁材料在高温下除氧化外其强度也大大下降，这是由于随温度升高，金属原子间结合力减弱，特别是当工作温度接近材料再结晶温度时，也会缓慢地发生塑性变形，且变形量随时间的延长而增大，最后导致金属破坏，这种现象称为蠕变。

常用耐热钢的牌号、热处理、力学性能和用途见表 2–20。

表 2–20 常用耐热钢的牌号、热处理、力学性能和用途

类别	牌号	热处理/℃	力学性能					最高使用温度/℃		用途举例
			σ_b/MPa	$\sigma_{0.2}$/MPa	δ_5/%	ψ/%	硬度 HBW	抗氧化	热强性	
珠光体钢	15CrMo	正火 900～950 空冷高回 630～700 空冷	≥410	≥296	≥22	≥60		<560		用于介质温度<550 ℃的蒸式管路、垫圈等
	12CrMoV	正火 960～980 空冷高回 740～760 空冷	≥440	≥225	≥22	≥50		<590		用于介质温度≤570 ℃的过热器管、导管等
	35CrMoV	淬火 900～920 油、水高回 600～650 空冷	≥1 080	≥930	≥10	≥50		<580		用于长期在 500～520 ℃条件下工作的汽轮机叶轮等
铁素体钢	16Cr25 N	退火 780～880 快冷	≥520	≥280	≥20	≥40	≤201	<1 082		用于 1 050 ℃以下炉用构件
	06Cr13Al	退火 780～830 空冷或缓冷	≥420	≥180	≥20	≥60	≥183	<900		用于 900 ℃以下、受力不大的炉用构件，如退火炉罩等
	10Cr17	退火 780～850 空冷或缓冷	≥460	≥210	≥22	≥50	≥183	<900		用于 900 ℃以下的耐氧化性部件，如散热器、喷嘴等

续表

类别	牌号	热处理/℃	力学性能					最高使用温度/℃		用途举例
			σ_b/MPa	$\sigma_{0.2}$/MPa	δ_5/%	ψ/%	硬度HBW	抗氧化	热强性	
马氏体钢	13Cr13Mo	淬火 970～1 020 油冷 高回 650～750 快冷	≥700	≥500	≥20	≥60	≤192	800	500	用于 800 ℃以下的耐氧化件，480 ℃以下的蒸汽用机械部件
	15Cr12WMoV	淬火 1 000～1 050 油冷高回 680～700 空冷	≥750	≥600	≥15	≥45		750	580	用于 580 ℃以下的汽轮机叶片、叶轮、转子、紧固件等
	42Cr9Si2	淬火 1 020～1 040 油冷高回 700～780 油冷	≥900	≥600	≥19	≥50		800	650	用于 700 ℃以下的发动机排气阀、料盘等
	40Cr10Si2Mo	淬火 1 010～1 040 油冷高回 720～760 空冷	≥900	≥700	≥10	≥35		850	650	同 42Cr9Si2
奥氏体钢	06Cr18Ni11Nb	980～1 150 快冷固溶处理	≥520	≥205	≥40	≥50	≤187	850	650	用于 400～900 ℃腐蚀条件下使用的部件、焊接结构件等
	45Cr14Ni14W2Mo	820～850 快冷退火处理	≥705	≥315	≥20	≥35	≤248	850	750	用于 500～600 ℃汽轮机零件、重负荷内燃机排气阀
	06Cr25Ni20	1 030～1 180 快冷固溶处理	≥520	≥205	≥40	≥50	≥187	1 035		用于 1 035 ℃以下的炉用材料、汽车净化装置

常用的耐热钢，按正火状态下的组织不同主要分为珠光体钢、马氏体钢、奥氏体钢三类。

其中 15CrMo 钢是典型的锅炉用钢，可用于制造在 550 ℃以下长期工作的零件，此钢虽然耐热性不高，但其工艺性能（焊接性、压力加工性和切削加工性等）和物理性能（导热性和膨胀系数等）都较好。42Cr9Si2、40Cr10Si2Mo 钢适用于 700 ℃以下受动载荷的部件，如汽车发动机、柴油机的排气阀，故此两种钢又称为气阀钢，也可用于 900 ℃以下的加热炉构件，如料盘、炉底板等。12Cr13、06Cr18Ni11Nb 钢既是不锈钢又是良好的热强钢。12Cr13 钢在 450 ℃左右和 06Cr18Ni11Nb 钢在 600 ℃左右都具有足够的热强性。06Cr18Ni11Nb 钢的抗氧化能力可达 900 ℃，是一种应用广泛的耐热钢，可用来制造高压锅炉的过热器、化工高压反应器等。

3. *耐磨钢*

耐磨钢是指在冲击和磨损条件下使用的高锰钢。高锰钢的主要成分是 w_C=0.9%～1.5%，w_{Mn}=11%～14%。经热处理后得到单相奥氏体组织，由于高锰钢极易冷变形强化，使切削加工困难，故基本上是铸造成形后使用。

高锰钢铸件的牌号，前面的 ZG 是代表“铸钢”二字汉语拼音首字母，其后是化学元素符号 Mn，随后数字 13 表示平均锰的质量分数的百倍（即平均 w_{Mn}=13%），最后的一位数字 1、2、3、4 表示顺序号。如 ZGMn13－1，表示 1 号铸造高锰钢，其碳的质量分数最高（w_C=1.00%～

1.50%），4 号铸造高锰钢 ZGMn13－4，碳的质量分数低（w_C=0.90%～1.20%）。高锰钢铸件的牌号、化学成分、热处理、力学性能和用途见表 2－21。

表 2－21 高锰钢铸件的牌号、化学成分、热处理、力学性能和用途

牌号	化学成分（质量分数）/%					热处理（水韧处理）		力学性能				用途举例
	C	Si	Mn	S	P	淬火温度/℃	冷却介质	σ_b/MPa	δ_5×100	A_k/J	HBS	
								不小于			不大于	
ZGMn13－1	1.00～1.50	0.30～1.00	11.00～14.00	≤0.050	≤0.090	1 060～1 100	水	637	20	－	229	用于结构简单、要求以耐磨为主的低冲击铸件，如衬板、齿板、辊套、铲齿等
ZGMn13－2	1.00～1.40	0.30～1.00	11.00～14.00	≤0.050	≤0.090	1 060～1 100	水	637	20	118	229	
ZGMn13－3	0.90～1.30	0.30～0.80	11.00～14.00	≤0.050	≤0.080	1 060～1 100	水	686	25	118	229	用于结构复杂、要求以韧性为主的高冲击铸件，如履带板等
ZGMn13－4	0.90～1.20	0.30～0.80	11.00～14.00	≤0.050	≤0.070	1 060～1 100	水	735	35	118	229	

高锰钢由于铸态组织是奥氏体+碳化物，而碳化物要沿奥氏体晶界析出，降低了钢的韧性与耐磨性，所以必须进行水韧处理。所谓水韧处理，是将高锰钢铸件加热到 1 000～1 100 ℃，使碳化物全部溶解到奥氏体中，然后在水中急冷，防止碳化物析出，获得均匀的、单一的过饱和单相奥氏体组织。这时其强度、硬度并不高，而塑性、韧性却很好。但是，当工作时受到强烈的冲击或较大压力时，表面因塑性变形会产生强烈的冷变形强化，从而使表面层硬度提高到 500～550HBW，因而获得高的耐磨性，而心部仍然保持着原来奥氏体所具有的高度塑性与韧性，能承受冲击。当表面磨损后，新露出的表面又可在冲击和磨损条件下获得新的硬化层。因此，这种钢具有很高的耐磨性和抗冲击能力。但要指出，这种钢只有在强烈冲击和磨损下工作才显示出高的耐磨性，而在一般机器工作条件下高锰钢并不耐磨。高锰钢常被用来制造在高压力、强冲击和剧烈摩擦条件下工作的抗磨零件，如坦克和矿山拖拉机履带板、破碎机颚板、挖掘机铲齿、铁道道岔及球磨机衬板等。

任务二 有 色 金 属

任务引入

【1】地铁车辆车体由底架、侧墙、车顶、端墙和司机室等大部件组成（图 2－3），常采用大断面中空铝型材，经搅拌摩擦焊焊接成轻型鼓形车体结构。试分析车体采用铝合金材料的优点。

图 2-3　地铁车辆车体

【2】随着我国高科技材料的研发和生产技术的突破和提升，我国已经成为世界上排名非常靠前的钛材料生产国。国产 C919 大飞机（图 2-4）机体制造方面 9%的材料使用了钛合金。试分析国产 C919 大飞机采用钛合金制造有哪些优点。

图 2-4　国产 C919 大飞机

相关知识准备

有色金属是指除铁碳合金以外的所有金属，通常分为轻金属、重金属、贵金属、稀有金属和稀土金属等。有色合金的强度和硬度一般比纯金属高，并且电阻大、电阻温度系数小。

一、铝及铝合金

（一）工业纯铝

纯铝为面心立方晶格，无同素异构转变，呈银白色。塑性好、强度低，一般不能作为结构材料使用，可经冷塑性变形使其强化。铝的密度较小，仅为铜的三分之一；熔点 660 ℃；磁化率低，接近非磁材料；导电导热性好，仅次于银、铜、金而居第四位。铝在大气中其表面易生成一层致密的 Al_2O_3 薄膜而阻止进一步的氧化，故耐大气腐蚀能力较强。纯铝主要用于制造电线、电缆，配制各种铝合金，以及制造要求质轻、导热或耐大气腐蚀但强度要求不高的器具。纯铝中含有铁、硅等杂质，随着杂质含量的增加，其导电性、导热性、耐大气腐蚀性及塑性将下降。

工业纯铝分未加压力加工产品（铝锭）和压力加工产品（铝材）两种。按 GB/T 1196—2017 规定，铝锭的牌号有 A199.7、A199.6、A199.5、A199、A198 五种。铝的质量分数不低于 99.0% 的铝材为纯铝。按 GB/T 16474—2011 规定，铝材的牌号有 1070A、1060、1050A、1035、1200 等（即化学成分近似于旧牌号 L1、L2、L3、L4、L5），牌号中数字越大，表示杂质的含量越高。

（二）铝合金分类

由于纯铝的强度低，向铝中加入硅、铜、镁、锌、锰等合金元素制成铝合金，具有较高的强度，并且还可用变形或热处理方法，进一步提高其强度。故铝合金可作为结构材料制造承受一定载荷的结构零件。根据铝合金的成分及工艺特点，可分为变形铝合金和铸造铝合金两类。

铝合金相图的一般类型如图 2-5 所示，凡位于 D 点左边的合金，在加热时能形成单相固溶体组织，这类合金塑性较高，适于压力加工，故称为变形铝合金。合金成分位于 D 点右边的合金，都具有低熔点共晶组织，流动性好，塑性低，适于铸造而不适于压力加工，故称为铸造铝合金。对于变形铝合金来说，位于 F 点左边的合金，其固溶体的成分不随温度的变化而变化，故不能用热处理强化，称为不能热处理强化的铝合金。成分在 F 点与 D 点之间的合金，其固溶体成分随温度的变化而改变，可用热处理来强化，故称为能热处理强化的铝合金。

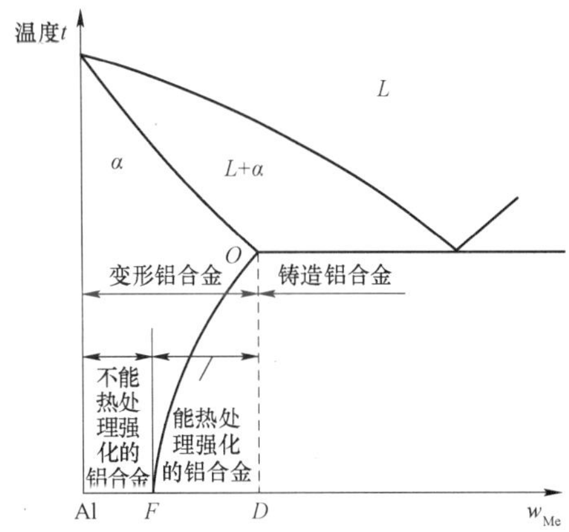

图 2-5　铝合金相图的一般类型

（三）铝合金的热处理

当铝合金加热到 α 相区，保温后在水中快速冷却，其强度和硬度并没有明显升高，而塑性却得到改善，这种热处理称为固溶热处理。由于固溶热处理后获得的过饱和固溶体是不稳定的，有分解出强化相过渡到稳定状态的倾向。如果在室温放置相当长的时间，强度和硬度会明显升高，而塑性明显下降。固溶处理后铝合金的强度和硬度随时间变化而发生显著提高的现象，称为时效强化或沉淀硬化。在室温下进行的时效为自然时效，加热条件下进行的时效为人工时效。在不同温度下进行人工时效时，其效果也不同，时效温度越高，时效速度越快，其强化效果越差。

（四）变形铝合金

常用变形铝合金的牌号、成分、力学性能见表 2-22。

变形铝合金按其主要性能特点可分为防锈铝、硬铝、超硬铝与锻铝等。通常加工成各种规格的型材（板、带、线、管等）产品供应。

变形铝合金牌号用 GB/T 16474—2011 规定的 2～8 系列表示。牌号第一位数字表示组别，按 Cu、Mn、Si、Mg、Mg_2si、Zn，其他元素的顺序来确定合金组别；牌号第二位的字母表示原始纯铝或铝合金的改型情况，如果牌号第二位的字母是 A，表示为原始合金，如果是 B～Y 则表示为原始合金的改型合金；牌号的最后两位数字没有特殊意义，仅用来区分同一组中不同的铝合金。

表 2-22　常用变形铝合金的牌号、成分、力学性能

新牌号	旧牌号	化学成分（质量分数）/%					直径及板厚/mm	力学性能	
		Cu	Mg	Mn	Zn	其他		σ_b/MPa	δ_{10}/%
5A05	LF5	0.10	4.8～5.5	0.30～0.60	0.20	—	≤200	265	15
3A21	LF21	0.20	—	1.0～1.6	—	—	所有	<167	20
2A01	LY1	2.2～3.0	0.20～0.50	0.20	0.10	Ti0.15	—	—	—
2A11	LY11	3.8～4.8	0.40～0.80	0.40～0.80	0.30	Ti0.15	>2.5～4.0	<235 373	12 15

续表

新牌号	旧牌号	化学成分（质量分数）/%					直径及板厚/mm	力学性能	
		Cu	Mg	Mn	Zn	其他		σ_b/MPa	δ_{10}/%
2A12	LY12	3.8～4.9	1.2～1.8	0.30～0.90	0.30	Ti0.15	>2.5～4.0	≤216 456	14 8
7A04	LC4	1.4～2.0	1.8～2.8	0.20～0.60	5.0～7.0	Cr0.10～0.25	0.50～4.0	245	10
							>2.5～4.0	490	7
							20～100	549	6
2A12	LD2	0.20～0.6	0.45～0.90	或 Cr0.15～0.35	—	Si0.5～1.2 Ti0.15	20～150	304	8
2A50	LD5	1.8～2.6	0.40～0.80	0.40～0.80	0.30	Si0.7～1.2 Ti0.15	20～150	382	10

防锈铝合金属于热处理不能强化的铝合金，常采用冷变形方法提高其强度。主要有 Al–Mn、Al–Mg 合金。这类铝合金具有适中的强度、优良的塑性和良好的焊接性，并具有很好的耐蚀性，故称为防锈铝合金，常用于制造油罐、各式容器、防锈蒙皮等。常用牌号有 5A05 等。

其他类都属于热处理能强化的铝合金，其中硬铝属于 Al–Cu–Mg 系，超硬铝属于 Al–Cu–Mg–Zn 系。硬铝和超硬铝在固溶处理后，可进行人工时效或自然时效，时效后强度很高，其中超硬铝的强化作用最为强烈。这两类铝合金的耐蚀性较差，为了提高铝合金的耐蚀性，常采用包铝法（即包一层纯铝）。2A01 硬铝有很好的塑性，大量用于制造铆钉，飞机上常用铆钉的硬铝牌号为 2A10。它比 2A01 铜的含量稍高，镁的含量较低，塑性好，且孕育期长，又有较高的抗剪强度。2A11 硬铝既有相当高的硬度又有足够的塑性，在仪器、仪表及飞机制造中获得广泛的应用。7A04 超硬铝，多用于制造飞机上受力大的结构零件，如起落架、大梁等。

锻铝合金大多是 Al–Mg–Si–Cu 系，含合金元素较少，有良好的热塑性和耐蚀性，适于用压力加工来制造各种零件，有较高的力学性能。一般锻造后再经固溶处理和时效处理。常用牌号为 2A50、2A70 等。

（五）铸造铝合金

铸造铝合金中有一定数量的共晶组织，故具有良好的铸造性能，但塑性差，常采用变质处理和热处理的办法提高其力学性能。铸造铝合金可分为 Al–Si 系、Al–Cu 系、Al–Mg 系和 Al–Zn 系四大类，其牌号、成分、力学性能和用途见表 2–23。

表 2–23　部分铸造铝合金的牌号、成分、力学性能和用途

类别	代号	牌号	化学成分/%					铸造方法	热处理	力学性能			用途举例
			w_{Si}	w_{Cu}	w_{Mg}	其他	w_{Al}			σ_b/MPa	δ/%	HBW	
铝硅合金	ZL101	ZAlSi7Mg	6.5～7.5		0.25～0.45	0.20	余量	金属型	淬火+不完全时效	202	2	60	形状复杂的零件，如飞机仪器零件、抽水机壳体等

续表

类别	代号	牌号	化学成分/%					铸造方法	热处理	力学性能			用途举例
			w_{Si}	w_{Cu}	w_{Mg}	其他	w_{Al}			σ_b/MPa	δ/%	HBW	
铝铜合金	ZL203	ZAlCu4		4.0～5.0			余量	砂型	淬火+不完全时效	212	3	70	中等载荷、形状较简单的零件，如托架和工作温度不超过 200 ℃并要求切削加工性能好的小零件
铝镁合金	ZL301	ZAlMg10			9.5～11.0		余量	砂型	淬火+自然时效	280	9	60	在大气或海水中工作的零件，承受大振动载荷、工作温度不超过 150 ℃的零件，如氨用泵体、船舶配件等
铝锌合金	ZL401	ZAlZn11Si7	6.0～8.0		0.1～0.3	9.0～13.0	余量	砂型	人工时效	241	2	80	形状结构复杂的汽车、飞机仪器，工作温度不超过 200 ℃，也可制造日用品

铸造铝合金代号用 ZL（铸铝）及三位数字表示。第一位数字表示合金类别（如 1 表示 Al–Si 系，2 表示 Al–Cu 系，3 表示 Al–Mg 系，4 表示 Al–Zn 系）；后两位数字为顺序号，顺序号不同，化学成分不同。

1. Al–Si 系合金

Al–Si 系铸造铝合金又称硅铝明，是铸造铝合金中应用最广泛的一类。这种合金流动性好，熔点低，热裂倾向小，耐蚀性和耐热性好，易气焊，但粗大的硅晶体严重降低合金的力学性能。因此生产中常采用变质处理提高合金的力学性能，即在浇注前往合金溶液中加入 2/3NaF+1/3NaCl 混合物的变质剂（加入量为合金质量的 2%～3%），变质剂中钠能促进硅形核，并阻碍其晶体长大，因此合金的性能显著提高。ZL102 经变质处理，其力学性能由 σ_b=140 MPa 提高到 σ_b=180 MPa，δ=3%提高到 δ=8%。

为提高硅铝明的强度，常加入能产生时效强化的 Cu、Mg、Mn 等合金元素制成特殊硅铝明，这类合金除变质处理外，还可固溶时效处理，进一步强化合金。

2. 其他铸造铝合金

Al–Cu 铸造铝合金耐热性好，但由于其铸造性能不好，有热裂和疏松倾向，耐蚀性差，比强度低于一般优质硅铝明，故有被其他铸造铝合金取代的趋势。常用牌号有 ZL201、ZL202。

Al–Mg 铸造铝合金耐蚀性好，强度高，密度小，但其铸造性能差，耐热性低，熔铸工艺复杂，时效强化效果小。常用牌号有 ZL301、ZL302。

Al–Zn 铸造铝合金铸造性能好，铸态下可自然时效，是一种铸态下高强度合金，价格是铝合金中最便宜的，但耐蚀性差，热裂倾向大，有应力腐蚀断裂倾向，密度大。常用牌号有 ZL401、ZL402。

二、铜及铜合金

（一）工业纯铜

铜是贵重有色金属，是人类应用最早和最广的一种有色金属，其全世界产量仅次于钢和铝。工业纯铜又称紫铜，密度为 8.96×10^3 kg/m^3，熔点为 1 083 ℃。纯铜具有良好的导电、导热性，其晶体结构为面心立方晶格，因而塑性好，容易进行冷热加工。同时纯铜有较高的耐蚀性，在大气、海水及不少酸类中皆能耐蚀。但其强度低，强度经冷变形后可以提高，但塑性显著下降。

工业纯铜按杂质含量可分为 T1、T2、T3、T4 四种。T 为“铜”的汉语拼音首字母，其数字越大，纯度越低。如 T1 的 w_{Cu}=99.95%，而 T4 的 w_{Cu}=99.50%，其余为杂质含量。纯铜一般不作为结构材料使用，主要用于制造电线、电缆、导热零件及配制铜合金。

（二）黄铜

黄铜是以锌为主要合金元素的铜锌合金。按化学成分分为普通黄铜和特殊黄铜两类。

普通黄铜是由铜与锌组成的二元合金。它的色泽美观，对海水和大气腐蚀有很好的抗力。当 w_{Cu}<32%时为单相黄铜，单相黄铜塑性好，适宜于冷、热压力加工；当 w_{Cu}≥32%时为双相黄铜，适宜于热压力加工。

黄铜的代号用 H（“黄”的汉语拼音首字母）+数字表示，数字表示铜的平均质量分数。

H80 色泽好，可以用来制造装饰品，故有“金色黄铜”之称。H70 强度高、塑性好，可用深冲压的方法制造弹壳、散热器、垫片等零件，故有“弹壳黄铜”之称。

H62、H59 具有较高的强度与耐蚀性，且价格便宜，主要用于热压、热轧零件。

为改善黄铜的某些性能，常加入少量 Al、Mn、Sn、Si、Pb、Ni 等合金元素，形成特殊黄铜。特殊黄铜的代号是在 H 之后标以主加元素的化学符号，并在其后标以铜及合金元素的质量分数。例如，HPb59－1 表示 w_{Cu}=59%、w_{Pb}=1%，余量为 w_{Zn} 的铅黄铜。

（三）青铜

青铜原指人类历史上应用最早的一种 Cu-Sn 合金。但逐渐地把除锌以外的其他元素的铜基合金，也称为青铜。所以青铜包含锡青铜、铝青铜、铍青铜、硅青铜和铅青铜等。

青铜的代号为“Q（青）+主加元素符号及其质量分数+其他元素符号及质量分数”。铸造青铜则在代号（牌号）前加 ZCu。

1. 锡青铜

以 Sn 为主加元素的铜合金，我国古代遗留下来的钟、鼎、镜、剑等就是用这种合金制成的，至今已有几千年的历史，仍完好无损。

锡青铜铸造时，流动性差，易产生分散缩孔及铸件致密性不高等缺陷，但它在凝固时体积收缩小，不会在铸件某处形成集中缩孔，故适用于铸造对外形尺寸要求较严格的零件。

锡青铜的耐腐蚀性比纯铜和黄铜都高，特别是在大气、海水等环境中。耐磨损性能也高，多用于制造轴瓦、轴套等耐磨零件。常用锡青铜牌号有 QSn4－3、QSn6.5－0.1、ZCuSn10P1。

2. 铝青铜

铝青铜是以铝为主加元素的铜合金，它不仅价格低廉，且强度、耐磨性、耐蚀性及耐热性比黄铜和锡青铜都高，还可进行热处理（淬火、回火）强化。当含 Al 量小于 5%时，强度很低，塑性高；当含 Al 量达到 12%时，塑性已很差，加工困难。故实际应用的铝青铜的 w_{Al} 一般为 5%～10%。当 w_{Al}=5%～7%时，塑性最好，适于冷变形加工。当 w_{Al}=10%左右时，常用于铸造。

常用铝青铜牌号有 QA17。铝青铜在大气、海水、碳酸及大多数有机酸中具有比黄铜和锡青铜更高的耐蚀性。因此铝青铜是无锡青铜中应用最广的一种，也是锡青铜的重要代用品，缺点是其焊接性能较差。铸造铝青铜常用来制造强度及耐磨性要求较高的摩擦零件，如齿轮、轴套、蜗轮等。

3. 铍青铜

铍青铜的含 Be 量很低，w_{Be}=1.7%～2.5%，Be 在 Cu 中的溶解度随温度而变化，故它是唯一可以固溶时效强化的铜合金，经固溶处理及人工时效后，其性能可达 σ_b=1 200 MPa，δ=2%～4%，330～400HBS。铍青铜还有较高的耐蚀性和导电、导热性，无磁性。此外，有良好的工艺性，可进行冷、热加工及铸造成形。通常用于制造弹性元件及钟表、仪表、罗盘仪器中的零件，电焊机电极等。

三、钛及其合金

钛及其合金具有质量轻、比强度高、良好的耐蚀性。钛及其合金还有很高的耐热性，实际应用的热强钛合金工作温度可达 400～500 ℃，因而钛及其合金已成为航空、航天、机械工程、化工、冶金工业中不可缺少的材料。但由于钛在高温中异常活泼，熔点高，熔炼、浇注工艺复杂且价格昂贵，成本较高，因此使用受到一定限制。

（一）纯钛

纯钛是灰白色轻金属，密度为 4.54 g/cm³，熔点为 1 668 ℃，固态下有同素异晶转变，在 882.5 ℃以下为 α-Ti（密排六方晶格），882.5 ℃以上为 β-Ti（体心立方晶格）。

纯钛的牌号为 TA0、TA1、TA2、TA3。TA0 为高纯钛，仅在科学研究中应用，其余三种均含有一定量的杂质，称工业纯钛。

纯钛焊接性能好、低温韧性好、强度低、塑性好，易于冷压力加工。

（二）钛合金

钛合金可分为三类：α 钛合金、β 钛合金和（α+β）钛合金。我国的钛合金牌号以 TA、TB、TC 后面附加顺序号表示，常用钛合金的牌号、化学成分、力学性能见表 2-24。

表 2-24　常用钛合金的牌号、化学成分、力学性能

类型	合金牌号	化学成分	状态	室温力学性能，不小于				高温力学性能		
				σ_b/MPa	δ/%	ψ/%	A_k/（J•cm²）	试验温度/℃	瞬时强度 σ/MPa	持久强度 σ/MPa
α钛合金	TA4	Ti-3Al	退火	450	25	50	80	–	–	–
	TA5	Ti-4Al-0.005B		700	15	40	60	–	–	–
	TA6	Ti-5Al		700	10	27	30	350	430	400
	TA7	Ti-5Al-2.5Sn		800	10	27	30	350	500	450
	TA8	Ti-5Al-2.5Sn-3Cu-1.5Zr		1 000	10	25	20～30	500	700	500
β钛合金	TB1	Ti-3Al-8Mo-11Cr	淬火+时效	1 300	5	–	15	–	–	–
	TB2	Ti-5Mo-5V-3Cr-3Al		1 400	7	10	15	–	–	–

续表

类型	合金牌号	化学成分	状态	室温力学性能，不小于				高温力学性能		
				σ_b/MPa	δ/%	ψ/%	A_k/（J•cm²）	试验温度/℃	瞬时强度 σ/MPa	持久强度 σ/MPa
α+β钛合金	TC1	Ti－2Al－1.5Mn	退火	600	15	30	45	350	350	350
	TC2	Ti－3Al－1.5Mn		700	12	30	40	350	430	400
	TC4	Ti－6Al－4V		950	10	30	40	400	530	580
	TC6	Ti－6Al－1.5Cr－2.5Mo－0.5Fe－0.3Si		950	10	23	30	450	600	550
	TC9	Ti－6.5Al－3.5Mo－2.5Sn－0.3Si		1140	9	25	30	500	850	620
	TC10	Ti－6Al－6V－2Sn－0.5Cu－0.5Fe		1150	12	30	40	400	850	800

1. α 钛合金

由于 α 钛合金的组织全部为 α 固溶体，因此组织稳定，抗氧化性和抗蠕变性好，焊接性能也很好。其室温强度低于 β 钛合金和（α+β）钛合金，但高温（500～600 ℃）强度比后两种钛合金高。α 钛合金不能热处理强化，主要是通过固溶强化来提高其强度。

TA7 是常用的 α 钛合金。该合金有较高的室温强度、高温强度和优良的抗氧化性及耐蚀性，并具有很好的低温性能，适宜制造使用温度不超过 500 ℃的零件，如导弹的燃料罐、超音速飞机的涡轮机匣等。

2. β 钛合金

β 钛合金具有较高的强度、优良的冲压性，但耐热性差，抗氧化性能低。当温度超过 700 ℃时，该合金很容易受大气中的杂质气体污染。它的生产工艺复杂，且性能不太稳定，因而限制了它的使用。β 钛合金可进行热处理强化，一般可进行淬火+时效强化。

TB1 是应用最广泛的 β 钛合金，淬火后容易得到介稳定的单相 β 组织，这时该合金具有良好的冷成形性能。该合金使用温度在 350 ℃以下，多用于制造飞机结构件和紧固件。

3.（α+β）钛合金

（α+β）钛合金室温组织为（α+β），它兼有 α 钛合金和 β 钛合金两者的优点，强度高，塑性好，耐热性高，耐蚀性和冷热加工性及低温性能都很好，并可以通过淬火+时效进行强化，是钛合金中应用最广的合金。

TC4 是用途最广的（α+β）钛合金，退火状态具有较高的强度和良好的塑性（σ_b=950 MPa，δ=10%），经淬火和时效处理后其强度可提高至 1 190 MPa。该合金还具有较高的抗蠕变能力、低温韧度及良好的耐蚀性，因此常用于制造 400 ℃以下工作的零件，如飞机发动机压气机盘和叶片、压力容器等。

四、滑动轴承合金

（一）对轴承合金的性能要求

轴承合金是指制造滑动轴承中的轴瓦及内衬的合金。当轴承支撑着轴进行工作时，由于轴的旋转，使轴和轴瓦之间产生强烈的摩擦。因轴价格较贵，更换困难，为了减少轴对轴颈的磨损，确保机器的正常运转，轴承合金应具有以下性能：

（1）具有足够的强度和硬度，以承受较高的周期性载荷；

（2）塑性和韧性好，以保证轴承与轴的配合良好，并耐冲击和振动；

（3）与轴之间有良好的磨合能力及较小的摩擦系数，并能保留润滑油，减少磨损；

（4）有良好的导热性和抗蚀性；

（5）有良好的工艺性，容易制造且价格低廉。

为了满足上述要求，轴承合金的组织应该是在软的基体上分布着硬的质点，当轴工作时，软的基体很快磨凹下去，而硬的质点凸出于基体上，支撑着轴所施加的压力，减小轴与轴瓦的接触面，且凹下去的基体可以储存润滑油，从而减小轴与轴颈间的摩擦系数，同时偶然进入外来硬物也被压入软基体，不至于擦伤轴。软的基体还能承受冲击与振动，并使轴与轴瓦很好地磨合。属于这类组织的有锡基和铅基轴承合金。

对高转速、高载荷轴承，强度是首要问题，轴承合金可以采取硬基体（其硬度低于轴颈硬度）上分布软质点的组织，来提高单位面积上的承载能力。属于这类组织的轴承合金有铜基及铝基轴承合金。这种组织具有较大的承载能力，但磨合能力差。

常用轴承合金有锡基或铅基轴承合金，亦称“巴氏合金”，其牌号、化学成分、力学性能和用途见表 2-25。

表 2-25 常用轴承合金的牌号、化学成分、力学性能和用途

类别	牌号	化学成分（质量分数）/%					硬度HBS（不小于）	用途举例
		Sb	Cu	Pb	Sn	杂质		
锡基轴承合金	ZSnSb12Pb10Cu4	11.0～13.0	2.5～5.0	9.0～11.0	余量	0.55	29	一般发动机的主轴承，但不适于高温工作
	ZSnSb11Cu6	10.0～12.0	5.5～6.5	—	余量	0.55	27	1 500kW 以上蒸汽机、370kW 涡轮压缩机、涡轮泵及高速内燃机的轴承
	ZSnSb8Cu4	7.0～8.0	3.0～4.0	—	余量	0.55	24	一般大机器轴承及高载荷汽车发动机的双金属轴承
	ZSnSb4Cu4	4.0～5.0	4.0～5.0	—	余量	0.50	20	涡轮内燃机的高速轴承及轴承衬
铅基轴承合金	ZPbSb16Sn16Cu2	15.0～17.0	1.5～2.0	余量	15.0～17.0	0.6	30	110～880 kW 蒸汽涡轮机，150～750 kW 电动机和小于 1 500kW 起重机的重载荷推力轴承
	ZPbSb15Sn5Cu3Cd2	14.0～16.0	2.5～3.0	Cd1.75～2.25 As0.6～1.0 余量 Pb	5.0～6.0	0.4	32	船舶机械、小于 250kW 电动机、抽水机的轴承
	ZPbSb15Sn10	14.0～16.0	—	余量	9.0～11.0	0.5	24	中等压力的机械、也适用于高温轴承
	ZPbSb15Sn5	14.0～15.5	0.5～1.0		4.0～5.5	0.75	20	低速、轻压力机械轴承
	ZPbSb10Sn6	9.0～11.0	—		5.0～7.0	0.75	18	重载荷、耐蚀、耐磨轴承

（二）锡基轴承合金

锡基及铅基轴承合金的牌号为“Z+基体元素+主加元素及含量+辅加元素及含量”。其中 Z 为“铸”字汉语拼音首字母。例如，ZSnSb11Cu6 为铸造锡基轴承合金，基体元素为锡，主加元素为锑，辅加元素为 Cu，其中 w_{Sb}=11%，w_{Cu}=6%，其余为 w_{Sn}。

锡基轴承合金膨胀系数小，减摩性好，并具有良好的导热性、塑性和耐蚀性，适于制造汽车、拖拉机、汽轮机等的高速轴瓦，但其疲劳强度差。锡是稀缺元素，应尽量少用。为了提高锡基轴承合金的强度和寿命，可以把它用离心浇注法镶铸在钢质轴瓦上，形成薄而均匀的一层内衬，这步工艺称为“挂衬”。

（三）铅基轴承合金

铅基轴承合金的硬度、强度和韧性比锡基轴承合金低，但由于价格便宜，铸造性能好，常用作低速、低负荷的轴承，如汽车、拖拉机的曲轴轴承及电动机轴承等。

（四）铜基轴承合金

铜基轴承合金有铅青铜（如 ZCuPb30）、锡青铜（如 ZCuSn10Pb1）。铅青铜 ZCuPb30 具有高的疲劳强度和承载能力，优良的耐磨性、导热性和低的摩擦系数，能在较高温度（250 ℃）下正常工作，因此可以制造承受高载荷、高速度的重要轴承，如航空发动机、高速柴油机等的轴承。铅青铜的强度较低，因此也需在钢瓦上挂衬，制成双金属轴承。锡青铜 ZCuSn10Pb1 能承受较大的载荷，广泛用于中等速度及受较大的固定载荷的轴承，如电动机、泵、金属切削机床的轴承。

（五）铝基轴承合金

铝基轴承合金是一种新型减摩材料，具有密度小、导热性好、疲劳强度高和耐蚀性好等优点，并且原料丰富，价格低廉。但其膨胀系数大，运转时容易与轴咬合。常用的铝基轴承合金有如下两类。

1. 铝锑镁轴承合金

该合金与 08 钢板一起热轧成双金属轴承，生产工艺简单，成本低廉，并具有良好的疲劳强度和耐磨性，但承载能力不大。

2. 铝锡轴承合金

这种合金也以 08 钢为衬背轧制成双合金带。它具有较高的疲劳强度和较好的耐热性、耐磨性及耐蚀性，生产工艺简单，成本低。目前用它代替其他轴承合金，广泛应用于汽车、拖拉机和内燃机车等。

任务三　非金属材料

任务引入

【1】轻量化、绿色环保、舒适安全是汽车工业未来的发展方向。汽车内饰件（座椅、靠背头枕）、减振弹簧、保险杠、安全气囊等零部件大量采用非金属材料，与金属材料相比，汽车的这些零部件（图 2-6）采用非金属材料有什么优势？

图 2-6 汽车用非金属材料

【2】动车组高速运行中受电弓与接触网呈 Z 字形接触，实现电流供应。碳滑板是动车受电弓的重要组成部分，接触网通过动车组车顶的受电弓将电流传递到动车组牵引系统。试分析制造碳滑板（图 2-7）选用什么材料？为什么？

图 2-7 CR200J 动车组受电弓碳滑板

相关知识准备

非金属材料是指除金属以外的其他一切材料，非金属材料具有优良的耐腐蚀性能，原料来源丰富，品种多样，适合于因地制宜，就地取材，是一种有着广阔发展空间的工程材料。非金属材料分为无机非金属材料、有机非金属材料及复合材料。无机非金属材料主要有陶瓷、搪瓷、岩石、玻璃等，有机非金属材料主要有橡胶、塑料、涂料等，复合材料主要有玻璃钢、不透性石墨等。

一、粉末冶金材料

粉末冶金是用金属粉末或金属与非金属粉末的混合物作原料，经压制成形后烧结，以获得金属零件和金属材料的方法。粉末冶金是一种不经熔炼生产材料或零件的方法，其零件的生产是一种精密的无切屑或少切屑的加工方法，粉末冶金工序如图 2-8 所示。粉末冶金可生产其他工艺方法无法制造或难以制造的零件和材料，如高熔点材料、复合材料、多孔材料等。

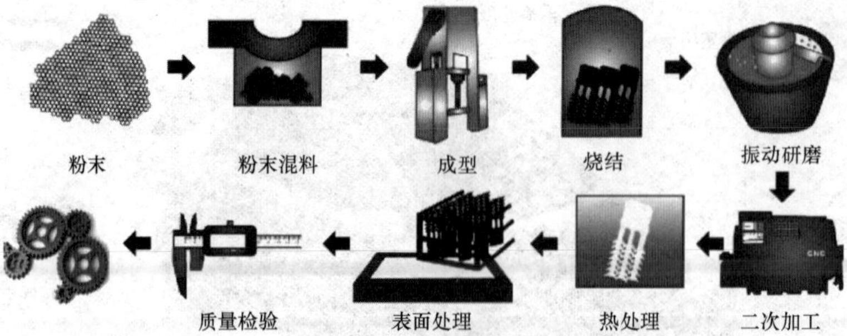

图 2-8　粉末冶金工序

（一）硬质合金

硬质合金是采用高硬度、高熔点的碳化物粉末和粘结剂混合、加压成形、烧结而成的一种粉末冶金材料。硬质合金的硬度在常温下可达 86～93HRA（相当于 69～81HRC），红硬性可达 900～1 000 ℃。因此，其切削速度比高速钢可提高 4～7 倍，刀具寿命可提高 5～80 倍。由于硬质合金的硬度高，脆性大，不能进行机械加工，故常将其制成一定形状的刀片，镶焊在刀体上使用。常用硬质合金按成分与性能的特点可分为三类，其牌号、化学成分、力学性能见表 2-26。

表 2-26　常用硬质合金的牌号、化学成分、力学性能

类别	ISO 代号		牌号	化学成分（质量分数）/%				力学性能		
				WC	TiC	TaC	Co	密度 ρ/（kg/m^3）	HBA	σ_b/MPa
									不小于	
钨钴类硬质合金	K 红色	K01	YG3X	96.5	—	<0.5	3	15.0～15.3	91.5	1 079
		K20	YG6	94.0	—	—	6	14.6～15.0	89.5	1 422
		K10	YG6X	93.5	—	<0.5	6	14.6～15.0	91.0	1 373
		K30	YG8	92.0	—	—	8	14.5～14.9	89.0	1 471
			YG8 N	91.0	—	1	8	14.5～14.9	89.5	1 471
		—	YG11C	89.0	—	—	11	14.0～14.4	86.5	2 060
		—	YG15	85.0	—	—	15	13.0～14.2	87.0	2 060
		—	YG4C	96.0	—	—	4	14.9～15.2	89.5	1 422
		—	YG6A	92.0	—	2	6	14.6～15.0	91.5	1 373
		—	YG8C	92.0	—	—	8	14.5～14.9	88.0	1 716
钨钛钴类硬质合金	P 蓝色	P30	YT5	85.0	5	—	10	12.5～13.2	89.5	1 373
		P10	YT15	79.0	15	—	6	11.0～11.7	91.0	1 150
		P01	YT30	66.0	30	—	4	9.3～9.7	92.5	883
通用硬质合金	M 黄色	M10	YW1	84～85	6	3～4	6	12.6～13.5	91.5	1 177
		M20	YW2	82～83	6	3～4	8	12.4～13.5	90.5	1 324

1. 钨钴类硬质合金

钨钴类硬质合金的主要化学成分为碳化钨及钴。其牌号用“硬”“钴”两字的汉语拼音的首字母 YG 加数字表示。数字表示钴的质量分数。钴含量越高，合金的强度、韧性越好；钴含量越低，合金的硬度越高、耐热性越好。例如，YG6 表示钨钴类硬质合金的 w_{Co}=6%，余量为碳化钨。这类合金也可以用代号 K 来表示，并采用红色标记。

2. 钨钛钴类硬质合金

钨钛钴类硬质合金的主要成分为碳化钨、碳化钛和钴。其牌号用“硬”“钛”两字的汉语拼音的首字母 YT 加数字表示。数字表示碳化钛的质量分数。例如，YT15 表示钨钛钴类硬质合金的 w_{TiC}=15%，余量为碳化钨和钴。这类合金也可用代号 P 表示，并采用蓝色标记。

YT 类硬质合金由于加入碳化钛，因此具有较高的硬度与耐磨性。同时，由于这类合金表面会形成一层氧化钛薄膜，切削时不易粘刀，故有较高的红硬性，但强度和韧性比 YG 类硬质合金低。因此，YG 类硬质合金适宜于加工脆性材料（如铸铁等），而 YT 类硬质合金适宜于加工塑性材料（如钢等）。同一类硬质合金中，钴的含量较高的适宜于制造粗加工的刃具；反之，则适宜于制造精加工的刃具。

3. 通用硬质合金

通用硬质合金是以碳化钽（TaC）或碳化铌（NbC）取代 YT 类硬质合金的一部分 TiC 制成的合金。通用硬质合金兼有上述两类合金的优点，应用广泛，因此通用硬质合金又称“万能硬质合金”。其牌号用“硬”“万”两字的汉语拼音的首字母 YW 加数字表示，其中数字无特殊意义，仅表示该合金的序号。它也可以用代号 M 表示，并采用黄色标记。

近年来，用粉末冶金法又生产了一种新型硬质合金——钢结硬质合金。它是以一种或几种碳化物（如 TiC 和 WC）为硬化相，以碳钢或合金钢（高速钢或铬钼钢）粉末为粘结剂（基体），经配料、混合、压制、烧结而成的粉末冶金材料。钢结硬质合金坯料与钢一样，可以锻造、热处理、切削加工、焊接。它在淬火与低温回火后硬度可达相当于 70HRC，具有高耐磨性、抗氧化、耐腐蚀等优点。用作刃具时，钢结硬质合金的寿命与 YG 类硬质合金差不多，大大超过合金工具钢。由于它可以切削加工，故适宜于制造各种形状复杂的刃具、模具和耐磨零件。

（二）烧结减摩材料

1. 多孔轴承

机械行业广泛使用的多孔轴承有铁基的（98%铁粉+2%石墨粉）和铜基的（99%锡青铜粉+1%石墨粉）两种。前者可以取代部分铜合金，价格便宜；后者的减摩性好。

多孔轴承具有较高减摩性。这种材料压制成轴承后再浸入润滑油中，因组分中含有石墨，它本身具有一定的孔隙度，在毛细现象作用下可吸附大量润滑油，故称为多孔轴承。多孔轴承有自动润滑作用。多孔轴承一般用作中速、轻载荷的轴承，特别适宜于不经常加油的轴承，在家用电器、精密机械及仪表工业中得到广泛应用。另外，多孔轴承使用时还能消除因润滑油的漏落而造成产品的污染。

2. 金属塑料减摩材料

用烧结好的多孔铜合金作为骨架，在真空下浸渍聚四氟乙烯乳液，使聚四氟乙烯浸入其孔隙中，获得金属与塑料成为一体的金属塑料减摩材料。

聚四氟乙烯具有一定的减摩性、耐蚀性及较宽的工作温度范围（−26～250 ℃）。铜合金骨架具有较高的强度和较好的导热性。

（三）烧结铁基结构材料

烧结铁基结构材料，又称烧结钢。用粉末冶金方法生产结构零件的最大特点是发挥了冶金工艺无切削或少切削加工的优点，使零件精度高及表面光洁（径向精度2～4级，表面粗糙度 Ra1.60～0.20），零件还可通过热处理强化提高耐磨性。

用碳钢粉末烧结的合金，其碳含量较低时，可制造承受载荷小的零件、渗碳件及焊接件；其碳含量较高时，淬火后可制造要求一定强度或耐磨性的零件。用合金钢粉末烧制的合金，其中常有铜、镍、钼、硼、锰、铬、硅、磷等合金元素，它们可强化基体，提高淬透性，加入铜还可提高耐蚀性。合金钢粉末冶金淬火后 σ_b 可达 500～800 MPa，硬度为 40～45HRC，可制造承受载荷较大的烧结结构件，如油泵齿轮、汽车差速齿轮等。

二、陶瓷材料

陶瓷是人类最早使用的材料之一。现代陶瓷材料是指除金属和有机材料以外的所有固体材料，又称无机非金属材料。现代陶瓷充分利用了各不同组成物质的特点及特定的力学性能和物理化学性能。从组成上看，其除了传统的硅酸盐、氧化物和含氧酸盐外，还包括碳化物、硼化物、硫化物及其他的盐类和单质，材料更为纯净，组合更为丰富。而从性能上看，现代陶瓷不仅能够充分利用无机非金属物质的高熔点、高硬度、高化学稳定性，得到一系列耐高温、高耐磨和高耐蚀的新型陶瓷，而且还充分利用无机非金属材料优异的物理性能，制得了大量的不同功能的特种陶瓷，如介电陶瓷、压电陶瓷、高导热陶瓷及具有半导体特性、超导性和各种磁性的陶瓷，适应了航天、能源、电子等新技术发展的需求，也是目前材料开发的热点之一。

（一）陶瓷材料的分类

陶瓷材料及产品种类繁多，而且还在不断扩大和增多。陶瓷材料大致可以分为普通陶瓷（传统陶瓷）和特种陶瓷两大类。

普通陶瓷是以天然原料如高岭土（$Al_2O_3 \cdot 2SiO_2 \cdot 2H_2O$）、石英（$SiO_2$）、长石（$K_2O \cdot Al_2O_3 \cdot 6H_2O$）等烧结而成，这类陶瓷按性能特征和用途又可分为日用陶瓷、建筑陶瓷、电绝缘陶瓷、化工陶瓷等。

特种陶瓷是指各种新型陶瓷，多采用高纯度人工合成的原料烧结而成。根据特种陶瓷的成分不同可分为氧化物陶瓷、氮化物陶瓷、碳化物陶瓷、金属陶瓷等；按用途又可分为高温陶瓷、光学陶瓷、磁性陶瓷等。

（二）常用工业陶瓷

1. 普通陶瓷

普通陶瓷质地硬，不导电，易于加工成型，但其内部含有较多玻璃相，高温下易软化，耐高温及绝缘性不及特种陶瓷。其成本低，产量大，广泛用于工作温度低于 200 ℃的酸碱介质、容器、反应塔、管道和供电系统的绝缘子等。

2. 特种陶瓷

（1）氧化铝陶瓷

氧化铝陶瓷是以 Al_2O_3 为主要成分的陶瓷，一般含量大于 45%，另含有少量的 SiO_2。根据 Al_2O_3 含量不同又分为 75 瓷（含 75%Al_2O_3）、95 瓷（含 95%Al_2O_3）和 99 瓷（含 99%Al_2O_3），后两者又称刚玉瓷。氧化铝陶瓷中 Al_2O_3 含量越高，玻璃相含量越少，气孔越少，其性能也越好，但此时工艺变得复杂，成本升高。

氧化铝陶瓷耐高温性好，在氧化性气氛中，可用温度达 1 950 ℃，且耐蚀性好，故可用作高温器皿，如熔炼铁钴镍等的坩埚及耐热用品等。氧化铝陶瓷有高硬度及高温强度，可用作高速切削及难切削材料加工的刃具（760 ℃时 HRA87，1 200 ℃时 HRA80）；还可用作耐磨轴承、模具及活塞、化工用泵和阀门等。同时氧化铝陶瓷有很好的绝缘性能，内燃机火花塞基本都是用氧化铝陶瓷做的。

氧化铝陶瓷的缺点是脆性大，不能承受冲击载荷，抗热震性差，不适用于有温度急变的场合。

（2）其他氧化物陶瓷

BeO、CaO、ZrO_2、CeO_2、MgO 等氧化物陶瓷熔点高，均在 2 000 ℃附近，甚至更高，且还具有一系列特殊的优异性能。MgO 陶瓷是典型的碱性耐火材料，用于冶炼钢铁、合金、铜、铝、镁以及熔化高纯铀、钍及其合金。BeO 陶瓷在还原性气氛中特别稳定，其导热性极好（与铝相近），故抗热冲击性能好，可用作高频电炉坩埚和高温绝缘子等电子元件，以及用于激光管、晶体管的散热片，集成电路基片等。Be 的吸收中子截面小，故 BeO 还是核反应堆的中子减速剂和反射材料。但 BeO 粉末及蒸气有剧毒，生产和应用中应注意安全。ZrO_2 陶瓷高强且耐热性好，热导率高，高温下是良好的隔热材料。另外，ZrO_2 陶瓷室温下是绝缘体，但在 1 000 ℃以上变为导体，是优异的固体电解质材料，用于离子导电材料（电极），传感及敏感元件及 1 800 ℃以上的高温发热体，还可用于熔炼 Pt、Pd、Rh 等合金的坩埚。

（3）非氧化物陶瓷

常用的非氧化物陶瓷主要有碳化物陶瓷（如 SiC、B4C）、氮化物陶瓷（如 Si3N4、BN 等），它们也具有各自的优异性能。氮化硅（Si3N4）陶瓷稳定性极好，除氢氟酸外能耐各种酸碱腐蚀，也可抵抗熔融有色金属的侵蚀。氮化硅硬度很高，摩擦系数小（只有 0.1～0.2，相当于加油的金属表面），耐磨性、减摩性好（自润滑性好），是很好的耐磨材料。同时，Si3N4 还有很好的抗热震性，故氮化硅陶瓷可用作腐蚀介质下的机械零件、密封环、高温轴承、燃气轮机叶片、坩埚以及刀具等。

碳化硅（SiC）陶瓷是一种高强度、高硬度的耐高温陶瓷，在 1 200～1 400 ℃时抗弯强度仍达 500～600 MPa，且其导热性好，热稳定性、耐蚀性、耐磨性也很好，主要可用于制造火箭尾喷管喷嘴、炉管、热电偶套管等高温下工作的部件；利用它的导热性可制造高温热交换器；利用它的高硬度和耐磨性可制造砂轮、磨料等。

氮化硼（BN）陶瓷按晶体结构不同分为六方结构和立方结构两种。六方氮化硼结构与石墨相似，性能也比较接近，故又称“白石墨”，具有良好的耐热性、导热性和高温介电强度，是理想的散热和高温绝缘材料。另外，六方氮化硼化学稳定性好，具有极好的自润滑性，同时由于硬度较低，可进行机械加工，能制成各种结构的零件。立方氮化硼结构紧密，其硬度与金刚石接近，是优良的耐磨材料，常用于制造刀具。

陶瓷的品种很多，其所具有的性能也是十分丰富的，在所有的工业领域都有这一类材料的应用天地，随着材料的发展，其应用范围必将越来越广泛。常用工业陶瓷的组成、性能特征和用途见表 2-27。

表 2-27 常用工业陶瓷的组成、性能特性和用途

种类	主要组成	性能特征	用途
耐热材料	MgO、ThO_2	热稳定性高	耐火材料
	SiC、Si_3N_4	高温强度高	燃气轮机叶片、火焰导管、火箭喷嘴等
高硬度材料	SiC、Al_2O_3	高弹性模量	复合材料用纤维
	TiC、B_4C、BN	高硬度	切削刀具、模具等
介电材料	Mg_2SiO_4、Al_2O_3	绝缘性	集成电路基板
	$PbTiO_3$、$BaTiO_3$	热电性	热敏电阻
	$PbTiO_3$、$LiNbO_3$	压电性	振荡器
	$BaTiO_3$	强介电性	电容器
光学材料	Al_2O_3CrNd 玻璃	荧光、发光性	激光
	CaAs、CdTe	红外透过性	红外线窗口
	SiO_2	高透明度	光导纤维
	WO_3	电发色效应	显示器
磁性材料	$ZnFe_2O$、$\gamma-Fe_2O_3$	软磁性	磁带、磁盘
	$SrO6Fe_2O_3$	硬磁性	电声器件、仪表及控制器件的磁心
半导体材料	CdS、Ca_2Sx	光电效应	太阳能电池
	VO_2、NiO	阻抗温度变化效应	温度传感器
	LaB_6、BaO	热电子放射效应	热阴极

三、高分子材料

塑料和橡胶都属于高分子材料。高分子材料分无机高分子材料和有机高分子材料两类。若按来源分，又有天然高分子材料和人工合成高分子材料之分。天然有机高分子材料主要有松香、淀粉、纤维素、蛋白质、天然橡胶等。人工合成的有机高分子材料主要有塑料、合成橡胶、合成纤维等。无机高分子材料的分子组成中没有碳元素，常用的有硅酸盐材料、玻璃、水泥及陶瓷等。

（一）塑料

1. 塑料的组成

塑料是高分子材料在一定温度区间内以玻璃态状态使用时的总称。因此塑料材料在一定温度下可变为橡胶态而加工成型；而在另外的一些条件下又可变为纤维材料。但工程上所用的塑料，都是以有机合成树脂为主要成分，加入其他添加剂制成的，其大致组成如下。

（1）合成树脂

合成树脂是塑料的主要成分，它决定塑料的主要性能，并起粘结作用，故绝大多数塑料都以相应的树脂来命名。

（2）添加剂

工程塑料中的添加剂都是为改善材料的某种性能而加入的。添加剂的作用和类型主要包括以下几个方面。

① 改善塑料工艺性能。如增塑剂、固化剂、发泡剂和催化剂等。其中增塑剂能改善高分子材料可塑性和柔软性，使其易于成型；固化剂则促进塑料受热交联反应，由线型结构变为体型结构，使其尽快达到形状尺寸和性能的最终稳定化（如环氧树脂加入乙二胺即为此类）；发泡剂则是为了获得比表面积大的泡沫高分子材料而加入的；催化剂加速成型过程中材料的结构转变过程。

② 改善使用性能。如填料、增塑剂、稳定剂、润滑剂、着色剂、阻燃剂、静电剂等，主要用于改善塑料的某些使用性能而加入。如填料起提高强度，改善某些特殊性能并降低成本的作用；稳定剂防止使用过程中的老化；润滑剂是为了防止塑料在成形过程中产生粘模，便于脱模；而着色剂、阻燃剂也都有着各自的使用性能。

2. 塑料的分类

1）按热性能分类

（1）热塑性塑料

该类材料加热后软化或熔化，冷却后硬化成型，且这一过程可反复进行，具有可塑性和重复性。常用的材料有聚乙烯、聚丙烯、ABS 塑料等。

（2）热固性塑料

该类材料成型后，受热不变形软化，但当加热至一定温度则会分解，故只可一次成型或使用，如环氧树脂等材料。

2）按使用性能分

（1）工程塑料

可用作工程结构或机械零件的一类塑料，它们一般有较好的稳定的力学性能，耐热耐蚀性较好，且尺寸稳定性好，如 ABS、尼龙、聚甲醛等。

（2）通用塑料

主要用于日常生活用品的塑料，其产量大、成本低、用途广，占塑料总产量的 3/4 以上。

（3）特种塑料

具有某些特殊的物理化学性能的塑料，如耐高温、耐蚀、耐光化学反应等。其产量少、成本高，只用于特殊场合，如聚四氟乙烯（PTFE）具有润滑、耐蚀和电绝缘性。

3）常用工程塑料

（1）聚乙烯（PE）

聚乙烯产品相对密度小（0.91～0.97 g/cm^3），耐低温、耐腐蚀、电绝缘性好。高压聚乙烯质软，主要用于制造薄膜；低压聚乙烯质硬，可用于制造一些零件。聚乙烯产品缺点是强度、刚度、硬度低，蠕变大，耐热性差，且容易老化。但若通过辐射处理，使分子链间适当交联，其性能会得到一定的改善。

（2）聚氯乙烯（PVC）

聚氯乙烯是最早使用的塑料产品之一，应用十分广泛。它是由乙烯气体和氯化氢合成氯乙烯再聚合而成。在较高温度加工和使用时会有少量的分解，产物为有毒的氯化氢及氯乙烯，因此产品中常加入增塑剂和碱性稳定剂抑制其分解。增塑剂用量不同可将其制成硬质品（板、管）和软质品（薄膜、日用品）。PVC 使用温度一般在 15～55 ℃。其突出的优点是耐化学腐蚀、不燃烧、成本低、易于加工；缺点是耐热性差，抗冲击强度低，还有一定的毒性。当然，若用共聚和混合法改进，也可制成用于食品和药品包装的无毒聚氯乙烯产品。

（3）聚苯乙烯（PS）

该类塑料的产量仅次于上述两者（PE、PVC）。PS 具有良好的加工性能；其薄膜有优良的电绝缘性，常用于电器零件；其发泡材料相对密度低达 0.33 g/cm^3，是良好的隔音、隔热和防震材料，广泛用于仪器包装和隔热。其中还可加入各种颜色的填料制成色彩鲜艳的制品，用于制造玩具及日常用品。聚苯乙烯的缺点是脆性大、耐热性差，但常将聚苯乙烯与丁二烯、丙烯腈、异丁烯、氯乙烯等共聚使用，使材料的抗冲击性能、耐热耐蚀性大大提高，可用于耐油的机械零件、仪表盘、接线盒和开关按钮等。

（4）聚丙烯（PP）

聚丙烯相对密度小（0.9～0.91 g/cm^3），是塑料中最轻的。其力学性能（如强度、刚度、硬度、弹性模量等）优于低压聚乙烯。它还具有优良的耐热性，在无外力作用时加热至 150 ℃不变形，因此它是常用塑料中唯一能经受高温消毒的产品。它还有优良的电绝缘性。其主要的缺点是黏合性、染色性和印刷性差，低温易脆化、易燃，且在光热作用下易变质。PP 具有好的综合力学性能，故常用来制造各种机械零件、化工管道、容器；由于无毒及具有可消毒性，可用于药品的包装。

（5）ABS 塑料

ABS 塑料由丙烯腈（A）、丁二烯（B）和苯乙烯（S）三种组元共聚而成，三组元单体可以任意比例混合。由于 ABS 为三元共聚物，丙烯腈使材料耐蚀性和硬度提高，丁二烯提高其柔顺性，而苯乙烯则使其具有良好的热塑性加工性，因此 ABS 是“坚韧、质硬且刚性”的材料。ABS 由于其低的成本和良好的综合性能，且易于加工成形和电镀防护，因此在机械、电器和汽车等工业领域有着广泛的应用。

（6）聚酰胺（PA）

聚酰胺的商品名称是尼龙或绵纶，是目前机械工业中应用比较广泛的一种工程热塑性塑料。聚酰胺的机械强度高、耐磨、自润滑性好，而且耐油、耐蚀、消音、减振，大量用于制造小型零件，代替有色金属及其合金。缺点是耐热性不高，工作温度不超过 100 ℃；蠕变值也较大；导热性差，约为金属的 1%；吸水性大，导致性能和尺寸易改变。

（7）聚甲醛（POM）

聚甲醛是高密度高结晶性的线型聚合物，性能比尼龙好，其按分子链结构特点又分为均聚甲醛和共聚甲醛。聚甲醛性能较好，但热稳定性和耐候性差，大气中易老化，遇火燃烧，目前广泛用于汽车、机床、化工、仪表等工业中。

（8）聚碳酸酯（PC）

聚碳酸酯是一种新型热塑性塑料，品种较多。工程上用的是芳香族聚碳酸酯，产量仅次于尼龙。PC 的化学稳定性很好，能抵抗日光、雨水和气温变化的影响；它透明度高，成型收缩小，因此制件尺寸精度高。它广泛用于机械、仪表、电讯、交通、航空、照明和医疗机械等工业。如波音 747 飞机上有 2 500 多个零件要用到聚碳酸酯。

（9）有机玻璃（PMMP）

有机玻璃的化学名称为聚甲基丙烯酸甲酯，是目前最好的透明有机物，透光率为 92%，超过了普通玻璃，且其力学性能好，冲击韧性高，耐紫外线和防老化性能好，同时密度低（1.18 g/cm^3），易于加工成型。缺点是硬度低，耐摩擦性、耐有机溶剂腐蚀性、耐热性、导热性差，使用温度不能超过 180 ℃。主要用于制造各种窗体、罩及光学镜片和防弹玻璃等零部件。

（二）橡胶

1. 橡胶的组成

橡胶是在使用温度范围内处于高弹态的高分子材料，是常用的弹性材料、密封材料、减振防震材料和传动材料。工业用橡胶是由生胶（或纯橡胶）和橡胶配合剂组成的。

（1）生胶（或纯橡胶）

生胶是橡胶制品的主要成分，也是形成橡胶特性的主要因素，其来源可以是合成的也可是天然的，但生胶性能随温度和环境变化很大，如高温发粘、低温变脆，且极易被溶剂溶解，因此必须加入各种不同的橡胶配合剂，以提高橡胶制品的使用性能和加工工艺性能。

（2）橡胶配合剂

橡胶中常加入的配合剂有硫化剂、硫化促进剂、防老化剂、填充剂、发泡剂和着色剂等。硫化剂的作用是提高橡胶制品的弹性、强度、耐磨性和抗老化能力；硫化促进剂可缩短橡胶硫化时间、降低硫化温度、减少硫化剂用量，同时能改善橡胶制品的性能；防老化剂是为了防止和延缓橡胶制品的老化；填充剂的作用是提高橡胶制品的强度、硬度，减少生胶的用量及改善工艺性能。

2. 常用橡胶材料

橡胶品种很多，主要有天然橡胶和合成橡胶两类。合成橡胶按用途及使用量分为通用橡胶和特种橡胶。

1）天然橡胶

天然橡胶是橡胶树流出的胶乳，经凝固、干燥等工序制成的弹性固状物，其单体为异戊二烯高分子化合物。它具有很好的弹性，但强度、硬度不高。为提高强度并硬化，需进行硫化处理。天然橡胶是优良的绝缘体，但耐热老化性和耐大气老化性较差，不耐臭氧、油和有机溶剂，且易燃。天然橡胶广泛用于制造轮胎、胶带和胶管等。

2）合成橡胶

合成橡胶是指具有类似橡胶性质的各种高分子化合物。它的种类很多，主要有以下几种。

（1）丁苯橡胶

丁苯橡胶是合成橡胶中应用最广、产量最大的一种，由丁二烯和苯乙烯聚合而成，具有较好的耐磨、耐自然老化、耐臭氧性，但加工性能不如天然橡胶，广泛用于制造轮胎、胶布、胶鞋、胶管等。

（2）顺丁橡胶

顺丁橡胶是以丁二烯为原料，在催化剂作用下经聚合反应而得到的产品，产量仅次于丁苯橡胶。顺丁橡胶具有良好的耐磨性、耐老化性、耐寒性和高弹性，但不易加工、强度较差，主要用于制造轮胎、三角胶带、减振器和橡胶弹簧等。

（3）氯丁橡胶

氯丁橡胶是由氯丁二烯经聚合反应得到的产品，具有良好的耐臭氧、耐油和耐溶剂性能，但绝缘性能较差，主要用于制造胶带、胶管、汽车门窗嵌条等。

（4）丁腈橡胶

丁腈橡胶是由丙烯腈和丁二烯经聚合反应得到的产品，具有良好的耐油性、耐磨性、耐热性，但耐臭氧性、耐寒性较差，加工性能不好，主要用于制造耐油制品，如输油管、耐油密封圈等。

（5）聚氨酯橡胶

聚氨酯橡胶是由氨基甲酸酯经聚合而成，属特种橡胶，具有良好的耐磨性、耐油性，但耐水、酸、碱性能较差，主要用于制造胶辊、实心轮胎和耐磨制品。

（6）硅橡胶

硅橡胶是指分子链中含有硅氧键，经硫化后具有弹性的有机硅聚合物，属特种橡胶。它具有耐高温、耐寒、电绝缘性能优良的特点，但抗拉强度低、价格较贵，主要用于制造耐高温、耐寒或耐高温电绝缘制品等。

（7）氟橡胶

氟橡胶主要是全氟丙烯和偏二氟乙烯的共聚物，属特种橡胶。它具有良好的耐高温、耐腐蚀、耐臭氧和大气老化性能，但加工性能差，价格贵，主要用于制造高级密封件、高真空耐蚀件等。

四、复合材料

复合材料是由两种或两种以上性质不同的材料组合起来的一种多相固体材料，它不仅保留了组成材料各自的优点，而且还具有单一材料所没有的优异性能。在自然界和人类发展中，复合材料并不是一个陌生的领域，自然界中的树木，建筑中的混凝土和人体的骨骼等都是复合材料。现代复合材料则是在充分利用材料科学理论和材料制作工艺的基础上发展起来的一类新型材料，在不同的材料之间，如金属之间、非金属之间、金属与非金属之间进行复合，既保持了各组成部分的性能又有组合的新功能，充分发挥了材料的性能潜力。

工程复合材料的组分是人为选定的，通常可将其划分为基体材料和增强体。基体材料大多为连续的，除保持自身特性外，还有粘结或连接和支承增强体的作用；而增强体主要是起承受载荷或发挥其他特定物理化学功能的作用。

（一）复合材料的分类

复合材料常见的分类方法有以下三种。

1. 按材料的用途分

可将其分为结构复合材料和功能复合材料两大类。前者主要是用于工程结构，以承受各种载荷的材料，主要是利用其优良的力学性能；后者则为具有各种独特物理化学性质的材料，具有优异的功能特性，如吸波、电磁、超导、屏蔽、光学、摩擦润滑等。

2. 按基体材料类型分

按复合材料基体的不同可分为金属基和非金属基两类。目前大量研究和使用的多为以高聚物材料为基体的复合材料。

3. 按增强体特性分

按复合材料中增强体的种类和形态不同可将其分为纤维增强复合材料、颗粒增强复合材料、层状复合材料和填充骨架型复合材料。

（二）常用复合材料

1. 纤维增强树脂基复合材料

一般来说，纤维增强树脂基复合材料的力学性能主要由纤维的特性决定，化学性能、耐热性等则由树脂和纤维共同决定。按增强纤维的不同，主要分为以下几类。

（1）玻璃纤维树脂复合材料

玻璃纤维树脂复合材料又称玻璃钢。玻璃钢生产成本低、工艺简单、应用很广，根据所用基体不同可分为两类。

① 热塑性玻璃钢。由20%～40%的玻璃纤维和80%～60%的基体材料（如尼龙、聚烯烃类、聚苯乙烯类等热塑性树脂）组成。主要特点是具有高强度、高冲击韧性、良好的低温性能及低热膨胀系数，常用来制造轴承、齿轮、仪表盘、壳体等零件。

② 热固性玻璃钢。由60%～70%的玻璃纤维和40%～30%的基体材料（如环氧树脂、酚醛树脂等）组成。主要特点是密度小、强度高，强度超过一般高强度钢和铝合金及钛合金，

耐磨性、绝缘性和绝热性好，吸水性低，易于加工成型。但是，这类材料弹性模量低，只有结构钢的1/10～1/5，耐热性比热塑性玻璃钢好但仍不够高，只能在300 ℃以下工作。主要用于各种机器的护罩、复杂壳体、车辆、船舶、仪表、化工容器、管道等。

（2）碳纤维树脂复合材料

由碳纤维与聚酯、酚醛、环氧、聚四氟乙烯等树脂组成，其性能优于玻璃钢，具有密度小，强度高，弹性模量高，并具有优良的抗疲劳性能和抗冲击性能、良好的自润滑性、减摩耐磨性、耐蚀和耐热性。但碳纤维与树脂的结合力低，各向异性明显。这类材料主要应用于运动器材、航空航天、机械制造、汽车工业及化学工业中。

（3）硼纤维树脂复合材料

由硼纤维和环氧、聚酰亚胺等树脂组成，具有高的强度和弹性模量，良好的耐热性。其缺点是各向异性明显、加工困难、成本太高，已逐渐被碳纤维取代。主要用于航空航天和军事工业。

（4）碳化硅纤维树脂复合材料

由碳化硅与环氧树脂组成的复合材料，具有高的强度和弹性模量，抗拉强度接近碳纤维–环氧树脂复合材料，而抗压强度为其两倍，是一类很有发展前途的新材料，主要用于航空航天工业。

（5）有机纤维树脂复合材料

由芳香族聚酰胺纤维（芳纶）与环氧、聚乙烯、聚碳酸酯、聚酯等树脂组成。主要品种有凯芙拉（Kevlar）、诺麦克斯（Nomex）等。其中最常用的是Kevlar纤维与环氧树脂组成的复合材料，主要性能特点是抗拉强度较高，与碳纤维–环氧树脂复合材料相似；其延展性好，可与金属相当；耐冲击性超过碳纤维增强塑料；有优良的疲劳抗力和减振性，其疲劳抗力高于玻璃钢和铝合金，减振能力为钢的8倍。主要用于制造防弹衣、飞机机身、雷达天线罩、轻型舰船等。

（6）纤维增强陶瓷基复合材料

纤维–陶瓷复合材料中的纤维能起到强化陶瓷的作用，但其更重要的作用是增加陶瓷材料的韧性，因此陶瓷–纤维复合材料中的纤维具有“增韧补强”作用。这种机制几乎可以从根本上解决陶瓷材料的脆性问题。目前用于增强陶瓷材料的纤维主要是碳纤维或石墨纤维，能大幅度提高冲击韧性和热震性，降低陶瓷的脆性，而陶瓷基体则保证纤维在高温下不氧化烧蚀，使材料的综合力学性能大大提高。如碳纤维–Si_3N_4复合材料可在1 400 ℃长期工作，可用于制造飞机发动机叶片；碳纤维–石英陶瓷的冲击韧性比烧结石英大40倍，抗弯强度大5～12倍，能承受1 200～1 500 ℃的高温气流冲蚀，可用于航天飞行器的防热部件上。

2. 颗粒增强复合材料

由一种或多种颗粒均匀地分布在基体中所组成的材料。一般粒子的尺寸越小，增强效果越明显。颗粒直径小于0.01～0.1μm的称为弥散强化材料。常见的颗粒复合材料有以下两类。

（1）金属颗粒与塑料复合

金属颗粒加入塑料中，可改善导热、导电性能，降低线膨胀系数。如将铅粉加入氟塑料中，可用作轴承材料。含铅粉多的塑料还可以用作γ射线的罩屏等。

（2）陶瓷颗粒与金属复合

陶瓷颗粒与金属复合即金属陶瓷。氧化物金属陶瓷，如Al_2O_3金属陶瓷，可用于制造高速切削刀具及高温耐磨材料；钛基碳化钨可制造切削刀具；镍基碳化钛可制造航天器的高温零件。

3. 叠层或夹层复合材料

叠层或夹层复合材料是由两层或两层以上的不同材料经热压胶合而成，其目的是充分利用各组成部分的最佳性能。这样不但可减轻结构的重量，提高其刚度和强度，还可获得各种各样的特殊功能，如耐磨、耐蚀、绝热隔音等。如最简单的叠层材料有控温的双金属片和用于耐蚀耐热的不锈钢–普通钢的双层复合钢板材料。最典型的夹层材料是航空航天结构件中常用的蜂窝夹层结构材料，其基本结构形式是在两层面板之间夹一层蜂窝芯。

任务四　材料的选用

任务引入

【1】为了在轨道上保持高速平稳运行，动车组常采用大型中空铝合金结构车体（图 2–9），试分析动车组车体这样选材的目的和意义。

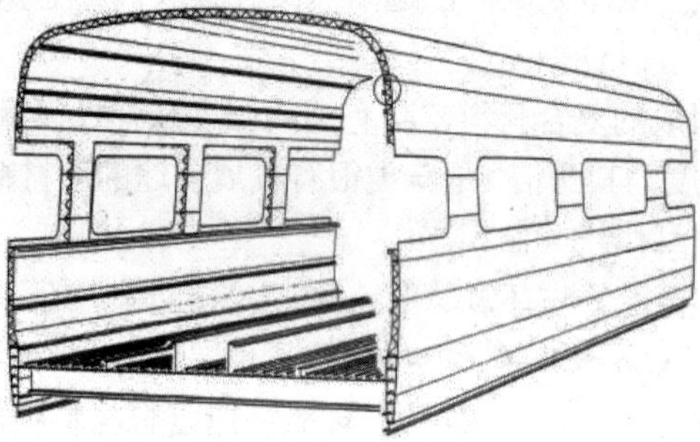

图 2–9　动车组铝合金结构车体

【2】动车组制动系统（图 2–10）中盘形制动分为轴盘和轮盘，通过闸瓦紧贴制动盘，将车辆的动能以机械摩擦的方式转换为热能。根据制动的需求对制动盘进行选型，试分析闸瓦选择什么材料合适。

图 2–10　动车组制动系统

相关知识准备

一、选材的原则

机械工程材料的选用是一项十分重要的工作。选材是否恰当，特别是一台机器中关键零件的选材是否恰当，直接影响到产品的机械性能、使用寿命及制造成本。选材不当，严重的可能导致零件的完全失效。

根据生产经验，判断选材是否合理的基本标准有以下三条。

1. 能否满足必需的机械性能

材料的机械性能是选材时考虑的最主要因素。不同零件所要求的机械性能是不一样的，有的零件主要要求高强度，有的则要求高耐磨性。零件的工作条件往往比较复杂，需要从受力状态、载荷性质、工作温度及环境介质等几个方面分析。

① 受力状态有拉、压、弯和扭等。

② 载荷性质有静载、冲击载荷、交变载荷等。

③ 工作温度可分为低温、室温、高温和交变温度。

④ 环境介质为与零件接触的介质，如润滑剂、海水、酸、碱及盐等。

为了更准确地了解零件的机械性能，还必须分析零件的失效方式，从而找出对零件失效起主要作用的性能指标。

2. 是否具有良好的工艺性能

在满足了必要的机械性能后，接下来选定的材料要具有良好的工艺性能，即容易加工出需要的形状，而且质量优良。

3. 能否控制成本

除符合机械性能和工艺性能要求外，还要考虑使用该材料制造的产品是否具有较低的成本。

二、选材的一般步骤

根据生产经验，机械零件选材的一般步骤如图 2-11 所示。

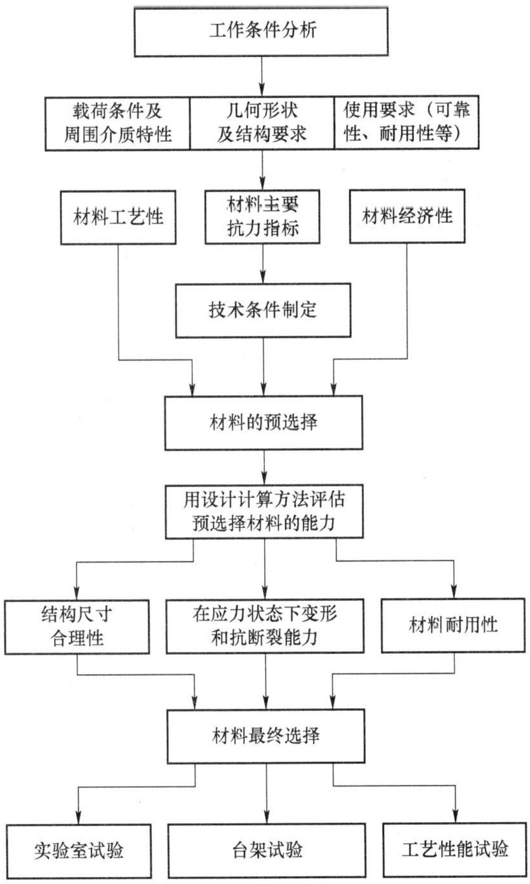

图 2-11　机械零件选材的一般步骤

① 对零件的工作特性和使用条件进行周密的分析，找出主要的失效方式，从而恰当地提

出主要性能指标。

② 根据工作条件的特点，对该零件的设计制造提出必要的技术条件。

③ 根据所提出的技术条件要求和对工艺性、经济性方面的考虑，对材料进行预选择。预选择通常凭经验，如可以与类似的机器零件比较，结合已有的实践经验进行判断，还可以借助各种材料手册来选择。

④ 对预选方案材料进行计算，以确定是否能满足上述工作条件要求。

⑤ 通过试验手段最终确定合理的选材方案。

⑥ 在中、小型生产的基础上，接受生产考验，以检验选材方案的合理性。

任务五　轨道车辆常用材料

任务引入

【1】轻量化、绿色环保、舒适安全是动车组未来的发展方向。动车组中需要用到各种材料，其中车体广泛采用金属材料，而内饰件、受电弓滑板等零部件大量采用非金属材料，如图 2-12 所示，试分析这样选材的目的。

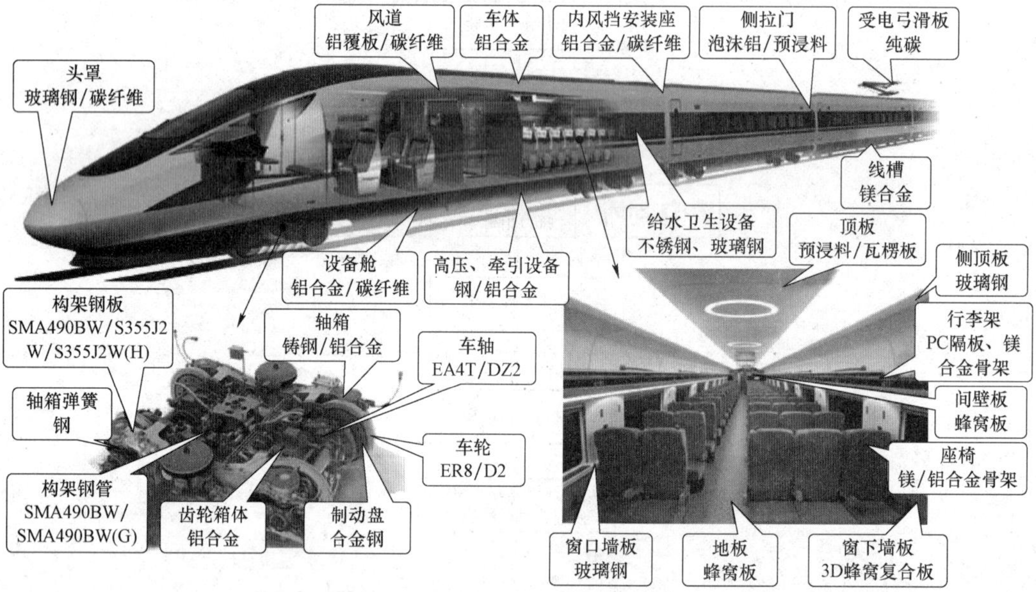

图 2-12　动车组材料应用

相关知识准备

轨道车辆结构由车体、支承弹簧、转向架、车轴、车轮、轴承、轴承弹簧、轴承箱等组成，如图 2-13 所示。车体通过支承弹簧（空气垫和螺旋弹簧）坐于转向架上，转向架又通过轴承弹簧坐于轮轴端部的轴承箱上。轴承箱内有轴承，通常把支承弹簧、转向架、轴承弹簧、轴承箱、轮轴、传动电机、齿轮等的集成称为台车。车体由底架、侧墙、车顶、端墙组成，在其内装有座椅、空调系统、门窗、卫生设施、照明设施、电视、行李架、隔声隔热材料等。车体和台车都带有制动器和连接器。车辆质量就是这些零部件质量的总和。

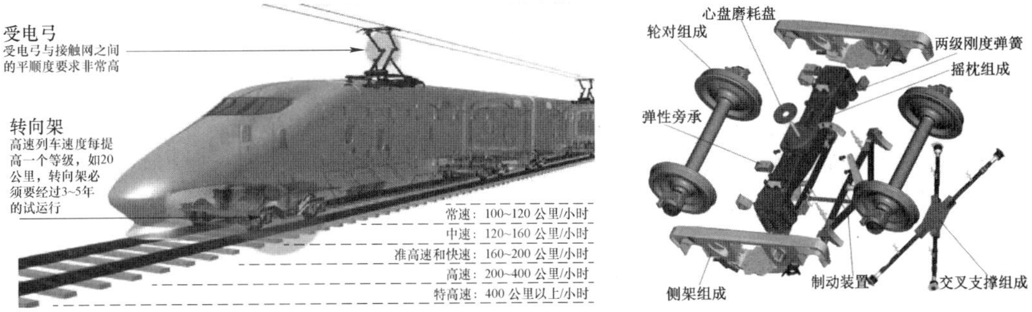

图 2-13　轨道车辆结构

车体是轨道车辆结构的主体。车体的强度、刚度，关系到运行安全可靠性和舒适性；车体的防腐耐腐能力、表面保护和装饰方法，关系到车辆外观、寿命和检修制度；车体的重量，则关系到能耗、加减速度、载客能力乃至列车编组形式（动拖比）。以上所述都直接影响运营质量和经济效益。车体结构形式、性能和技术经济指标主要取决于车体材料。故车体选材一开始就成为选择城轨系统时必须同时考虑的诸多重大要素之一。

一、轨道车辆常用金属材料

（一）轨道车辆车体材料

1. 车体和车体结构的分类

车体结构按使用的主要材料可分为普通碳钢、高耐候结构钢（耐候钢）、车辆专用经济不锈钢（不锈钢）和铝合金。

按结构形式分，有板梁组合结构、开口型材与大型中空型材组合结构和大型中空型材结构三种形式。这些结构又同时属于整体承载结构。

按板与梁（柱）、梁（柱）与梁（柱）之间的结合方式分，有焊接、铆接、螺柱（钉）粘结连接或混合连接结构。我国和日本大多采用焊接结构。焊接—铆接或焊接—螺栓（钉）连接在欧洲应用较多。

2. 耐候钢车体

耐候钢是指添加少量合金元素（如 Cu、P、Cr、Ni、Mn、Mo、Al、V、Ti、Re 等），使其耐大气腐蚀性能获得明显改善的一类低合金钢。它的表面能形成保护性锈层，有效阻滞腐蚀介质的渗入和传输，往往使用时间越长，其耐候作用越突出。

耐候钢具有保护锈层耐大气腐蚀的特性，可用于制造车辆、桥梁、塔架、集装箱等钢结构。与普碳钢相比，耐候钢在大气中具有更优良的抗蚀性能；与不锈钢相比，耐候钢只有微量的合金元素，这些合金元素的总量占比只有百分之几，不像不锈钢达到百分之十几，因此价格较为低廉。

耐候钢通常分为两类。

焊接要求不高的耐候钢：以 Cu、P（含量为 0.07%～0.15%）系为主，屈服强度一般在 345 MPa 以下，板厚一般不超过 16 mm，如美国的 ASTM A242 系列和日本 JIS 中的 SPA 系列。

焊接结构用耐候钢：以 Cr-Ni 系为主，含 P 量在 0.04%以下，如美国的 ASTM A588 和

A514 系列、日本的 JIS SMA 系列。

耐候钢车体采用板梁组合整体承载全焊接结构。

制造厂先将购进的冷轧定尺板材或将热孔卷料开卷、矫平，切断的板材经磷化预处理。车体的外板，是将预处理后的板材用缝焊机接宽接长；梁柱则将预处理后的板材，剪切下料、轧压、冷弯或拉延成型。对于像底架边梁、车顶侧板那样的大型板梁，一般可采用冷弯型材。板和梁（柱）间采用点焊或塞焊，梁柱间采用弧焊（用焊条或二氧化碳气体保护焊）。

车体采用大部件组装方式：将底架、侧墙、车顶、端墙部件预先组成后再组成车体。经变形矫正（打平）后的车体送到油漆工序。底漆、面漆涂完后钢结构车体才算完成（也可在车辆总成涂面漆）。

在车体设计开始，梁柱布置完成后用三维有限元法进行车体强度计算。在头一辆车体制造完工后，进行强度试验。车体的强度试验属于形式试验，即同种车只试验一台，在油漆前进行。车体需经钢结构强度试验通过后才能批量投产。

与铝合金、不锈钢车体相比，耐候钢车体有材料费、制造费低以及工艺性好、造型容易的明显优势，但也存在重量较大、耐腐蚀性不好而导致运营成本高的劣势。

3. 不锈钢车体

不锈钢车体结构与耐候钢车体一样也是采用板梁组合整体承载全焊结构。由于使用的板材更薄（车体外板厚 0.4～1.2 mm，梁柱厚 0.8～3 mm），须采用大量薄板（一般为 0.8 mm）轧压成补强（刚）型材与外板点焊连接形成空腔，借以提高外板的刚度、强度。这是不锈钢车体的结构特征之一。为了不降低板材强度和减小变形，应尽量采用点焊。特别是强度级高的材料不允许任何形式的弧焊。梁柱之间采用平面或立体接头、点焊。板的拼接采用搭接缝焊。采用接触焊代替弧焊是不锈钢车体的又一特征和技术关键。

新型不锈钢车体采用超低碳（$w_C \leqslant 0.03\%$）的 SUS301L 车辆专用经济不锈钢，通过压延率的不同分成 LT、DLT、ST、MT、HT5 个强度级。SUS301L 的改性压延状态机械性能代号 HT 的屈服点在 961 N/mm^2 以上，拉伸强度在 1 275 N/mm^2 以上（超过耐候钢一倍以上）。但其纵向弹性模量（E）却只有钢的 85%（钢的 $E=2.06\times10^5$ N/mm^2，不锈钢的 $E=1.76\times10^5$ N/mm^2），这意味着不锈钢车体比同样结构（当然结构是有很大不同的）的耐候钢车体刚度要小。刚度下降将导致舒适性下降。这就是不锈钢车体设计时尽量设法增大刚度的原因。

不锈钢车体制造过程中虽然不必进行防腐保护，完工后也不需涂漆，但为了提高装饰性，板材一般自带线条或进行梨皮点状装饰。车辆制造厂家可自己进行某种修饰，也可用彩色胶膜装修。由于车体表面装饰大多是原材料带有的，因此在焊接前的加工过程中要贴膜保护，在制造的全过程要小心操作。

为了降低制造成本或提高工艺性，对这种车体上没有腐蚀倾向的部位，通常采用普通钢或耐候钢，如牵引梁、枕梁、侧门内立柱的下部（距地板面 300 mm 以上）内端墙立柱等。因此，即使轻量化不锈钢车体也大约有 30%的普通钢或耐候钢。

不锈钢车体比耐候钢车体可轻 30%～40%，另外还不需涂漆（干膜油漆重量为 200～300 kg/车）。

不锈钢车体的制造工艺性远不如钢车，不能采用弧焊。特别是不锈钢成形困难，因此不锈钢车体的前端造型若特别复杂或数量很少时，不得不采用钢材或玻璃钢制造（涂漆）。

由于现在生产的不锈钢车体大量采用点焊，密封性不如连续焊，因此不适用于频繁进出隧道等导致车内外压差大的高速车车体。

日本最新的不锈钢车体是1993年完成的209系电车采用的两种形式的结构：一种是侧墙外板为平板、内部仍然采用压型型材的骨架（含补强），但板厚进一步减小（侧墙外板厚1.2 mm，车顶、地板波纹板厚0.6 mm，弯梁、立柱厚1 mm）；另一种是采用SUS304材料的内外双层板点焊结构，内板上带有凸起代替骨架。东日本旅客铁道、新日本制铁等三家公司共同试制出了“不锈钢双层复合板车体”，其目的在于能像铝合金中空型材车体那样减少零部件数量和焊接工作量，以降低制造成本和提高外板平滑性，提高产品质量。

4. 铝合金车体

铝合金车体从结构形式上可分为板梁、大型开口型材和大型中空闭口型材及其组合形式，动车组铝合金车体如图2－14所示。板梁式铝合金车体在结构形式上类似于耐候钢车体，但为了提高断面系数，防止板材由于剪力产生失稳现象，因此加大板厚（一般取钢板的1.4倍，最薄用到2 mm）。铝合金车体的薄板焊接非常困难，技术水平要求高，而且变形大校正困难，因此必须采用接触焊。

开口型材将板、梁合成一体，简化了车体制造工艺，提高了质量，但成本也相应增加。

图2－14　动车组铝合金车体

铝合金车体目前普遍采用的结构是大型桁架式中空型材组焊式（一般采用自动弧焊）。

大型中空型材组焊式车体制造时，只需将型材沿车体长度方向对接连续自动弧焊。由于车体零件数量少、焊接工作量少，且容易实现自动化，大大降低了车体制造成本，提高了产品质量。但与此同时，由于大型型材需要能力为8 000～10 000 t的大型挤出设备和大型模具，因此制品成本昂贵，设计断面变化也受到制约。

另外，由于多余金属只能靠机械加工的办法去掉，工艺复杂，成本高，所以大型中空型材结构的车体要比板梁式、大型开口型材式车体略重一些。铝合金结构的变形校正（通常也采用火焰校正）非常困难。因此不管什么结构形式，都必须千方百计地用工装卡具来限制焊接变形。

铝合金车体的主要材料是Al–Mg系（5000系）、Al–Mg–Si系（6000系）和Al–Zn–Mg系（7000系）合金。铝合金车体的特点是利用铝的相对体积质量约为普通钢的1/3这一点来减轻车体自重。铝合金车体的自重一般可达到普通钢车体的1/2。铝合金车体的弱点是铝的纵弹性模量小，约为普通钢的1/3，因而往往使车体刚度下降。一般铝合金车体比普通钢车体、不锈钢车体的刚度都要小。这是铝合金车体设计时加大板厚和尽量加大车体断面以提高车体抗弯刚度的重要原因。

铝合金车体的另一个不尽人意之处就是耐腐蚀性能差，不能像不锈钢那样达到不用涂漆的程度。不涂漆的铝合金车体虽然也有，但用过一段时间后，由于大气中的腐蚀条件（如水、洗涤剂的作用以及运用环境中与金属粉尘接触），表面总会出现面蚀、点蚀、变色，影响美观，故大部分车都涂漆。

铝合金车体设计中还应注意的是：由于铝的熔点低，在地板下面吊装的高压大电流的发热设备（如制动电阻箱等）应加装隔热板，以防车辆火灾的发生。铝合金车体的车辆一旦发生火灾事故，将会引发更大的灾难。当然，采用其他材料的车体也必须加隔热板。

铝合金车体的最新结构是车顶、侧墙无梁柱的桁架式中空型材结构，有的在面板、肋板上还贴防震吸音材料或填充（半填充）聚氨酯泡沫（型材挤压过程中发泡），大大提高了防震隔音效果。日本700系新干线车就采用此项技术。

形状复杂的铝合金车体前端也有采用钢质或骨架用钢、蒙皮用玻璃钢的结构。车下设备吊装也有采用钢梁。铝型材之间采用搅拌摩擦焊接（friction stir welding），这是一项很有前途的工艺。

5. 车体新材料结构的开发

国外车体新材料结构的研制开发日新月异。第二代轻量不锈钢车体和蜂窝材铝合金车体早已问世。底架边梁用爆炸连接材料、底架用不锈钢、侧墙车顶端墙用铝合金的混合材料车体也早已通过了鉴定。超轻量的碳纤维增强塑料（CFRP）车体也已试制出来。另外以普通钢、不锈钢车体为对象的外板为平板、外板的内侧为桁架式大型轧压型材、二者点焊一起的少零部件高精度的板式轻量结构也正在开发中。面向小型车，正在开发不用板结构而用骨架承载、内外板材料可以自由选取的重量轻、成本低的车体也正在开发研究中。

在我国，车体材料的开发研制也从未间断过。20 世纪 70 年代的铝合金车体铁道车辆、20 世纪 90 年代的不锈钢软卧车和铝合金的地铁车就已研制出来，现正在正常运行。玻璃钢的前端也早已装到了大铁路动车组的车头上。现在大断面铝型材和车辆经济不锈钢 SUS301L 国内已完成研制，可以批量投产。

（二）轨道车辆走行部材料

动车组转向架如图 2–15 所示。转向架除了支承车厢运行外，还担负将列车牵引和制动力传递到车轮上的任务。转向架又分为动车转向架和拖车转向架，动车转向架上装有牵引电机、齿轮箱、轮盘制动等，拖车转向架上装有轴盘制动，高速转向架普遍采用高强度合金钢轻量化构架、空心车轴、铝合金齿轮箱、空气弹簧、减振器等。转向架主要具有承载、导向、减振、牵引、制动等功能，高速动车组要跑得快离不开转向架这个“飞毛腿”。

列车转向架轴箱是高速列车的核心部件之一。无论是时速达 350 km 的高速动车组，还是时速达 200 km 的一般动车组列车，对列车转向架轴箱的要求都比较一致：能抵抗高温，也能在低温环境下正常运作，更要耐磨、耐冲击等。因而，能够用来加工成列车转向架轴箱的材料不多，最常见的是铸钢、铸铁。

球墨铸铁是指含有球状石墨的铸铁。它是一种高强度铸铁材料，综合性能接近于钢，因为具有多种优异性能，球墨铸铁被视为钢的替代品，广泛用于铸造一些受力复杂，强度、韧性、耐磨性、耐腐蚀要求较高的零部件。新技术条件下出现的超低温高韧性球墨铸铁，其最大特点是可以耐 −60～−40 ℃的超低温，提高了列车的舒适度及安全性，适用于高寒地区的高速列车及轨道交通，比如国内的东北、西北地区，以及欧洲的俄罗斯等国家。

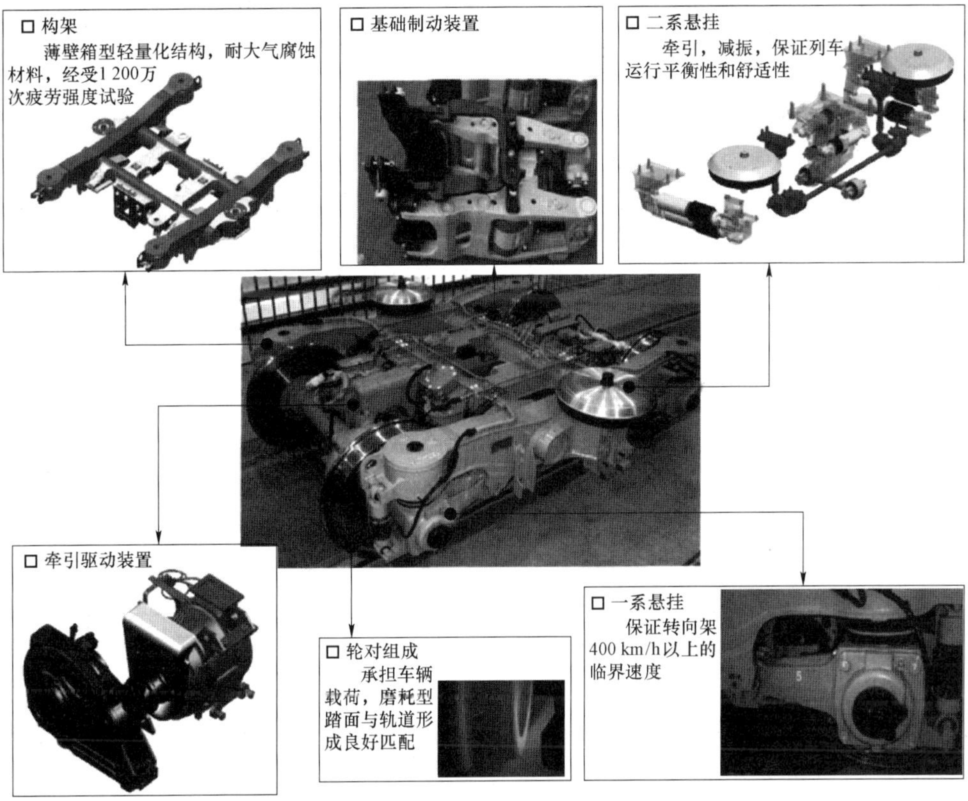

图 2-15 动车组转向架

二、轨道车辆常用非金属材料

非金属材料的各种特性能大大改善轨道车辆的技术性能，提高其可靠性和延长使用寿命。特别是近二十年来，随着高速铁路的迅速发展，作为发展高速铁路必要条件之一的轨道车辆轻量化，又极大地促进了非金属材料在轨道车辆上的应用。目前，非金属材料在国内外轨道车辆上的应用规模越来越大，采用非金属材料代替传统材料制造轨道车辆构件，以提高车辆的技术性能，减轻车辆自重，满足车辆高速、安全的要求。

目前轨道车辆用非金属材料主要有以下几类。

（一）玻璃钢

玻璃钢（FRP）是纤维增强塑料的简称，纤维一般采用玻璃纤维、硼纤维、碳纤维等；树脂一般应用热固性树脂，如环氧树脂、不饱和聚酯树脂、酚醛树脂及聚氨酯等，也可采用热塑性树脂，如聚酰胺、聚甲醛、聚碳酸酯等。

1. 玻璃钢的特点

玻璃钢在国内外轨道车辆制造中得到了广泛应用，主要原因是玻璃钢具有如下一些优点。

（1）密度小、强度高

玻璃钢的密度仅为 1.75 g/cm^3，而其抗拉强度为 313.8 MPa，与铝合金的抗拉强度相当，其比强度是铝合金的 2 倍，是钢的 4 倍。玻璃钢的比强度高对结构件减轻自重是十分有利的。

（2）成型工艺简单、成本低

玻璃钢产品可一次成型。成型方法有手糊、喷射、缠绕、模压等，材料成型和结构成型可同时进行。除模压成型需加温固化外，其余均为常温固化。

（3）耐腐蚀、寿命长

玻璃钢具有优异的耐酸、耐碱、耐大气腐蚀性。其产品寿命长，维修工作量小。

2. 轨道车辆用玻璃钢构件

（1）车门

国外客车车门主要采用玻璃钢制作。这种车门具有重量轻、强度高、使用可靠、制造方便等优点。英国 XP64 型客车、MKIII 型客车均安装了聚酯玻璃钢门。法国的 Mistra 客车采用玻璃钢夹层模制整体车门。丹麦铁路 IR 新型电动车的车门为双扇车门，用玻璃钢、蜂窝夹层材料及铝框制成。

（2）车窗

法国制造的欧洲标准客车 Y 型车的内窗框用玻璃钢制造。英国客车车窗装饰外包层采用阻燃的聚酯树脂和 E 玻璃纤维。日本京浜 800 型快车上首先使用玻璃钢整体成型的内窗框。日本 581 系电动车客室内是使用玻璃钢最多的车辆，其中就包括内窗框。

（3）座椅

国外玻璃钢座椅较为普遍。如英国 XP64 型客车、MKT，MKIII 型客车，法国“珊瑚号”、日本部分客车和 30 系地铁车等均用玻璃钢制造座椅。

（4）客车墙板、顶板、地板

国外客车墙板一般采用玻璃钢和泡沫塑料夹层结构。如德国汉堡高速铁路上的客车墙板，捷克、瑞士、荷兰等国也用玻璃钢制造客车内墙板。

英国有的客车上内顶板采用白色玻璃钢。日本特快电动车上的内顶板采用的是玻璃钢大型部件。法国新型 Mistra 客车上采用玻璃钢内顶板。瑞士标准客车、奥地利 BMO2 系列空调客车侧走廊内顶板也都采用玻璃钢制造。

采用玻璃钢制造客车地板因成本高，国外只有少数国家采用。如英国的 XP64 型客车采用玻璃钢制造地板。

（5）厕所、盥洗间、集便箱

厕所、盥洗间、集便箱是极易腐蚀部件，最适于采用玻璃钢制造。国外客车的厕所、盥洗间地板及集便箱大多采用玻璃钢。法国 Vtu75 系列客车厕所的内墙板及地板、Vu75 系列客车厕所地板均采用玻璃钢制造。德国新研制的客车卫生间大量使用玻璃钢，其墙板、地板、便器及便器盖均采用玻璃钢。美国、英国、日本、荷兰等国使用玻璃钢整体卫生间。卫生间的顶板、墙板、地板均采用玻璃钢制造，粘结连接为一个整体。整体卫生间能可靠地保护相连接的金属构件，使之不会产生腐蚀破坏。

集便箱采用玻璃钢制造可提高使用寿命。日本新干线车辆的集便箱由玻璃钢制造，其结构为在玻璃钢制椭圆形外壳周围，用加热方法粘接聚氯乙烯泡沫塑料，并在上面再手糊一层玻璃钢的夹层结构。

（6）卧铺、茶桌、行李架

日本 12 系 14 型卧车的上铺和中铺采用玻璃钢制造。581 系电动车的卧铺框架也是玻璃钢材料。法国的大西洋 TGV－A 装用的可折叠式茶桌采用玻璃钢制造，重量只有铝茶桌的 1/2。德国 APmz123 型空调客车和高速运输的客车及一、二等混编列车的二等空调开敞式客车都是采用玻璃钢层压板制造。

（7）空调风道及其他部件

德国城间运输用的新型二等空调开敞式客车采用玻璃钢风道。苏联 26 m 长轻型客车的空调风道也是用玻璃钢制成。

另外国外客车还用玻璃钢制造其他的小部件，如法国国际联运用的二等客车毛巾架和垃圾箱、德国二等开敞式客车的窗帘框及槽等都是用玻璃钢制造。

（二）塑料

塑料是指以高分子聚合物为基本成分，在一定温度、一定压力条件下，可塑制成所需要的形状，并在常温、常压下仍能保持形状不变的材料。由于其强度高、外表美观、成型工艺简单，被广泛用于制造车辆结构及装饰件。国外轨道车辆用塑料构件情况如下。

1. 客车内部结构、装饰材料

德国近郊及区间运输用客车、法国 Agcgux 型简易卧车采用层压塑料板制造装饰内墙板。纸质层压塑料板是先将浸过酚甲醛树脂的特殊纸压制，再在其正面压上一层三聚氰胺甲醛树脂浸过的装饰纸。

法国双层高速 TGV2N 采用三聚氰胺树脂代替玻璃钢墙板，天花板拱板采用酚醛三聚氰胺制造，这些材料具有较好的阻燃性能。

日本的大部分客车地板上均铺以聚氯乙烯树脂地板布。日本新型地铁车辆地板采用铝板和泡沫塑料夹层板。

塑料在国外轨道车辆上不仅用来制造墙板、地板等大的构件，还被广泛用来制造座椅、茶桌、行李架等构件。如大西洋 TGV-A 的折叠椅采用人造革和泡沫塑料；意大利 ETRY500 型高速列车采用酚醛塑料预制夹层板制造一等客车的座椅支架；德国用于城间客运的一等大客室客车，茶桌是用丙烯腈一丁二烯一苯乙烯聚合物制成；日本新式双层游览车的行李架采用密胺树脂制造；瑞士标准客车采用硬质聚氯乙烯制作行李架板条；日本 12 系客车的肘靠采用 ABS 树脂制造。另外，塑料还被广泛用来制造窗帘盒、镜框、衣帽钩等小零件。

2. 泡沫塑料

泡沫塑料因密度小、导热系数低，被广泛用作保温材料。如日本客车采用聚乙烯泡沫塑料作为保温层。美国客车保温材料采用聚氨酯泡沫塑料。目前因阻燃的要求，国外客车的防寒材料逐步采用玻璃棉板。玻璃棉板是将玻璃棉喷以酚醛树脂热压而成，主要优点是具有不燃性，提高了客车阻燃水平。

硬质泡沫塑料主要被用作夹层板的夹芯，起隔热、隔声、减轻重量的作用。如日本东海道新干线电动车墙板、德国区间运输客车、美国部分客车的墙板均采用夹层板，其夹芯为硬质聚氨酯泡沫塑料。

高回弹软质聚氨酯泡沫塑料具有承载力强、回弹性好、透气、强度高的优点，是交通工具中理想的座垫材料。目前国外大部分客车采用聚氨酯泡沫塑料制造座椅及卧铺的芯材（图 2-16）。如大西洋 TGV-A 客车的折叠椅、日本 211 系近郊电动车组铺垫等。

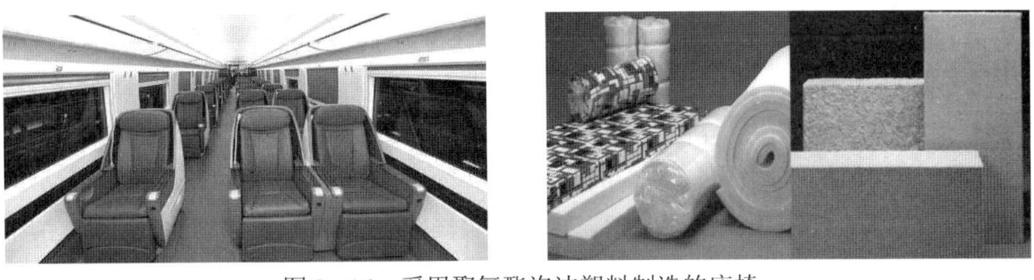

图 2-16　采用聚氨酯泡沫塑料制造的座椅

3. 车辆磨耗件

美国铁路采用超高分子量聚乙烯塑料制造心盘垫、车钩托板磨耗板、缓冲器与钩尾框间磨耗板。该材料耐磨性比其他塑料高 15 倍，比钢铁高 4 倍。应用超高分子量聚乙烯制造的心盘垫、磨耗板已运行了 80 万 km，未发生损坏，也不需润滑、维护。运用表明，这些磨耗板大大减少了磨耗问题，延长了使用寿命。

美国铁路转向架旁承采用超高分子量聚乙烯制造，该材料具有较高强度、柔性和耐久性，满足了转向架旁承承受高负荷的要求。另外美国铁路还采用尼龙制造转向架导框衬及制动拉杆磨耗套等。

现在国外也日益采用塑料轴承保持架。如德国使用纤维增强的尼龙制造轴承保持架，塑料保持架比黄铜保持架耐磨，使用寿命长。

4. 制动材料

轨道车辆普遍采用合成闸瓦，动车组合成闸瓦如图 2−17 所示。如英国的 TBL800 系合成闸瓦可用于 160 km/h 的列车；日本的新干线 270 km/h 电动车制动盘采用碳纤维增强塑料。

(a) 闸片与制动盘组成一对摩擦副

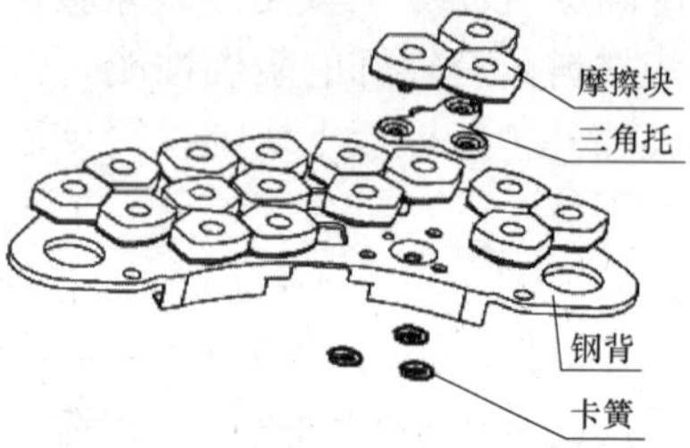

(b) 闸片结构

图 2−17 动车组合成闸瓦

法国铁路采用的合成闸瓦有两种型号：摩擦系数为 0.25 的 K 型闸瓦及摩擦系数为 0.17 的 L 型闸瓦。合成闸瓦的主要成分是：丁醛（丁二烯）苯乙烯弹性粘接剂（或酚醛树脂）铁和氧化铁、硅和二氧化硅、氧化铝、氧化镁、氧化锌、硫酸钡等。合成闸瓦和铸铁闸瓦相比具有行走里程长、噪声低的优点。

（三）橡胶材料

在现代车辆制造中，许多零件必须用橡胶作为材料。橡胶弹性大，有很好的耐振及减振性能。目前国外轨道车辆大量采用橡胶材料制造各种减振、密封构件，橡胶在车辆上的应用研究工作受到很大重视，并处在不断发展之中。

1. 一般橡胶件

轨道车辆中大量采用橡胶制造减振、密封构件。如各种阀中的密封圈，制动橡胶软管，转向架弹簧胶垫及减振器胶垫，车门、窗中固定玻璃的密封条，活动小桌及门窗的定位减振垫等。这些构件必须采用橡胶材料。

2. 橡胶缓冲器

橡胶缓冲器具有结构简单、成本低、可靠性高、维修工作量小的优点。美国铁路早在 1948 年就开始使用橡胶缓冲器，先后有数种系列几十种缓冲器问世。在日本，几乎所有的客、货车辆均采用橡胶缓冲器，目前客运车辆应用的缓冲器已有 20 多个品种，可满足不同车型的需要。在苏联，20 世纪 70 年代后的多数客车，包括 160 km/h 的高速旅客列车，均使用橡胶缓冲器。

3. 橡胶风挡

苏联客车较广泛应用橡胶风挡。风挡主要由两个垂直橡胶囊和一个横向橡胶囊组成。橡胶风挡密封性好、磨损轻、隔热性能也较好。

4. 空气弹簧

目前，国内外高速列车基本采用空气弹簧，如图 2-18 所示。如美国的高速列车、英国的 MKIII 型客车、法国的 TGV、日本的新干线客车等。空气弹簧的主要结构为橡胶囊，是由气密性较好的丁基橡胶制成。空气弹簧具有可变刚度、不变的自振频率、高度耐疲劳性及重量轻的特点。应用空气弹簧可使转向架结构大为简化，可提高舒适性能并具有较好的隔声性。

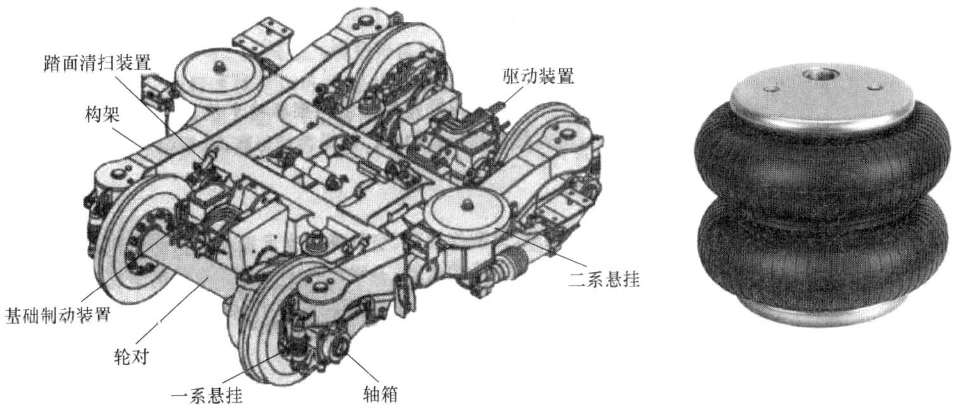

图 2-18　空气弹簧

思考与练习

1. 说明下列现象的原因：（1）w_C=1.0%的钢比 w_C=0.5%的钢硬度高；（2）钢适用于压力加工成形，而铸铁适用于铸造成形；（3）钢铆钉一般用低碳钢制成；（4）在退火状态下，w_C=0.77%的钢比 w_C=1.2%的钢强度高；（5）在相同条件下，w_C=0.1%的钢切削后，其表面粗糙度的值不如 w_C=0.45%的钢低。

2. 根据碳在铸铁中存在的形态的不同，铸铁可分为几种？

3. 为什么调质钢的碳含量均为中碳？合金调质钢中常含有哪些元素？它们在调质钢中起什么作用？

4. 对－（＋）字旋具（螺丝刀）性能有何要求？选择何种材料？要求硬度多少？

5. 1Cr13、2Cr13、3Cr13、1Cr17 与 Cr12、Cr2MoV 钢中铬的质量分数均在 12%以上，是否都是不锈钢？为什么？

6. 硬质合金的主要组成是什么？常用的硬质合金分为哪几类？它们各有何主要作用？

7. 什么是复合材料？纤维增强树脂基复合材料有哪几种类型？各有什么特点？

8. 什么是塑料？按热性能分类有哪几种类型？各有什么特点？

9. 铸铁材料有何用途，主要有哪些类型？

10. 钢有何用途，主要有哪些类型？

11. 有色金属材料有何用途，主要有哪些类型？

12. 判断选材是否合理的基本标准有哪些？

项目三

热　处　理

据统计，在机床制造中，60%～70%的零件要经过热处理；在汽车、拖拉机制造中，需要热处理的零件多达70%～80%；而工具、模具及滚动轴承，则要100%进行热处理。总之，凡是重要的零件都必须进行适当的热处理才能使用。

知识目标

1. 掌握热处理的目的和基本原理。
2. 掌握热处理的分类和应用。
3. 了解常用热处理方法的工艺特点。

任务一　热处理认知

任务引入

齿轮传动系统是高速列车动力传递的核心部件，其工作性能直接决定了高速列车运行的可靠性和安全性。图3－1所示为动车组齿轮。齿轮经过机械加工之后，常需要进行热处理，试分析齿轮热处理的目的。

图3－1　动车组齿轮

相关知识准备

一、热处理的概念

热处理是把固态金属加热到一定温度，并在这个温度保持一定时间（保温），然后以一定的冷却速度、方式冷却下来，从而改变金属的内部组织，以获得预期性能的工艺过程。热处理均在固态下进行，它只改变工件的组织，不改变形状和尺寸。

机床、汽车、摩托车、火车、矿山、石油、化工、航空及航天等用的大量零部件都需要通过热处理工艺改善其性能。

二、热处理的目的

热处理不仅可以改善钢的加工工艺性能，更重要的是可以改善其使用性能，特别显著地提高钢的机械性能，延长其使用寿命，达到充分发挥材料潜力，提高产品质量，延长使用寿命的目的。

不同化学成分的材料具有不同的机械性能，而同一化学成分的材料，由于有不同的内部组织，也可以具有不同的性能。通过不同的热处理方法可以改变材料的内部组织。

把 45 钢加热到 840 ℃，保温一段时间后，有些在水中冷却，有些在空气中冷却，有些随炉冷却，这样得到的硬度就不同，水冷的硬度最高，空气其次，缓冷的硬度最低。这是由于不同的冷却方式所得到的内部组织不一样。

三、热处理的基本原理

钢在固态范围内，随着加热温度和冷却速度的变化，其内部组织结构将发生相应的变化，利用不同的加热速度、加热温度、保温时间和冷却方式，可以控制或改变钢的组织结构，以便得到不同性能的材料。

因此，各种热处理工艺都要经过加热、保温和冷却三个阶段，如图 3-2 所示。

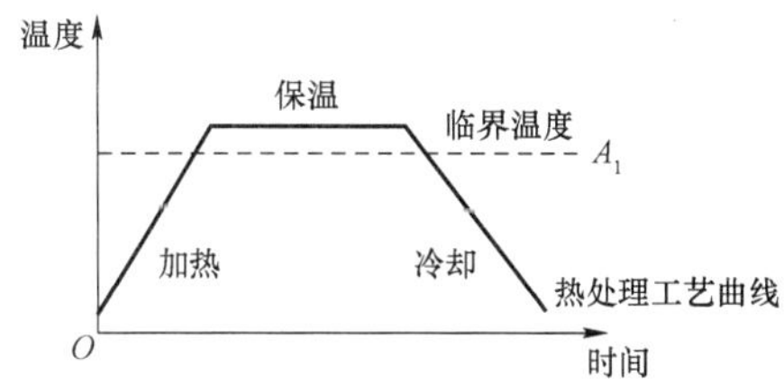

图 3-2 热处理工艺三个阶段

（1）加热

加热是热处理的第一道工序。不同的材料，其加热工艺和加热温度都不同。加热温度较低时，材料不发生组织转变；加热温度较高时，材料将发生组织转变。

（2）保温

保温的目的是要保证工件烧透，防止脱碳、氧化等。保温时间和介质的选择与工件的尺寸和材质有直接的关系。一般来说工件越大，其导热性越差，保温时间就越长。

（3）冷却

冷却是热处理的最终工序，也是最重要的工序。钢在不同冷却速度下可以转变为不同的组织，从而确保材料获得不同的机械性能。

钢在热处理时，在加热、保温和冷却三个阶段中，其内部组织的转变情况不同，最后获得的热处理效果也不相同。

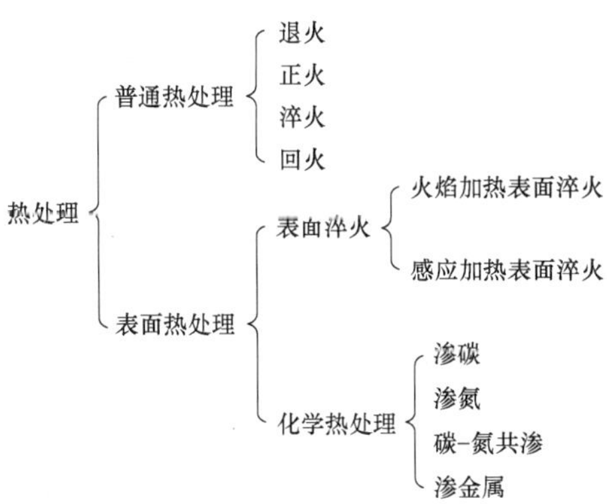

图 3-3 热处理的分类

四、热处理的分类和应用

根据加热、冷却方式的不同及组织、性能变化特点的不同，热处理可以按照图 3-3 所示进行分类。

按照热处理在零件生产过程中的作用不同，热处理工艺还可分为预备热处理和最终热处理。预备热处理是零件加工过程中的一道中间工序（也称为中间热处理），其目的是改善锻、铸毛坯件组织，消除应力，为后续的机加工或进一步的热处理做准备。

最终热处理是零件加工的最终工序，其目的是使经过成形工艺达到要求的形状和尺寸后的零件的性能达到所需要的使用性能。

任务二 钢的普通热处理

任务引入

【1】构架作为转向架的骨架，一般为H形结构，是转向架其他零部件的安装基础，在机车的牵引运行中起传递牵引力、制动力、横向力及垂向力的作用。转向架构架焊接之后，常需要进行退火处理，试分析退火的目的是什么。

【2】车轮是动车组的重要部件，在高速行进中车轮不断和钢轨产生剧烈的摩擦，车轮与钢轨长时间高强度刚性接触，对车轮产生了巨大的考验。车轮经过机械加工之后，常需要进行淬火，试分析淬火的目的是什么。

相关知识准备

钢的普通热处理包括退火、正火、淬火和回火4种基本工艺。

一、退火

退火是将钢加热到适当温度，保持一定时间，然后缓慢冷却（一般随炉冷却）的一种热处理工艺。

（一）退火的目的

通过退火热处理可以达到以下目的。

① 降低钢的硬度，提高塑性，以利于切削加工及冷变形加工。

② 消除工件中的残余应力，防止变形和开裂。

③ 消除缺陷，改善组织，细化晶粒，提高钢的机械性能。

④ 消除冷作硬化，提高塑性，以利于继续冷加工。

⑤ 改善或消除毛坯在铸、锻、焊时所造成的成分或组织不均匀，以提高其工艺性能和使用性能。

⑥ 消除前一道工序（铸造、锻造、冷加工等）所产生的内应力，为下道工序的最终热处理（淬火回火）做好组织准备。

（二）常用的退火方法

生产中常用的退火方法主要有完全退火、扩散退火、去应力退火及再结晶退火等，其工艺、目的和应用对比如表3–1所示。

表3–1 常用的退火方法

名称	工艺	目的	应用
完全退火	将钢加热至900～1 000 ℃，保温一定时间，炉冷至室温，或炉冷至600 ℃以下，出炉空冷	细化晶粒，消除过热组织，降低硬度，改善切削加工性能	主要用于低碳钢铸、锻件，有时也用于焊接结构

续表

名称	工艺	目的	应用
扩散退火	将钢加热到 1 050～1 200 ℃，长时间保温（10～15 h），随炉冷却	使钢的化学成分和组织均匀化	主要用于质量要求高的合金铸锭、铸件或锻胚
去应力退火	将钢加热 500～600 ℃，保温一段时间，然后炉冷至室温	为了消除残余应力	主要用于消除铸、锻、焊件、冷冲压件机加工件中的残余应力
再结晶退火	将钢加热至再结晶温度以上 100～200 ℃，保温一定时间，然后随炉冷却	为了消除冷变形强化，改善塑性	主要用于经冷变形的钢

二、正火

正火是将钢加热到适当温度后，再保温适当时间，待内部组织均匀后，在空气中冷却的热处理工艺。正火既可作为预备热处理工艺，为后续热处理工艺提供适宜的组织状态，也可作为最终热处理工艺，提供合适的机械性能。

对力学性能要求不高的结构、零件可用正火作为最终热处理，以提高其强度、硬度和韧性。

对低、中碳素钢，可用正火作为预备热处理，以调整其硬度，改善其切削加工性能。

正火与退火的主要区别在于冷却速度不同，正火冷却速度较快，得到的组织细小，因而强度和硬度也较高。在生产中是使用正火还是退火工艺，主要从以下两个方面来考虑。

（1）从使用性能方面考虑

一些受力不大的工件，力学性能要求不高，可用正火作为最后热处理；对于某些大型或形状复杂的零件，当淬火有开裂的危险时，可用正火代替淬火、回火。

（2）从经济性方面考虑

由于正火比退火生产周期短，操作简便，工艺成本低，因此，在满足钢的使用性能和工艺性能的前提下，应尽可能用正火代替退火。

三、淬火

淬火就是将钢加热到适当温度后，保温一定时间使其组织均匀，然后以较快的速度冷却，从而获得强度和硬度都较高的组织的一种热处理工艺过程。

（一）淬火的目的

淬火是使钢材强化和获得某些特殊使用性能的主要方法，其主要目的如下。

① 提高钢的硬度及耐磨性。例如，量具、模具、刀具等零件，通过淬火可以大幅提高其硬度及耐磨性。这类零件淬火后一般要配合低温回火。

② 提高钢的强韧性，即提高钢的硬度、强度的同时获得较高的塑韧性，如机器中的大部分承载零件（变速箱花键轴、机床主轴、齿轮等）。这类零件淬火后一般要配合高温回火。

③ 提高硬磁性，如用高碳钢和磁钢制的永久磁铁。

④ 提高零件的弹性，如各种弹簧。这类零件淬火后一般要配合中温回火。

⑤ 提高钢的耐蚀性和耐热性，如不锈钢和耐热钢。

（二）淬火冷却介质

工件进行淬火冷却所用的介质称为冷却介质。为保证工件淬火后得到马氏体，又要减小变形和防止开裂，必须正确选用冷却介质。常用冷却介质的使用情况对比如表 3–2 所示。

表 3-2 常用冷却介质的使用情况对比

名称	水	油	食盐水溶液	碱水溶液
优点	价廉易得，且具有较强的冷却能力。使用安全，无燃烧、腐蚀等危险	在 200 ～300 ℃温度范围内，冷却速度远小于水，这对减少淬火工件的变形与开裂是很有利的	冷却能力提高到约为水的 10 倍，而且最大冷却速度所在温度正好处于 400～650 ℃温度范围内	在 400～650 ℃温度范围内冷却速度比食盐水溶液还大，而在 200～300 ℃温度范围内，冷却速度比食盐水溶液稍低
缺点	在400～650 ℃范围内需要快冷时，水的冷却速度相对比较小 200～300 ℃范围内需要慢冷时，其冷却速度又相对较大	在 400～650 ℃温度范围内，冷却速度比水小得多	在 200～300 ℃温度范围内的冷却速度过大，使淬火工件中的相变应力增大，而且食盐水溶液对工件有一定的锈蚀作用，淬火后工件必须清洗干净	腐蚀性大
应用	主要用于碳素钢	主要用于合金钢	主要用于形状简单而尺寸较大的低、中碳素钢零件	主要用于易产生淬火裂纹的零件

四、回火

回火是淬火后再将工件加热到适当温度，保温后再冷却到室温的热处理工艺。回火一般是紧接淬火以后的热处理工艺。

（一）回火的目的

淬火后的钢铁工件处于高内应力状态，不能直接使用，必须及时回火，否则会有工件断裂的危险。回火的目的如下。

① 减小和消除淬火时产生的应力与脆性，防止和减小工件变形与开裂。

② 获得稳定组织，保证工件在使用中的形状和尺寸不发生改变。

③ 调整工件的内部组织和性能，获得工件所要求的使用性能。

（二）回火温度种类

工件回火后的硬度主要取决于回火温度，而回火温度的选择和确定主要取决于工件的使用性能、技术要求、钢种及淬火状态。

1. 低温回火（回火温度低于 250 ℃）

一般工具、量具要求硬度高、耐磨，并具备足够的强度和韧性。又如滚动轴承，除了上述要求外，还要求有高的接触疲劳强度，从而有高的使用寿命。

工具、量具和机器零件一般均用碳素工具钢或低合金工具钢制造，淬火后具有较高的强度和硬度，并伴有较大的淬火内应力和较多的微裂纹，故应及时回火，通常采用 180～200 ℃的温度回火。

2. 中温回火（回火温度为 350～500 ℃）

中温回火主要用于处理弹簧钢。回火后，应力基本消失，工件既有较高的弹性极限，又有较高的塑性和韧性。回火时，根据所采用的钢种选择回火温度以获得最高弹性极限，例如，65 碳钢，在 380 ℃回火，可得最高弹性极限。

3. 高温回火（回火温度高于 500 ℃）

淬火加高温回火通常称为调质处理，主要用于中碳碳素结构钢或低合金结构钢，以获得良好的综合机械性能。一般调质处理的回火温度选择 600 ℃以上。与正火处理相比，钢经调质处理后，在硬度相同的条件下，钢的屈服强度、韧性和塑性有明显提高。

调质处理一般用于发动机曲轴、连杆、连杆螺栓、汽车拖拉机半轴、机床主轴及齿轮等要求具有综合机械性能的零件。

（三）回火后的冷却

回火后工件一般在空气中冷却。对于一些工模具，回火后不允许水冷，以防止开裂。对于性能要求较高的工件，在防止开裂的条件下，可进行油冷或水冷，然后进行一次低温补充回火，以消除快冷产生的内应力。

零件生产的工艺路线如图 3-4 所示。在实际生产中，热处理总是穿插在金属切削加工的各个阶段中。其中预备热处理以退火和正火为主，用于改变材料的切削性能，最终热处理以淬火和回火为主，主要用于提高产品的机械性能。

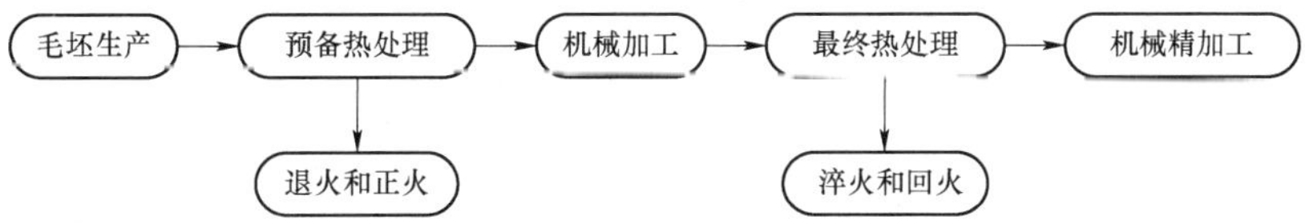

图 3-4 零件生产的工艺路线

任务二 钢的表面热处理

任务引入

【1】制动盘作为列车刹车部件，在轨道交通方面有着广泛的应用。列车制动盘（图 3-5）一旦出现问题，列车可能刹不住车，从而威胁乘客的生命安全。制动盘经过铸造之后，常需要进行渗碳处理，试分析渗碳的目的是什么。

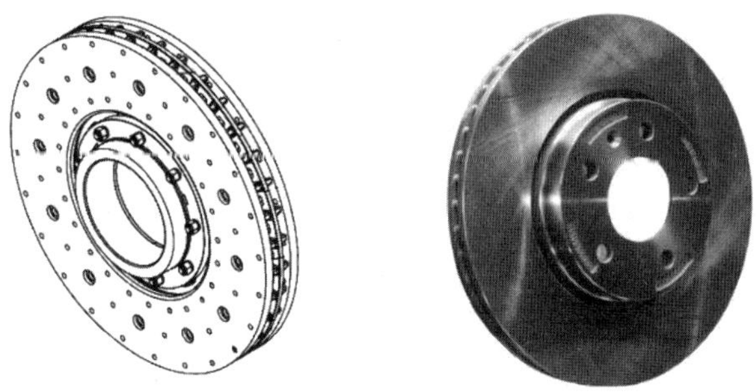

图 3-5 列车制动盘

【2】动车组车轴是动车组转向架的重要部件，车轴经过机械加工之后，常需要进行表面淬火，试分析表面淬火的目的是什么。

相关知识准备

一、钢的表面热处理

对于齿轮、传动轴等重要零件，通过表面热处理可以提高零件的表面性能，使其具有高硬度、高耐磨性和高的疲劳强度。同时，又可以使零件心部具有足够高的塑性和韧性，防止脆性断裂，从而使整个零件“表硬心韧”。

钢的表面热处理最主要的内容是表面淬火。表面淬火是将工件表面快速加热到较高温度，在热量尚未达到心部时立即迅速冷却，使表面得到一定深度的淬硬层，而心部仍保持原始组织的一种局部淬火方法。

1. 表面淬火的工艺特点

表面淬火的工艺特点如下。

① 不改变工件表面的化学成分，只改变表面组织和性能。

② 表面与心部的成分一致，组织不同。

2. 表面淬火的适用材料

表面淬火一般多适用于中碳钢、中碳合金钢，也少量用于工具钢、球墨铸铁等。例如，用 40 钢、45 钢制造的机床齿轮齿面的强化、主轴轴颈处的硬化等。

3. 表面淬火的分类

表面淬火主要分为感应加热表面淬火、火焰加热表面淬火和激光加热表面淬火三大类。

（1）感应加热表面淬火

给感应线圈通一定频率的交变电流，产生的交变磁场在工件内产生一定频率的感应电流，利用工件的电阻将工件加热；当工件表层被快速加热到适当温度后，立即快速冷却，在工件表面获得一定深度的淬硬层。其原理如图 3-6 所示。

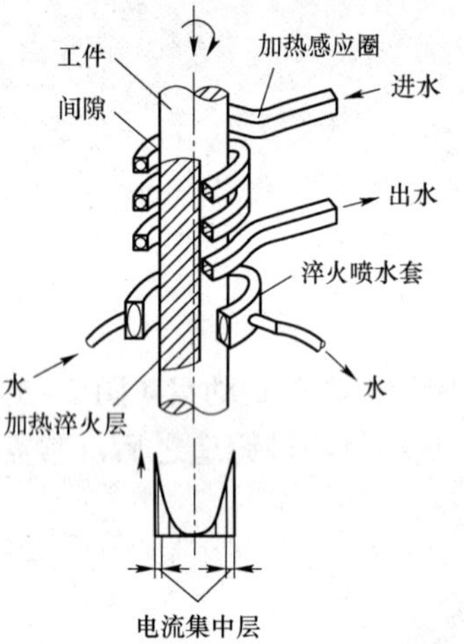

图 3-6　感应加热表面淬火原理

感应加热表面淬火质量好，表层组织细密、硬度高、脆性小、疲劳强度高，生产频率高、便于自动化，但设备较贵，不适于单件和小批量生产。感应加热表面淬火主要适用的零件类型如下。

① 齿轮零件，如机床和精密机械上的中、小模数传动齿轮，蒸汽机车、内燃机车、冶金、矿山机械等上的大模数齿轮。

② 轴类零件，如花键轴、汽车半轴和机床主轴轴颈、凸轮轴、镗杆、钻杆及轧辊等。

③ 工模具，如滚丝模、游标卡尺量爪面、剪刀刃、锉刀等。

（2）火焰加热表面淬火

火焰加热表面淬火是利用气体燃烧的火焰加热工件表面（乙炔–氧、煤气–氧、天然气），使工件表层快速加热至奥氏体化，然后立即喷水冷却，使工件表面淬硬的一种淬火工艺。其原理如图 3-7 所示。

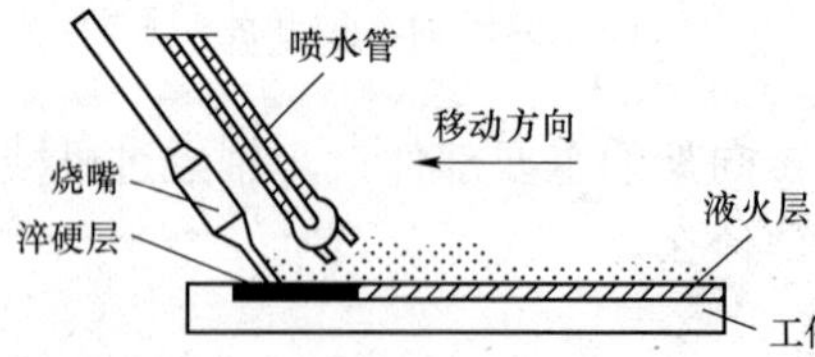

图 3-7　火焰加热表面淬火原理

使用这种方法获得的淬硬层深度可达 2～8 mm，并且操作简便，设备简单，成本低，但质量不稳定，仅适于单件、小批量生产。

火焰加热表面淬火适用的典型零件有轧钢机齿轮、轧辊，矿山机械齿轮、轴，普通机床导轨和齿轮等。

（3）激光加热表面淬火

激光是一种具有高亮度、方向性和单色性强、能量密度高的强光源。激光加热表面淬火是利用激光对工件表面的照射和扫描，依靠工件的自激冷却而淬火。使用这种方法获得的淬硬层深度为 1～2 mm，并且加热和冷却极快，淬火后组织细小、硬度高、淬硬层薄、工件变形小、不需回火，生产效率高，属绿色制造，已成功应用于汽车和拖拉机的气缸与缸套、活塞环、凸轮轴、机床导轨等零件的表面处理，前景广阔。但这种方法需要的设备昂贵，故大规模应用受到限制。

4. 零件表面淬火时的工艺路线

零件表面淬火时的工艺路线为：

下料→锻造→退火或正火→机加工→调质处理→表面淬火→低温回火→精磨

表面淬火前，先对零件进行正火或调质等预处理，目的是细化和均匀组织，使工件内部具有良好的强韧性。表面淬火后，再进行 200 ℃左右的低温回火，以消除淬火应力，使工件表面保持高的硬度和耐磨性。

二、钢的化学热处理

化学热处理是将工件置于某种化学介质中，通过加热、保温和冷却，使介质中的某些元素渗入工件表层，以改变工件表层的化学成分和组织，从而使其具有“表硬心韧”的性能特点。

1. 化学热处理的工艺特点

化学热处理的工艺特点如下。

① 既改变工件表面的化学成分，又改变表面的组织和性能。

② 表面与心部的成分不同、组织不同。

与表面热处理的不同之处是，化学热处理改变了工件表层的化学成分。

2. 化学热处理的目的

化学热处理可提高工件表面的硬度、耐磨性、耐磨蚀性、耐热性、抗氧化性和疲劳强度等性能，而使心部仍保持一定的强度和良好的塑性、韧性。

3. 化学热处理的分类

根据渗入元素的不同来分，化学热处理主要有渗非金属和渗金属两大类。

① 渗碳、渗氮、碳氮共渗可提高零件的硬度、耐磨性和疲劳强度。

② 渗硼、渗铬可提高零件的耐磨性和耐腐蚀性。

③ 渗铝、渗硅可提高零件的耐热性和抗氧化性。

④ 渗硫是为了零件的减摩，减小零件的摩擦系数。

其中，渗碳和渗氮是工业中最常用的。

（1）渗碳

渗碳是将工件放入渗碳介质中加热、保温，使活性碳原子渗入，以提高工件表层碳含量的热处理工艺。通过提高工件表层的含碳量，可提高工件的表面硬度和耐磨性，同时使心部保持一定的强度和良好的塑韧性。

低碳钢和低碳合金钢都适合于渗碳处理，如 20Cr、20CrMnTi、20CrMnMo、18Cr2Ni4W 等。根据渗碳剂的状态不同，渗碳方法可以分为气体渗碳法、固体渗碳法和液体渗碳法 3 种，常用的是气体渗碳法和固体渗碳法。

用煤油、苯、甲醇、丙酮、醋酸乙酯、天然气及煤气等作为渗碳剂，在高温裂解后产生活性碳原子，被工件表面吸收、扩散，在工件内得到一定深度的渗碳层的方法称为气体渗碳法。气体渗碳的优点是生产率高，易控制，渗碳质量好。

固体渗碳法中固体渗碳剂通常是一定粒度的木炭与15%～20%的碳酸盐（$BaCO_3$ 或 Na_2CO_3）的混合物。木炭提供渗碳所需要的活性炭原子，碳酸盐起催化作用。将工件和固体渗碳剂装入渗碳箱中，用盖子和耐火泥封好，然后放在炉中加热至 900～950 ℃，保温足够长时间，得到一定厚度的渗碳层。

（2）渗氮

渗氮工艺又叫氮化，是将工件放入含氮活性气氛中，使工件表层渗入氮元素，形成含氮的硬化层的热处理工艺。渗氮可以提高工件表层的含氮量，以提高工件表面的硬度、耐磨性、疲劳强度和抗腐蚀性。

含有铬、钼、钨、钒及铝等元素的中碳合金钢和工模具钢都适合于渗氮处理，这些元素可与氮形成氮化物，起到强化作用，如 38CrMoAlA、38CrWVA、25CrNi3MoAl 等。

渗氮件的表面硬度比渗碳件的还高，耐磨性好；同时渗层处于压应力，疲劳强度极大提高；具有一定的抗蚀性，但脆性较大；渗氮件变形很小，通常无需再加工。

渗氮操作适合于要求精度高、冲击载荷小、表面耐磨性好的零件，如一些精密机床的主轴和丝杠、精密齿轮、精密模具等都可用氮化工艺处理。

钢件在渗氮前，一般需经调质处理，以得到均匀的回火索氏体组织，保证渗氮后的组织均匀。渗氮件的应力变形都很小，渗氮后不再进行热处理。

思考与练习

1. 简要说明热处理的概念和目的。
2. 热处理都有哪些类型，各有何用途？
3. 退火和正火有何区别？
4. 淬火有何用途，影响淬火结果的因素有哪些？
5. 回火有哪些类型，各有何用途？
6. 是不是所有材料都可以进行热处理？
7. 在金属加工中，应该怎么安排热处理在加工中的位置？

模块二

机械制造及材料成形技术

项目四

铸　　造

铸造就是熔炼金属，制造与零件形状相适应的铸型，并将熔融金属浇入铸型中，待其冷却凝固后获得毛坯或零件的方法。用铸造方法制造的毛坯或零件称为铸件。铸件生产过程如图 4-1 所示。

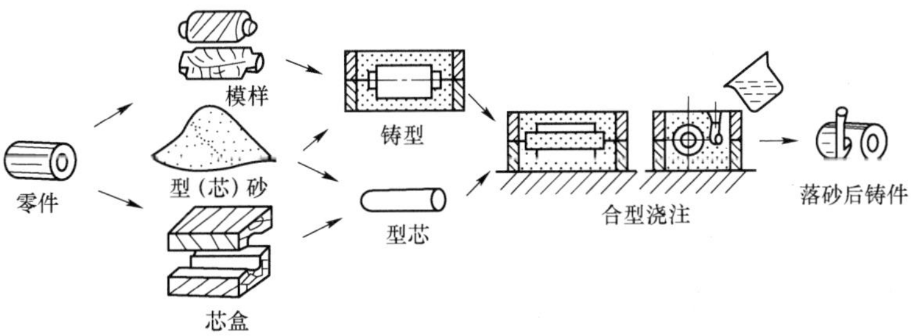

图 4-1　铸件生产过程

铸造是液态成形，能制造各种尺寸不同、形状复杂的毛坯或零件。铸造具有适应性广、成本低廉的优点，在一般机械中广泛采用铸件。因此，铸造是机械零件毛坯或成品零件热加工的一种重要工艺方法。

由于液态金属易流动，各种金属材料都能用铸造方法制成具有一定尺寸和形状的铸件，并使其形状和尺寸尽量与零件接近，以节省金属，减少加工余量，降低成本。因此，铸造在机械制造工业中占有重要地位。据统计，在一般的机器设备中，铸件占机器总重量的 45%～90%，而铸件成本仅占机器总成本的 20%～25%。但是，液态金属在冷却凝固过程中，形成的晶粒较粗大，容易产生气孔、缩孔和裂纹等，所以铸件的力学性能不如相同材料的锻件好，而且存在生产工序多、铸件质量不稳定、废品率高、工作条件差、劳动强度较高等问题。

知识目标

1. 掌握铸造的特点、分类和用途。
2. 了解砂型铸造的基本工艺过程。
3. 掌握常见铸造材料的种类和用途。
4. 掌握特种铸造的常用方法及用途。

任务一　铸造工艺基础

任务引入

【1】16 型车钩（图 4–2）是铁路货车车体间连接的关键零部件，主要用于铁路货车 C70、C76 等 70 吨级的车型，采用 E 级钢砂型铸造生产，试分析 E 级钢的铸造性能怎么样。

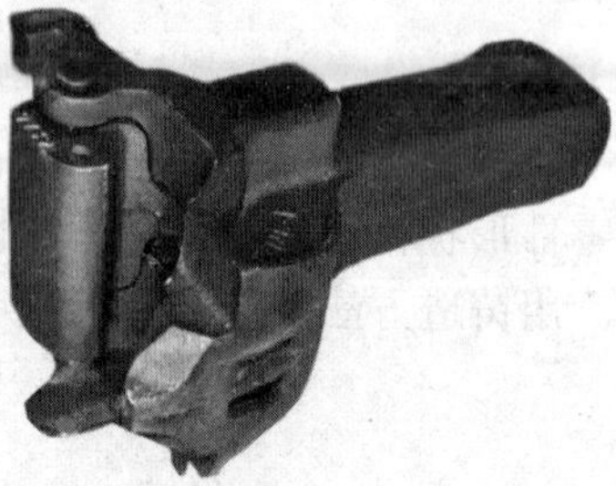

图 4–2　16 型车钩

【2】转 K6 型摇枕（图 4–3）是目前国铁货车用得最多的转向架部件，主要用于 C70E、C80 等 70 吨级为主的铁路货车。该摇枕采用 B+级钢铸造，正火处理，试分析 B+级钢的铸造流动性怎么样。

图 4–3　转 K6 型摇枕

相关知识准备

铸件的质量与铸件的工艺过程密切相关，其中影响较大的是铸件的凝固和合金的铸造性能。

一、铸件的凝固

物质由液态转变为固态的过程称为凝固，铸造时由于固态金属均为晶体，因此金属的凝固过程又称为结晶。

（一）铸造合金的结晶

铸造合金的结晶通过晶核的形成和晶体的长大这两个相互联系的基本过程来实现。

实际铸造合金的结晶，大多是以非均质方式形核。晶核的形成可能是由于液态金属中的一些原子自发地聚集在一起，按金属晶体的固有规律排列起来，形成自发晶核；也可能是由于液态金属中一些外来的微细的固态质点而形成的外来晶核。非均质形核所需能量较小，因而可以在较小过冷度下获得较多的晶核数目，这也是孕育（变质）处理技术可获得细晶铸件的原因。

晶体长大是合金液体中的原子不断向晶核表面堆砌的过程，也是液—固界面不断向液体中推进的过程。晶体沿各个方向的生长速度是不均匀的，它主要沿生长线速度最大的方向发展，这样就形成了晶轴。晶轴继续长大，并在其上长出许多小晶轴，发展为树枝状。在晶体长大的同时，新的晶核又陆续出现，它们也同样地形成晶体，这样就有许多晶体在不同的程度上长大着。当它们长大到与相邻的晶体相抵触时，这个方向的长大就停止了。当全部长大的晶体都相互抵触时，液态金属即已耗尽，结晶过程也就完成了。当过冷度较大，特别是液体中存有杂质时，晶体往往以树枝状形式长大。

凝固条件不同，晶体形态会发生变化。铸型型壁处传热快，型壁表面又有促进形核的作用，使得达到液相线温度的那部分液体合金在型壁上产生大量晶核，在型壁“激冷”及液体合金热对流的综合作用下，形成一层很薄的等轴细晶区。在细晶区形成的同时，铸型温度升高，液体合金的冷却速度降低，过冷度减小，形核率降低，使那些与传热最快方向相反、与型壁垂直的晶核，优先长大并顺利长入液体合金；而其他方向上的晶核受相邻晶体的阻碍生长较慢。此过程继续下去，就形成了向液体合金内部平行长大的柱状晶区。铸型心部，过冷度大为减小，温度梯度小，传热逐渐无方向性，晶体向各个方向充分、均匀长大，形成了粗大的等轴晶区。

铸件的质量和机械性能主要取决于柱状晶和等轴晶所占的比例。铸件究竟是以柱状晶为主，还是以等轴晶为主，除了和铸造合金的成分有关，还与铸件的凝固方式有关。

（二）铸件的凝固方式

铸件在凝固过程中，除纯金属和共晶成分合金外，一般都存在三个区域，即固相区、凝固（固–液两相）区和液相区。根据凝固区宽度的不同，铸件的凝固方式可分为逐层凝固、糊状凝固和中间凝固三种方式。

1. 逐层凝固

纯金属、共晶类合金及窄结晶温度范围的合金，如灰口铸铁、铝硅合金、硅黄铜及低碳钢等，倾向于逐层凝固方式。其特征是，紧靠型壁的外层合金，一旦冷却至凝固点或共晶点温度时，即凝固成固态晶体，而处于上述温度以上的里层合金，仍为液态。固–液界面分明、平滑，不存在固液交错。随着热量传向型壁，温度不断下降，又一层固态晶体形成。如此凝固过程继续下去，柱状晶向液体内生长，直到彼此抵触为止。断面心部尚未凝固的液体金属及低熔点杂质，被柱状晶所封闭，如图 4–4（a）所示。

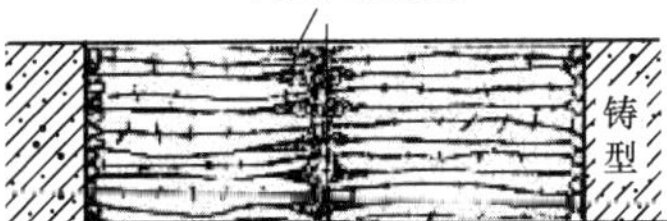

(a) 逐层凝固

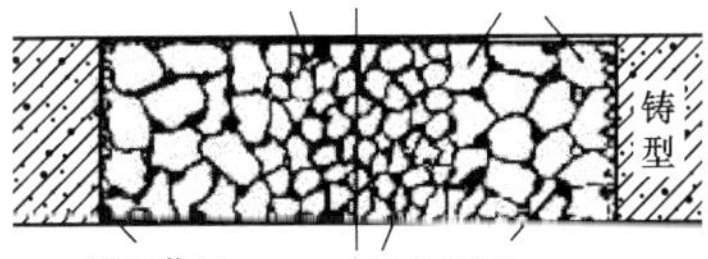

(b) 糊状凝固

图 4–4 铸件的凝固方式

2. 糊状凝固

结晶温度范围大的合金，如铝铜合金、锡青铜及球墨铸铁、高碳钢等，倾向于糊状凝固方式。这些合金一旦冷却至液相线温度时，结晶出的第一批晶粒即被周围剩余的液体合金所包围，晶体生长在各个方向上比较均匀；温度继续下降，新形成的另一批晶粒又被液体合金包围，这使小晶粒充斥整个断面，固液交错，最终在铸件整个断面上生成粗大的等轴晶；尚未凝固的液体合金，则被众多的等轴晶封闭。这种凝固方式犹如水泥凝固，先呈糊状而后固化，如图 4–4（b）所示。

3. 中间凝固

中碳钢、白口铁及部分特种黄铜等，倾向于中间凝固方式。它介于逐层凝固和糊状凝固之间，既有柱状晶又有等轴晶。合金铸件的凝固区不是一成不变的，它还与铸件的温度有关，因此凡是影响铸件温度梯度的因素，都影响凝固区的大小。例如，有些合金在砂型制造时呈中间凝固，而改为金属型铸造时可减小凝固区的宽度。

二、合金的铸造性能

合金的铸造性能是指在铸造生产过程中，铸造成形的难易程度，容易获得正确的外形、内部又健全的铸件，其铸造性能就好。应该指出，铸造性能是一个复杂的综合性能，通常用充型能力、收缩性等指标来衡量。影响铸造性能的因素很多，除合金元素的化学成分外，还有工艺因素。因此，必须掌握合金的铸造性能，以便采取工艺措施，防止铸造缺陷，提高铸件质量。

（一）合金的充型能力

熔融金属充满型腔，形成轮廓清晰、形状完整的铸件的能力叫作液态合金的充型能力。影响液态合金充型能力的因素有两个：一是合金的流动性，二是外界条件。

1. 合金的流动性

铸造合金流动性的好坏，通常以螺旋形流动性试样的长度来衡量。将金属液浇入图 4–5 所示的螺旋形试样的铸型中（单位：mm），在相同的铸型及浇注条件下，得到的螺旋形试样越长，表示该合金的流动性越好。不同种类合金的流动性差别较大，常用合金的流动性比较如表 4–1 所示。铸铁和硅黄铜的流动性最好，铝硅合金次之，铸钢最差。在铸铁中，流动性随碳、硅含量的增加而提高。同类合金的结晶温度范围越小，结晶时固液两相区越窄，对内部液体的流动阻力越小，合金的流动性也越好。

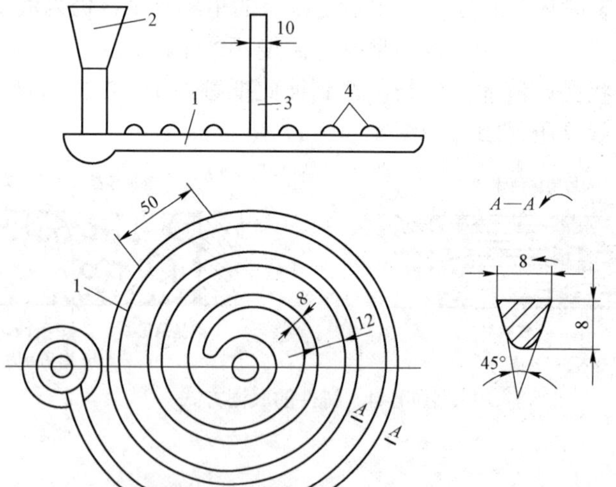

1—试样；2—浇口杯；3—冒口；4—试样凸点

图 4–5　螺旋形试样示意图

表 4-1 常用合金的流动性比较

合金	造型材料	浇注温度/℃	螺旋线长度/mm
铸铁（w_C+w_{Si}=6.2%） （w_C+w_{Si}=5.9%） （w_C+w_{Si}=5.2%） （w_C+w_{Si}=4.2%）	砂型	1 300 1 300 1 300 1 300	1 800 1 300 1 000 600
铸钢（w_C，0.4%）	砂型	1 600 1 640	100 200
铝硅合金	金属型（300 ℃）	690～720	100～800
镁合金（Mg-Al-Zn）	砂型	700	400～600
锡青铜（w_{Sn}，9%～11%） （w_{Zn}，2%～4%） 硅黄铜（w_{Si}，1.5%～4.5%）	砂型	1 040 1 100	420 1 000

流动性好的合金，充型能力强，易得到形状完整、轮廓清晰、尺寸准确、薄而复杂的铸件。反之，铸件容易产生浇不足、冷隔等缺陷。流动性好，有利于金属液中的气体、非金属夹杂物的上浮与排除，有利于补充铸件凝固过程中的收缩，以免产生气孔、夹渣及缩孔、缩松等缺陷。

铸件的凝固方式对合金的流动性影响较大。如前所述，呈逐层凝固的灰口铸铁、硅黄铜等合金，其凝固前沿比较平滑，对金属的流动阻力小，因而充型能力强，如图 4-6（a）所示；而呈糊状凝固的球墨铸铁、高碳钢等，凝固前沿为发达的枝晶与液体合金互相交错，对金属流动的阻力大，因而充型能力差，容易产生铸造缺陷，如图 4-6（b）所示。所以，从流动性考虑，宜选用共晶成分或窄结晶温度范围的合金作为铸造合金。

除此之外，合金液的黏度、结晶潜热、导热系数等物理性能对合金的流动性都有影响。

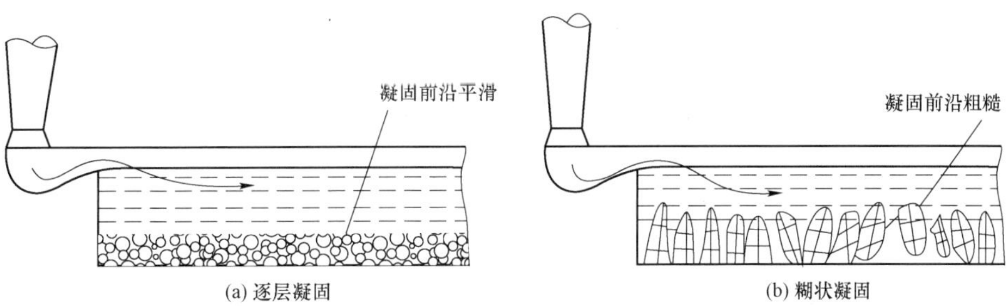

图 4-6 凝固方式对流动性的影响

2. 外界条件

影响充型能力的外界条件有铸型条件、浇注条件和铸件结构等。这些因素主要是通过影响金属与铸型之间的热交换条件，从而改变金属液的流动时间，或是通过影响金属液在铸型中的水动力学条件，从而改变金属液的流动速度来影响合金充型能力的。如果能够使金属液的流动时间延长，或加快流动速度，就可以改善金属液的充型能力。

（1）铸型条件

铸型的导热速度越大或对金属液流动阻力越大，金属液流动时间就短，合金的充型能力越差。例如，液态合金在金属型中的充型能力比在砂型中差。砂型铸造时，型砂中水分过多，排气不好，浇注时产生大量气体，会增加充型的阻力，使合金的充型能力变差。

（2）浇注条件

在一定范围内，提高浇注温度，可使液态合金黏度下降，流速加快，还能使铸型温度升高，金属散热速度变慢，大大提高金属液的充型能力。但如果浇注温度过高，容易产生黏砂、缩孔、气孔、粗晶等缺陷。因此，在保证金属液具有足够充型能力的前提下应尽量降低浇注温度，如铸钢的浇注温度范围为 1 520～1 620 ℃，铸铁的浇注温度范围为 1 230～1 450 ℃，铝合金的浇注温度范围为 680～780 ℃，薄壁复杂铸件取上限，厚大铸件取下限。提高金属液的充型压力和浇注速度可使充型能力变好，如增加直浇口的高度，也可以用人工加压方法（压力铸造、真空吸铸及离心铸造等）。此外，浇注系统结构越复杂，流动阻力越大，充型能力越低。

（3）铸件结构

当铸件壁厚过小，壁厚急剧变化，结构复杂以及有大的水平面等结构时，都使金属液的流动发生困难。因此，设计时铸件的壁厚必须大于最小允许壁厚值（见表 4-2），有的铸件还需设计流动通道。

表 4-2　不同金属和不同铸造方法铸造的铸件的最小允许壁厚值　　mm

金属材料	砂型	金属型	熔模	压铸
灰口铸铁	3	＞4	0.4～0.8	—
铸钢	4	8～10	0.5～1	—
铝合金	5	3～4	—	0.6～0.8

（二）合金的收缩性

铸件在冷却过程中，其体积和尺寸缩小的现象叫作收缩。合金的收缩量通常用体收缩率和线收缩率来表示。金属从液态到常温的体积改变量称为体收缩；金属在固态由高温到常温的线性尺寸改变量称为线收缩；铸件的收缩与合金成分、温度、收缩系数和相变体积改变等因素有关，除此之外还与结晶特性、铸件结构及铸造工艺等有关。

1. 收缩三阶段

铸造合金收缩要经历三个相互联系的收缩阶段，即液态收缩、凝固收缩和固态收缩，如图 4-7 所示。

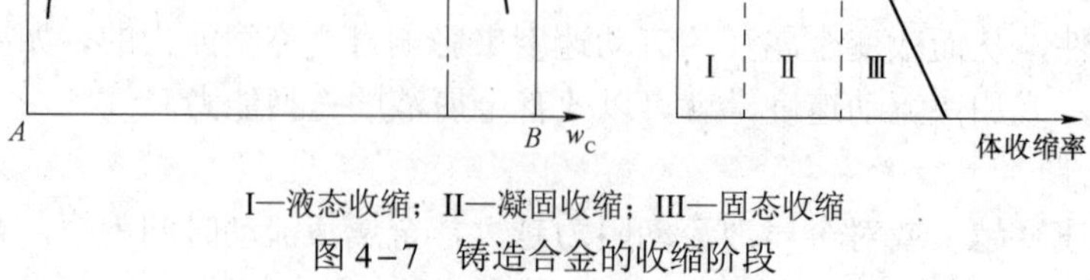

Ⅰ—液态收缩；Ⅱ—凝固收缩；Ⅲ—固态收缩

图 4-7　铸造合金的收缩阶段

（1）液态收缩

液态收缩是合金从浇注温度 $t_{浇}$（A 点）冷却至开始凝固（液相线）温度（B 点）之间的收缩。金属液体的过热度越高，液态收缩越大。

（2）凝固收缩

凝固收缩是合金从开始凝固（B 点）至凝固结束（固相线）之间的收缩。结晶温度范围越宽，凝固收缩越大。液态收缩和凝固收缩，一般表现为铸型空腔内金属液面的下降，是铸件产生缩孔或缩松的基本原因。

（3）固态收缩

固态收缩是合金在固态下冷却至室温的收缩。它将使铸件的形状、尺寸发生变化，是产生铸造应力导致铸件变形，甚至产生裂纹的主要原因。常用的金属材料中，铸钢收缩最大，有色金属次之，灰口铸铁最小。灰口铸铁收缩小是因析出石墨而引起体积膨胀的结果。

2. 影响收缩的因素

合金总的收缩为液态收缩、凝固收缩和固态收缩三个阶段收缩之和，它和金属本身的化学成分、浇注温度、铸件结构和铸型条件等因素有关。

① 化学成分

不同成分合金的收缩率不同，如碳素钢随含碳量的增加，凝固收缩率增加，而固态收缩率略减。表 4–3 列出了几种铁碳合金的收缩率。灰口铸铁中，碳、硅含量越高，硫含量越低，收缩率越小。

表 4–3 几种铁碳合金的收缩率

合金种类	含碳量 w_C/%	浇注温度/℃	液态收缩率/%	凝固收缩率/%	固态收缩率/%	总体收缩率/%
碳素铸钢	0.25	1 610	1.6	3.0	7.9	12.5
白口铸铁	3.00	1 400	2.4	4.2	5.4～6.3	12.0～12.9
灰口铸铁	3.50	1 400	3.5	0.1	3.3～4.2	6.9～7.8

② 浇注温度

浇注温度主要影响液态收缩。浇注温度升高，使合金液态收缩率增加，则总收缩量相应增大。为减小合金液态收缩及氧化吸气，并且兼顾流动性，浇注温度一般控制在高于液相线温度 50～150 ℃。

③ 铸件结构和铸型条件

铸件的收缩并非自由收缩，而是受阻收缩。其阻力来源于两个方面：一是由于铸件壁厚不均匀，各部分冷却速度不同，收缩先后不一致，而相互制约产生阻力；二是铸型和型芯对收缩的机械阻力。铸件收缩时受阻越大，实际收缩率就越小。因此，在设计和制造模样时，应根据合金的种类和铸件的受阻情况，考虑收缩率的影响。

3. 收缩对铸件质量的影响

1）缩孔和缩松

如果铸件的液态收缩和凝固收缩得不到合金液体的补充，在铸件最后凝固的某些部位会出现孔洞，大而集中的孔洞称为缩孔，细小而分散的孔洞称为缩松。

缩孔产生的基本原因是合金的液态收缩和凝固收缩值远大于固态收缩值。缩孔形成的条件是金属在恒温或很小的温度范围内结晶，铸件壁是以逐层凝固方式进行凝固，如纯金属、共晶成分的合金。图 4-8 为缩孔形成过程示意图。

液态合金注满铸型型腔后，开始进入冷却阶段，液态收缩可以从浇注系统得到补偿。随后，由于型壁的传热，使得与型壁接触的合金液温度降至其凝固点以下，铸件表层凝固成一层细晶薄壳，并将内浇口堵塞，使尚未凝固的合金被封闭在薄壳内。温度继续下降，薄壳产生固态收缩，液态合金产生液态收缩和凝固收缩，而且远大于薄壳的固态收缩，致使合金液面下降，并与硬壳顶面分离，形成真空空穴，在负压及重力作用下，壳顶向内凹陷。温度再度下降，上述过程重复进行，凝固的硬壳逐层加厚，孔洞不断加大，直至整个铸件凝固完毕。这样，在铸件最后凝固的部位形成一个倒锥形的大孔洞。铸件冷至室温后，由于固态收缩，使缩孔的体积略有减小。通常缩孔产生的部位一般在铸件最后凝固区域，如壁的上部或中心处，以及铸件两壁相交处，即热节处。若在铸件顶部设置冒口，缩孔将移至冒口。

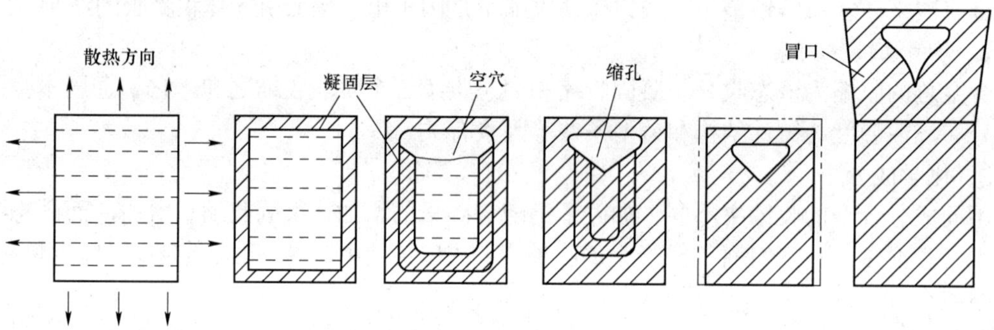

图 4-8　缩孔形成过程

缩松形成的基本原因虽然和形成缩孔的原因相同，但是形成的条件却不同，它主要出现在结晶温度范围宽、呈糊状凝固方式的铸造合金中。图 4-9 为缩松形成过程示意图。这类合金倾向于糊状凝固或中间凝固方式，凝固区液固交错，枝晶交叉，将尚未凝固的液体合金彼此分隔成许多孤立的封闭液体区域。此时，如同形成缩孔一样，在继续凝固收缩时得不到新的液体合金补充，在枝晶分叉间形成许多小而分散的孔洞，这就是缩松。它分布在整个铸件断面上，一般出现在铸件壁的轴线区域、热节处、冒口根部和内浇口附近，也常分布在集中缩孔的下方。

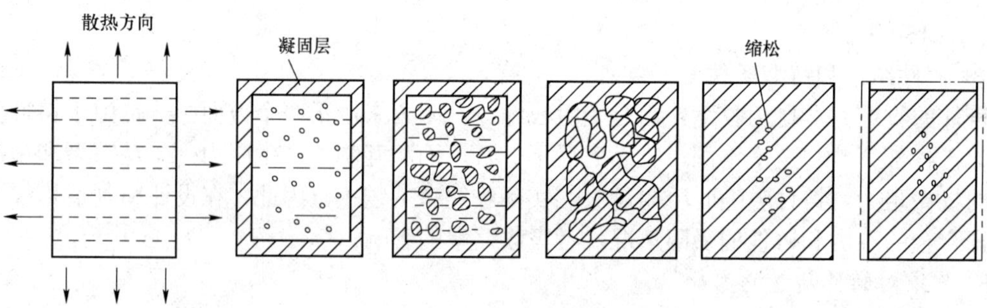

图 4-9　缩松形成过程

不论是缩孔还是缩松，都使铸件的力学性能、气密性和物理化学性能大大降低，以致成为废品。所以，缩孔和缩松是极其有害的铸造缺陷，必须设法防止。

为了防止铸件产生缩孔、缩松，在铸件结构设计时应避免局部金属积聚。工艺上，应针对合金的凝固特点制定合理的铸造工艺，常采取“顺序凝固”和“同时凝固”两种措施。

所谓“顺序凝固”，就是在铸件可能出现缩孔或最后凝固的部位（多数在铸件厚壁或顶部），设置冒口或将冒口与冷铁配合使用，使铸件按照“远离冒口的部位先凝固，靠近冒口的部位后凝固，最后才是冒口凝固”的顺序进行。这样，先凝固的收缩由后凝固部位的液体金属补缩，后凝固部位的收缩由冒口中的金属液补缩，使铸件各部位的收缩均得到金属液补缩，而缩孔则移至冒口，最后将冒口切除，如图 4–10 所示。顺序凝固适于收缩大的合金铸件，如铸钢件、可锻铸铁件、铸造黄铜件等，还适于壁厚悬殊以及对气密性要求高的铸件。顺序凝固使铸件的温差大、热应力大、变形大，容易引起裂纹，必须妥善处理。

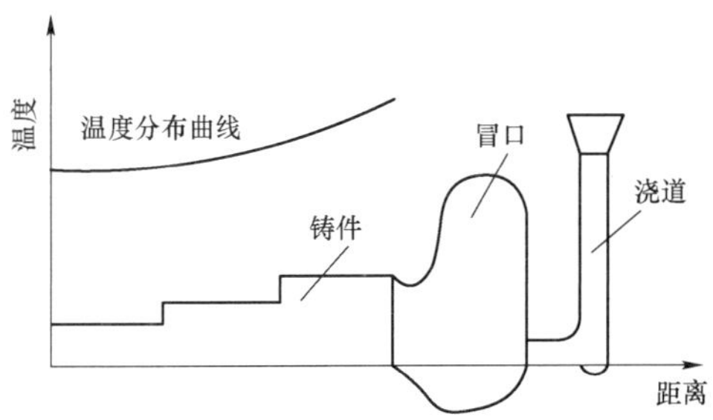

图 4–10 顺序凝固

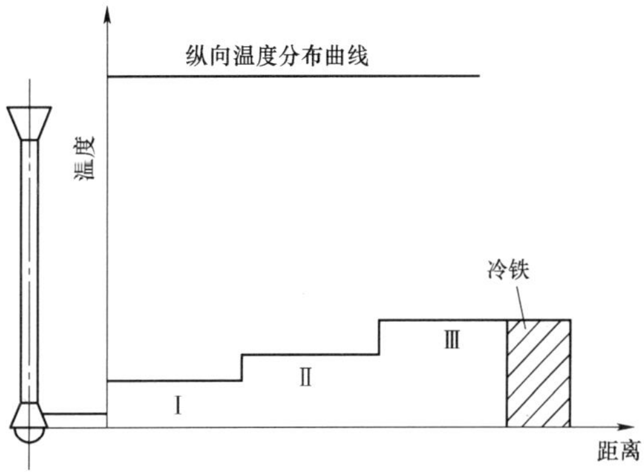

图 4–11 同时凝固

所谓“同时凝固”，就是使铸件各部位几乎同时冷却凝固，以防止缩孔产生。例如，在铸件较厚部位或紧靠较厚部位处的铸型上安放冷铁，如图 4–11 所示。同时凝固可减轻铸件热应力，防止铸件变形和开裂，但是容易在铸件心部出现缩松。故仅适于收缩小的合金铸件，如碳、硅含量较高的灰口铸铁件。

2）铸造应力、变形和裂纹

铸件在冷凝过程中，由于各部位金属冷却速度不同，使得各部位的收缩不一致，再加上铸型和型芯的阻碍作用，使铸件的固态收缩受到制约，就会产生铸造应力。在应力作用下铸件容易产生变形，甚至开裂。

（1）铸造应力

铸件固态收缩受阻所引起的应力称为铸造应力。它包括机械应力和热应力等。机械应力是铸件收缩受到铸型、型芯或浇冒口的阻碍而引起的应力，见图 4–12。落砂后阻碍消除，应力将自行消失。

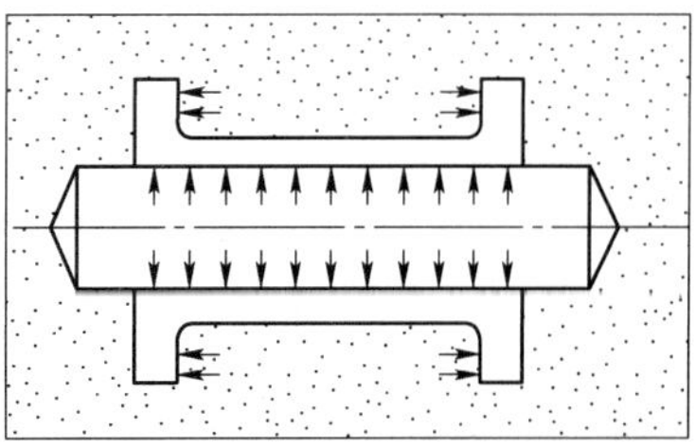

图 4–12 机械应力

热应力是因铸件壁厚不均匀，结构复杂，使各部分冷却收缩不一致，又彼此制约而引起的应力。下面以应力框铸件应力的形成过程为例，讨论热应力的形成过程（图 4–13）。

图 4–13（a）是应力框铸件，它由粗杆 1 和两根细杆 2 及上、下横梁 3 构成。图 4–13（b）中的 t_1 和 t_2 是铸件粗杆 1 和细杆 2 的温度变化曲线，横坐标 τ 表示铸件的冷却时间，纵坐标 t 表示铸件的温度。图 4–13（c）是铸件在冷却过程中粗杆 1 和细杆 2 的温差变化曲线。图 4–13（d）为应力框铸件在冷却过程中粗杆 1 和细杆 2 的应力变化曲线。

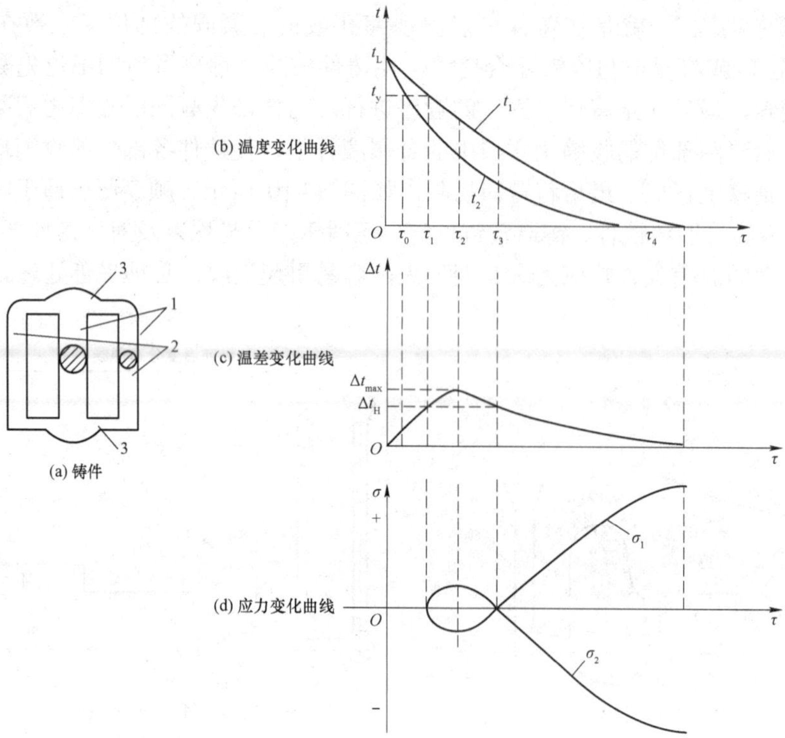

1—粗杆；2—细杆；3—横梁

图 4-13　壁厚不同的应力框铸件热应力的形成过程

由粗杆 1 和细杆 2 的温度变化曲线可见，开始阶段杆 2 比杆 1 冷却速度快，随后杆 1 比杆 2 冷却速度快。应力框铸件从浇注温度 t_L 开始冷却，到 τ_0 时，杆 2 已经冷却到合金线收缩开始温度 t_y，而杆 1 没有冷却到 t_y，于是杆 1 将随杆 2 的收缩而产生塑性变形，直到 τ_1 杆 1 冷却到 t_y 温度之前，铸件内部没有应力产生。从 τ_1 开始，铸件整体冷却到 t_y 以下，杆 1、杆 2 都将产生线收缩。粗杆 1 冷却速度慢，线收缩小，细杆 2 则相反，细杆 2 的线收缩被粗杆 1 强烈地阻碍，于是产生热应力，杆 2 内部形成拉应力，杆 1 则产生压应力，并且在粗、细杆温差达到最大值 Δt_{max}（τ_2 时）前热应力不断增加。从 τ_2 到 τ_3，随着粗细杆温差减小，热应力降低，到 τ_3（温差为 Δt_H）时，应力下降为零。从 τ_3 进一步冷却，细杆 2 冷却速度变慢，线收缩小，开始阻碍粗杆的线收缩，导致在粗、细杆的截面上产生改变符号的热应力，并不断增加。最终粗杆 1 承受拉应力 σ_1，细杆 2 承受压应力 σ_2。由于热应力一经产生就不会自行消除，故又称为残余内应力。

铸造应力使铸件的精度和使用寿命大大降低。在存放、加工甚至使用过程中，铸件内的残留应力将重新分布，使铸件发生变形或裂纹。它还降低了铸件的耐腐蚀性，其中机械应力尽管是暂时的，但是当它与其他应力相互叠加时，也会增大铸件产生变形和裂纹的倾向，因此必须尽量减小或消除。要减小铸造应力就应设法减小铸件冷却过程中各部位的温差，使各部位收缩一致，如将浇口开在薄壁处，在厚壁处安放冷铁，即采取同时凝固原则。此外，改善铸型和砂芯的退让性，减少机械阻碍作用，以及通过热处理等方法也可减小或消除铸造应力。

（2）变形和裂纹

如前所述，当铸件中存在内应力时，会使其处于不稳定状态。当铸造应力值超过合金的屈服强度时，铸件将发生塑性变形；当铸造应力值超过合金的抗拉强度时，铸件将产生裂纹。

对于厚薄不均匀、截面不对称及具有细长特点的杆类、板类及轮类等铸件，当残余铸造应力超过铸件材料的屈服强度时，往往产生翘曲变形。一般来说，薄壁或外层部位冷却速度快，存在压应力，如果铸件刚度不够，应力释放后往往会引起伸长或外凸变形；反之，厚壁或内层部位冷却速度慢，存在拉应力，会导致压缩或内凹变形。例如，前述应力框铸件如果连接两杆的横梁刚度不够，结果会出现如图 4－14 所示的翘曲变形。图 4－15（a）所示 T 形梁铸钢件，板 I 厚、板 II 薄，若铸钢件刚度不够，将发生图中虚线所示的板 I 内凹、板 II 外凸的变形；反之，如果板 I 薄、板 II 厚时，将发生反向翘曲［图 4－15（b）］。图 4－16 所示为车床床身，导轨部分厚，侧壁部分薄，铸造后往往发生导轨面下凹变形。

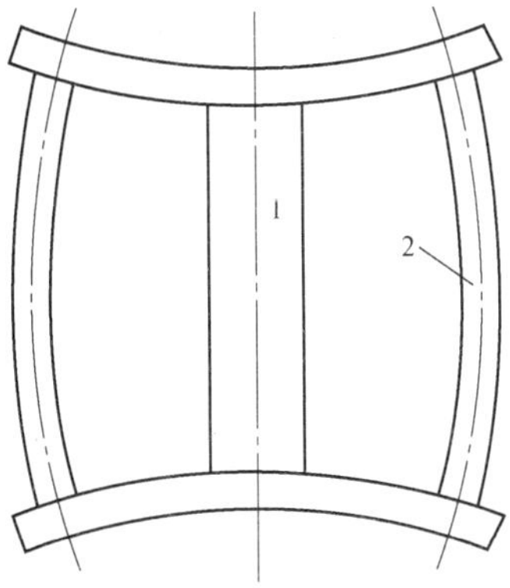

图 4－14 应力框铸件变形示意图

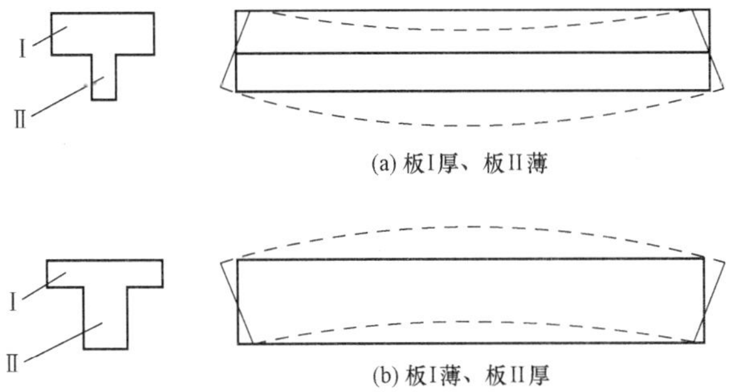

图 4－15 T 形梁铸钢件变形示意图

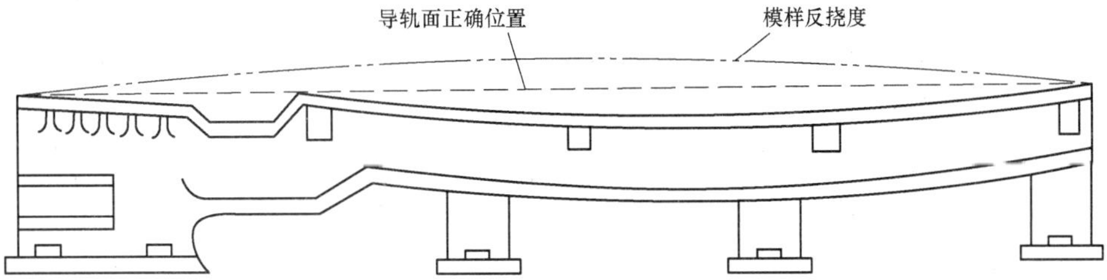

图 4－16 车床床身导轨面的挠曲变形

变形会使铸造应力重新分布，残留应力减小一些，但不会完全消除。铸件产生变形以后，常因加工余量不够或因铸件放不进夹具无法加工而报废。前述防止铸造应力的方法，也是防止变形的基本方法。此外，工艺上还可采取某些措施，如反变形法，即在模样上做出与挠曲量相等，但方向相反的预变形量，来消除床身导轨的变形，见图 4－16。

当铸造应力超过材料的强度极限时，铸件会产生裂纹，裂纹有热裂纹和冷裂纹两种。热裂纹是在铸件凝固末期的高温下形成的。此时，结晶出来的固体已形成完整的骨架，开始进入固态收缩阶段，但晶粒间还有少量的液体，因此合金的强度很低。如果合金的固态收缩受到铸型或型芯的阻碍，使机械应力超过了在该温度下该合金的强度，就会发生裂纹。热裂纹具有裂纹短，缝隙宽，形状曲折，缝内严重氧化、裂口沿晶界产生和发展等特征。热裂纹是铸钢和铝合金铸件常见的缺陷。冷裂纹是在较低温度下形成的裂纹，当铸件产生的应力的总和大于该温度下金属的强度时，则产生冷裂。冷裂常出现在铸件受拉伸的部位，其形状细小，呈连续直线状，裂纹断口表面具有金属光泽或轻微氧化色。壁厚差别大、形状复杂的铸件，尤其是大而薄的铸件易发生冷裂纹。

铸件中存在任何形式的裂纹都严重损害其力学性能，使用时会因裂纹扩展使铸件断裂，发生事故。凡是减少铸造内应力或降低合金脆性的因素，都有利于防止裂纹的产生。

任务二 铸造方法

任务引入

图 4-17 钩舌推铁

【1】车钩的部件钩舌推铁（图 4-17）常采用砂型铸造生产，试分析砂型铸造的特点。

【2】动车组铝合金齿轮箱常采用砂型铸造，随着铝合金铸造技术的发展，CRH380B 等型号齿轮箱采用低压铸造制造。试分析与砂型铸造相比，低压铸造的优点是什么。

相关知识准备

根据铸型的方法不同，铸造方法分为砂型铸造和特种铸造两大类。砂型铸造是目前最常用、最基本的铸造方法。

一、砂型铸造

砂型铸造的基本工艺过程如图 4-18 所示。主要工序有制造模样和芯盒、备制型砂和芯砂、造型、造芯、合型、浇注、落砂清理等。其中造型（芯）是砂型铸造最基本的工序，按紧实型砂和起模方法不同，造型方法可分为手工造型和机器造型两种。

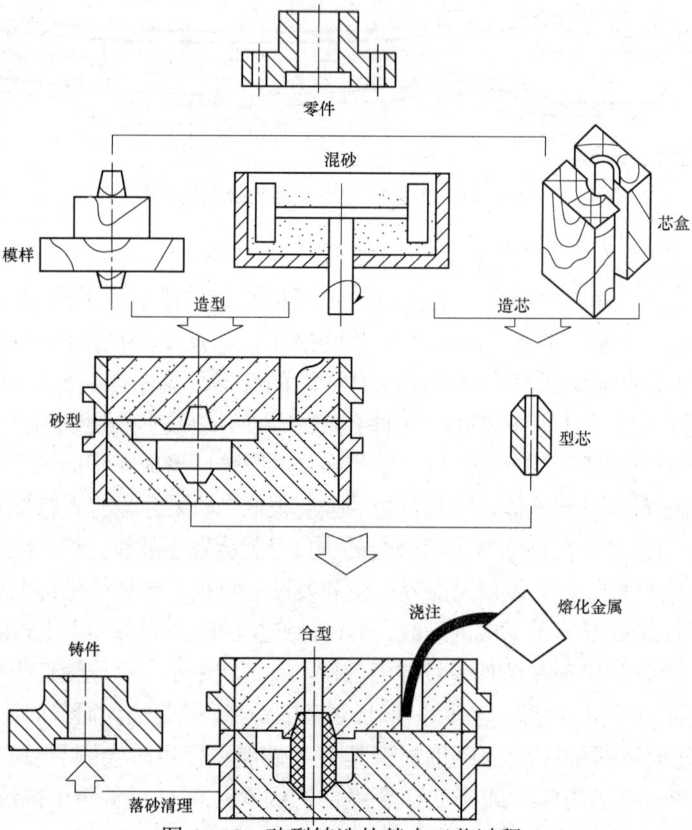

图 4-18 砂型铸造的基本工艺过程

（一）手工造型

手工造型操作灵活，工装简单，但劳动强度大，生产率低，常用于单件和小批量生产。手工造型的方法很多，有整模造型、分模造型、挖砂造型、假箱造型、活块造型、刮板造型三箱造型、地坑造型等，表 4–4 所示为这些常用手工造型方法的特点和应用范围。

表 4–4 常用手工造型方法的特点和应用范围

造型方法	特点	应用范围
整模造型	整体模，分型面为平面，铸型型腔全部在一个砂箱内。造型简单，铸件不会产生错箱缺陷	铸件最大截面在一端，且为平面
分模造型	模样沿最大截面分为两半，型腔位于上、下两个砂箱内。造型方便，但制作模样较麻烦	最大截面在中部，一般为对称性铸件
挖砂造型	整体模，造型时需挖去阻碍起模的型砂，故分型面是曲面。造型麻烦，生产率低	单件小批量生产，分模后易损坏或变形的铸件
假箱造型	利用特制的假箱或型板进行造型，自然形成曲面分型。可免去挖砂操作，造型方便	成批生产需要挖砂的铸件
活块造型	将模样上妨碍起模的部分，做成活动的活块，便于造型起模。造型和制作模样都麻烦	单件小批量生产带有突起部分的铸件
刮板造型	用特制的刮板代替实体模样造型，可显著降低模样成本。但操作复杂，要求工人技术水平高	单件小批量生产等截面或回转体大、中型铸件
三箱造型	铸件两端截面尺寸比中间部分大，采用两箱造型无法起模时铸型可由三箱组成，关键是选配高度合适的中箱。造型麻烦，容易错箱	单件小批量生产具有两个分型面的铸件
地坑造型	在地面以下的砂坑中造型，一般只用上箱，可减少砂箱投资。但造型劳动量大，要求工人技术较高	生产批量不大的大、中型铸件，可节省下箱

（二）机器造型

机器造型（芯）使紧砂和起模两个重要工序实现了机械化，因而生产率高，铸件质量好。但设备投资大，适用于中、小型铸件的成批大量生产。机器造型按紧实的方式不同，分压实造型、震击造型、抛砂造型和射砂造型四种基本方式。

1. 压实造型

压实造型是利用压头的压力将砂箱的型砂紧实，图 4–19 为压实造型。先把型砂填入砂箱，然后压头向下将型砂紧实，辅助框是用来补偿紧实过程中型砂被压缩的高度。压实造型生产率高，但型砂沿高度方向的紧实度不够均匀，一般越接近底板，紧实度越差，因此适用于高度不大的砂箱。

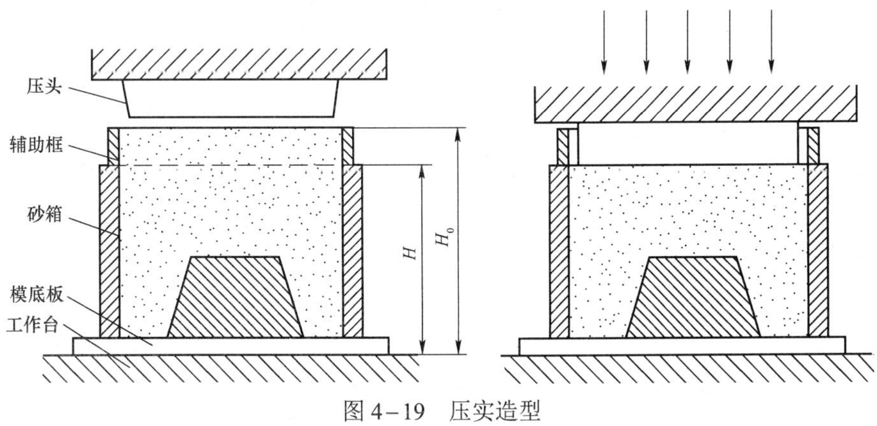

图 4–19 压实造型

2. 震击造型

这种造型方法是利用振动和撞击对型砂进行紧实，如图 4-20 所示。砂箱填砂后，震击活塞将工作台连同砂箱举起一定高度，然后下落，与缸体撞击，依靠型砂下落时的冲击力产生紧实作用。型砂紧实度分布规律与压实造型相反，越接近模底板型砂紧实度越高，因此可以将震击造型与压实造型联合使用。

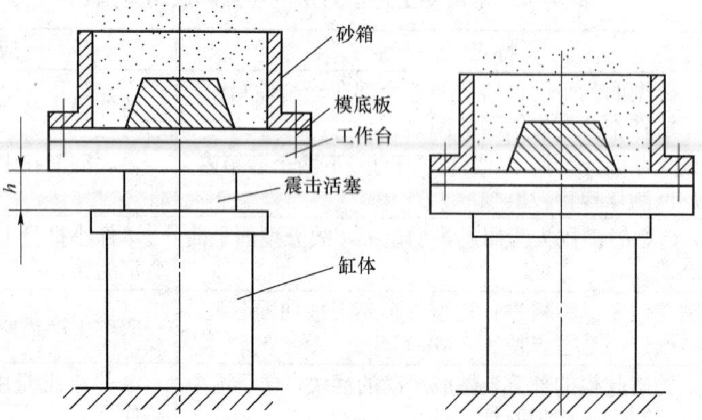

图 4-20　震击造型

3. 抛砂造型

图 4-21 为抛砂机工作原理。抛砂头转子上装有叶片，型砂由皮带输送机连续地送入，高速旋转的叶片接住型砂并分成一个个砂团，当砂团随叶片转到出口处时，由于离心力作用，以高速抛入砂箱，同时完成填砂和紧实。

4. 射砂造型

射砂紧实的方法除用于造型外多用于造芯。图 4-22 为射砂机工作原理。由储气筒中迅速进入射膛的压缩空气，将型砂由射砂孔射入芯盒的空腔中，而压缩空气经射砂头上的排气孔排出，射砂过程在较短的时间内同时完成填砂和紧实，生产率极高。

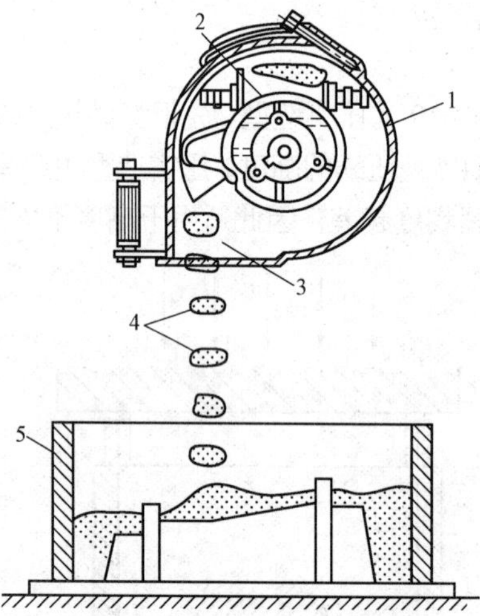

1—机头外壳；2—型砂入口；3—砂团出口；4—被紧实的砂团；5—砂箱

图 4-21　抛砂机工作原理

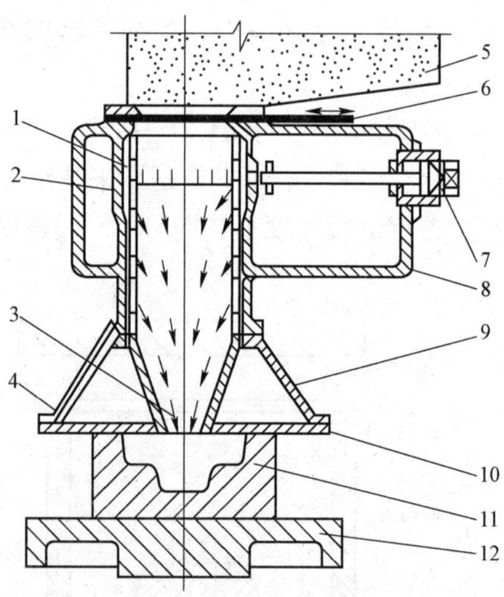

1—射砂筒；2—射膛；3—射砂孔；4—排气孔；5—砂斗；6—砂闸板；7—进气阀；8—储气筒；9—射砂头；10—射砂板；11—芯盒；12—工作台

图 4-22　射砂机工作原理

二、特种铸造

与砂型铸造不同的其他铸造方法统称为特种铸造。各种特种铸造方法均有其突出的特点和一定的局限性，下面简要介绍常用的特种铸造方法。

（一）熔模铸造

熔模铸造就是先用母模制造压型，然后用易熔材料制成模样，再用造型材料将其表面包覆，经过硬化后将模样熔去，从而制成无分型面的铸型壳，最后经浇注而获得铸件。由于熔模广泛采用蜡质材料来制造，所以熔模铸造又称“失蜡铸造”，其工艺过程如图 4–23 所示。

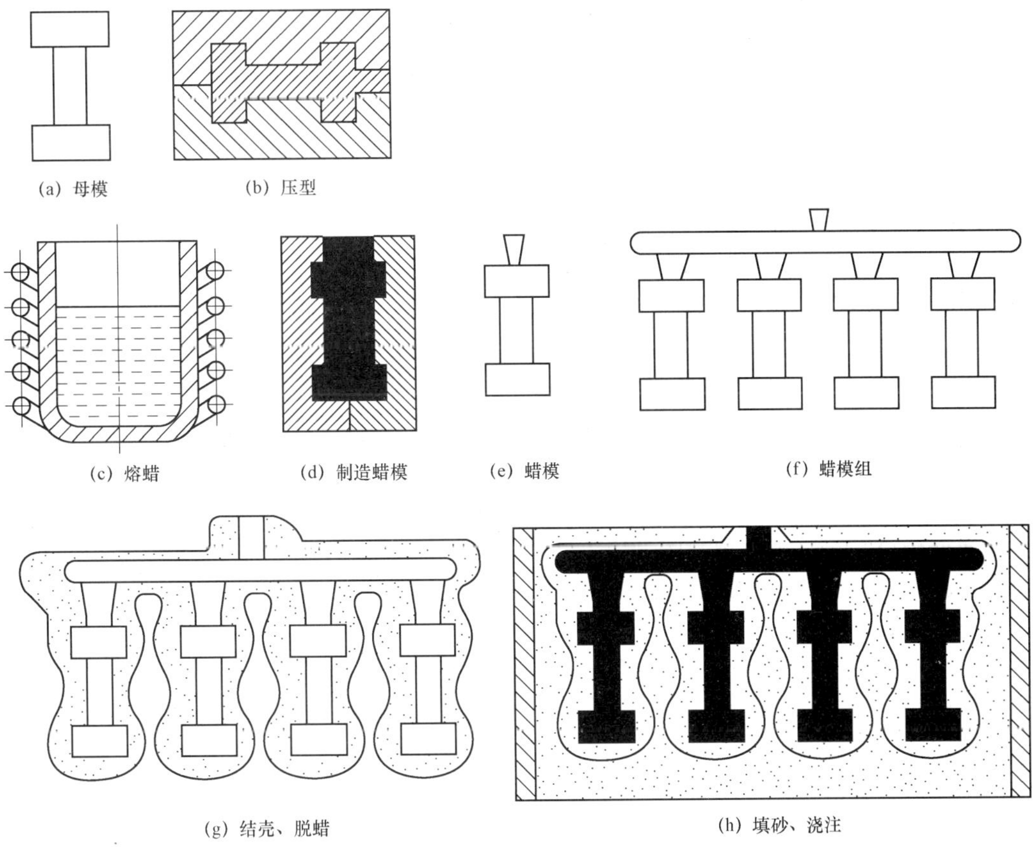

图 4–23 熔模铸造工艺过程

熔模铸造的特点和应用范围如下。

① 熔模铸造属于一次成型，又无分型面，所以铸件精度高，表面质量好。

② 可制造形状复杂的铸件，最小壁厚可达 0.7 mm，最小孔径可达 1.5 mm。

③ 适应各种铸造合金，尤其适于生产高熔点和难以加工的合金铸件。

④ 铸造工序复杂，生产周期长，铸件成本较高，铸件尺寸和质量受到限制，一般不超过 25 kg。

熔模铸造适用于制造形状复杂，难以加工的高熔点合金及有特殊要求的精密铸件。目前，主要用于汽轮机、燃气轮机叶片，切削刀具，仪表元件，汽车、拖拉机及机床等零件的生产。

（二）金属型铸造

把液体金属浇入用金属制成的铸型内，而获得铸件的方法称为金属型铸造。一般金属型用铸铁或耐热钢制造，由于金属型可重复使用多次，故又称为永久型。按照分型面的位置不同，金属型分为整体式、垂直分型式、水平分型式和复合分型式。图 4-24 所示为水平分型式和垂直分型式结构简图，其中垂直分型式便于布置浇注系统，铸型开合方便，容易实现机械化，应用较广。

金属型导热快，无退让性和透气性，铸件容易产生浇不足、冷隔、裂纹、气孔等缺陷。此外，在高温金属液的冲刷下型腔易损坏。为此，需要采取如下工艺措施：浇注前预热，浇注过程中适当冷却，使金属型在一定温度范围内工作；型腔内刷耐火涂料，以起到保护铸型、调节铸件冷却速度、改善铸件表面质量的作用；在分型面上做出通气槽、出气孔等；掌握好开型的时间，以利于取件和防止铸件产生裂纹等缺陷。

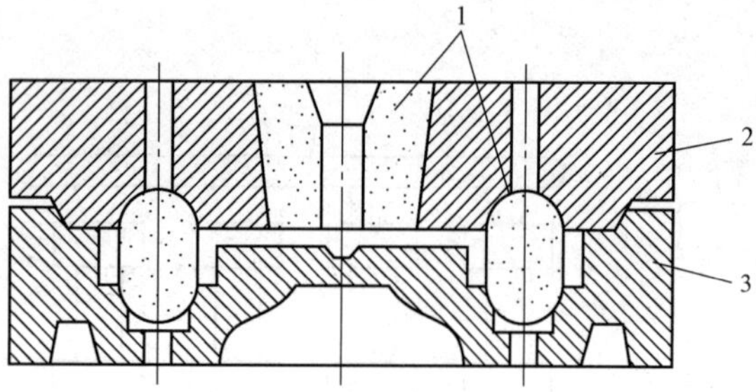

(a) 水平分型式

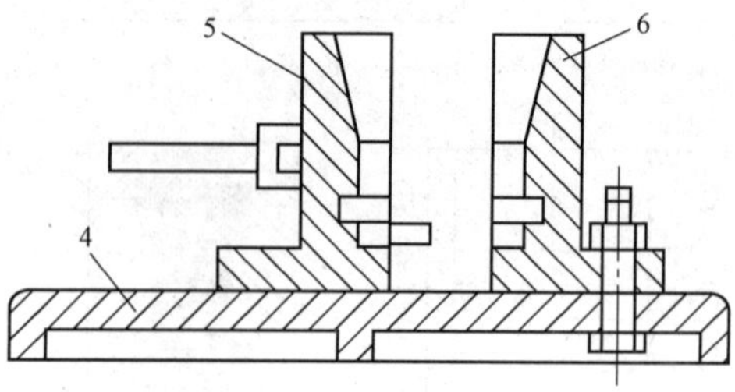

(b) 垂直分型式

1—型芯；2—上型；3—下型；4—模底板；5—动型；6—定型

图 4-24　金属型

金属型铸造的特点和应用范围如下。

① 铸件冷却速度快，组织致密，力学性能好。

② 铸件精度和表面质量较高。

③ 实现了“一型多铸”，工序简单，生产率高，劳动条件好。

④ 金属型成本高，制造周期长，铸造工艺规程要求严格。

金属型铸造主要适用于大批量生产形状简单的有色金属铸件，如铝活塞、气缸、缸盖、泵体、轴瓦、轴套等。

（三）压力铸造

将熔融金属在高压下快速压入铸型，并在压力下凝固，而获得铸件的方法称为压力铸造，简称压铸。

压铸是通过压铸机完成的，图 4-25 为立式压铸机工作过程示意图。合型后把金属液浇入压室［图 4-25（a)］，压射活塞向下推进，将液态金属压入型腔［图 4-25（b)］，保压冷凝后，压射活塞退回，下活塞上移顶出余料，动型移开，利用顶杆顶出铸件［图 4-25（c)］。

压力铸造的特点和应用范围如下。

① 铸件尺寸精度高，表面质量好，一般不需机加工即可直接使用。

② 压力铸造在快速、高压下成型，可压铸出形状复杂、轮廓清晰的薄壁精密铸件，铝合金铸件最小壁厚可达 0.5 mm，最小孔径 0.7 mm。

③ 铸件组织致密，力学性能好，其强度比砂型铸件提高 25%～40%。

④ 生产率高，劳动条件好。

⑤ 设备投资大，铸型制造费用高，周期长。

压力铸造主要用于大批量生产低熔点合金的中、小型铸件，如铝、锌、铜等合金铸件，在汽车、拖拉机、航空、仪表、电器等零件生产中获得广泛应用。

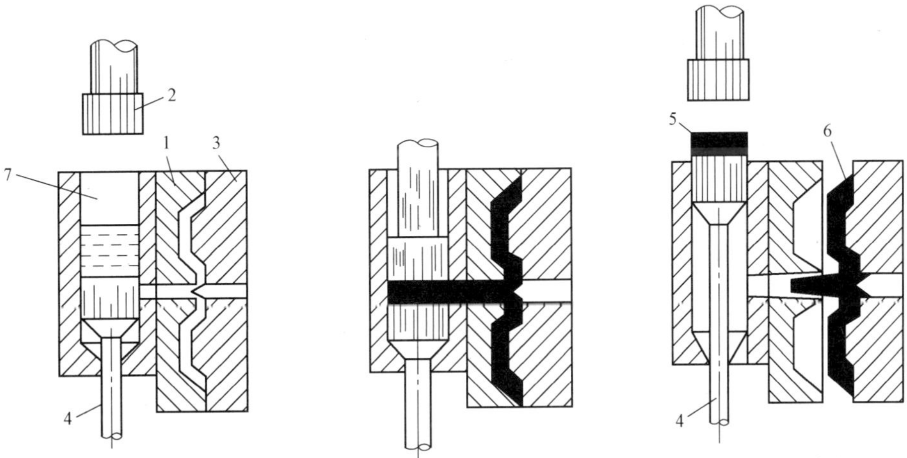

1—定型；2—压射活塞；3—动型；4—下活塞；5—余料；6—铸件；7—压室

图 4–25 立式压铸机工作过程示意图

（四）离心铸造

离心铸造是将液体金属浇入高速旋转的铸型中，使其在离心力作用下凝固成形的铸造方法。根据铸型旋转轴空间位置不同，离心铸造机可分为立式和卧式两大类型（图 4–26）。立式离心铸造机的铸型绕垂直轴旋转［图 4–26（a）］，由于离心力和液态金属本身重力的共同作用，使铸件的内表面为一回转抛物面，造成铸件上薄下厚，而且铸件越高，壁厚差越大。因此，它主要用于生产高度小于直径的圆环类铸件。卧式离心铸造机的铸型绕水平轴旋转［图 4–26（b）］，由于铸件各部分冷却条件相近，故铸件壁厚均匀，适于生产长度较大的管、套类铸件。

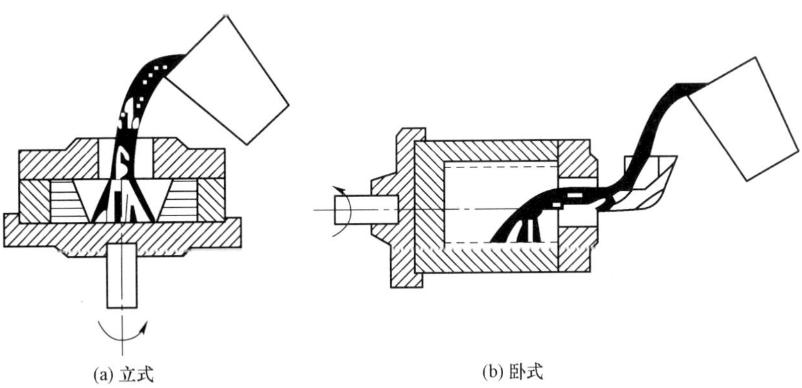

图 4–26 离心铸造机类型

离心铸造的特点和应用范围如下。

① 铸件在离心力作用下结晶，组织致密，无缩孔、缩松、气孔、夹渣等缺陷，力学性能好。

② 铸造圆形中空铸件时，可省去型芯和浇注系统，简化了工艺，节约了金属。

③ 便于制造双金属铸件，如钢套镶铸铜衬。

④ 离心铸造内表面粗糙，尺寸不易控制，需要增加加工余量来保证铸件质量，且不适宜生产易偏析的合金。

离心铸造是生产管、套类铸件的主要方法，如铸铁管、铜套、汽缸套、双金属轧辊、滚筒等。

三、铸造生产常见缺陷

由于铸造生产工序繁多，很容易使铸件产生缺陷。为了减少铸件缺陷，首先应正确判断缺陷类型，找出产生缺陷的主要原因，以便采取相应的预防措施。表 4–5 给出了常见铸造缺陷的名称、图例及特征和产生的主要原因。

表 4–5　常见铸造缺陷的名称、图例及特征和产生的主要原因

类别	名称	图例及特征	产生的主要原因
形状类缺陷	错型	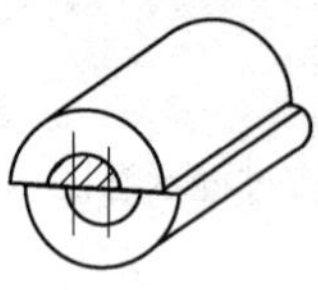 铸件在分型面处有错移	① 合型时上、下砂箱未对准； ② 上、下砂箱未夹紧； ③ 上、下半模有错移
	偏型	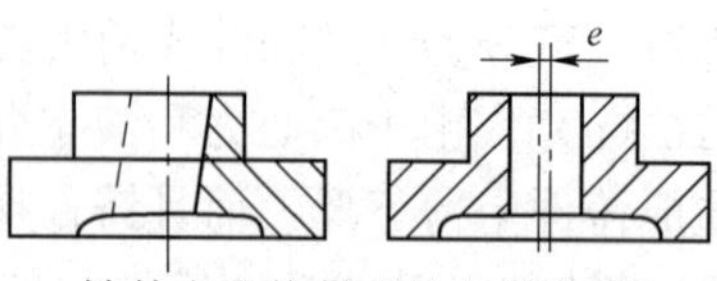 铸件上孔偏斜或轴心线偏移	① 型芯放置偏斜或变形； ② 浇口位置不对，液态金属冲歪了型芯； ③ 合型时碰歪了型芯； ④ 制模样时，型芯头偏心
	变形	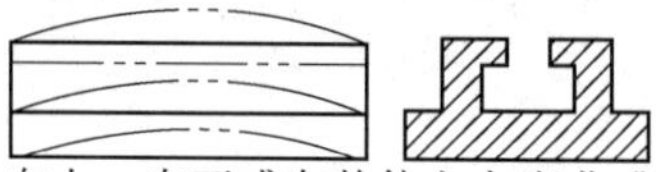 铸件向上、向下或向其他方向弯曲或扭曲	① 铸件结构设计不合理，壁厚不均匀； ② 铸件冷却不当，冷缩不均匀
	浇不足	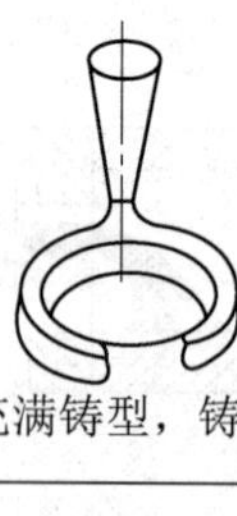 液态金属未充满铸型，铸件形状不完整	① 铸件壁太薄，铸型散热太快； ② 合金流动性不好或浇注温度太低； ③ 浇口太小，排气不畅； ④ 浇注速度太慢； ⑤ 浇包内液态金属不够
	冷隔	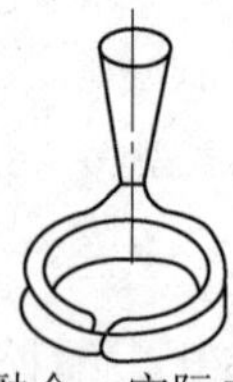 铸件表面似乎融合，实际未融透，有浇坑或接缝	① 铸件设计不合理，铸壁较薄； ② 合金流动性差； ③ 浇注温度太低，浇注速度太慢； ④ 浇口太小或布置不当，浇注曾有中断 孔

续表

类别	名称	图例及特征	产生的主要原因
空洞类缺陷	缩孔	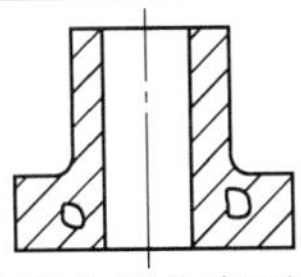 铸件的厚大部分有不规则的粗糙孔形	① 铸件结构设计不合理，壁厚不均匀，局部过厚； ② 浇、冒口位置不对，冒口尺寸太小； ③ 浇注温度太高
	气孔	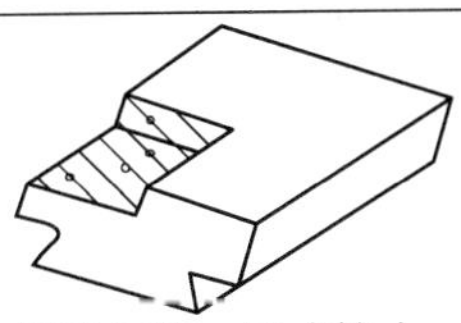 析出气孔多而分散，尺寸较小，位于铸件各断面上侵入气孔数量较少，尺寸较大，存在于局部地方	① 熔炼工艺不合理、金属液吸收了较多的气体； ② 铸型中的气体侵入金属液； ③ 起模时刷水过多，型芯未干； ④ 铸型透气性差； ⑤ 浇注温度偏低； ⑥ 浇包工具未烘干
夹杂类缺陷	砂眼	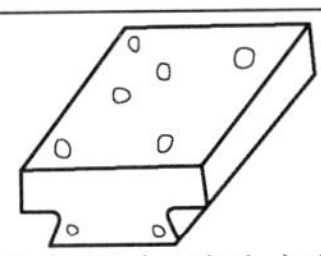 铸件表面或内部有型砂充填的小凹坑	① 型砂、芯砂强度不够，紧实度不够，合型时松落或被液态金属冲垮； ② 型腔或浇口内散砂未吹净； ③ 铸件结构不合理，无圆角或圆角太小
	夹渣	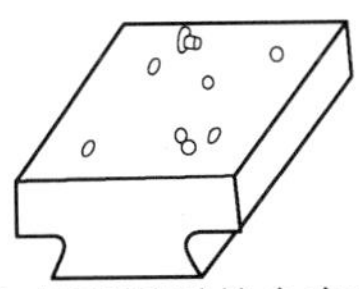 铸件表面上有不规则并含有融渣的孔眼	① 浇注时挡渣不良； ② 浇注温度太低，熔渣不易上浮； ③ 浇注时断流或未充满浇口，渣和液态金属一起流入型腔
裂纹缺陷	裂纹	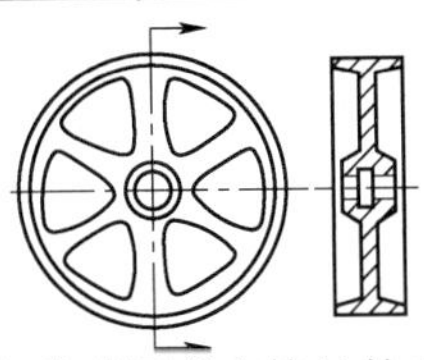 在夹角处或厚薄交接处的表面或内层产生裂纹	① 铸件厚薄不均，冷缩不一； ② 浇注温度太高； ③ 型砂、芯砂退让性差； ④ 合金内含硫、磷较高
表面缺陷	黏砂	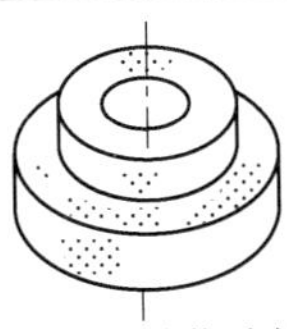 铸件表面黏砂粒	① 浇注温度太高； ② 型砂选用不当，耐火性差； ③ 未刷涂料或涂料太薄

任务三　铸件结构设计

任务引入

动车组铝合金齿轮箱如图 4-27 所示，采用自硬呋喃树脂砂造型、制芯，低压砂型铸造生产，试分析齿轮箱箱体的分型面如何选择。

图 4-27　动车组铝合金齿轮箱

相关知识准备

铸件结构工艺性是指铸件的结构应在满足使用要求的前提下，还要满足铸造性能和铸造工艺对铸件结构要求的一种特性。它是衡量铸件设计质量的一个重要方面。合理的铸件结构不仅能保证铸件质量，满足使用要求，而且工艺简单、生产率高、成本低。

一、铸造性能对铸件结构的要求

（一）铸件壁厚要合理

在一定的工艺条件下，由于受铸造合金流动性的限制，能铸出的铸件壁厚有一个最小值。若实际壁厚小于它，就会产生浇不到、冷隔等缺陷。表 4-6 列出了在砂型铸造条件下铸件的最小壁厚值。但是，铸件壁厚过大，铸件壁的中心冷却较慢，会使晶粒粗大，还容易引起缩孔、缩松缺陷，使铸件强度随壁厚增加而显著下降，因此，不能单纯用增加壁厚的方法提高铸件强度。通常采用加强肋（图 4-28）或合理的截面结构（丁字形、工字形、槽形）满足薄壁铸件的强度要求。一般铸件的最大临界壁厚约为最小壁厚的三倍。

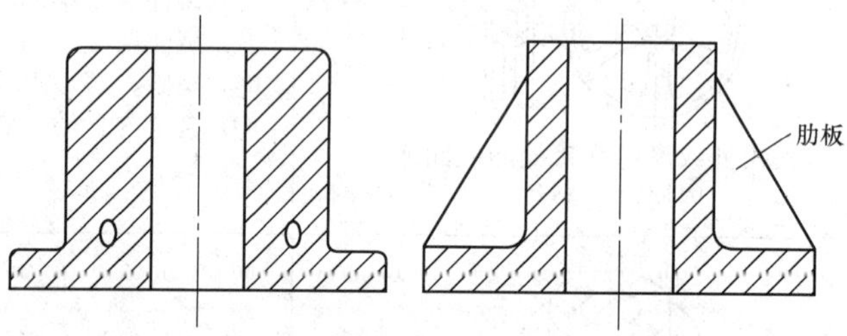

(a) 不合理　　(b) 合理

图 4-28　采用加强肋减小壁厚

表 4-6　在砂型铸造条件下铸件的最小壁厚值　　mm

铸件尺寸	铸钢	灰口铸铁	球墨铸铁	可锻铸铁	铝合金	铜合金
＜200×200	6～8	5～6	6	5	3	3～5
200×200～500×500	10～12	6～10	12	8	4	6～8
＞500×500	15	15	—	—	5～7	—

（二）铸件壁厚度要均匀

铸件壁薄厚不均，必然在壁厚交接处形成金属聚集的热节而产生缩孔、缩松，并且由于冷却速度不同容易形成热应力和裂纹（图 4-29）。确定铸件壁厚，应将加工余量考虑在内，有时加工余量会使壁厚增加而形成热节。

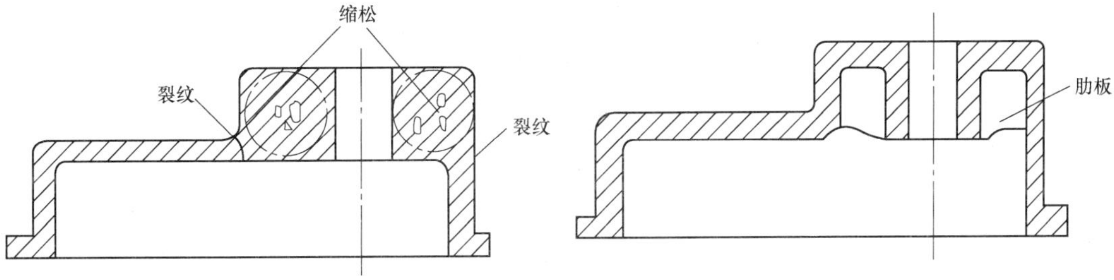

(a) 不合理　　(b) 合理

图 4-29　铸件壁厚要均匀

（三）铸件内壁应薄于外壁

铸件内壁和肋，散热条件较差，内壁薄于外壁，可使内、外壁均匀冷却，减小内应力，防止裂纹。内、外壁厚相差值为 10%～30%。

（四）铸件壁连接要合理

为减少热节，防止缩孔，减小应力，防止裂纹，壁间连接应有铸造圆角（图 4-30）。不同壁厚的连接应逐步过渡（图 4-31），以防接头处热量聚集和应力集中。铸件上的肋或壁的连接应避免十字交叉和锐角连接（图 4-32）。

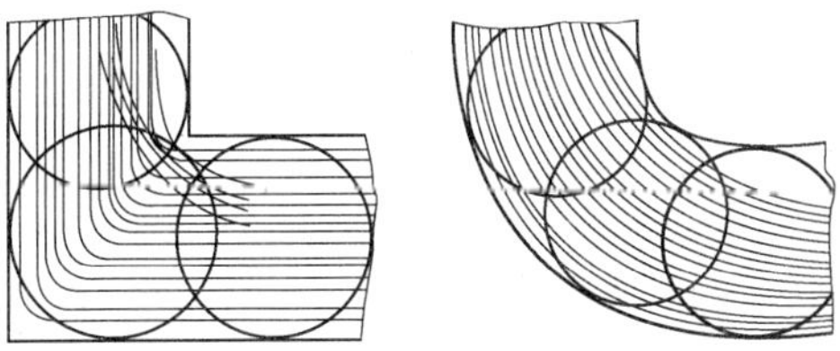

(a) 不合理　　(b) 合理

图 4-30　铸造圆角

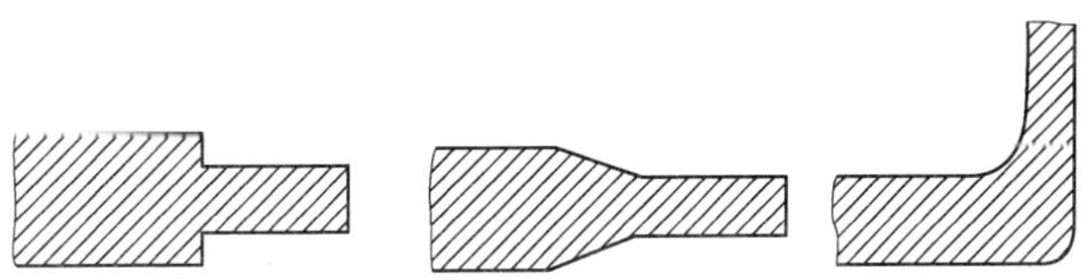

(a) 不合理　　(b) 合理

图 4-31　壁厚的连接过渡

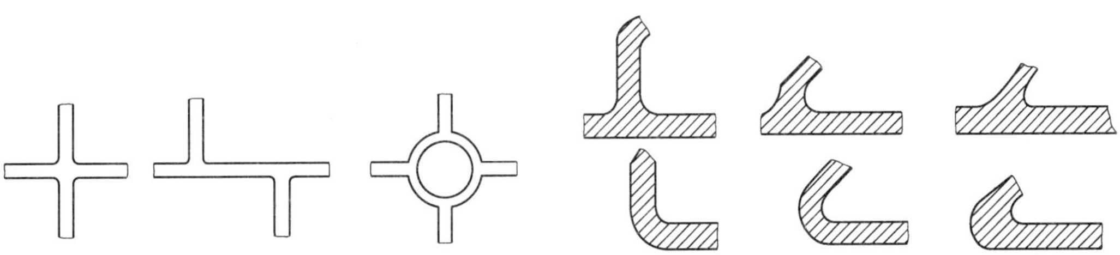

(a) 不合理　　(b) 合理　　(c) 不合理　　(d) 许可　　(e) 合理

图 4-32　铸件上的肋或壁的连接形式

（五）避免铸件收缩受阻

如果铸件收缩受到阻碍，产生的内应力超过材料的抗拉强度时将产生裂纹。如图 4-33 所示的手轮铸件，图 4-33（a）为直条形偶数轮辐，在合金线收缩时轮辐中产生的收缩力相互抗衡，容易出现裂纹。可改用奇数轮辐［图 4-33（b）］或弯曲轮辐［图 4-33（c）］，这样可借助轮缘、轮毂和弯曲轮辐的微量变形自行减缓内应力，防止开裂。

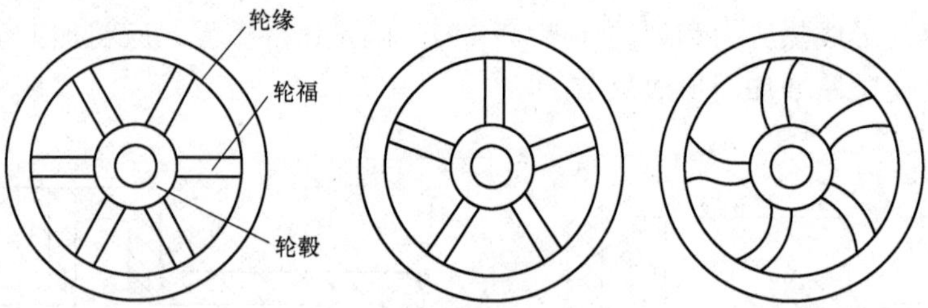

(a) 偶数轮辐　(b) 奇数轮辐　(c) 弯曲轮辐

图 4－33　手轮铸件轮辐的设计

（六）防止铸件翘曲变形

细长形或平板类铸件在收缩时易产生翘曲变形。如图 4－34 所示，改不对称结构为对称结构或采用加强肋，提高其刚度，均可有效地防止铸件变形。

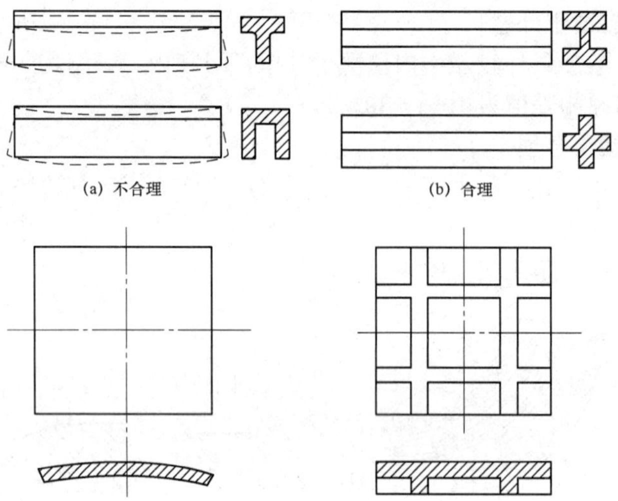

(a) 不合理　(b) 合理　(c) 不合理　(d) 合理

图 4－34　防止铸件变形的结构

二、铸造工艺对铸件结构的要求

从工艺上考虑，铸件的结构设计，应有利于简化铸造工艺，有利于避免产生铸造缺陷，便于后续加工。

（一）铸件外形简单

在满足铸件使用要求的前提下，应尽量简化外形，减少分型面，以便造型。图 4－35 所示端盖铸件，图 4－35（a）结构存在侧凹，需三箱造型或增加环状型芯。若改为图 4－35（b）结构，可采用简单的两箱造型，造型过程大为简化。

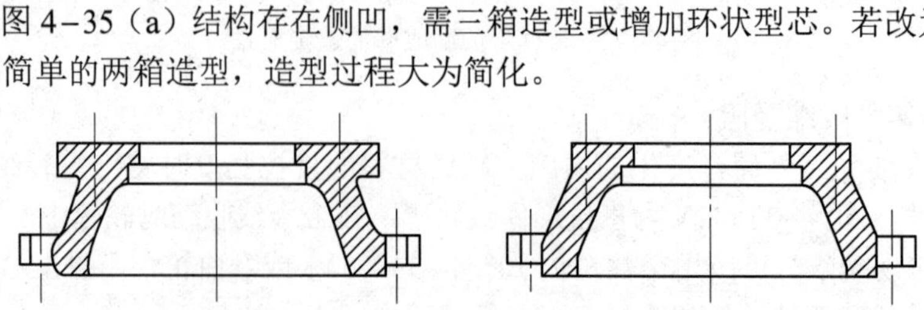

(a) 不合理　(b) 合理

图 4－35　端盖铸件

图 4-36 所示凸台，图 4-36（a）结构通常采用活块（或型芯）才能起模，若改为图 4-36（b）结构，可以避免活块或型芯，造型简单。图 4-37 所示铸件结构，图 4-37（a）上有斜度的肋条使起模受阻，改为图 4-37（b）结构后便可顺利地取出模样。

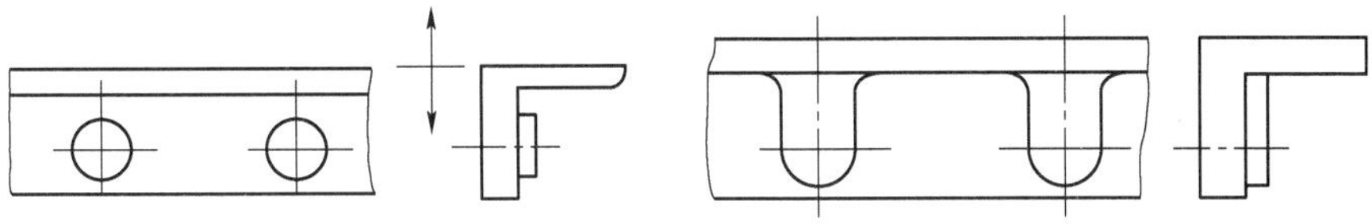

(a) 不合理　　(b) 合理

图 4-36 凸台

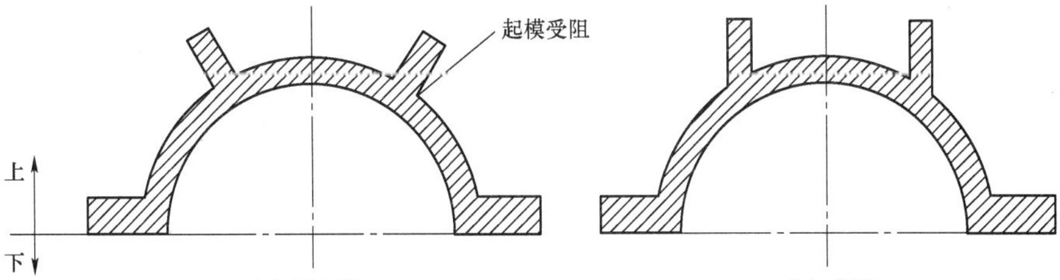

(a) 不合理　　(b) 合理

图 4-37 铸件结构

（二）铸件内腔设计

铸件内腔结构采用型芯来形成，使用型芯会增加材料消耗，且工艺复杂，成本提高，因此，设计铸件内腔时应尽量少用或不用型芯。图 4-38 所示铸件内腔，图 4-38（a）内腔只能用型芯成形，若改为图 4-38（b）结构，可用自带型芯成形。图 4-39 所示支架，用图 4-39（b）的开式结构代替图 4-39（a）的封闭结构，可省去型芯。在必须采用型芯的情况下，应尽量做到便于下芯、安装、固定以及排气和清理。如图 4-40 所示的轴承架，图 4-40（a）的结构需要两个型芯，其中大的型芯呈悬臂状态，需用芯撑支撑，若按图 4-40（b）改为整体芯，其稳定性大大提高，排气通畅，清砂方便。

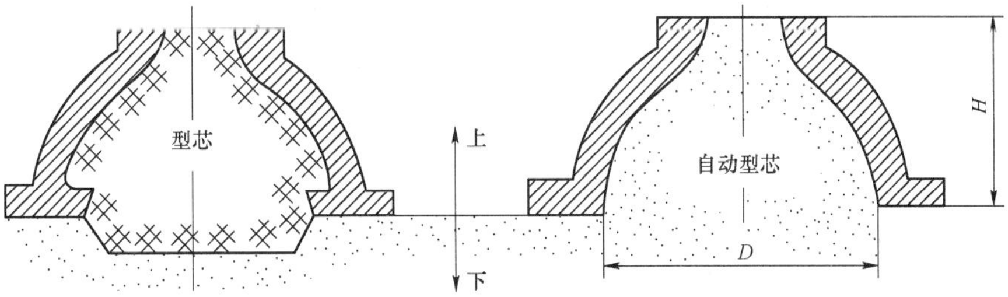

(a) 不合理　　(b) 合理

图 4-38 铸件内腔

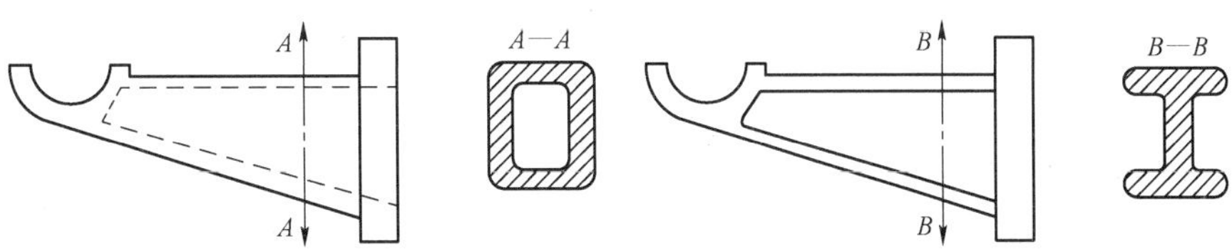

(a) 不合理　　(b) 合理

图 4-39 支架

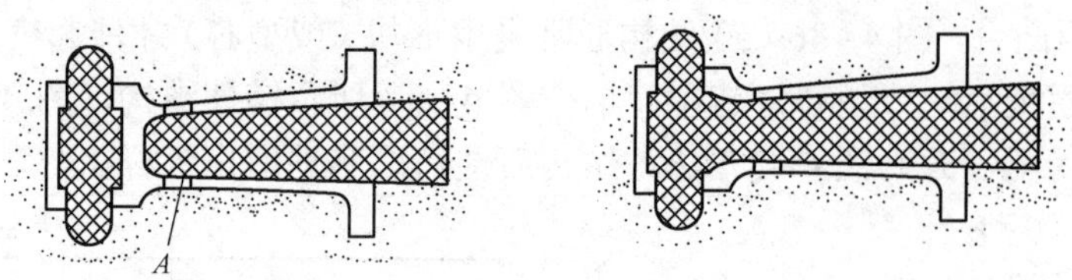

(a) 不合理　　(b) 合理

图 4-40　轴承架

（三）铸件的结构斜度

为了便于起模，垂直于分型面的非加工表面应设计结构斜度，图 4-41（a）中结构不带结构斜度不便起模，改为图 4-41（b）结构较合理。

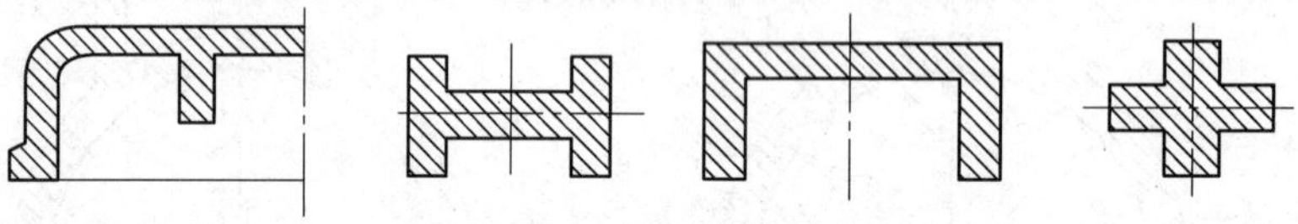

(a) 不合理

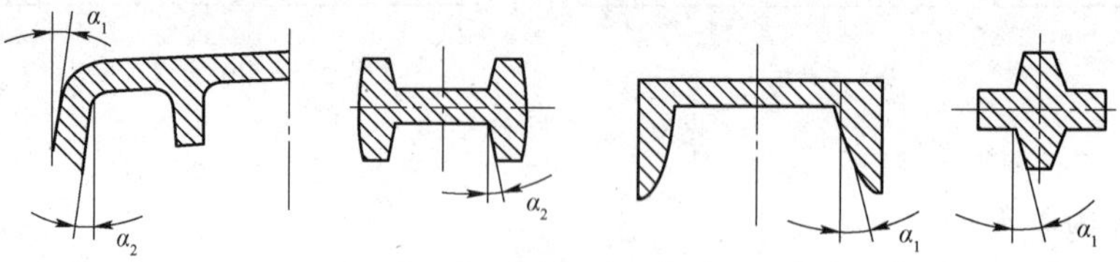

(b) 合理

图 4-41　结构斜度的设计

任务四　常用铸造合金生产

任务引入

【1】CRH380B 动车组铝合金齿轮箱常采用铸造生产，试分析铸造铝合金是如何熔炼生产的。

【2】铁路货车 16 型车钩主要用于铁路货车 C70、C76 等 70 吨级的车型上，采用 E 级钢铸造生产，试分析 E 级铸钢是如何熔炼生产的。

相关知识准备

用于铸造的金属统称铸造合金，常用的铸造合金有铸铁、铸钢和铸造有色合金。

一、铸铁

铸铁是含碳量大于 2.11%的铁碳合金，工业用铸铁是以铁、碳、硅为主的多元合金。铸铁具有许多优良性能，且制造简单，成本低廉，是最常用的金属材料。根据碳在铸铁中的存在形式及石墨形态，铸铁可分为灰口铸铁、球墨铸铁、蠕墨铸铁、可锻铸铁等。

（一）灰口铸铁

灰口铸铁是指具有片状石墨的铸铁，其断口呈暗灰色。由于片状石墨有割裂基体的作用，所以灰口铸铁的特点是：力学性能低，抗拉强度远低于钢，而塑性、韧性近于零，是典型的脆性材料；减振性好，为钢的 5～10 倍，是制造床身、机座的优选材料；减摩性好，石墨本身就是良好的润滑剂，在摩擦面上有润滑作用；缺口敏感性低，其中的石墨片相当于大量裂口，因此，外来缺口（如孔洞、键槽、刀痕、夹渣等）对铸铁的强度影响很小。

1. 灰口铸铁的铸造性能

灰口铸铁的碳硅当量接近共晶成分，熔点低，结晶温度范围小，呈逐层方式凝固，流动性好。另外凝固时石墨析出，使总收缩较小，因此，灰口铸铁的熔铸工艺容易，铸件缺陷少。

2. 灰口铸铁的铸造工艺特点

灰口铸铁铸熔点低，对型砂耐火性要求低，适合于湿型铸造，浇注温度可适当降低。灰口铸铁流动性好，可浇注形状复杂的薄壁铸件。而且灰口铸铁收缩小，铸件不易产生缩孔、裂纹等缺陷，一般可不用或少用冒口和冷铁。

（二）球墨铸铁

球墨铸铁是指具有球状石墨的铸铁，它是灰口铸铁经过球化、孕育处理，并配合适当的热处理得到的。由于球状石墨对基体的缩减和割裂作用小，从而使基体强度提高，其力学性能远超过灰口铸铁，优于可锻铸铁，抗拉强度可与钢媲美，塑性、韧性明显提高，更增加了使用的可靠性。球墨铸铁具有良好的铸造性能、减振性、耐磨性、切削加工性能及低的缺口敏感性。

1. 球墨铸铁的铸造性能

球墨铸铁的流动性与灰口铸铁相近，但是球墨铸铁收缩大，易产生缩孔、缩松和皮下气孔。它的结晶区间宽，属糊状凝固，补缩困难，而且球墨铸铁凝固后期的石墨化膨胀又远大于灰口铸铁，会引起铸型胀大，造成铸件内部金属液不足，很容易产生缩孔、缩松。

2. 球墨铸铁的铸造工艺特点

球墨铸铁含碳量高，球化处理使铁水得到净化，流动性应比灰口铸铁好，但经过球化处理和孕育处理，铁水温度大幅度降低，且易于氧化，因此，实际生产中应注意适当提高球墨铸铁的浇注温度。同时要加大内浇道截面，采用快速浇注等措施，以防止产生浇不足、冷隔等缺陷。球墨铸铁件表面完全凝固的时间较长，收缩大，而且外壁与中心几乎同时凝固，造成凝固后期外壳不坚实，此时因析出石墨的膨胀所产生的压力会使铸型型腔扩大，容易产生缩孔、缩松等缺陷。常采用顺序凝固原则，并增设冒口以加强补缩。同时应提高铸型的紧实度，增强其刚度，使型腔不胀大或尽快在铸件表层形成硬壳，使石墨膨胀能补偿铸铁收缩。此外，球墨铸铁凝固时有较大的内应力，产生变形、裂纹的倾向大，所以要注意消除内应力。由于铁水中的 MgS 与型砂中的水分作用，生成 H_2S 气体，易使铸件产生皮下气孔。所以应严格控制型砂中水分和铁水中硫的含量。球墨铸铁还易产生石墨飘浮及球化不良等缺陷，所以必须严格控制碳、硅的含量和尽量缩短球化处理后铁水的停留时间，一般不超过 15～20 min。球化处理后常含有 MgO、MgS 等夹渣，故应考虑排渣措施，一般常采用封闭式浇注系统。

（三）蠕墨铸铁

蠕墨铸铁是指具有蠕虫状石墨的铸铁。它是在原铁水中加入蠕化剂和变质剂，处理后制得。蠕墨铸铁的性能介于灰口铸铁和球墨铸铁之间，强度、塑性、韧性优于灰口铸铁，突出的优点是屈强比在铸造合金中最高（0.72～0.82），导热性、铸造性能、切削加工性能优于球墨铸铁接近于灰口铸铁。特别适合制造工作温度较高而又要求强度高、耐磨性好、形状复杂的大型铸件。

蠕墨铸铁碳当量接近共晶点，蠕化剂又使铁水得以净化，因此具有良好的流动性。蠕墨铸铁的收缩与蠕化率有关，蠕化率越低越接近球墨铸铁，反之接近于灰口铸铁。因而，要获得无缩孔、无缩松的致密铸件比球墨铸铁容易，但比灰口铸铁稍困难些。

（四）可锻铸铁

可锻铸铁是由白口铸铁经石墨化退火得到的，其组织中有团絮状石墨。可锻铸铁比灰口铸铁强度高，兼有良好的塑性和韧性，故得名可锻铸铁，实际上不能制造锻件。

可锻铸铁主要用来制造一些形状复杂，又受振动的薄壁小型铸件。近年来，由于球墨铸铁的发展，许多可锻铸铁铸件已被球墨铸铁所取代。但可锻铸铁生产历史悠久，工艺成熟，质量比较稳定，对原材料要求不高，退火时间正在缩短，所以仍有不少工厂生产可锻铸铁。

二、铸钢和铸造有色合金

（一）铸钢

铸钢比铸铁强度高，尤其是韧性好，故适用于制造承受重载荷及冲击载荷的重要零件，如大型轧钢机立柱、火车挂钩及车轮等。但由于铸钢铸造性能差，生产成本高，其应用不如铸铁广泛。

铸钢按化学成分分为碳素铸钢和合金铸钢两大类。碳素铸钢占铸钢总产量的 80%以上，用于制造零件的铸钢主要是中碳钢。铸钢的铸造性能和工艺特点如下。

① 熔点高、流动性差、收缩率高，而且在熔炼过程中氧化、吸气严重。容易产生浇不足、冷隔、缩孔、缩松、变形、裂纹、夹渣、黏砂和气孔等缺陷，因此其铸造性能差。在铸造工艺上应采取相应措施，如合理设计铸件的结构，合理设计冒口、冷铁等，以确保铸钢件质量。

② 浇注温度高，为了防止变形、裂纹，所用型（芯）砂的透气性、耐火性、强度和退让性都要好。为防止黏砂，铸型表面要涂以耐火度高的石英粉或铅砂粉涂料。为了减少气体的来源，提高合金的流动性和铸型强度，大件多用干型或快干型来铸造。中、小型铸钢件的浇注系统开设在分型面上或开设在铸件的上面（顶注），大型铸钢件开设在下面（底注）。为使金属液迅速充满铸型，减少流动阻力，其浇注系统的形状应简单，内浇道横截面面积应是灰口铸铁的 1.5～2 倍，一般采用开放式。铸钢件大多需要设置一定数量的冒口，采用顺序凝固原则，以防缩孔、缩松等缺陷。冒口所耗钢水常占浇入金属重量的 25%～50%。为控制凝固顺序，在热节处需设置冷铁。对少数壁厚均匀的薄件，因其产生缩孔的可能性小，可采用同时凝固原则，并常开设多道内浇道，以使钢水均匀、迅速地充满铸型。

（二）铸造有色合金

常用的铸造有色合金有铸造铝合金、铸造铜合金、铸造镁合金及铸造轴承合金。在机械制造中应用最多的是铸造铝合金和铸造铜合金。

1. 铸造铝合金

铸造铝合金按成分可分为铝硅合金、铝铜合金、铝镁合金和铝锌合金等。其中铝硅合金具有良好的铸造性能，如流动性好、收缩率较小，不易产生裂纹、致密性好。应用较广，约占铸造铝合金总产量的 50%以上。含硅 10%～13%的铝硅合金是最典型的铝硅合金，是共晶类型的合金。

铸造铝合金的熔点低，流动性好，对型砂耐火性要求不高，可用细砂造型，以减小铸件表面粗糙度值，还可浇注薄壁复杂铸件。为防止铝液在浇注过程中的氧化和吸气，通常采用开放式浇注系统，并多开内浇道，使铝液迅速而平稳地充满铸型，不产生飞溅、涡流和冲击。为去除铝液中的夹渣和氧化物，浇注系统的挡渣能力要强。另外，铸型应能造成合理的温度分布，使铸件进行顺序凝固，并在最后凝固部位设置冒口进行补缩，以利于消除缩孔和缩松等缺陷。

2. 铸造铜合金

铸造铜合金分为铸造黄铜和铸造青铜两大类。铸造黄铜是铜锌合金。铸造黄铜强度高，成本低，铸造性能好，产量大。铸造黄铜的铸造性能和工艺特点是熔点低，结晶温度范围较窄，流动性好，对型砂耐火性要求不高，可用较细的型砂造型，以减小铸件表面粗糙度值，减少加工余量，并可浇注薄壁复杂的铸件。但是铸造黄铜容易产生集中缩孔，铸造时应配置较大的冒口，进行充分补缩。铸造青铜又分为锡青铜和铝青铜。

锡青铜的结晶温度范围较宽，流动性差，但凝固收缩及线收缩率均小，不易产生缩孔，却易产生枝晶偏析与缩松，降低了铸件致密度。然而这种缩松便于存储润滑油，故适于制造滑动轴承。壁厚不大的锡青铜铸件，常用同时凝固的方法。锡青铜宜采用金属型铸造，因冷速大而易于补缩，使铸件结晶细密。锡青铜在液态下易氧化，在开设浇口时，应使金属液流动平稳，防止飞溅，故常用底注式浇注系统。锡青铜的耐磨性、耐蚀性优于黄铜，适用于制造形状复杂，致密性要求不高的耐磨、耐蚀零件，如轴承、轴套、水泵壳体等。

铝青铜的结晶温度范围窄，流动性好，易获得致密铸件。但其收缩大，易产生集中缩孔，需安置冒口、冷铁，使之顺序凝固。又因铝青铜易吸气和氧化，所以浇注系统宜采用底注式，并在浇注系统中安放过滤网以除去浮渣。

任务五 轨道车辆常用铸件

任务引入

轨道车辆中铸钢材料主要有 B、C、D、E 级等系列钢，广泛应用于摇枕、侧架、车钩、钩尾框、夹钳等零件；铸铁件主要有铸造活塞环、高磷铸铁闸瓦、蠕墨铸铁制动盘、低温球铁活塞、电机端盖、齿轮箱等铸件；铸铝方面，高强度铸造 Al-Si 合金材料，广泛应用于各型号齿轮箱的生产，如高速动车齿轮箱、HXD1C/D 机车齿轮箱、地铁齿轮箱等。图 4-42 为一些常见的轨道车辆铸件，试分析轨道车辆中这些铸钢件、铸铁件、铸铝件是如何生产的。

图 4-42 轨道车辆铸件

相关知识准备

一、轨道车辆铸钢件

铸钢件在轨道车辆关键零部件中占很大一部分比例，尤其是货运列车占了 50%以上的比例。因此，机车车辆铸钢件质量的好坏，直接影响我国铁路运输的安全可靠性，并且也制约了我国轨道交通发展的速度。机车车辆铸钢件采用新技术、新工艺，提高铸件质量，必将对我国铁路运输事业快速发展起到积极的推动作用。

（一）铸造合金钢精炼技术

铁路高速重载机车车辆的关键、核心部件大多为铸钢产品（如车钩、制动盘、摇枕、侧架等）。随着铁路高速重载技术的深入发展，对铁路铸钢产品的质量、性能提出了更高的要求。原来的普通碳钢被低合金钢代替，如货车摇枕、侧架材质由 ZG230－450 提高到 B 级钢和 B+级钢，车钩材质由普碳钢提高到 C 级钢和 E 级钢。车钩如图 4－43 所示，我国机车车辆用各主型车钩制造材料和工艺如表 4－7 所示。

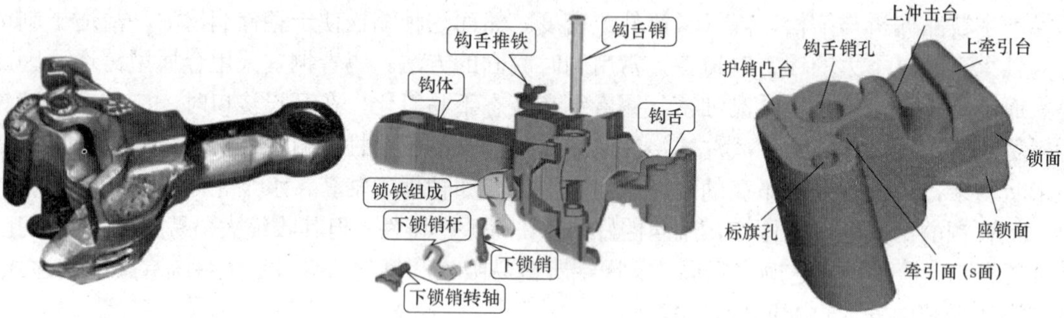

(a) 车钩实物　(b) 车钩结构　(c) 钩舌

图 4－43　车钩

表 4－7　我国机车车辆用各主型车钩制造材料和工艺

序号	型号	钩尾销/mm	制造年份	特点与强度等级	钢种制造工艺	材料牌号与热处理工艺	技术标准	应用范围	使用寿命
1	2 号	长扁 90 宽 32	20世纪50年代—1982 年	普通型/ 1 550 kN	普通碳钢 铸造	ZG230－450 正火或退火	TB/T 456	维修用	已淘汰
2	13 号	长扁 100 宽 40	20 世纪 60 年代	普通型/ 2 250 kN	C 级钢 铸造	ZG230－450 正火或退火	GB/T 17425	货车用	已停产
3	13C	长扁 100 宽 40	1993 年起 批量生产	普通型/ 2 950 kN	E 级钢 铸造	ZG25MnCrNiMo 正火+回火 ZG29MnMoNi 淬火+回火	GB/T 17425	货车用	25 年
4	13E	长扁 100 宽 40	20 世纪 90 年代中期 少量生产	普通型/ 3 430 kN	E 级钢 铸造	ZG25MnMoNi 淬火+回火	GB/T 17425	货车用	25 年
5	13A	长扁 100 宽 40	2000 年起 批量生产	小间隙型/ 3 430 kN	E 级钢 铸造	ZG25MnMoNi 淬火+回火	GB/T 17425	货车用	25 年
6	16 号 转动钩	圆柱 $\phi 97$	1990 年起 小批量生产	联锁型/ 3 430 kN	E 级钢 铸造	ZG25MnMoNi， 淬火+回火	GB/T 17425	1992 年 鉴定 大秦线用	25 年
7	17 号 固定钩	圆柱 $\phi 89$	1990 年起 小批量生产	联锁型/ 3 430 kN	E 级钢 铸造	ZG25MnMoNi 淬火+回火	GB/T 17425	1992 年 鉴定 大秦线用	25 年

续表

序号	型号	钩尾销/mm	制造年份	特点与强度等级	钢种制造工艺	材料牌号与热处理工艺	技术标准	应用范围	使用寿命
8	15号	长扁92 宽32	1995年开始生产	普通型/ 1 550 kN	ZG230-450 铸造	ZG230-450 正火+回火	TB/T 456	普通客车用	25年
9	15C	长扁92 宽32	1990年开始生产	普通型/ 2 000 kN	C级钢 铸造	ZG25MnMoNi 正火+回火	TB/T 456	普通客车用	25年
10	15X	长扁92 宽32	2000年开始生产	小间隙型/ 2 000 kN	C级钢 铸造	ZG25MnMoNi 正火+回火	TB/T 456	提速客车用	25年
11	密接钩	—	2000年开始生产	密接型/ 2 000 kN	E级钢 铸造	ZG25MnMoNi 淬火+回火	TB/T 2942	25T客车用	25年
12	动车车钩	—	2000年开始生产	密接型/ 1 200 kN	E级钢 铸造	ZG25MnMoNi 淬火+回火	TB/T 2942	各动车组用	25年

由于材质要求的提高，对熔炼装备要求更高，铸钢熔炼使用电弧炉，铸铁使用电炉，使铸钢、铸铁的熔炼质量大大提高。新技术如L-F炉内精炼技术、钢液炉外精炼技术的使用进一步提高了钢液质量，可使钢种S的含量（质量分数）达到双零的水平。炉外喂丝吹氩钢液精炼是一种炉外钢液精炼工艺，出钢后，向带有透气砖的钢液包中喂入铝线或Si-Ca-Ba包芯线进行脱氧，同时通过陶瓷透气砖向钢液中吹入氩气净化钢液，由于透气砖装在钢包底部，吹氩气使钢液搅动，并形成小而分散的氩气泡。氩气泡上浮引起钢液的搅动，能使钢液中分散的细小夹杂得到碰撞、集聚形成低熔点大颗粒夹杂并吸附于气泡的表面排出，从而提高了夹杂的上浮速度，达到净化的目的。钢液炉外精炼工艺可有效地减少钢中的气体含量和夹杂物，并改善夹杂物的形态，提高了铸件内在质量。该技术已广泛应用于车钩及摇枕、侧架等铸钢件的生产中。

（二）造型技术

我国铁路货车摇枕、侧架、车钩等铸钢件采用了潮模砂抛砂造型、气冲造型、酯硬化水玻璃砂造型、CO_2硬化法水玻璃砂造型、呋喃树脂砂造型和V法造型等机械化程度较高的生产线，与原来广泛采用的振动造型机相比提高了生产效率，造型质量也大幅度提高。铸铁件斜楔广泛采用了铁型覆砂的造型方法。由于造型质量的提高，铸件的尺寸精度明显提高，多年来铸件最易形成的传统缺陷——砂眼大量减少，铸件质量明显提高。

（三）制芯技术

摇枕、侧架是铁路货车转向架的关键零部件，摇枕、侧架采用整体砂芯工艺，实现内腔关键部位平顺无披缝、台阶、裂纹，提高了壁厚和尺寸精度，减少砂眼、芯撑等缺陷。摇枕、侧架整体砂芯如图4-44所示。

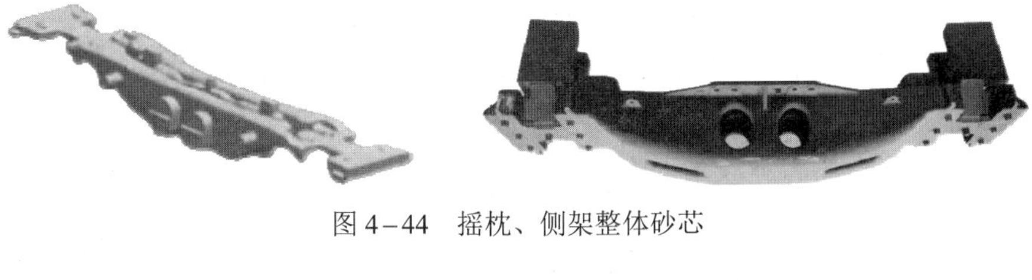

图4-44 摇枕、侧架整体砂芯

摇枕、侧架制芯主要采用酯硬化水玻璃砂工艺、CO_2 硬化水玻璃砂工艺、三乙胺工艺、Pep-set 酚醛树脂砂工艺、呋喃树脂自硬砂工艺、聚丙烯酸钠树脂砂工艺等。摇枕、侧架和车钩采用整体制芯工艺，主要方法有振实挤压整体制芯工艺、盒内挤压锁芯成形工艺、冷芯盒整体射芯工艺、壳芯射芯工艺、上下整体芯黏合工艺，以及车钩整体射芯工艺等。

目前，为了完成摇枕、侧架整体芯射芯，我国已经开发出最大重量为 250 kg 的射芯机。铁路货车关键大部件摇枕、侧架整体芯技术的开发，象征着我国铁路货车铸钢产品制芯技术已达到世界领先水平。整体芯新技术使铸件内腔砂芯由 6～12 块组成变为一整块，采用整体芯形成的摇枕、侧架与车钩铸件内腔，消除了分体砂芯带来的内腔裂纹、台阶、芯撑熔合不良、壁厚不均等铸造缺陷和安全隐患，提高了铸件尺寸精度，有利于提高转向架的运行性能和安全可靠性，进一步优化了铸造工艺，提高了内部密实度。

（四）智能下芯技术

下芯工序是保证摇枕、侧架产品质量的重要过程。长期以来，摇枕、侧架制造过程中依靠人工下芯，不但起吊装备稳定性不能满足高质量产品的生产要求，而且对操作者的技艺等人为因素依赖度高，因而过程质量波动较大。将原来的人工下芯改造为整体芯机械手智能下芯，有利于全面提升摇枕、侧架制造技术水平，提高生产过程控制水平和产品质量，是对摇枕、侧架下芯技术的重要改进。智能机械手（工业机器人）本体采用六轴旋转关节式设计，机器人三维激光扫描定位能精确测量定位砂芯和砂箱在 *X*、*Y*、*Z* 方向的平移、倾斜、旋转角度等，下芯综合精度≤±0.45 mm，系统重复定位精度为±0.15 mm。工艺流程：下芯机器人等待砂芯及砂箱到达工位→视觉系统对砂芯及砂箱进行定位→机器人抓取砂芯放入砂箱内→机器人通知系统输出下好芯的砂箱→机器人回到原始位置，下芯周期结束。

二、轨道车辆铸造铝合金件

铝合金由于密度小、比强度高、耐蚀性好，在现代交通运输业、航空航天和机电等工业领域得到了广泛应用。目前，日本、法国、德国和中国已先后在高速列车上采用了铸造高强度铝合金齿轮箱体，轨道交通领域铸造铝合金材料工艺研究方兴未艾。

（一）铸造 Al-Si 合金

目前国内外轨道交通齿轮箱广泛使用的材质为 ZL101A（对应 EN1706 中 AlSi7Mg0.3），戚墅堰所对此合金进行了系统的基础研究。除了室温条件下的拉伸性能实验外，还测定了不同环境温度下 AlSi7Mg 合金的力学性能。随着温度的提高，AlSi7Mg 材料的抗拉强度，屈服强度具有不断降低的趋势。在-40～100 ℃范围内拉伸变形，随着温度的不断提高，合金的屈服点和抗拉强度缓慢降低，然而塑性显著提高。AlSi7Mg 材料的疲劳性能对齿轮箱的疲劳寿命与可靠性也具有较大的参考价值。对 AlSi7Mg 合金的拉压与旋压疲劳性能进行了研究，结果表明在轴向加载条件下，应力比=-1，未失效试样终止试验的循环数=10^5 次。根据升降法测得疲劳极限=159.2 MPa。在旋转弯曲加载条件下，应力集中系数=1，未失效试样终止试验的循环数=10^7 次，测得合金的旋转弯曲疲劳极限≥88 MPa。还对 AlSi7Mg 材料的成型特性参数进行了研究，主要是与铸造工艺性密切相关的流动性、热裂倾向和收缩率，为铸造工艺的设计提供了依据。

铝合金熔炼方面，采用国内某大型铝厂提供的 ZL101A 锭进行熔炼，通过 AlSr10 变质剂加入的含量不同对比变质效果，研究表明 Sr 加入量在 0.03%～0.05%时，有良好的变质效果。通过加入 AlTi5B，进行晶粒细化以提高材料力学性能。由于 AlSi7Mg 溶液有严重的吸气倾向，利用高纯氩气并采取旋转喷吹对铝液进行精炼除气，对熔炼后的铝液进行含气量测量，保证铝液纯净。

（二）铝合金低压铸造技术

目前日本、德国应用的高铁铝合金齿轮箱多采用重力砂型铸造，但对国内铝合金铸造来说，低压及压铸发展迅速，戚墅堰所一直采用低压砂型铸造。与重力铸造相比，低压铸造充型平稳、飞溅少、凝固补缩效率高。经过多年探索，相继成功开发出 CRH6、HXD1D、HXD1C、哈车、CRH380A、CRH380B 等型号齿轮箱，覆盖高铁、动车、城轨整个轨道交通领域。动车组齿轮箱如图 4-45 所示。目前，为进一步提高动车组齿轮箱的形位尺寸精度和内、外表面质量，正在进行齿轮箱低压金属型铸造技术研究，已成功试制出 CRH380A 齿轮箱体样件。

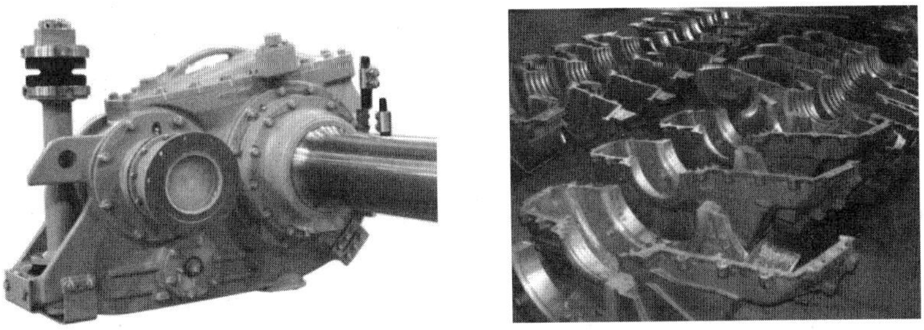

图 4-45 动车组齿轮箱

思考与练习

1. 试述铸造生产的特点，并举例说明其应用情况。
2. 试分析比较整模造型、分模造型、挖砂造型、活块造型和刮板造型的特点和应用情况。
3. 典型浇注系统由哪几部分组成？各部分有何作用？
4. 什么是合金的铸造性能？试比较铸铁和铸钢的铸造性能。
5. 什么是合金的流动性？合金流动性对铸造生产有何影响？
6. 铸件为什么会产生缩孔、缩松？如何防止或减少它们的危害？
7. 什么是铸造应力？铸造应力对铸件质量有何影响？如何减小和防止这种应力？
8. 熔模铸造、金属型铸造、压力铸造和离心铸造各有何特点？应用范围如何？
9. 砂型铸造时铸型中为何要有分型面？举例说明选择分型面应遵循的原则。
10. 零件、铸件、模样之间有何联系？又有何差异？
11. 为什么要规定铸件的最小壁厚？灰口铸铁件的壁过薄或过厚会出现哪些问题？
12. 为什么铸件壁的连接要采用圆角和逐步过渡的结构？
13. 试述铸造工艺对铸件结构的要求。

项目五

锻　压

锻压是锻造和冲压的合称，是一种借助工具或模具在压力或冲击作用下，对金属坯料施加外力，使其产生塑性变形，改变尺寸、形状及性能，用以制造零件或零件毛坯的成形加工方法。锻压具有细化晶粒、致密组织，并可具有连贯的锻造流线，从而可以改善金属的力学性能。此外，锻压还具有生产率高，节省材料的优点，因此锻压在金属热加工中占有重要的地位。

知识目标

1. 掌握锻压加工的分类、特点和应用。
2. 掌握自由锻基本工序的用途。
3. 掌握自由锻、模锻的特点和用途。
4. 了解胎膜锻的特点和用途。
5. 掌握板料冲压的种类和用途。

任务一　锻压工艺基础

任务引入

【1】动车组轮轴（图 5–1）的加工通常包括轴坯锯切下料、轴坯加热、车轴锻造、车轴热矫直、车轴锻后冷却等阶段，试分析空心车轴毛坯常采用什么锻压工艺来加工。

图 5–1　动车组轮轴

【2】动车组齿轮箱中的齿轮（图 5–2）的加工工艺包括齿坯加工、齿形加工、热处理、齿形精加工等阶段。试分析齿轮毛坯常采用什么锻压工艺来加工。

图 5－2　动车组齿轮箱中的齿轮

相关知识准备

一、锻压加工的特点、应用及发展

（一）锻压加工的特点

锻压加工与其他加工方法比较，具有较高的生产效率。可消除零件或毛坯的内部缺陷。锻件的形状、尺寸稳定性好，并具有较高的综合力学性能。锻件的最大优势是韧性好、纤维组织合理、锻件间性能变化小。锻件的内部质量与其加工历史有关，且不会被任何一种金属加工工艺超过。图 5－3 为铸造、锻压、机械加工三种金属加工方法所得到的零件低倍宏观流线。

但是锻压生产也存在以下缺点：不能直接锻制成形状较复杂的零件；锻件的尺寸精度不够高；锻压生产所需的重型的机器设备和复杂的工模具，对于厂房基础要求较高，初次投资费用大。

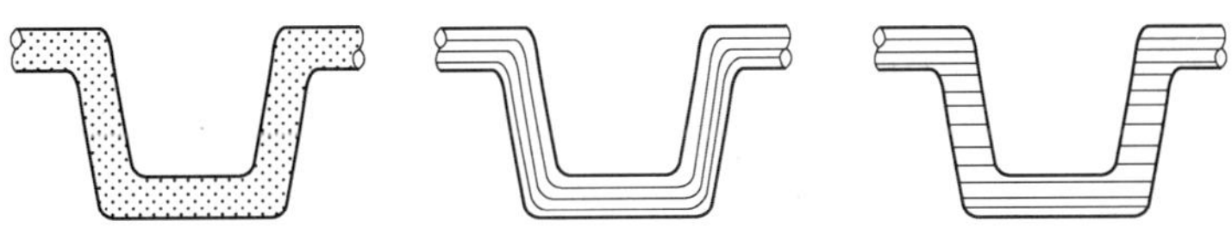

(a) 铸造　(b) 锻压　(c) 机械加工

图 5－3　三种金属加工方法所得到的零件低倍宏观流线

（二）锻压加工的应用及发展

锻压生产根据使用工具和生产工艺的不同而分为自由锻、模锻和胎模锻造。锻造工艺在锻件生产中起着重大作用。工艺流程不同，得到的锻件质量有很大的差别，使用的设备类型、吨位也相去甚远。锻件的应用范围很广，几乎所有运动的重大受力构件都是由锻压成形的。锻压在机器制造业中有着不可替代的作用，一个国家的锻造水平，可反映出这个国家机械制造业的水平。随着科学技术的发展，工业化程度的日益提高，锻件的需求数量逐年增长。据预测，飞机上采用的锻压（包括板料成形）零件将占 85%，汽车将占 60%～70%，农机、拖拉机将占 70%。

锻压生产虽然生产效率高，锻件综合性能好，节约原材料；但因其生产周期较长，成本较高，处于不利的竞争地位。锻压生产要跟上当代科学技术的发展，需要不断改进技术、采用新工艺和新技术，进一步提高锻件的性能指标；同时缩短生产周期、降低成本。

当代科学技术的发展对锻压生产本身的完善和发展有着重大影响，这主要表现在以下几个方面：首先，材料科学的发展对锻压技术有着最直接的影响。新材料的出现对锻压技术提出了新的要求，如高温合金、金属间化合物、陶瓷材料等难变形材料的成形问题。锻压技术也只有在不断解决材料带来的问题的情况下才能得以发展。其次，新兴科学技术的出现。当前主要是计算机技术在锻压技术各个领域的应用，如锻模计算机辅助设计与制造（CAD/CAM）技术，锻造过程的计算机有限元数值模拟技术等。这些新技术的应用，缩短了锻件的生产周期，提高了锻模设计和生产水平。最后，机械零件性能的更高要求。推动锻压技术发展的最大动力是来自交通工具制造业——汽车制造业和飞机制造业。锻件的尺寸、质量越来越大，形状越来越复杂、精密，一些重要受力件的工作环境更苛刻，受力状态更复杂。除了更换强度更高的材料外，研究和开发新的锻压技术是必然的出路。

二、锻压工艺基础

（一）金属的塑性变形

塑性是金属的重要特性。利用金属的塑性可加工各种制品。不仅轧制、锻造、挤压、冲压、拉拔等成形加工工艺都是金属发生大量塑性变形的过程，而且在车、铣、刨、钻等各种切削加工工艺中，也都发生金属的塑性变形。

塑性变形不仅可以使金属获得一定的形状和尺寸，而且还会引起金属内部组织与结构变化，使铸态金属的组织与性能得到一定的改善。因此，研究金属的塑性变形过程及其机理，了解变形后金属的组织结构与性能的变化规律，以及加热的影响，对改进金属材料加工工艺，提高产品质量和合理使用金属材料等方面都具有重要意义。

各种金属压力加工方法都是通过金属的塑性变形实现的。金属受外力后，首先产生弹性变形，当外力超过一定限度后，才产生塑性变形。

弹性变形的实质是在外力的作用下，金属内部的原子偏离了原来的平衡位置，使金属产生变形，这会造成原子位能的提高，而处于高位能的原子具有返回原来位能最低的平衡位置的倾向。因而，当外力取消后，原子返回原来的位置，变形也就消失了。

塑性变形的实质是在外力的作用下金属内部的原子沿一定的晶面和晶向产生了滑移的结果。在一般情况下，实际金属都是多晶体。多晶体的变形与其中各个晶粒的变形行为有关。为了便于研究，有必要先通过单晶体的塑性变形来掌握金属塑性变形的基本规律。

（1）单晶体的塑性变形

实验表明，晶体只有在切应力作用下才会发生塑性变形。单晶体的变形过程如图 5-4 所示。图 5-4（a）为晶体未受外力的原始未变形状态；当晶体受到外力作用时，晶格将产生弹性畸变，如图 5-4（b）所示，此为弹性变形阶段；若外力继续增加，超过一定限度后，晶格的畸变程度超过了弹性变形阶段，则晶体的一部分将会相对另一部分发生滑移，如图 5-4（c）所示；晶体发生滑移后，去除外力，晶体的变形将不能全部恢复因而产生了塑性变形，如图 5-4（d）所示。

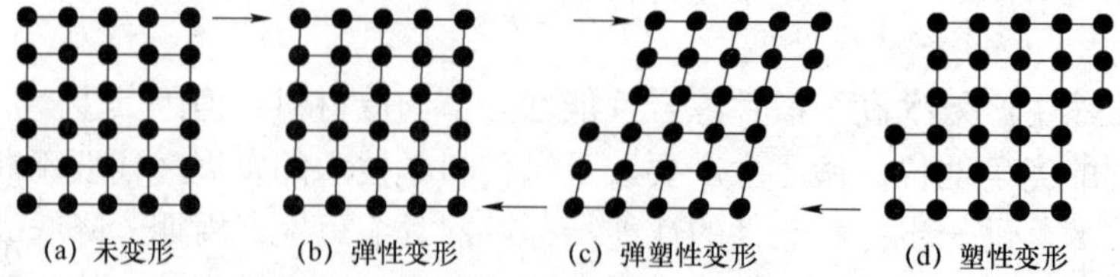

图 5-4　单晶体的变形过程

（2）多晶体的塑性变形

实际使用的金属材料由互不相同的许多晶粒所组成，故每个晶粒在塑性变形时，将受到周围位向不同的晶粒及晶界的影响与约束，即每个晶粒不是处于独立的自由变形状态。晶粒变形时既要克服晶界的阻碍，又需要其周围晶粒同时发生相适应的变形来协调配合，以保持晶粒间的结合和晶体的连续性，否则将导致晶体破裂。

大量实验结果表明，多晶体的塑性变形正是由于存在着晶界和各晶粒的位向差别，其变形抗力要比同种金属的单晶体高得多。

（二）变形后金属的组织和性能

1. 加工硬化、回复和再结晶

金属材料经塑性变形后，其组织和性能发生了一系列重大变化。组织上的变化表现为：晶粒沿金属流动方向伸长，晶格畸变，位错密度增加，产生内应力，产生碎晶。性能上的变化表现为：随着变形程度的增加，强度及硬度显著提高，而塑性和韧性则很快下降。变形度越大，性能的变化也越大。这种由于塑性变形的变形度增加，使金属的强度、硬度提高，而塑性下降的现象称为加工硬化或冷作硬化。

加工硬化现象在工程技术中具有重要的实用意义。首先可利用加工硬化来强化金属，提高金属强度、硬度和耐磨性。特别是对那些不能用热处理强化的材料，如纯金属、某些铜合金、镍铬不锈钢和高锰钢等，加工硬化更是唯一有效的强化方法。冶金厂出厂的“硬”或“半硬”等供应状态的某些金属材料，就是经过冷轧或冷拉等方法，生产加工的硬化产品。

加工硬化还可以在一定程度上提高构件在使用过程中的安全性。因为构件在使用过程中，往往不可避免地会在某些部位（如孔、键槽、螺纹及截面积过渡处）出现应力集中和过载荷现象。在这种情况下，由于金属能加工硬化，局部过载部位在产生少量塑性变形后，提高了屈服强度并与所承受的应力达到了平衡，变形就不会继续发展，从而在一定程度上提高了构件的安全性。

加工硬化也有其不利的一面。由于它使金属塑性降低，便给进一步冷塑性变形带来困难，并使压力加工时能量消耗增大。为了使金属材料能继续变形，必须进行中间热处理来消除加工硬化现象。这就增加了生产成本，降低了生产率。

为了消除加工硬化效应，恢复材料的塑性，以便继续进行变形加工，或为了消除变形过程中产生的内应力，就要对工件进行退火处理。经塑性变形后的工件，在退火加热温度不太高时，冷变形金属的显微组织无明显的变化，只能使内应力明显降低和消除，金属的力学性能没有显著变化，即强度、硬度下降很少，塑性提高不多，这一过程称为回复。

当加热温度较高，塑性变形后金属被拉长的晶粒重新形核、结晶，变为等轴晶粒，称为再结晶。再结晶后的金属，强度、硬度显著下降，塑性和韧性显著提高，内应力完全消除。开始产生再结晶现象的最低温度称为再结晶温度。纯金属的再结晶温度与熔点的大致关系是 $T_{再} \approx 0.4T_{熔}$。

再结晶完成后，若加热温度继续升高或加热时间延长，金属的晶粒便开始不断长大。再结晶后的金属的力学性能与再结晶晶粒度关系很大，晶粒越细小，金属的综合力学性能越好。金属加工硬化、回复和再结晶过程中的力学性能变化如图 5–5 所示。

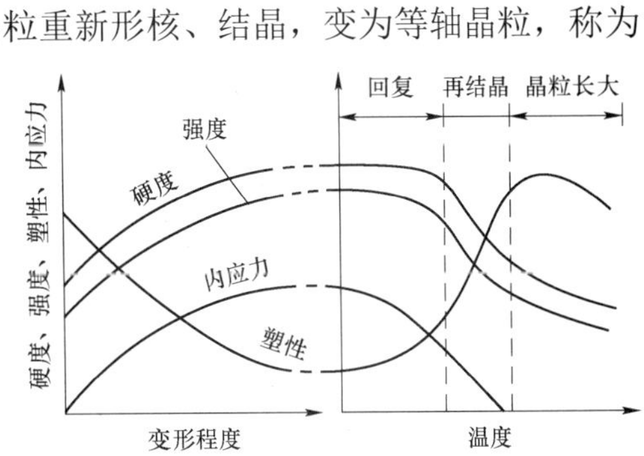

图 5–5 金属加工硬化、回复和再结晶过程中的力学性能变化

2. 塑性变形的分类

根据变形时的温度，金属的塑性变形分为冷变形和热变形。

（1）冷变形

金属在其再结晶温度以下进行塑性变形称为冷变形。冷变形加工后金属内部形成纤维组织，变形后金属具有明显的加工硬化现象，所以冷变形的变形量不宜过大，以避免工件撕裂或降低模具寿命。冷变形加工具有精度高、表面质量好、力学性能好的特点，广泛应用于板料冲压、冷挤压、冷镦及冷轧等常温变形加工。

（2）热变形

金属在其再结晶温度以上进行变形加工称为热变形。加工过程中产生的加工硬化随时被再结晶软化和消除，使金属塑性显著提高，变形抗力明显减小。因此，可以利用较小的能量获得较大的变形量。适合于尺寸较大、形状复杂的工件的变形加工。热变形加工产品表面易形成氧化皮，尺寸和表面质量较低。自由锻、热模锻、热轧等都属于热变形的范畴。

金属热变形时组织和性能的变化主要表现在以下几个方面：变形加工时，金属中的脆性杂质被破碎，并沿金属“流动”方向呈粒状或链状分布；塑性杂质则沿变形方向呈带状分布，这种杂质的定向分布称为流线。通过热变形可以改变和控制流线的方向和分布，加工时应尽可能使流线与零件的轮廓相符合而不被切断。图 5-6 是锻造曲轴和轧材切削加工曲轴的流线分布，明显看出经切削加工的曲轴流线易沿轴肩部位发生断裂，流线分布不合理。热变形加工可以使铸坯中的组织缺陷得到明显改善，如铸坯中粗大的柱状晶经热变形加工后能变成较细的等轴晶粒；气孔、缩松被压实，使金属组织的致密度增加；某些合金钢中的大块碳化物被打碎并均匀分布；可以消除金属材料的偏析，使成分均匀化。

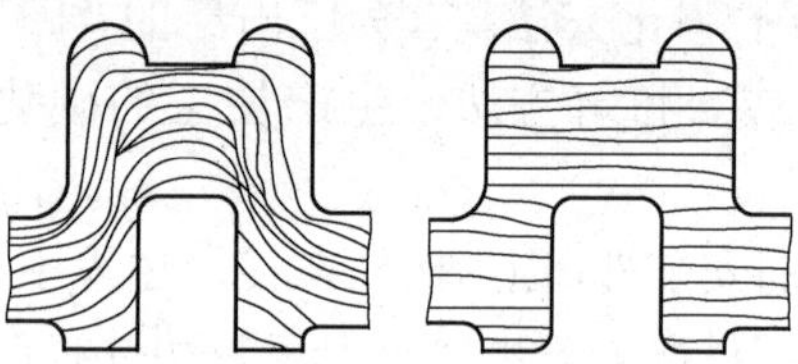
(a) 锻造　　(b) 切削

图 5-6　曲轴的流线分布示意图

（三）金属的锻造性能

金属的锻造性能是衡量金属材料利用锻压加工方法成形的难易程度，是金属的工艺性能指标之一。金属的锻造性能的优劣，常用金属的塑性和变形抗力两个指标来衡量。金属塑性好，变形抗力低，则锻造性能好，反之则差。影响金属材料塑性和变形抗力的主要因素有以下两个方面。

1. 金属的本质

（1）金属的化学成分

不同化学成分的金属，其塑性不同，锻造性能也不同。一般纯金属的锻造性能较好。金属组成合金后，强度提高，塑性下降，锻造性能变差。例如，碳钢随着碳含量的增加，塑性下降，锻造性能变差。合金钢中合金元素的含量增多，锻造性能也变差。

（2）金属的组织状态

金属的组织结构不同，其锻造性能有很大差别。由单一固溶体组成的合金，具有良好的塑性，其锻造性能也较好。若含有多种合金而组成不同性能的组织结构，则塑性降低，锻造性能较差。

另外，一般来说，面心立方结构和体心立方结构的金属比密排六方结构的金属塑性好。金属组织内部有缺陷，如铸锭内部有疏松、气孔等缺陷，将引起金属的塑性下降，锻造时易出现锻裂等现象。铸态组织和晶粒粗大的结构不如轧制状态和晶粒细小的组织结构锻造性能好，但晶粒越细小，金属变形抗力越大。

2. 金属的变形条件

（1）变形温度

随着温度的升高，金属原子动能升高，易于产生滑移变形，从而提高了金属的锻造性能。所以加热是锻压生产中很重要的变形条件。但温度过高金属出现过热、过烧，塑性反而显著下降。对于加热温度，需根据金属的材质不同，应控制在一定范围，即合适的变形温度范围。

（2）变形速度

变形速度是指金属在锻压加工过程中单位时间内的相对变形量。变形速度大，会使金属的塑性下降，变形抗力增大。但变形速度很大时，由于热效应，会使变形金属的温度升高而提高塑性、降低变形抗力。

（3）变形时的应力状态

压应力使塑性提高，拉应力使塑性降低。工具和金属间的摩擦力将使金属的变形不均匀，导致金属塑性降低，变形抗力增大。

综上所述，金属的塑性和变形抗力是受金属的本质与变形条件等因素制约的。在选用锻压加工方法进行金属成形时，要依据金属的本质和成形要求，充分发挥金属的塑性，尽可能降低其变形抗力，用最少的能耗，获得合格的锻压件。

任务二　锻　造

任务引入

【1】传统的车轮制造方法有铸造法、模锻法、模锻—轧制法，其中以模锻—轧制法应用最为广泛，试分析什么是模锻。

【2】动车组车轮（图5-7）广泛采用模锻—轧制法制造，其典型成形工艺为镦粗、定径、压痕、成形、轧制、冲孔压弯，试分析什么是镦粗。

图5-7　动车组车轮

相关知识准备

一、自由锻

自由锻是施加冲击力或压力使金属材料在上、下砧铁之间或锤头与砧铁之间产生塑性变形，从而获得所需形状、尺寸和力学性能的锻件的加工方法。坯料在锻造过程中，除与上、下砧铁或其他辅助工具接触的部分表面外，都是自由表面，变形不受限制，故称自由锻。

自由锻通常可分为手工自由锻和机器自由锻。手工自由锻主要是依靠人力利用简单工具对坯料进行锻打，从而改变坯料的形状和尺寸，获得所需锻件。手工锻造生产率低，劳动强度大，锤击力小，在现代工业生产中已被机器锻造所代替。机器自由锻主要依靠专用的自由锻设备和专用工具对坯料进行锻打，改变坯料的形状和尺寸，从而获得所需锻件。

自由锻的优点：所用工具简单、通用性强、灵活性大，适合单件和小批锻件，特别是特大型锻件的生产。自由锻的缺点：锻件精度低、加工余量大、生产效率低、劳动强度大等。

（一）自由锻成形工艺

自由锻成形过程的流程如下：

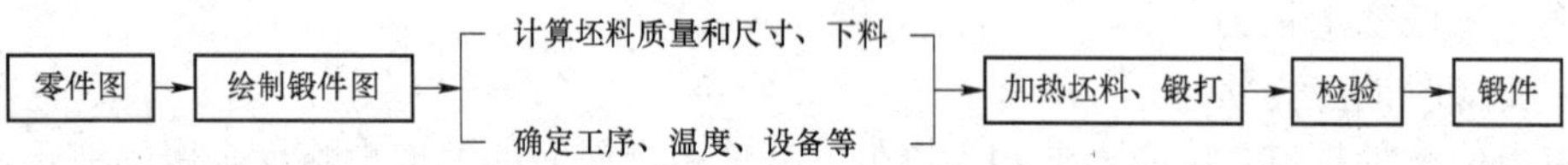

1. 绘制锻件图

锻件图是以零件图为基础，结合自由锻过程特征绘制的技术资料。一个零件的毛坯若是用自由锻生产，则应根据零件图中所示零件的形状及尺寸、技术要求、生产批量及所具有的生产条件和能力，结合自由锻过程中各种因素，用不同色彩的线条直接绘制在图纸上或用文字注在图纸上，这就得到自由锻锻件图。绘制锻件图是进行自由锻生产必不可少的技术准备工作，锻件图是组织生产过程制定操作规范、控制和检验产品品质的依据。

绘制锻件图要考虑下列因素。

（1）敷料

敷料是为了简化锻件形状便于锻造而增添的金属部分。由于自由锻只适宜于锻制形状简单的锻件，故对零件上一些较小的凹挡台阶凸肩、小孔斜面锥面等都应进行适当的简化，以降低锻造的困难，提高生产率。

（2）加工余量

由于自由锻锻件的尺寸精度低、表面品质较差，需再经切削加工才能成为零件，所以应在零件的加工表面上增加供切削加工用的金属部分，称为加工余量。锻件加工余量的大小与零件的形状、尺寸、加工精度、表面粗糙度等因素有关。通常自由锻锻件的加工余量为4～6 mm，它与生产的设备、精度、加热的控制和操作技术水平有关，零件越大，形状越复杂，则余量就大。

（3）锻件公差

锻件公差是锻件名义尺寸的允许变动量。因为锻造操作中掌握尺寸有一定困难，外加金属的氧化和收缩等原因，使锻件的实际尺寸总有一定的误差。规定锻件的公差，有利于提高生产率。自由锻锻件加工余量和自由锻锻件公差的具体值可查锻造手册。

2. 计算坯料质量和尺寸

坯料质量和尺寸的计算用于下料。坯料质量由锻件质量和加热时因坯料表面氧化而烧损的质量组成。

3. 选择锻造工序、确定锻造温度和冷却规范

（1）选择锻造工序

自由锻中可进行的工序较多，通常分为基本工序、辅助工序和精整工序三大类。

自由锻使坯料产生一定程度的热变形，逐渐形成锻件所需形状和尺寸，其基本工序有镦粗（坯料高度减小而截面增大）、拔长（坯料截面减小而长度增大）、冲孔、弯曲、切割、扭转和错移等。

辅助工序是为了基本工序便于操作而进行的预先变形工序，如倒棱、分段压痕等。

精整工序是用以改善锻件表面品质而进行的工序，如平整、清除表面氧化皮等。精整工序用于要求较高的锻件，在终锻温度以下进行。

自由锻工序是根据锻件形状和要求来确定的。一般锻件的自由锻工序简图，如表 5-1 所示。

表 5-1 自由锻工序简图

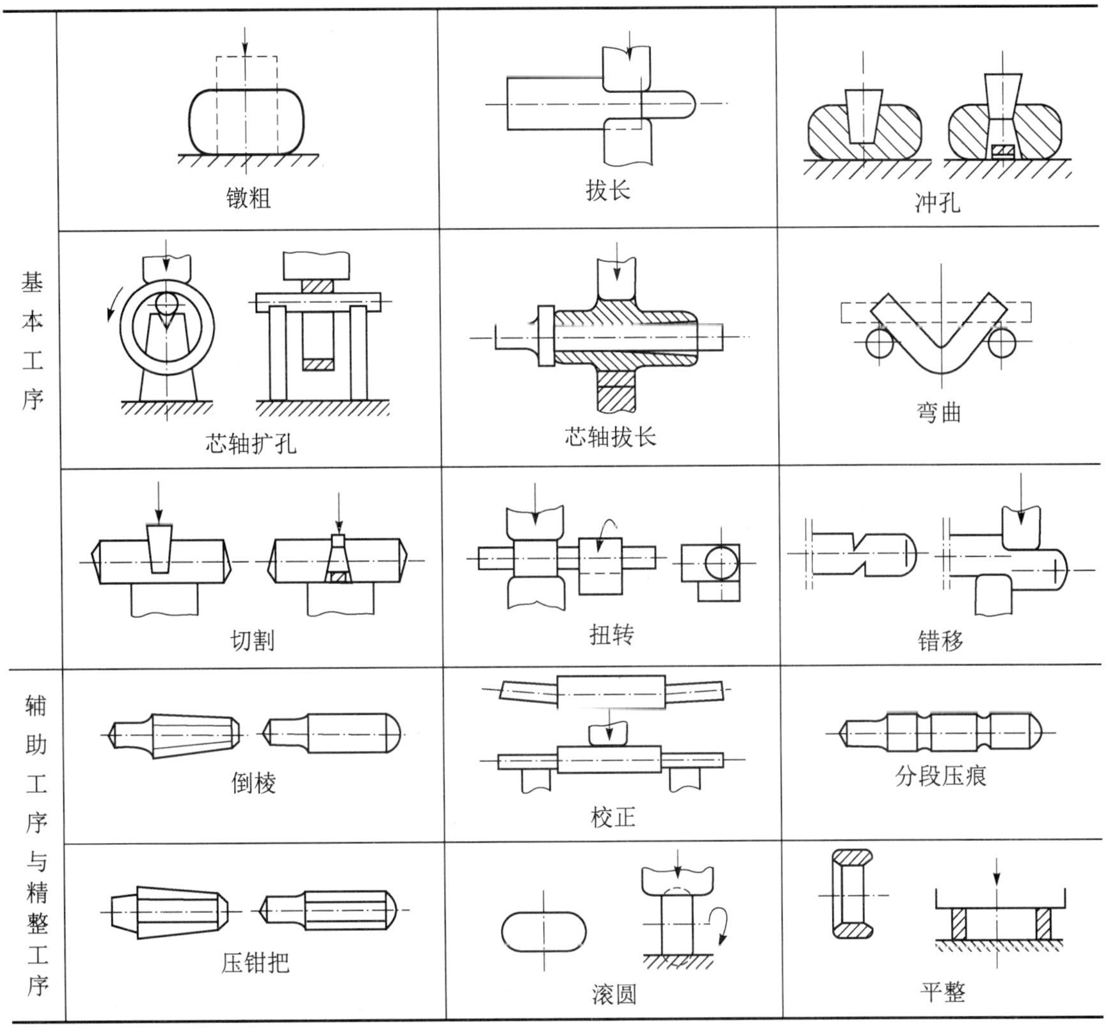

（2）确定锻造温度和冷却规范

金属的锻造是在一定温度范围内进行的。坯料加热的常用设备为箱式加热炉（利用煤或油等燃烧产生的热能或电能直接加热金属）。

为缩短加热时间，对塑性良好的中、小型低碳钢坯料，把冷的坯料直接送入高温的加热炉中，尽快加热到始锻温度。这样不仅可以提高生产率，还可以减小坯料的氧化和钢的表面脱碳，并防止过热。但快速加热会使坯料产生较大的热应力，甚至可能会导致内部裂纹。因此，对导热率和塑性较低的大型合金钢坯料，常采用分段加热，即先将坯料随炉升温至 800 ℃左右，并适当保温以待坯料内部组织和内外温度均匀，然后再快速升温至始锻温度并在此温度保温。待坯料内外温度均匀后出炉锻造。

锻造后锻件的冷却也须注意。锻好后的锻件仍有较高的温度，冷却时由于表面冷却快，内部冷却慢，锻件表里收缩不一致，可能会使一些塑性较低或大型复杂锻件产生变形或开裂等缺陷。锻件冷却方式常有下列三种。

① 直接在空气中冷却（简称空冷）。此法多用于 $w_C \leqslant 0.5\%$ 的碳钢和 $w_C < 0.3\%$ 的低合金钢中、小型锻件。

② 在炉灰或干砂中缓冷。多用于中碳钢、高碳钢和大多数低合金钢的中型锻件。

③ 随炉缓冷。锻后随即将锻件放入 500～700 ℃的炉中随炉缓冷，多用于中碳钢和低合金钢的大型锻件及高合金钢的重要锻件。

（二）自由锻锻件的分类和锻造过程

按自由锻锻件的外形及其成形方法，可将自由锻锻件分为六类：饼块类、空心类、轴杆类、曲轴类、弯曲类和复杂形状类锻件。自由锻锻件分类如表 5-2 所示。

表 5-2　自由锻锻件分类

饼块类锻件	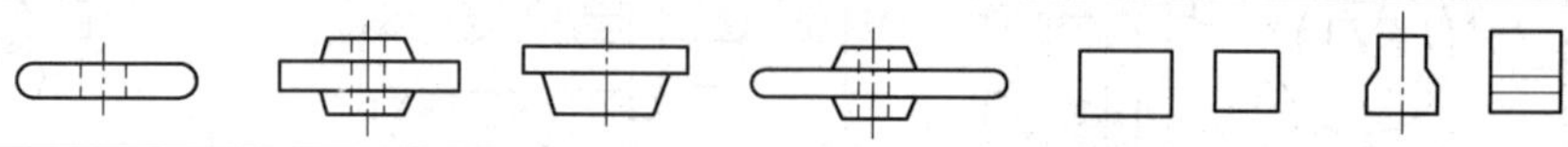
空心类锻件	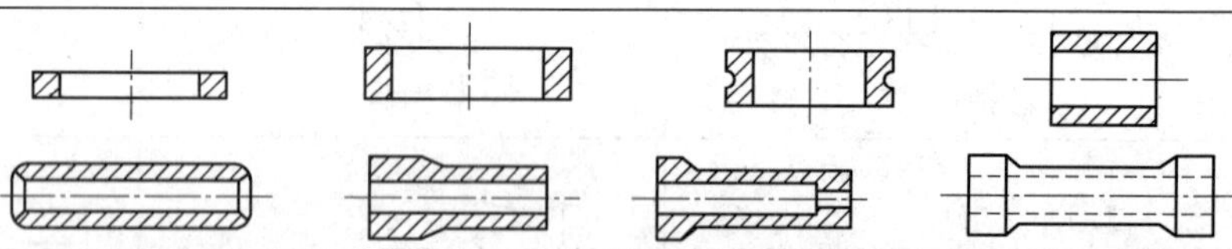
轴杆类锻件	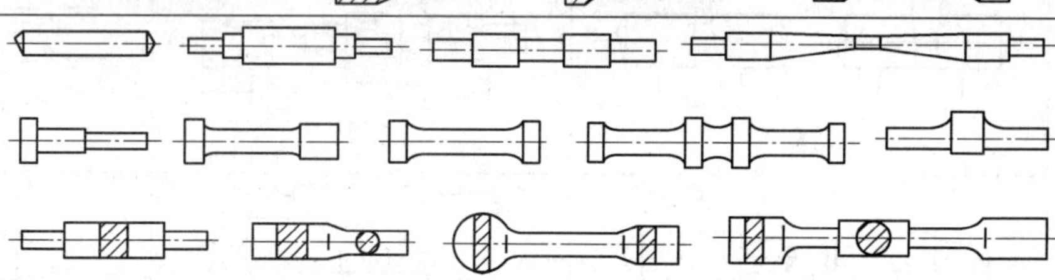
曲轴类锻件	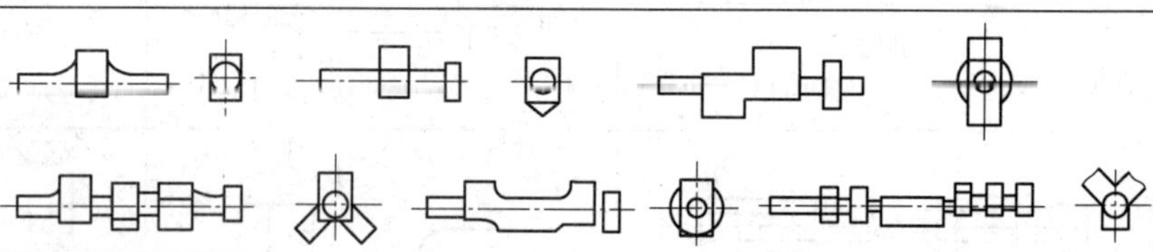
弯曲类锻件	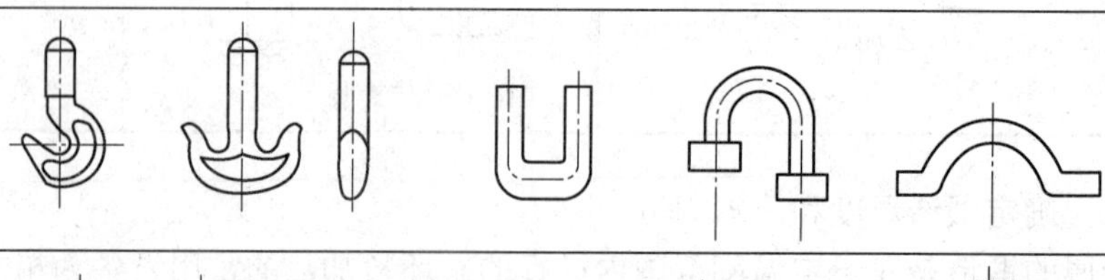
复杂形状类锻件	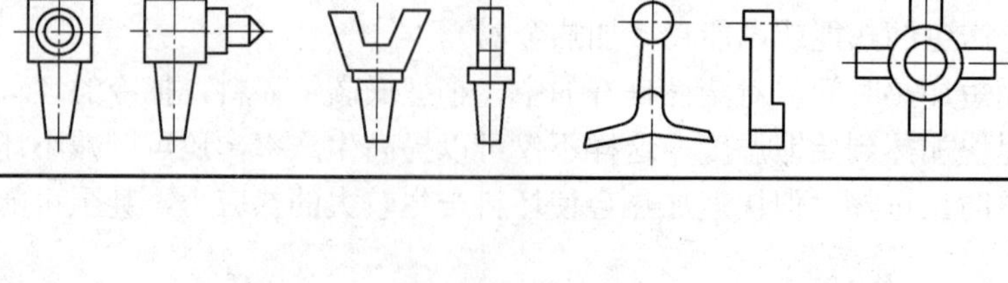

1. 饼块类锻件

这类锻件主要有圆盘、叶轮、齿轮等零件的毛坯。其所采用的基本工序是镦粗、冲孔工步。随后的辅助工序和修整工序有倒棱、滚圆、平整等工步。饼块类锻件锻造过程如图 5-8 所示。

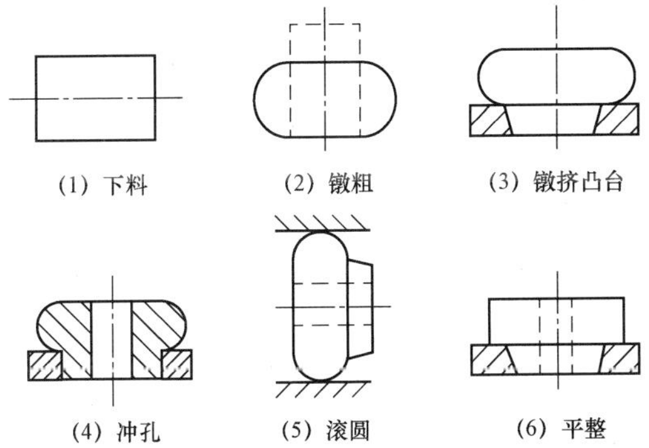

图 5-8 饼块类锻件锻造过程

2. 空心类锻件

这类锻件主要有各种圆环、齿圈、轴承环、缸体、空心轴等零件的毛坯。所采用的基本工序有镦粗、冲孔、扩孔或芯轴拔长等工步。辅助工序和修整工序有倒棱、滚圆、校正等工步。空心类锻件锻造过程如图 5-9 所示。

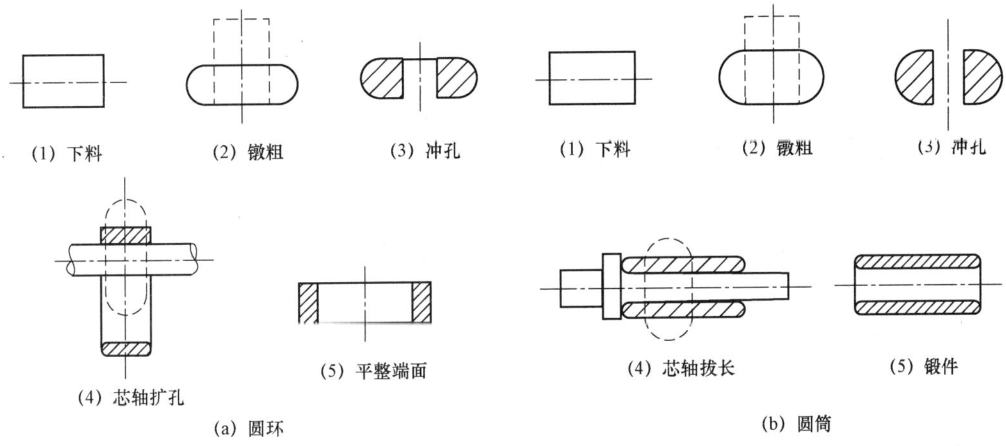

图 5-9 空心类锻件锻造过程

3. 轴杆类锻件

这类锻件可以是直轴或阶梯轴，如传动轴、轧辊、立柱、拉杆等；也可以是矩形、方形、工字形或其他截面的杆件，如连杆、摇杆、杠杆等。锻造轴杆类锻件的基本工序有拔长或镦粗+拔长工步。辅助工序和修整工序有倒棱和滚圆工步。轴杆类锻件锻造过程如图 5-10 所示。

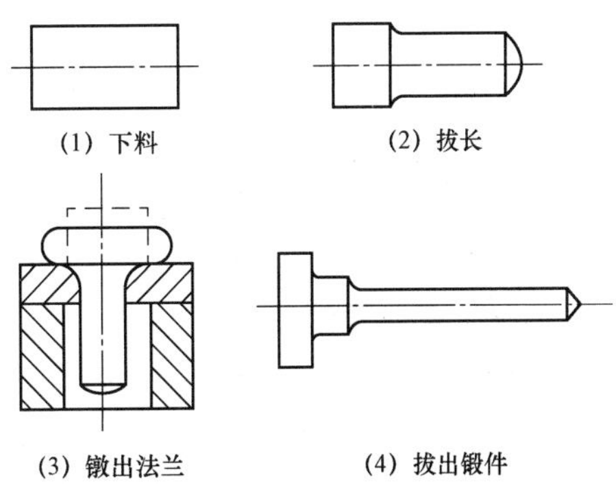

图 5-10 轴杆类锻件锻造过程

4. 曲轴类锻件

锻造曲轴类锻件的基本工序有拔长、错移和扭转等工步。辅助和修整工序有分段压痕、倒棱、滚圆和校正等工步。曲轴类锻件锻造过程如图 5-11 所示。

5. 弯曲类锻件

锻造这类锻件的基本工序有拔长、弯曲工步。辅助工序和修整工序有分段压痕、滚圆和平整等工步。弯曲类锻件锻造过程如图 5-12 所示。

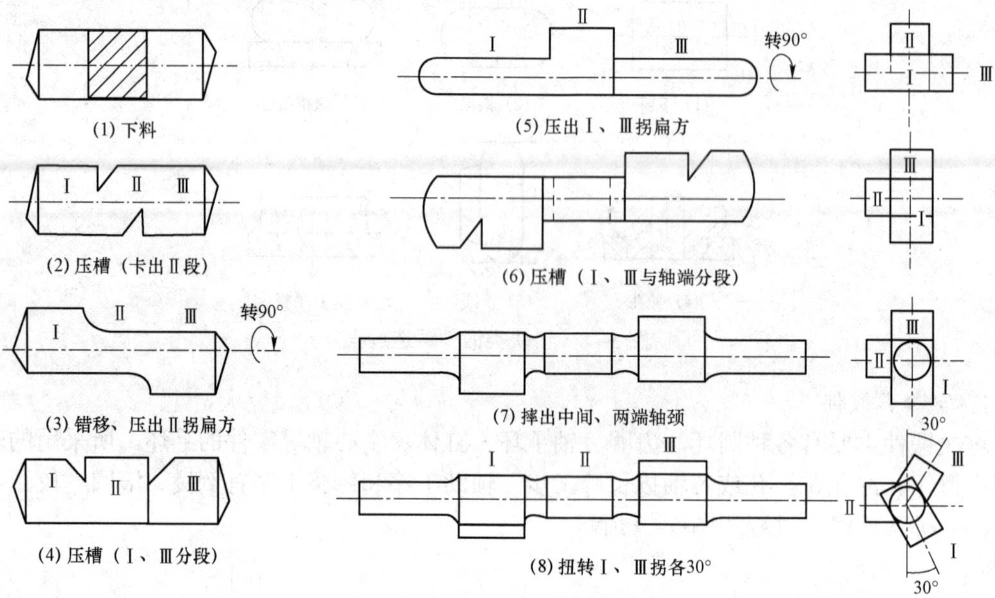

图 5-11 曲轴类锻件锻造过程

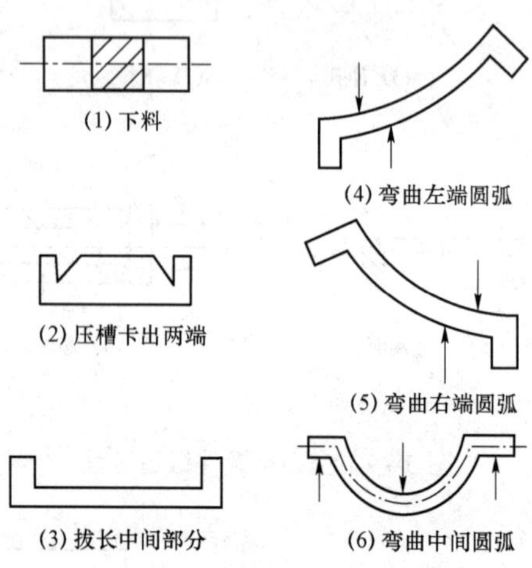

图 5-12 弯曲类锻件锻造过程

6. 复杂形状类锻件

这类锻件主要有阀体、叉杆、吊环体、十字轴等。其形状较复杂，锻造难度比较大，所用辅助工具也较多。因此在锻造时应选择合理的锻造工序，保证锻件顺利成形。

（三）自由锻设备

根据锻造设备的不同，又分为锤锻自由锻和水压机自由锻两种。前者用于锻造中、小型自由锻锻件，后者主要用于锻造大型自由锻锻件。

1. 锤锻自由锻

锤锻自由锻的通用设备是空气锤。空气锤由自身携带的电动机直接驱动，落下部分重量在 40～100 kg 之间，锤击能量较小，只能锻造 100 kg 以下的小型锻件。空气锤的结构如图 5-13 所示。

2. 水压机自由锻

水压机是锻造大型锻件的主要设备。大型锻造水压机的制造和拥有量是一个国家工业水平的重要标志。水压机是根据液体的静压力传递原理设计制造的。水压机主要由本体和附属设备组成。水压机本体的典型结构如图 5-14 所示。

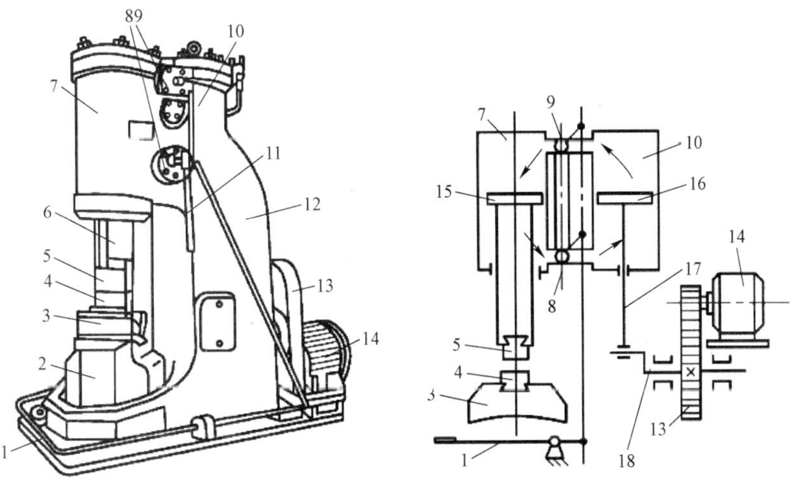

1—踏杆；2—砧座；3—砧垫；4—下砧；5—上砧；6—锤杆；7—工作缸；8—下旋阀；9—上旋阀；10—压缩气缸；11—手柄；12—锤身；13—减速器；14—电动机；15—工作活塞；16—压缩活塞；17—连杆；18—曲柄

图 5-13 空气锤的结构

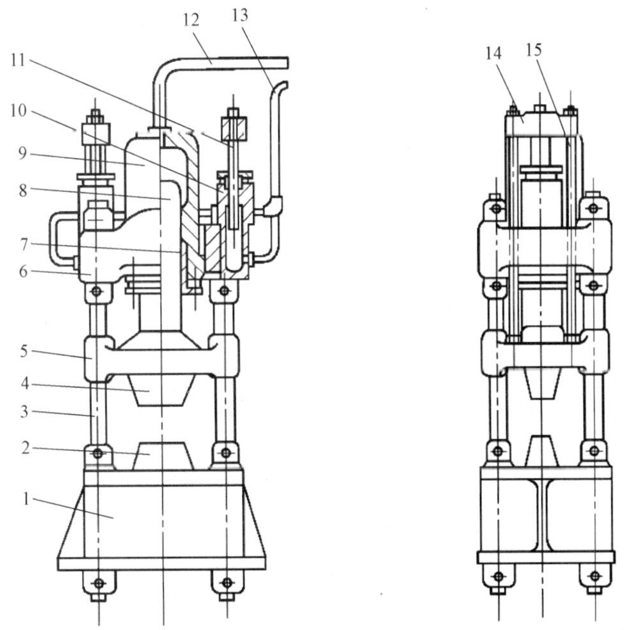

1—下横梁；2—下砧；3—立柱；4—上砧；5—活动横梁；6—上横梁；7—密封圈；8—柱塞；9—工作缸；10—回程缸；11—回程柱塞；12、13—管道；14—回程横梁；15—回程拉杆

图 5-14 水压机本体的典型结构

在水压机上锻造时，以压力代替锤锻时的冲击力，大型水压机能够产生数万 kN 甚至更大的锻造压力，坯料变形的压下量大，锻透深度大，从而可改善锻件内部的质量，这对于以钢锭为坯料的大型锻件是很必要的。此外，水压机在锻造时振动和噪声小，工作条件好。

二、模锻

模锻是将加热后的坯料放在锻模模膛内，在锻压力的作用下使坯料变形而获得锻件的一种加工方法。坯料变形时，金属的流动受到模膛的限制和引导，从而获得与模膛形状一致的锻件。

与自由锻相比，模锻的优点是：锻件的形状可以比较复杂；锻件内部的锻造流线按锻件轮廓分布，从而提高了零件的机械性能和使用寿命；锻件表面光洁、尺寸精度高、节约材料和切削加工工时；生产率较高；操作简单，易于实现机械化。

但是，由于模锻是整体成形，并且金属流动时，与模膛之间产生很大的摩擦阻力，因此所需设备吨位大，设备费用高；锻模加工工艺复杂、制造周期长、费用高，所以模锻只适用于中、小型锻件的成批或大量生产。不过随着计算机辅助设计/制造（CAD/CAM）技术的飞速进步，锻模的制造周期将大大缩短。

按使用的设备类型不同，模锻又分为锤上模锻、曲柄压力机上模锻、摩擦压力机上锻模、液压机上模锻、平锻机上模锻等。

（一）模锻成形工艺

模锻成形过程的流程如下：

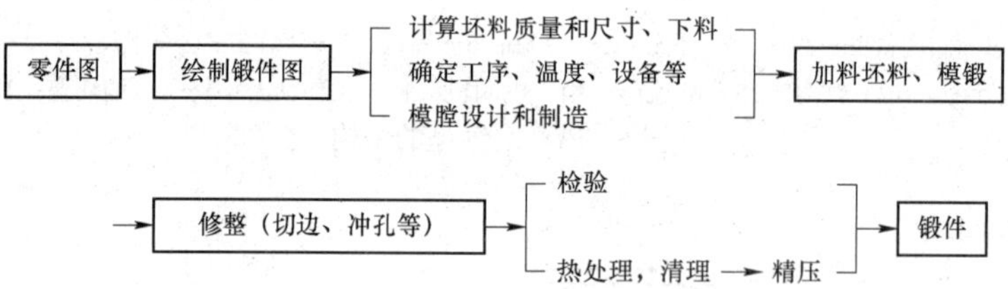

1. 绘制锻件图

如前所述，锻件图是生产过程中各个环节的指导性技术文件。在绘制锻件图时应考虑下列因素。

（1）分模面

分模面指上、下锻模在锻件上的分界面，它很相似于铸造中的分型面。

（2）加工余量、锻件公差和敷料

模锻锻件的尺寸精度较好，其余量和公差比自由锻锻件的小得多。小型模锻锻件的加工余量一般为 2～4 mm。模锻锻件加工余量及模锻锻件公差可查锻造手册或其他工程手册。

（3）模锻斜度

模锻锻件上凡平行于锻压方向的表面（或垂直于分模面的表面）都须具有斜度。这样便于从模膛中取出锻件。

（4）模锻锻件圆角

模锻锻件上凡是面与面相交处均应做成圆角。这样，可增大锻件强度，利于锻造时金属充满模膛，避免锻模上的内尖角处产生裂纹，减缓锻模外尖角处的磨损，提高锻模的使用寿命。

2. 计算坯料质量和尺寸

锻件坯料质量=锻件质量+氧化烧损质量+飞边（连皮）质量。

3. 模锻工序的确定

模锻工序与锻件的形状、尺寸有关。由于每个模锻锻件都必须有终锻工序，所以工序的选择实际上就是制坯工序和预锻工序的确定。

4. 修整工序

由锻模模膛锻出的锻件，尚需经过一些修整工序才能得到符合要求的锻件。

（1）切边、冲孔

刚锻成的模锻锻件通常周边都带有横向飞边，具有通孔的锻件还有连皮。须用切边模和冲孔模在压力机上将飞边和连皮从锻件上切除。

（2）校正

在切边及其他工序中，有可能引起锻件变形。因此，对许多锻件特别是形状复杂的锻件在切边（冲孔）之后还需进行校正。校正可在锻模的终锻模膛或专门的校正模内进行。

（3）热处理

模锻锻件进行热处理的目的是消除锻件的过热组织或加工硬化组织、内应力等，使锻件具有所需的组织和性能。热处理一般用正火或退火。

（4）清理

去除在生产过程中形成的氧化皮、油污及其他表面缺陷，以提高锻件的表面品质。清理方法有滚筒打光、喷丸清理、酸洗等。

（二）模膛

由模锻工序可知，模膛按其功用分为制坯模膛和模锻模膛两大类。

1. 制坯模膛

对于形状复杂的模锻锻件（尤其是长轴类模锻锻件），为了使坯料形状基本接近锻件形状，使金属能合理分布和很好地充满模膛，须预先在制坯模膛内制坯，然后进行预锻和终锻。制坯模膛有以下几种。

拔长模膛：用来减小坯料某部分的横截面积，以增加该部分的长度。

滚压模膛：用来减小坯料某部分的横截面积，以增大另外部分的横截面积。

弯曲模膛：对于弯曲的杆类模锻锻件，需用弯曲模膛来弯曲坯料。坯料可直接或先经其他制坯工序后再放入弯曲模膛内进行弯曲变形。

切断模膛：在上模与下模的角部组成的一对刀口，用来切断金属。单件锻造时，用它从坯料上切下锻件或从锻件上切下钳口部金属；多件锻造时，用它来分离成单个件。

此外，尚有成形模膛、镦粗台及击扁面等制坯模膛。由于制坯模膛增加了锻模体积和制造加工难度，加之有些制坯工序（如拔长、滚压等）在锻压机上不宜进行，故对截面变化较大的长轴模锻，目前多用辊锻或楔形模横轧来轧制坯料以替代制坯工序。

2. 模锻模膛

模锻模膛分为预锻模膛和终锻模膛两种。

预锻模膛是使坯料变形到接近于锻件的形状和尺寸的模膛。这样在进行终锻时金属容易充满终锻模膛，同时也减小了终锻模膛的磨损，延长其使用寿命。

终锻模膛是使坯料最后变形到锻件所要求的形状和尺寸的模膛。它的形状与锻件的形状相同；因锻件冷却时要收缩，终锻模膛的尺寸应比锻件尺寸放大一个收缩量，一般钢件收缩量取 1.2%～1.5%。另外，沿模膛四周有飞边槽，飞边槽的作用主要是促使金属充满模膛，增加金属从模膛中流出的阻力，同时容纳多余的金属。对于具有通孔的锻件，由于不可能靠上、下模的突出部分把金属完全挤压形成通孔，故终锻后在孔内留下一薄层金属即连皮。只有把飞边和连皮切除以后，才能得到锻件。

预锻模膛和终锻模膛的主要区别是，前者的圆角和斜度较大，没有飞边槽。对于形状简单或批量不太大的模锻锻件，可不设置预锻模膛。

（三）模锻设备

1. 锤上模锻

锤上模锻是将上、下模块分别固紧在锤头与砧座上，将加热透的金属坯料放入下模型腔中，借助于上模向下的冲击作用，迫使金属在锻模型槽中塑性流动和填充，从而获得与型腔形状一致的锻件。

锤上模锻能完成镦粗、拔长、滚挤、弯曲、成形、预锻和终锻等各变形工步的操作，锤击力量的大小和锤击频率可以在操作中自由控制和变换，可完成各种长轴类锻件和短轴类锻件的模锻，在各种模锻方法中具有较好的适应性；设备费用也比其他模锻设备相对较低，是我国当前模锻生产中应用最多的一种锻造方法，该设备结构简单、造价低、操作简单、使用灵活，目前广泛应用于汽车、船舶及航空锻件的生产。其缺点是工作时振动和噪声大，劳动条件仍然较差；难以实现较高程度的操作机械化；完成一个变形工步要经过多次锤击，生产率仍不太高。因而，在大批生产中有逐渐被压力机上模锻取代的趋势。

2. 曲柄压力机上模锻

曲柄压力机上模锻是一种比较先进的模锻方法。与锤上模锻相比，曲柄压力机上模锻具有以下优点。

作用于坯料上的锻造力是压力，不是冲击力，工作时振动和噪声小，劳动条件得到改善。坯料的变形速度较低。这对于低塑性材料的锻造有利，某些不适于在锤上锻造的材料，如耐热合金、镁合金等，可在压力机上锻造。锻造时滑块的行程不变，每个变形工步在滑块的一次行程中即可完成，并且便于实现机械化和自动化，具有很高的生产率。滑块运动精度高，并有锻件顶出装置，使锻件的模锻斜度、加工余量和锻造公差大大减小，因而锻件精度比锤上模锻的锻件精度高。

这种模锻方法的主要缺点是设备费用高，模具结构也比一般锤上锻模复杂，仅适用于大批量生产的条件；对坯料的加热质量要求高，不允许有过多的氧化皮；由于滑块的行程和压力不能在锻造过程中调节，因而，不能进行拔长、滚挤等工步的操作。

3. 摩擦压力机上模锻

摩擦压力机是靠飞轮旋转所积蓄的能量转化成金属的变形能进行锻造。摩擦压力机属于锻锤锻压设备，其行程速度介于模锻锤和曲柄压力机之间，有一定的冲击作用，滑块行程和冲击能量都可自由调节，坯料在一个模膛内可以多次锻击，因而工艺性能广泛，既可完成镦粗、成形、弯曲、预锻、终锻等成形工序，也可进行校正、精整、切边、冲孔等后续工序的操作，必要时，还可作为板料冲压的设备使用。

摩擦压力机的飞轮惯性大，单位时间内的行程次数比其他设备低得多，这对于再结晶速度较低的塑性材料的锻造是有利的，但也因此生产率较低。由于采用摩擦传动，摩擦压力机的传动效率低，因而，设备吨位的发展受到限制。

摩擦压力机上模锻适用于小型锻件的批量生产。摩擦压力机结构简单、性能广泛、使用维护方便，是中、小型工厂普遍采用的锻造设备。近年来，许多工厂还把摩擦压力机与自由锻锤、辊锻机、电镦机等配成机组或组成流水线，承担模锻锤、平锻机的部分模锻工作，有效地扩大了它的使用范围。

4. 液压机上模锻

液压机是一种利用液体压力来传递能量的锻压设备，它包含以油作为工作介质的油压机和以水作为工作介质的水压机。锻造液压机有自由锻液压机、模锻液压机和切边液压机之分。锻造生产常用的模锻液压机又有通用模锻液压机和专用模锻液压机两类。其特点是：行程和锻造能力较大，工作台面大，工作液体的压力高，在整个工作过程中压力和速度变化不大，在静压条件下金属变形均匀，锻件组织均匀，应用范围广，对于铝镁合金、钛合金或高温合金锻件更为适用。

三、胎模锻

胎模锻是在自由锻造设备上使用不固定在设备上的各种单膛模具，直接将已加热的坯料（或用自由锻方法预锻成接近锻件形状），然后用胎模终锻成形的锻造方法。广泛应用于中、小批量的中、小型锻件的生产。

与自由锻相比，胎模锻具有锻件品质较好（表面光洁、尺寸较精确、纤维分布合理）、生产率高和节约金属等优点；与固定锻模的模锻相比，胎模锻具有操作比较灵活、胎模模具简单、容易制造加工、成本低、生产准备周期短等优点。它的主要缺点有：胎模锻锻件比模锻锻件表面品质较差、精度较低、所留的机加工余量大、操作者劳动强度大、生产率和胎模寿命较低等。

胎模的种类较多，主要有以下几种。

（1）扣模

扣模用于锻造非回转体锻件，具有敞开的模膛。锻造时工件一般不翻转，不产生毛边，既用于制坯，也用于成形。

（2）套筒模

套筒模主要用于回转体锻件，如齿轮、法兰等，有开式和闭式两种。开式套筒模一般只有下模（套筒和垫块），没有上模（锤砧代替上模）。其优点为结构简单，可以得到很小或不带锻模斜度的锻件。取件时一般要翻转 180°。缺点是对上、下砧的平行度要求较严，否则易使毛坯偏斜或填充不满。闭式套筒模一般由上模、套筒等组成。锻造中金属处于模膛的封闭空间中变形，不形成毛边。由于导向面间存在间隙，往往在锻件端部间隙处形成纵向毛刺，需进行修整。此法要求坯料尺寸精确，否则会增加锻件垂直方向的尺寸或充不满模膛。

（3）合模

合模一般由上、下模及导向装置组成。用来锻造形状复杂的锻件。锻造过程中多余金属流入飞边槽形成飞边。合模成形与带飞边的固定模模锻相似。

任务三 板 料 冲 压

任务引入

【1】对于曲率半径很大的型材类工件，如图 5-15 所示铁路客车车顶弯梁，试分析应采

用何种锻压工艺进行制造。

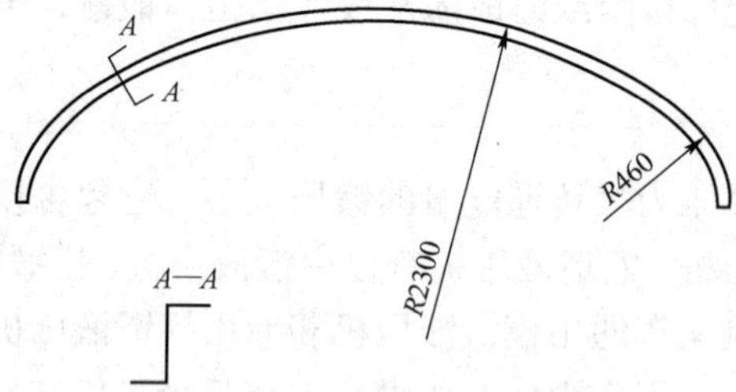

图 5-15　铁路客车车顶弯梁

【2】动车组车轮和车轴通过过盈配合装配前，需要对车轮毛坯进行冲孔，试分析该冲孔工艺与板料冲压中的冲孔工艺的区别。

相关知识准备

一、板料冲压特点及应用

板料冲压是利用装在冲床上的冲模对金属板料加压，使之产生变形或分离，从而获得零件或毛坯的加工方法。板料冲压的坯料通常都是较薄的金属板料，而且，冲压时不需加热，故又称为薄板冲压或冷冲压，简称冷冲或冲压。

与锻造和其他加工方法相比，板料冲压具有下列特点。

① 它是在常温下通过塑性变形对金属板料进行加工的，因而，原材料必须具有足够的塑性，并应有较低的变形抗力。

② 金属板料经过塑性变形的冷变形强化作用，并获得一定的几何形状后，具有结构轻巧、强度和刚度较高的优点。

③ 冲压件尺寸精度高、质量稳定、互换性好，一般不再进行切削加工，即可作为零件使用。

④ 冲压生产操作简单，生产率高，便于实现机械化和自动化。

⑤ 冲压模具结构复杂、精度要求高、制造费用高，只有在大批量生产的条件下，采用冲压加工方法在经济上才是合理的。

板料冲压是机械制造中的重要加工方法之一，它在现代工业的许多部门都得到广泛的应用，特别是在汽车、拖拉机、电机、电器、仪器仪表、兵器及日用品生产等工业部门中占有重要的地位。

二、板料冲压的基本工序

板料冲压的基本工序有冲裁、弯曲、拉深、成形等。板料冲压设备主要是剪床和冲床。

（一）冲裁

冲裁是使板料沿封闭的轮廓线分离的工序，包括冲孔和落料。这两个工序的坯料变形过程和模具结构都是一样的，二者的区别在于冲孔是在板料上冲出孔洞，被分离的部分为废料，而周边是带孔的成品；落料是被分离的部分是成品，周边是废料。

冲裁过程如图 5-16 所示。凸模和凹模的边缘都带有锋利的刃口。当凸模向下运动压住板料时，板料受到挤压，产生弹性变形并进而产生塑性变形，当上、下刃口附近材料内的应力超过一定限度后，即开始出现裂纹。随着冲头（凸模）继续下压，上、下裂纹逐渐向板料内部扩展直至汇合，板料即被切离。

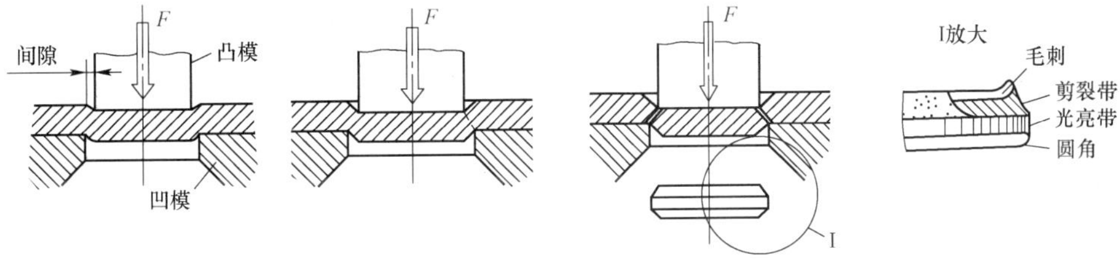

(a) 变形 (b) 产生裂纹 (c) 断裂 (d) 断口

图 5－16 冲裁过程

冲裁后的断面可明显地区分为光亮带、剪裂带、圆角和毛刺四个区域。其中光亮带具有最好的尺寸精度和光洁的表面，其他三个区域，尤其是毛刺则降低冲裁件的质量。这四个区域的尺寸比例与材料的性质、板料厚度、模具结构和尺寸、刃口锋利程度等冲裁条件有关。为了提高冲裁质量，简化模具制造，延长模具寿命及节省材料，设计冲裁件及冲裁模具时应考虑以下因素。

1. 冲裁件的尺寸和形状

在满足使用要求的前提下，应尽量简化，多采用圆形、矩形等规则形状，以便于使用通用机床加工模具，并减少钳工修配的工作量。线段相交处必须圆弧过渡。冲圆孔时，孔径不得小于板料厚度 δ；冲方孔时，孔的边长不得小于 0.9δ；孔与孔之间或孔与板料边缘的距离不得小于 δ。

2. 模具尺寸

冲裁件的尺寸精度依靠模具精度来保证。凸、凹模间隙对冲裁件断面质量具有重要影响，合理的间隙值可按表 5－3 选择。在设计冲孔模具时，应使凸模刃口等于所要求孔的尺寸，凹模刃口尺寸则是孔尺寸加上两倍的间隙值。设计落料模具时，则应使凹模刃口尺寸为成品尺寸，凸模则减去两倍的间隙值。

表 5－3 冲裁模的合理间隙值

材料种类	材料厚度 δ/mm				
	0.1～0.4	0.4～1.2	1.2～2.5	2.5～4.0	4.0～6.0
黄铜、低碳钢	0.01～0.02	7%～10%δ	9%～12%δ	12%～14%δ	15%～18%δ
中、高碳钢	0.01～0.05	10%～17%δ	18%～25%δ	25%～27%δ	27%～29%δ
磷青铜	0.01～0.04	8%～12%δ	11%～14%δ	14%～17%δ	18%～20%δ
铝及铝合金（软）	0.01～0.03	8%～12%δ	11%～12%δ	11%～12%δ	11%～12%δ
铝及铝合金（硬）	0.01～0.03	10%～14%δ	13%～14%δ	13%～14%δ	13%～14%δ

3. 冲裁件的修整

修整工序是利用修整模沿冲裁件的外缘或内孔，切去一薄层金属，以去除塌角、剪裂带和毛刺等，从而提高冲裁件的尺寸精度和降低表面粗糙度。只有当对冲裁件的质量要求较高时，才需要增加修整工序。修整在专用的修整模上进行，模具间隙约为 0.006～0.01 mm。修整时单边切除量约为 0.05～0.2 mm，修整后的切面粗糙度 *Ra* 值可达 1.25～0.63 μm，尺寸精度可达 IT6～IT7。

（二）弯曲

弯曲是将平直板料弯成一定角度和圆弧的工序，弯曲过程如图 5-17 所示。弯曲时，坯料外侧的金属受拉应力作用，发生伸长变形。坯料内侧金属受压应力作用，产生压缩变形。在这两个应力—应变区之间存在一个不产生应力和应变的中性层，其位置在板料的中心部位。当外侧的拉应力超过材料的抗拉强度时，将产生弯裂现象。坯料越厚、内弯曲半径 r 越小，坯料的压缩和拉伸应力越大，越容易弯裂。为防止弯裂，弯曲模的弯曲半径要大于限定的最小弯曲半径 r_{min}，通常取 $r_{min}=（0.25～1）\delta$。此外，弯曲时，应尽量使弯曲线和坯料纤维方向垂直，不仅能防止弯裂，也有利于提高零件的使用性能。

塑性弯曲和任何的塑性变形一样，在外加载荷的作用下，板料产生的变形由弹性变形和塑性变形两部分组成。当外载荷去除后，塑性变形保留下来，而弹性变形部分则要恢复，从而使板料产生与弯曲方向相反的变形，这种现象称为回弹，如图 5-18 所示。回弹后，弯曲角减小（由 α 变为 α'），弯曲半径增大（由 r 变为 r'）。回弹的程度通常以回弹角 $\Delta\alpha$ 表示：$\Delta\alpha=\alpha-\alpha'$。

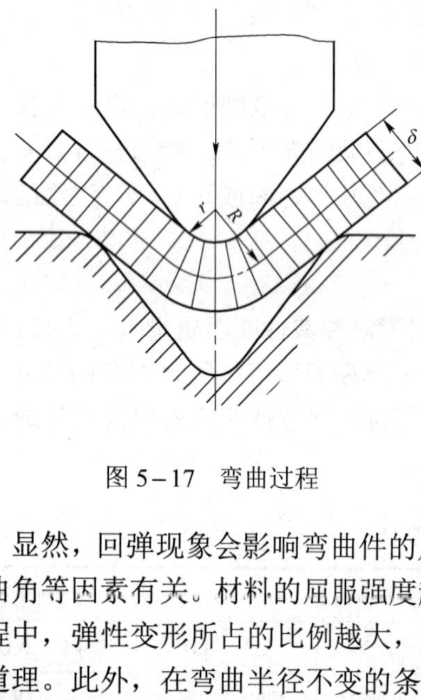

图 5-17　弯曲过程

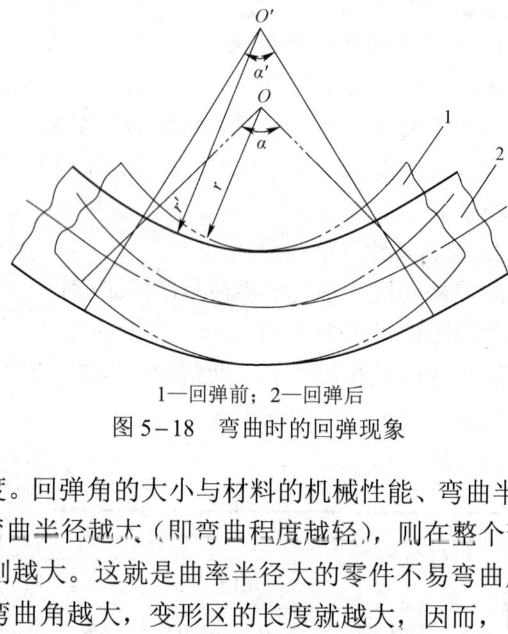

1—回弹前；2—回弹后

图 5-18　弯曲时的回弹现象

显然，回弹现象会影响弯曲件的尺寸精度。回弹角的大小与材料的机械性能、弯曲半径、弯曲角等因素有关。材料的屈服强度越高，弯曲半径越大（即弯曲程度越轻），则在整个弯曲过程中，弹性变形所占的比例越大，回弹角则越大。这就是曲率半径大的零件不易弯曲成形的道理。此外，在弯曲半径不变的条件下，弯曲角越大，变形区的长度就越大，因而，回弹角也越大。

为了克服回弹现象对弯曲零件尺寸的影响，通常采取的措施是利用回弹规律，增大凸模压下量，或适当改变模具尺寸，使回弹后达到零件要求的尺寸。此外，也可通过改变弯曲时的应力状态，把回弹现象限制在最小的范围内。

（三）拉深

拉深是利用拉深模使平面板料变为开口空心件的冲压工序，又称拉延。拉深可以制成筒形、阶梯形、球形及其他复杂形状的薄壁零件。

拉深过程如图 5-19 所示。原始直径为 D 的板料，经拉深后变成内径为 d 的杯形零件。凸模压入过程中，伴随着坯料变形和厚度的变化。拉深件的底部一般不变形，厚度基本不变。

其余环形部分坯料经变形成为空心件的侧壁，厚度有所减小。侧壁与底之间的过渡圆角部位被拉薄最严重。拉深件的法兰部分厚度有所增加。拉深件的成形是金属材料产生塑性流动的结果，坯料直径越大，空心件直径越小，变形程度越大。

拉深件最容易产生的缺陷是拉裂和起皱。拉裂产生的最危险的部位是侧壁与底的过渡圆角处。为使拉深过程正常进行，必须把底部和侧壁的拉应力限制在不使材料发生塑性变形的限度内，而环形区内的径向拉应力，则应达到和超过材料的屈服极限，并且，任何部位的应力总和都必须小于材料的强度极限，否则，就会造成如图 5–20（a）所示的拉穿缺陷。起皱是拉深时坯料的法兰部分受到切向压应力的作用，使整个法兰产生波浪形的连续弯曲现象。环形变形区内的切向压应力很大，很容易使板料产生如图 5–20（b）所示的皱褶现象，从而造成废品。为此，必须采取以下措施。

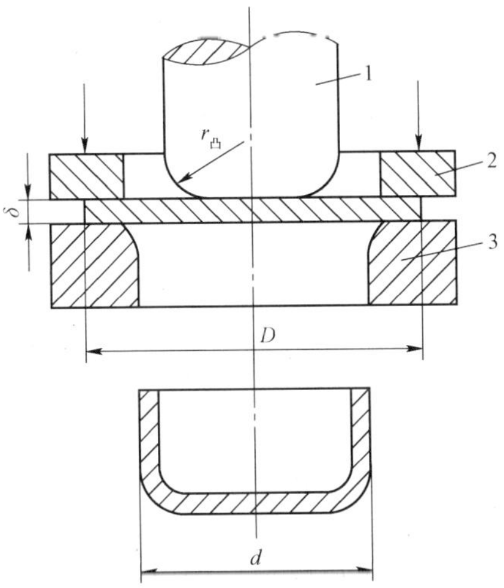

1—冲头；2—压板；3—凹模

图 5–19 拉深过程

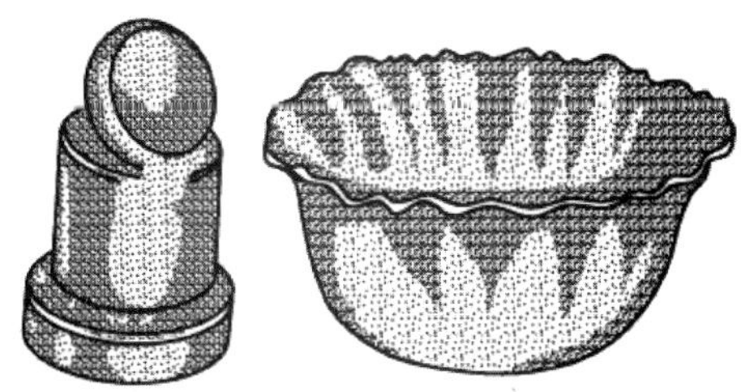

(a) 拉穿 (b) 皱褶

图 5–20 拉深废品

① 拉深模具的工作部分，必须加工成圆角。圆角半径 $r_{凹}=10\delta$，$r_{凸}=(0.6\sim1)\,r_{凹}$。

② 控制凸模和凹模之间的间隙 Z–（1.1～1.5）δ。间隙过小，容易擦伤工件表面，降低模具寿命。

③ 正确选择拉深系数。板料拉深时的变形程度通常以拉深系数 m 表示

$$m=d\,/\,D \tag{5-1}$$

式中：d——拉深后的工件直径，mm；

D——坯料直径，mm。

拉深系数越小，拉深件直径越小，变形程度越大，越容易产生拉深废品。拉深系数一般不小于 0.5～0.8，塑性好的材料可取下限值。

④ 为了减少由丁摩擦引起的拉深件内应力的增加及减少模具的磨损，拉深前要在工件上涂润滑剂。

⑤ 为防止产生皱褶，通常都用压边圈将工件压住。压边圈上的压力不宜过大，能压住工件不致起皱即可。

（四）成形

成形是使板料或半成品改变局部形状的工序，包括压肋、压坑、胀形、翻边等。

1. 压肋和压坑（包括压字、压花）

压肋和压坑是压制出各种形状的凸起和凹陷的工序。采用的模具有刚模和软模两种。图 5-21 所示是刚模压坑。与拉深不同，此时只有冲头下的这一小部分金属在拉应力作用下产生塑性变形，其余部分的金属并不发生变形。

图 5-22 所示是软模压肋，软模是用橡胶等柔性物体代替一半模具。这样，可以简化模具制造，冲制形状复杂的零件。但软模块使用寿命低，需经常更换。此外，也可采用气压或液压成形。

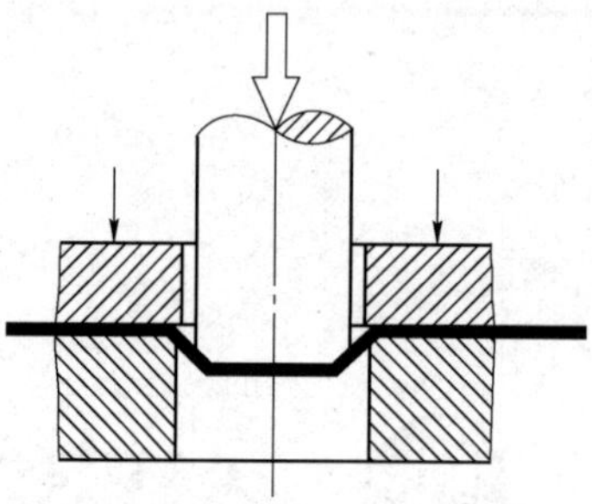

图 5-21 刚模压坑

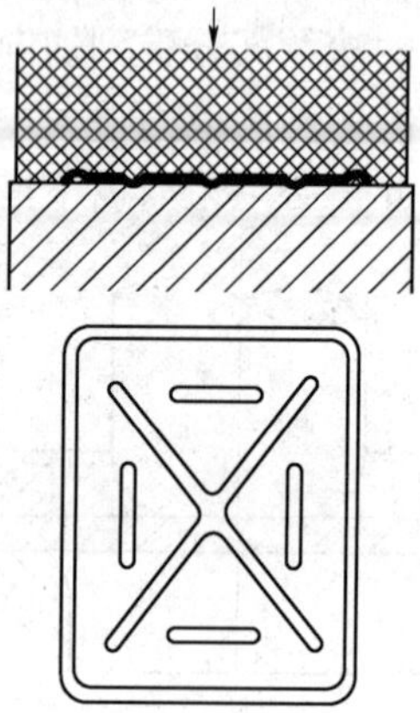

图 5-22 软模压肋

2. 胀形

胀形是将拉深件轴线方向上局部区段的直径胀大，也可采用刚模（图 5-23）或软模（图 5-24）进行。刚模胀形时，由于芯子 2 的锥面作用，分瓣凸模 1 在压下的同时沿径向扩张，使工件 3 胀形。顶杆 4 将分瓣凸模顶回到起始位置后，即可将工件取出。显然，刚模的结构和冲压工艺都比较复杂，而采用软模则简便得多。因此，软模胀形得到广泛应用。

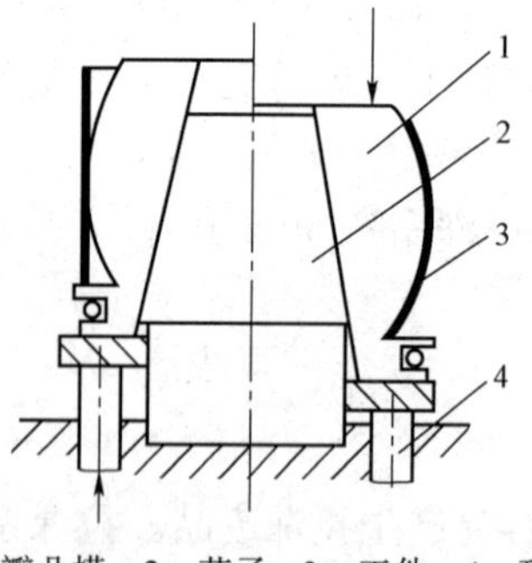

1—分瓣凸模；2—芯子；3—工件；4—顶杆

图 5-23 刚模胀形

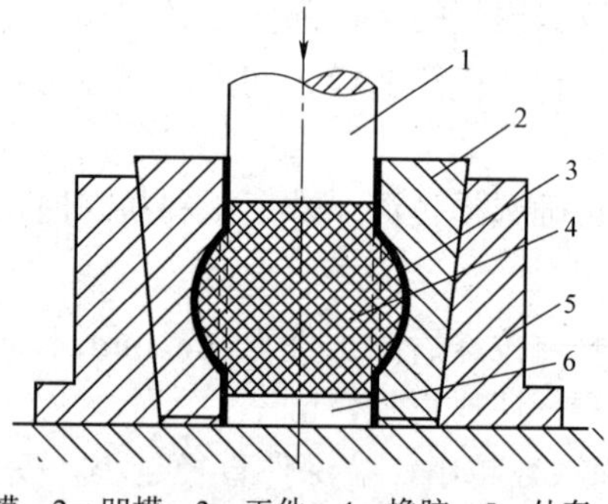

1—凸模；2—凹模；3—工件；4—橡胶；5—外套；6—垫块

图 5-24 软模胀形

3. 翻边

翻边是在板料或半成品上沿一定的曲线翻起竖立边缘的冲压工序。按变形的性质，翻边可分为伸长翻边和压缩翻边。当翻边在平面上进行时，称平面翻边；当翻边在曲面上进行时，又称曲面翻边。不同类型的翻边如图 5-25 所示。孔的翻边是伸长类平面翻边的一种特定形式，又称翻孔，其过程如图 5-26 所示。

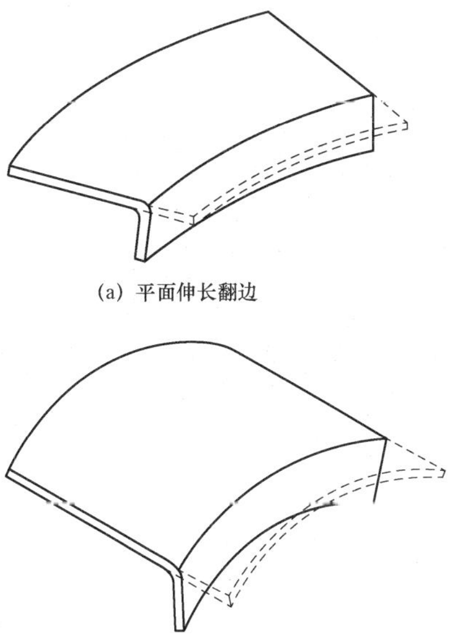

(a) 平面伸长翻边

(b) 曲面压缩翻边

图 5-25 翻边

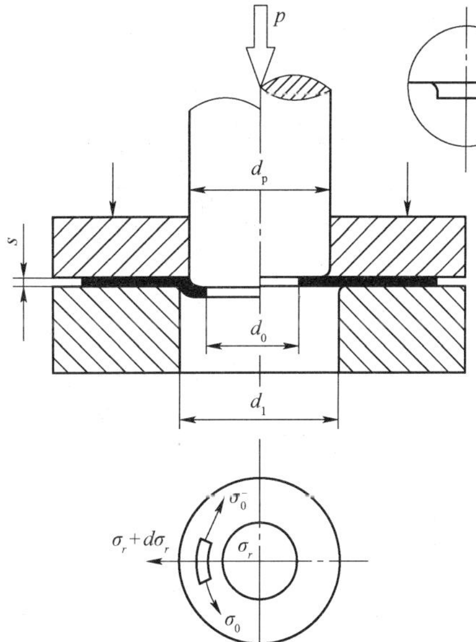

图 5-26 孔的翻边过程

成形工序使冲压件具有更好的刚度和更加合理的空间形状。

任务四 轨道车辆常用锻件

任务引入

【1】重载和提速是近年来中国铁路的主要发展方向。一些原采用铸造工艺生产的零件现开始采用锻压工艺生产，如铁路货车用钩尾框（图 5-27）、新型组合式制动梁架、上心盘、支撑座。试分析铁路零件锻压工艺取代铸造工艺的原因。

图 5-27 钩尾框

【2】转向架构架分为铸钢构架和焊接构架。焊接构架又可分为钢板焊接构架和压型钢板焊接构架。试分析压型钢板焊接构架的优点。

相关知识准备

车轮、车轴作为机车车辆的关键部件，在列车运行中起承载、传递动力及制动等作用，要求具有绝对的可靠性。由于车轮服役条件复杂，特别是适用于高速铁路的轮对，要求制造材料必须兼顾抗机械损伤和抗热损伤性能，既要保证车轮热处理后稳定获得较高强度，又要提高车轮韧性水平以提高车轮的抗裂性，同时还需降低车轮发生热损伤的倾向，列车轮轴如图 5-28 所示。

图 5-28　列车轮轴

德国的 BVV 公司、日本的住友集团、法国瓦顿公司和意大利的 LUCCHINI 公司并称为世界四大高速轮轴制造企业。目前，世界上已有十多个国家如美国、法国、日本、德国、捷克、印度和中国等生产整体车轮。在我国，生产车轮的厂家主要有：马钢股份公司车轮分公司（模锻&轧制生产线）、太原重型机械集团有限公司钢轮厂（模锻&轧制生产线）、大同机车厂（铸钢车轮生产线）。

图 5-29　列车车轮的锻造

传统的车轮制造方法有铸造法、模锻法、模锻—轧制法，其中以模锻—轧制法应用最为广泛，其典型成形工艺为镦粗、定径、压痕、成形、轧制、冲孔、压弯。图 5-29 所示为列车车轮的锻造。

高速车轮、重载车轴制造工艺流程及轮对总装工艺流程如图 5-30 所示。

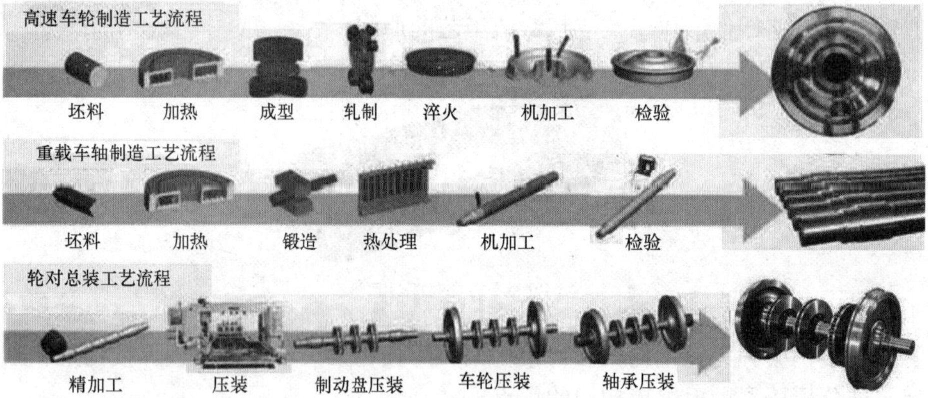

图 5-30　高速车轮、重载车轴制造工艺流程及轮对总装工艺流程

思考与练习

1. 为什么钢制机械零件需要锻造而不宜直接选用型材进行加工？
2. 单晶体和多晶体塑性变形的实质各是什么？
3. 区分冷变形和热变形。

4. 冷变形强化对金属组织性能有何影响，在实际生产中怎样运用其有利因素？
5. 再结晶对金属组织性能有何影响，在实际生产中怎样运用其有利因素？
6. 锻造流线的存在对金属机械性能有何影响，在零件设计中应注意哪些问题？
7. 为什么要规定锻造加热温度范围？
8. 金属在加热时可能会出现哪些缺陷，如何预防？
9. 自由锻有哪些主要工序？并叙述其应用范围。
10. 设计自由锻零件时应注意哪些问题？
11. 试确定图 5-31 所示零件的锻造工艺。

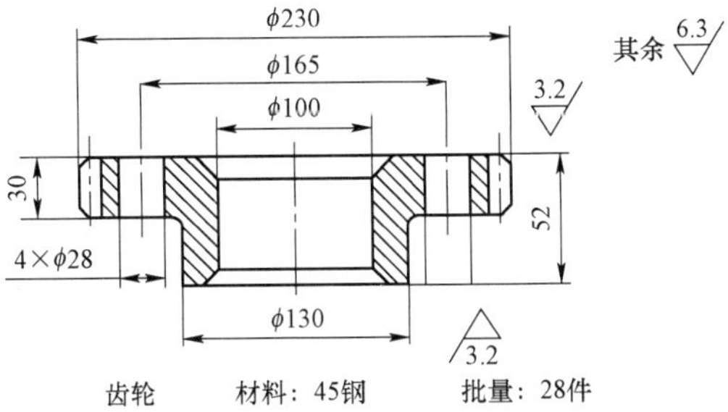

图 5-31 题 11 图

12. 试比较各种模锻方法的工艺特点及应用。
13. 生活用品中有哪些产品是板料冲压制成的？举例说明其冲压工序。
14. 弯曲时，工件受力和变形的过程如何？易产生什么缺陷，如何防止？
15. 拉深时，工件受力和变形的情况如何？拉深时常见的废品有哪些，如何防止？

项目六

焊 接

焊接是使相互分离的金属材料，借助原子间的结合力连接起来的一种热加工工艺方法。焊接连接性好、省工省料、结构重量轻，广泛应用于锅炉、压力容器、船舶、桥梁、化工设备等的制造。

知识目标

1. 掌握焊接方法的种类和用途。
2. 掌握焊条的结构和选用原则。
3. 掌握常用熔化焊、压力焊、钎焊方法的原理。

任务一 焊接理论基础

任务引入

【1】转向架构架（图 6–1）是转向架其他零部件的安装基础。转向架构架焊接之后，常需要进行退火处理，试分析转向架构架应采用什么焊接方法进行生产。

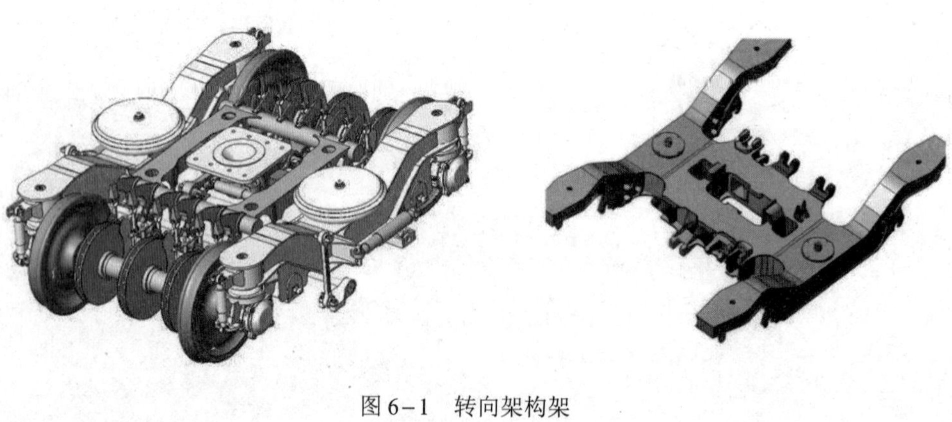

图 6–1 转向架构架

【2】动车组最难制造的车体是车头（图 6–2），它主要是手工组焊，工艺较为复杂，尺寸要求更为苛刻，试分析应采用哪种手工焊接方法。

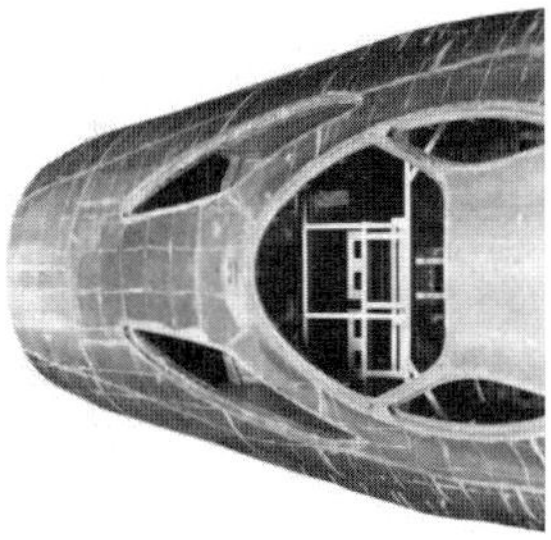

图 6-2 动车组车头

相关知识准备

一、焊接方法的种类、特点及用途

焊接是通过加热或加压，或者两者共同作用下，使两个分离的金属通过原子间的结合力结合起来的一种连接方法。其实质就是通过适当的物理—化学过程，使两个分离表面的金属原子接近到晶格距离形成金属键，从而使两金属连为一体。

焊接方法的种类很多，根据金属原子间结合方式的不同，可分为熔化焊、压力焊和钎焊三大类。

1. 焊接方法的主要特点

（1）节省材料，减轻重量

焊接的金属结构件可比铆接件节省材料 10%～25%；采用点焊的飞行器结构重量明显减轻，油耗降低，运载能力提高。

（2）简化复杂零件和大型零件的制造过程

焊接方法灵活，可化大为小，以简拼繁，加工快，工时少，生产周期短。许多结构都以铸—焊、锻—焊的形式组合，简化了加工工艺。

（3）适应性强

多样的焊接方法几乎可焊接所有的金属材料和部分非金属材料。可焊范围较广，而且连接性能较好。焊接接头可达到与工件金属等强度或相应的特殊性能。

（4）满足特殊连接要求

不同材料焊接在一起，能使零件的不同部分或不同位置具备不同的性能，达到使用要求。如防腐容器的双金属筒体焊接、钻头工作部分与柄的焊接、水轮机叶片耐磨表面堆焊等。

（5）降低劳动强度，改善劳动条件

焊接方法使加工工艺简化，减少了工时，可降低作业人员劳动强度，改善劳动条件。

尽管如此，焊接加工在应用中仍存在某些不足。例如，不同焊接方法的焊接性能有较大差别，焊接接头的组织不均匀，焊接热过程所造成的结构应力与变形以及各种裂纹问题等，都有待进一步研究和完善。

2. 焊接方法的用途

焊接方法在工业生产中主要有以下用途。

（1）制造金属结构件

焊接方法广泛应用于各种金属结构件的制造，如桥梁、船舶、压力容器、化工设备、机动车辆、矿山机械、发电设备及飞行器等。

（2）制造机器零件和工具

焊接件具有刚性好、改型快、周期短、成本低的优点，适合于单件或小批量生产加工各类机器零件和工具，如机床机架和床身、大型齿轮和飞轮、各种切削工具等。

（3）修复

采用焊接方法修复某些有缺陷、失去精度或有特殊要求的工件，可延长其使用寿命，提高使用性能。

近年来，焊接技术迅速发展，新的焊接方法不断出现，在应用了计算机技术后，功能大增，焊接的精密化和智能化必将效力无比。

二、焊接接头的组织与性能

焊接接头指两个或两个以上零件用焊接组合的接点，包括焊缝、熔合区和热影响区。

（一）焊缝形成过程

以电弧焊为例，焊缝的形成经历了局部加热熔化，使分离工件的结合部位产生共同熔池，再经凝固结晶成为一个整体的过程。图 6–3 为焊缝形成示意图。在电弧高温作用下，焊条和工件同时产生局部熔化，形成熔池。熔化的填充金属呈球滴状过渡到熔池。电弧在沿焊接方向移动过程中，熔池前部（②–①–②区）不断参与熔化，并依靠电弧吹力和电磁力的作用，将熔化金属吹向熔池后部（②–③–②区），逐步脱离电弧高温而冷却结晶。所以电弧的移动形成动态熔池，熔池前部的加热熔化与后部的顺序冷却结晶同时进行，形成完整的焊缝。

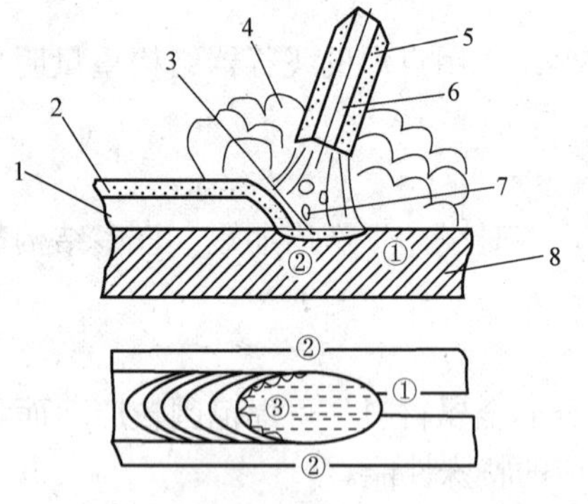

1—已凝固的焊缝金属；2—熔渣；3—熔化金属（熔池）；4—焊条药皮燃烧产生的保护气体；5—焊条药皮；6—焊条芯；7—金属熔滴；8—母材

图 6–3　焊缝形成示意图

焊条药皮在电弧高温下一部分分解为气体，包围电弧空间和熔池，形成保护层。另一部分直接进入熔池，与熔池金属发生冶金反应，并形成熔渣而浮于焊缝表面，构成渣保护。

（二）焊接冶金过程

电弧焊时，焊接区内各种物质在高温下相互作用，产生一系列变化的过程称为冶金过程。像在小型电弧炼钢炉中炼钢一样，熔池中进行着熔化、氧化、还原、造渣、精练和渗合金等一系列物理化学过程。焊接的冶金过程与一般的冶炼过程相比较，有以下特点：温度远高于一般冶炼温度，因此金属元素强烈蒸发，并使电弧区的气体分解成原子状态，使气体的活性大为增强，导致金属元素烧损或形成有害杂质。冷却速度快，熔池体积小，四周又是冷的金属，溶池处于液态时间很短，一般在 10 s 左右，各种化学反应难以达到平衡状态致使化学成分不均匀，气体和杂质来不及浮出，从而产生气孔和夹渣等缺陷。

由于上述特点，所以在焊接过程中如不加以保护，空气中的氧、氮和氢等气体就会侵入焊接区，并在高温作用下分解出原子状态的氧、氮和氢，与金属元素发生一系列物理化学作用：

$$Fe+O \rightarrow FeO \qquad 4FeO \rightarrow Fe3O_4+Fe$$

$$C+O \rightarrow CO \qquad C+FeO \rightarrow Fe+CO$$

$$Mn+O \rightarrow MnO \qquad Mn+FeO \rightarrow Fe+MnO$$

$$Si+2O \rightarrow SiO_2 \qquad Si+2FeO \rightarrow 2Fe+SiO_2$$

其结果是，钢中的一些元素被氧化，形成 FeO·SiO_2、Mn·SiO_2 等熔渣，使焊缝中 C、Mn、Si 等大量烧损。当熔池迅速冷却后，一部分氧化物熔渣残存在焊缝金属中，形成夹渣，显著降低焊缝的力学性能。

氢和氮在高温时能溶解于液态金属内，氮和铁还可以形成 Fe_4N、Fe_2N。冷却后，一部分氮保留在钢的固溶体中，Fe_4N 则呈片状夹杂物留存在焊缝中，使焊缝的塑性和韧性下降。氢的存在则引起氢脆性，促进冷裂纹的形成，并且易造成气孔。

综上所述，为了保证焊缝质量，焊接过程中必须采取必要的工艺措施，来限制有害气体进入焊缝区，并补充一些烧损的合金元素。手工电弧焊焊条的药皮、埋弧自动焊的焊剂等均能起到这类作用。气体保护焊的保护气体虽不能补充金属元素，但也能起到保护作用。

（三）焊接工件温度的变化与分布

焊接时，电弧沿着工件逐渐移动并对工件进行局部加热。因此在焊接过程中，焊缝区的金属都是由常温状态开始被加热到较高的温度，然后再逐渐冷却到常温。但随着金属所在位置的不同，其最高加热温度是不同的。

图 6–4 所示为焊接时焊件横截面上不同点的温度变化情况，由于各点离焊缝中心距离不同，所以各点的最高温度不同。又因热传导需要一定时间，所以各点是在不同时间达到该点最高温度的。但总体看来，在焊接过程中，焊缝受到一次冶金过程，焊缝附近区相当于受到一次不同规范的热处理，因此必然有相应的组织与性能的变化。

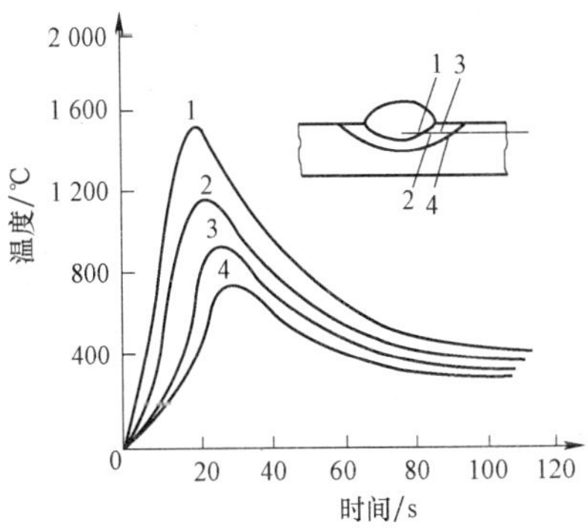

图 6–4　焊缝区各点温度变化示意图

（四）焊接接头金属组织与性能的变化

以低碳钢为例，来说明焊缝和焊缝附近区由于受到电弧不同程度的加热而产生的金属组织与性能的变化。如图 6–5 所示，左侧下部是焊件的横截面，上部是相应各点在焊接过程中被加热的最高温度曲线（并非某一瞬时该截面的实际温度分布曲线）。图中 1、2、3 等各段金属组织与性能的变化，可从右侧所示的部分铁—碳合金状态图来对照分析。工件截面图上已表示出了相应各点的金属组织变化情况。

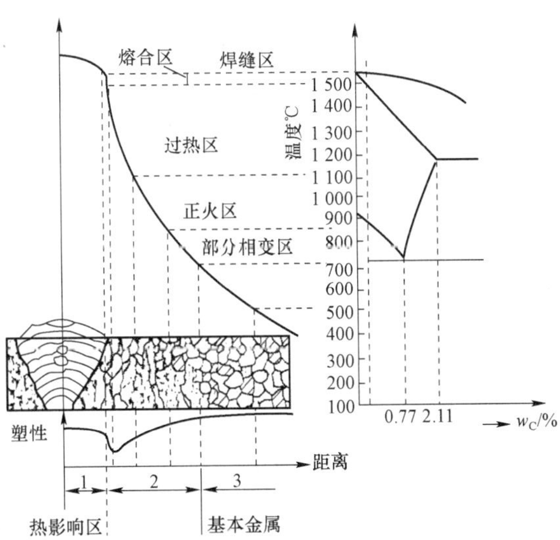

图 6–5　低碳钢焊缝和焊缝附近区金属组织与性能变化示意图

1. 焊缝

焊缝金属的结晶过程，首先从熔池和母材的交界处开始，然后以联生结晶的方式，即依附于母材晶粒现成表面而形成共同晶粒的方式向熔池中心生长，形成柱状晶，如图 6-6 所示。因为结晶时各个方向冷却速度不同，所以形成柱状的铸态组织，由铁素体和少量珠光体组成。

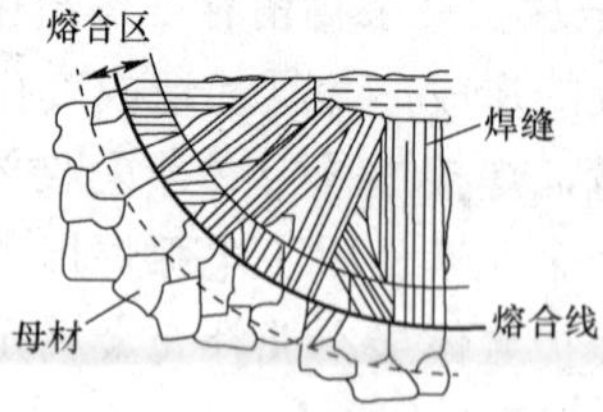

图 6-6 焊缝的柱状晶

因为结晶是从熔池底壁的半熔化区开始逐渐进行的，低熔点的硫磷杂质和氧化铁等易偏析集中在焊缝中心区，将影响焊缝的力学性能，所以对焊条或其他焊接材料应慎重选用。

焊接时，熔池金属受电弧吹力和保护气体吹动，使熔池底壁的柱状晶体成长受到干扰，因此柱状晶体呈倾斜层状，晶粒有所细化。又因焊接材料的渗合金作用，焊缝金属中锰、硅等合金元素含量可能比基本金属高，所以焊缝金属的性能可不低于基本金属。

2. 熔合区

熔合区是焊缝和基本金属的交界区，相当于加热到固相线和液相线之间，焊接过程中母材部分熔化，所以也称为半熔化区。熔化的金属凝固成铸态组织，未熔化的金属因加热温度过高而成为过热粗晶。在低碳钢焊接接头中，熔合区虽然很窄（0.1～1 mm），但因强度、塑性和韧性都下降，而此处接头断面发生变化，引起应力集中，在很大程度上决定着焊接接头的性能。

3. 热影响区

热影响区是指焊缝两侧因焊接热作用而发生组织与性能变化的区域。由于焊缝附近各点受热情况不同，热影响区可分为过热区、正火区和部分相变区等。

（1）过热区

过热区被加热到 Ac3 以上 100～200 ℃至固相线温度区间，奥氏体晶粒急剧长大，形成过热组织，因而过热区的塑性及韧性降低。对于易淬火硬化钢材，此区脆性更大。

（2）正火区

正火区被加热到 Ac3 至 Ac3 以上 100～200 ℃区间，金属发生重结晶，冷却后得到均匀而细小的铁素体和珠光体组织，其机械性能优于母材。

（3）部分相变区

部分相变区相当于加热到 Ac1 至 Ac3 温度区间。珠光体和部分铁素体发生重结晶，使晶粒细化；部分铁素体来不及转变，冷却后晶粒大小不匀，因此力学性能稍差。

从图 6-5 左侧缝焊横截面的下部所示的性能变化曲线可以看出，在热影响区中，熔合区和过热区的性能最差，产生裂缝和局部破坏的倾向性也最大，应使之尽可能减小。

三、焊接应力与变形

金属构件在焊接以后，总要发生变形和产生焊接应力，且二者是伴生的。

焊接应力的存在，对构件质量、使用性能和焊后机械加工精度都有很大影响，甚至导致整个构件断裂；焊接变形不仅给装配工作带来很大困难，还会影响构件的工作性能。变形量超过允许数值时必须进行矫正，矫正无效时只能报废。因此，在设计和制造焊接结构时，应尽量减小焊接应力和变形。

焊接过程中，对焊接件进行不均匀加热和冷却，是产生焊接应力和变形的根本原因。

常见的焊接变形有收缩变形、角变形、弯曲变形、扭曲变形和波浪变形等五种基本形式（图 6–7）。

收缩变形是由于焊缝金属沿纵向和横向的焊后收缩而引起的；角变形是由于焊缝截面上下不对称，焊后沿横向上下收缩不均匀而引起的；弯曲变形是由于焊缝布置不对称，焊缝较集中的一侧纵向收缩较大而引起的；扭曲变形常常是由于焊接顺序不合理而引起的；波浪变形则是由于薄板焊接后焊缝收缩时，产生较大的收缩应力，使焊件丧失稳定性而引起的。

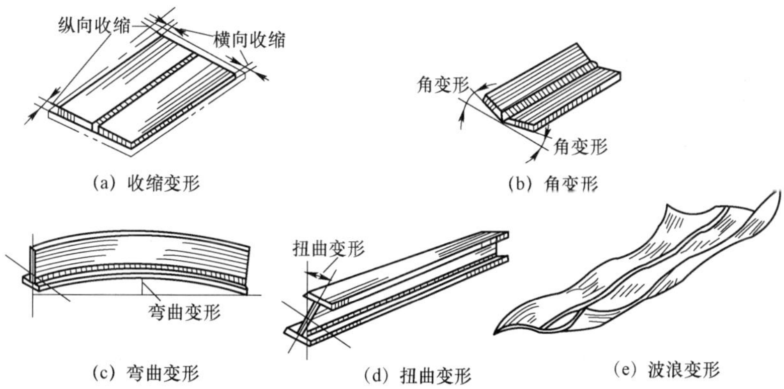

图 6–7 焊接变形的基本形式

减少焊接应力与变形的措施：除了设计时应考虑之外，还可采取一定的工艺措施，有预留变形量法、反变形法、刚性固定法、锤击焊缝法、加热“减应区”法等。重要的是，选择合理的焊接顺序，尽量使焊缝自由收缩。焊前预热和焊后缓冷也很有效。

四、焊接结构工艺设计

焊件种类各式各样，在其材料确定以后，对焊接结构进行工艺设计主要包括三方面内容：焊缝布置、焊接方法选择和焊接接头设计等。

（一）焊缝布置

焊缝布置是否合理，直接影响焊件的焊接质量和生产率。因此，设计焊缝位置时应考虑下列原则。

1. 焊缝应尽量处于平焊位置

各种位置的焊缝，其操作难度不同。以焊条电弧焊焊缝为例，其中平焊操作最方便，易于保证焊接质量，是焊缝位置设计中的首选方案，立焊、横焊位置次之，仰焊位置施焊难度最大，不易保证焊接质量。

2. 焊缝要布置在便于施焊的位置

焊条电弧焊时，焊条要能伸到焊缝位置，如图 6–8 所示。点焊、缝焊时，电极要能伸到待焊位置，如图 6–9 所示。埋弧焊时，要考虑焊缝所处的位置能否存放焊剂。设计时若忽略了这些问题，将无法施焊。

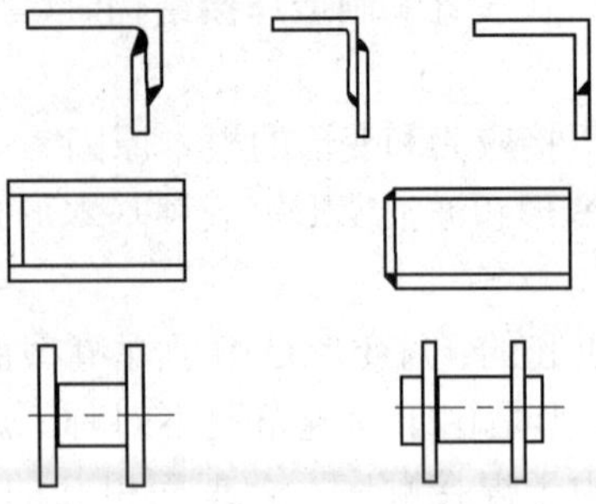

图 6-8　焊条电弧焊焊缝位置

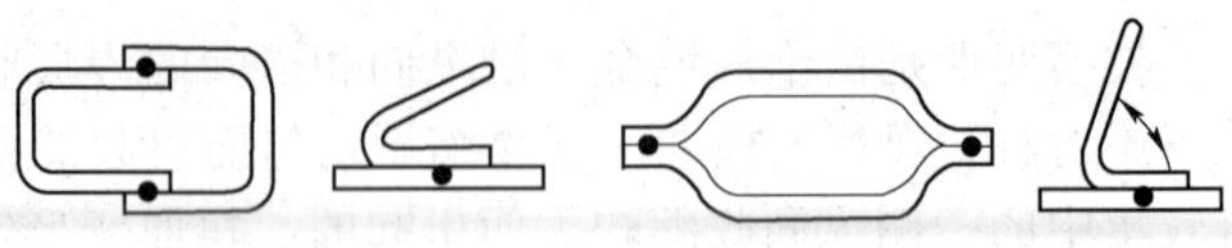

图 6-9　点焊、缝焊焊缝位置

3. 焊缝布置要有利于减少焊接应力与变形

（1）尽量减少焊缝数量及长度，缩小不必要的焊缝截面尺寸

设计焊件结构时，可通过选取不同形状的型材、冲压件来减少焊缝数量。如图 6-10 所示的箱式结构，若用平板拼焊需四条焊缝，若改用槽钢拼焊则需两条焊缝，焊缝数量的下降，既可减少焊接应力和变形，又可提高生产率。焊缝截面尺寸的增大会使焊接变形量随之加大，但过小的焊缝截面尺寸，又可能降低焊件结构强度，且截面过小焊缝冷速过快易产生缺陷，因此在满足焊件使用性能的前提下，应尽量减少不必要的焊缝截面尺寸。

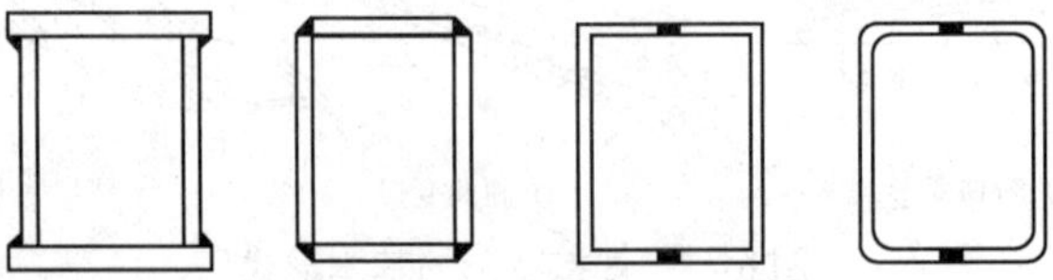

图 6-10　减少焊缝数量示例

（2）焊缝布置应避免密集或交叉

焊缝密集或交叉，会使接头处严重过热，导致焊接应力与变形增大，甚至开裂。因此两条焊缝之间应隔开一定距离，一般要求大于三倍的板材厚度，且不小于 100 mm，如图 6-11 所示。处于同一平面焊缝转角的尖角处相当于焊缝交叉，易产生应力集中，应尽量避免，改为平滑过渡结构。即使不同一平面的焊缝，若密集堆垛或排布在一列都会降低焊件的承载能力。

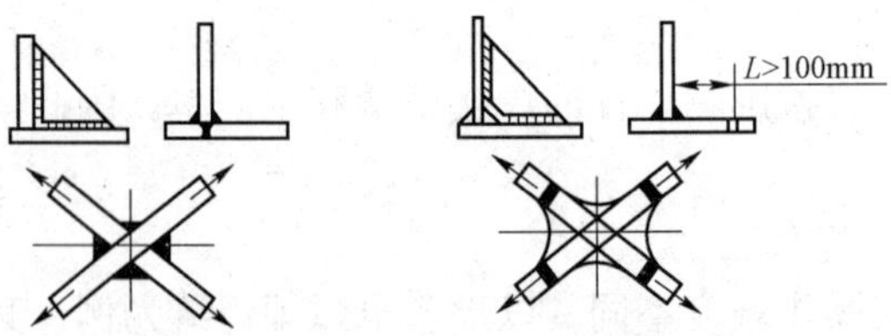

图 6-11　焊缝布置应避免密集或交叉

（3）焊缝布置应尽量对称

当焊缝布置对称于焊件截面中心轴或接近中心轴时，可使焊接中产生的变形相互抵消而减少焊后总变形量。焊缝位置对称分布在梁、柱、箱体等结构的设计中尤其重要，如图 6-12

所示，图 6–12（a）中焊缝布置在焊件的非对称位置，会产生较大弯曲变形，不合理；图 6–12（b）、图 6–12（c）将焊缝对称布置，均可减小弯曲变形。

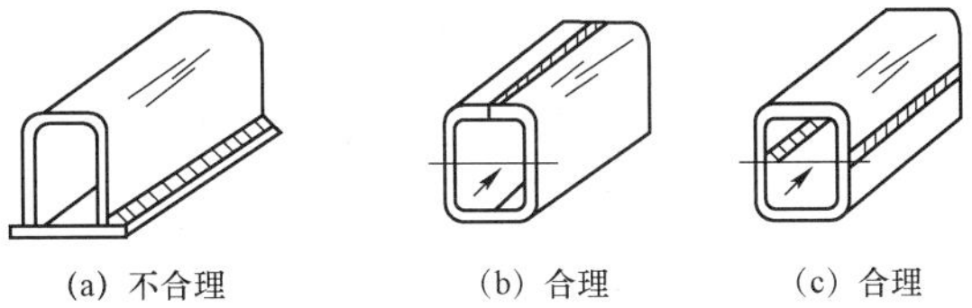

图 6–12 焊缝布置应尽量对称

（4）焊缝布置应尽量避开最大应力位置或应力集中位置

尽管优质的焊接接头能与母材等强度，但焊接时难免出现程度不同的焊接缺陷，使结构的承载能力下降。所以在设计受力的焊接结构时，最大应力和应力集中的位置不应布置焊缝。如图 6–13 所示，图 6–13（a）中大跨度钢梁的最大应力处在钢梁中间，若整个钢梁结构由两段型材焊成，焊缝正布置在最大应力处，整个结构的承载能力下降；若改用图 6–13（b）结构，钢梁由三段型材焊成，虽增加了一条焊缝，但焊缝避开了最大应力处，提高了钢梁的承载能力。压力容器结构设计，为使焊缝避开应力集中的转角处，不应采用图 6–13（c）所示的无折边封头结构，应采用图 6–13（d）所示的有折边封头结构。

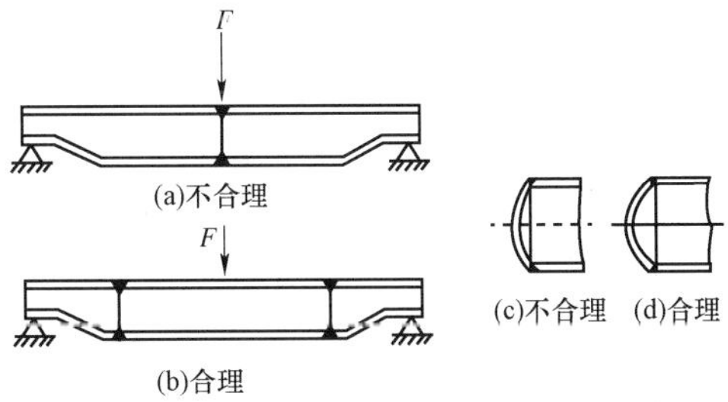

图 6–13 焊缝布置应尽量避开最大应力和应力集中的位置

（5）焊缝布置应避开机加工表面

有些焊件某些部位需切削加工，如采用焊接结构制造的零件轮毂等。如图 6–14 所示，为机加工方便，先车削内孔后焊接轮辐，为避免内孔加工精度受焊接变形影响，必须采用图 6–14（b）结构，焊缝布置离加工面远些。对机加工表面要求高的零件，由于焊后接头处的硬化组织影响加工质量，焊缝布置应避开机加工表面，图 6–14（d）所示结构比图 6–14（c）合理。

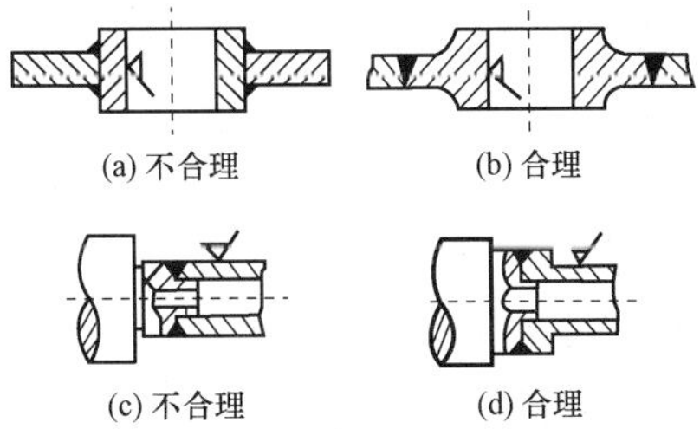

图 6–14 焊缝布置应避开机加工表面

（二）焊接方法选择

各种焊接方法都有其各自特点及适用范围，选择焊接方法时要根据焊件的结构形状及材质、焊接质量要求、生产批量和现场设备等，在综合分析焊件质量、经济性和工艺可能性之后，确定最适宜的焊接方法。

常用焊接方法的适用范围及特点见表6－1。选择焊接方法时应依据下列原则。

表6－1　常用焊接方法的适用范围及特点

<table>
<tr><th>焊接方法</th><th>焊接热源</th><th>可焊空间位置</th><th>适用钢板厚度/mm</th><th>焊缝成形性</th><th>生产率</th><th>设备费用</th><th>可焊材料</th><th>适用范围及特点</th></tr>
<tr><td>气焊</td><td>氧－乙炔气体或其他可燃气体</td><td>全位置</td><td>1～3</td><td>较差</td><td>低</td><td>低</td><td>碳钢、低合金钢、铸铁、铝及铝合金、铜及铜合金</td><td>薄板、薄管焊件，灰口铸铁补焊，铝、铜及其合金薄板结构件的焊接、补焊。但焊件变形大，焊接质量较差</td></tr>
<tr><td>焊条电弧焊</td><td>电弧</td><td>全位置</td><td>＞1
常用2～10</td><td>较好</td><td>中等</td><td>较低</td><td>碳钢、低合金钢、不锈钢、铸铁等</td><td>成本较低，适应性强，可焊各种空间位置的短、曲焊缝</td></tr>
<tr><td>埋弧焊</td><td>电弧</td><td>平焊</td><td>≥3
常用4～60</td><td>好</td><td>高</td><td>较高</td><td>碳钢、低合金钢等</td><td>成批生产、中厚板长直焊缝和直径＞250 mm环焊缝</td></tr>
<tr><td>氩弧焊</td><td>电弧</td><td>全位置</td><td>0.5～25</td><td>好</td><td>中等</td><td>较高</td><td>铝、铜、钛、镁及其合金、不锈钢、耐热钢</td><td>焊接质量好，成本高</td></tr>
<tr><td>CO_2焊</td><td>电弧</td><td>全位置</td><td>0.8～50
常用于薄板</td><td>较好</td><td>高</td><td>较高</td><td>碳钢、低合金钢</td><td>生产率高，无渣壳，成本低，宜焊薄板，也可焊中厚板，长直或短曲焊缝</td></tr>
<tr><td>电渣焊</td><td>电阻热</td><td>立焊</td><td>25～1 000
常用40～450</td><td>好</td><td>高</td><td>高</td><td>碳钢、低合金钢、铸铁</td><td>较厚工件立焊缝</td></tr>
<tr><td>点焊</td><td rowspan="3">电阻热</td><td>全位置</td><td>常用0.5～6</td><td rowspan="3">好</td><td rowspan="2">很高</td><td>较低～较高</td><td rowspan="3">碳钢、低合金钢、铝及铝合金</td><td>焊接薄板，接头为搭接</td></tr>
<tr><td>缝焊</td><td rowspan="2">平焊</td><td><3</td><td>较高</td><td>焊接有密封要求的薄板容器和管道，接头为搭接</td></tr>
<tr><td>对焊</td><td>—</td><td>高</td><td>较低～较高</td><td>焊接杆状零件，接头为对接</td></tr>
<tr><td>钎焊</td><td>各种热源（常用烙铁和氧－乙炔焰）</td><td>平、立焊</td><td>—</td><td>好</td><td>高</td><td></td><td>一般为金属材料</td><td>常用于电子元件、仪器、仪表及精密机械零件的焊接，还可完成其他焊接方法难以完成的异种金属间焊接。但接头强度较低，接头多为搭接</td></tr>
</table>

（1）焊接接头使用性能及质量要符合结构技术要求

选择焊接方法时既要考虑焊件能否达到力学性能要求，又要考虑接头质量能否符合技术要求。如点焊、缝焊都适用于薄板轻型结构焊接，缝焊才能焊出有密封要求的焊缝。又如氩弧焊和气焊虽都能焊接铝材容器，但接头质量要求高时，应采用氩弧焊。又如焊接低碳钢薄板，若要求焊接变形小时，应选用CO_2焊或点（缝）焊，而不宜选用气焊。

（2）提高生产率，降低成本

若板材为中等厚度时，选择焊条电弧焊、埋弧焊和气体保护焊均可，如果是平焊长直焊缝或大直径环焊缝，批量生产，应选用埋弧焊。如果是位于不同空间位置的短曲焊缝，单件或小批量生产，采用焊条电弧焊为好。氩弧焊几乎可以焊接各种的金属及合金，但成本较高，所以主要用于焊接铝、镁、钛合金结构及不锈钢等重要焊接结构。焊接铝合金工件，板厚＞10 mm 采用熔化极氩弧焊为好，板厚＜6 mm 采用钨极氩弧焊适宜。若是板厚＞40 mm 钢材直立焊缝，则采用电渣焊最适宜。

（3）焊接现场设备条件及工艺可能性

选择焊接方法时，要考虑现场是否具有相应的焊接设备，野外施工有没有电源等。此外，要考虑拟定的焊接工艺能否实现。例如，无法采用双面焊工艺又要求焊透的工件。采用单面焊工艺时，若先用钨极氩弧焊（甚至钨极脉冲氩弧焊）打底焊接，则更易于保证焊接质量。

（三）焊接接头设计

焊接接头设计包括焊接接头形式设计和坡口形式设计。设计接头形式主要考虑焊件的结构形状和板厚、接头使用性能要求等因素。设计坡口形式主要考虑焊缝能否焊透、坡口加工难易程度、生产率、焊条消耗量、焊后变形大小等因素。

1. 焊接接头形式设计

焊接接头按其结合形式分为对接接头、盖板接头、搭接接头、T 形接头、十字接头、角接接头和卷边接头等，如图 6－15 所示。其中常见的焊接接头形式有对接接头、搭接接头、角接接头和 T 形接头。

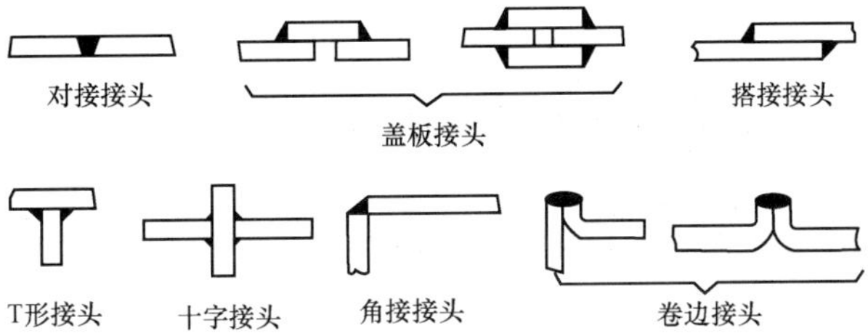

图 6－15 焊接接头形式

对接接头应力分布均匀，节省材料，易于保证质量，是焊接结构中应用较多的一种，但对下料尺寸和焊前定位装配尺寸要求精度高。锅炉、压力容器等焊件常采用对接接头。搭接接头不在同一平面，接头处部分相叠，应力分布不均匀，会产生附加弯曲力，降低了疲劳强度，多耗费材料，但对下料尺寸和焊前定位装配尺寸要求精度不高，且接头结合面大，增加承载能力，所以薄板、细杆焊件如厂房金属屋架、桥梁、起重机吊臂等桁架结构常用搭接接头。点焊、缝焊工件的接头为搭接，钎焊也多采用搭接接头，以增加结合面。角接接头和 T 形接头根部易出现未焊透，引起应力集中，因此接头处常开坡口，以保证焊接质量，角接接头多用于箱式结构。对于 1～2 mm 薄板，气焊或钨极氩弧焊时为避免接头烧穿又节省填充焊丝，可采用卷边接头。

2. 焊接接头坡口形式设计

开坡口的根本目的是使接头根部焊透，同时也使焊缝成型美观，此外通过控制坡口大小，能调节焊缝中母材金属与填充金属的比例，使焊缝金属达到所需的化学成分。加工坡口的常用方法有气割、切削加工（车或刨）和碳弧气刨等。

焊条电弧焊的对接接头、角接接头和 T 形接头中有各种形式的坡口，其选择主要取决于焊件板材厚度。

（1）对接接头坡口形式设计

对接接头的坡口基本形式有 I 形坡口、Y 形坡口、双 Y 形坡口、带钝边 U 形坡口、带钝边双 U 形坡口、单边 V 形坡口、双单边 V 形坡口、带钝边 J 形坡口、带钝边双 J 形坡口等，图 6-16 中列出其中五种坡口形式。此外，还有带垫板的 I 形坡口等。

（2）角接接头坡口形式设计

角接接头的坡口基本形式有 I 形坡口、错边 I 形坡口、Y 形坡口、带钝边单边 V 形坡口、带钝边双单边 V 形坡口等，如图 6-17 所示。

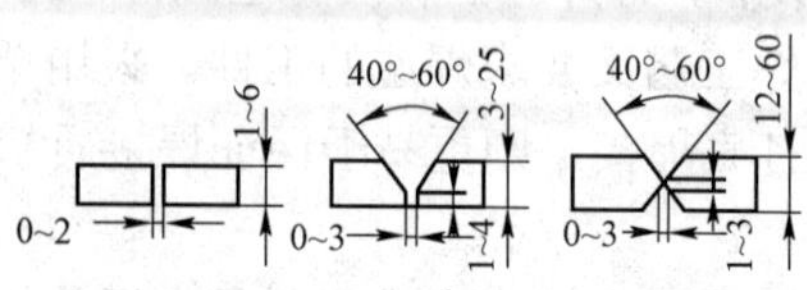

(a) I形坡口　(b) Y形坡口　(c) 双Y形坡口

(d) 带钝边U形坡口　(e) 带钝边双U形坡口

图 6-16　对接接头坡口形式

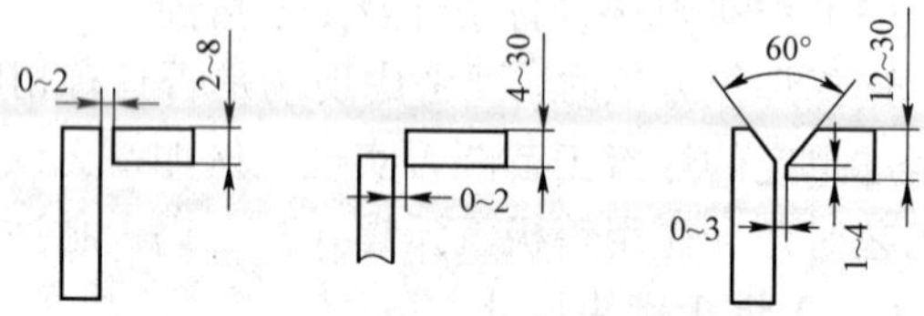

(a) I形坡口　(b) 错边I形坡口　(c) Y形坡口

(d) 带钝边单边V形坡口　(e) 带钝边双单边V形坡口

图 6-17　角接接头坡口形式

（3）T 形接头坡口形式设计

T 形接头的坡口基本形式有 I 形坡口、带钝边单边 V 形坡口、带钝边双单边 V 形坡口等，如图 6-18 所示。

焊条电弧焊板厚＜6 mm 时，一般采用 I 形坡口；但重要结构件板厚＞3 mm 就需开坡口，以保证焊接质量。板厚在 6～26 mm 之间可采用 Y 形坡口，这种坡口加工简单，但焊后角变形大。板厚在 12～60 mm 之间可采用双 Y 形坡口。同等板厚情况下，双 Y 形坡口比 Y 形坡口需要的填充金属量约少 1/2，且焊后角变形小，但需双面焊。带钝边 U 形坡口比 Y 形坡口省焊条，省焊接工时，但坡口加工麻烦，需切削加工。

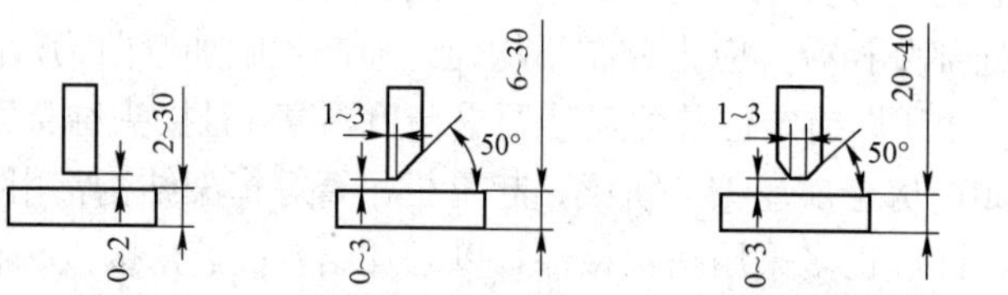

(a) I形坡口　(b) 带钝边单边V形坡口　(c) 带钝边双单边V形坡口

图 6-18　T 形接头坡口形式

埋弧焊焊接较厚板采用 I 形坡口时，为使焊剂与焊件贴合，接缝处可留一定间隙。

坡口形式的选择既取决于板材厚度，也要考虑加工方法和焊接工艺性。如要求焊透的受力焊缝，能双面焊尽量采用双面焊，以保证接头焊透，变形小，但生产率下降。若不能双面焊时才开单面坡口焊接。

对于不同厚度的板材，为保证焊接接头两侧加热均匀，接头两侧板厚截面应尽量相同或相近，如图 6-19 所示。不同厚度钢板对接时允许的厚度差见表 6-2。

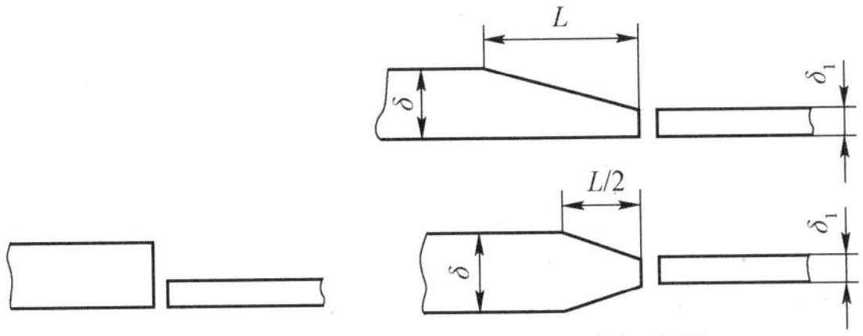

(a) 不合理　　(b) 合理

图 6-19　不同板厚对接

表 6-2　不同厚度钢板对接时允许的厚度差　　mm

较薄板的厚度 δ_1	>2~5	>5~9	>9~12	>12
允许的厚度差 δ	1	2	3	4

任务二　焊 接 方 法

任务引入

【1】如图 6-20 所示，动车组铝合金车体采用“大截面中空挤压型材构成的筒形结构”，该型材中空结构，两个面之间夹支撑的筋板，重量减轻而强度高，试分析中空挤压型材采用什么焊接方法连接成铝合金车体。

图 6-20　中空挤压型材车体

【2】如图 6-21 所示，动车组空调系统中的蒸发器管道由铜管组成，试分析铜管是采用什么焊接方法连接的。

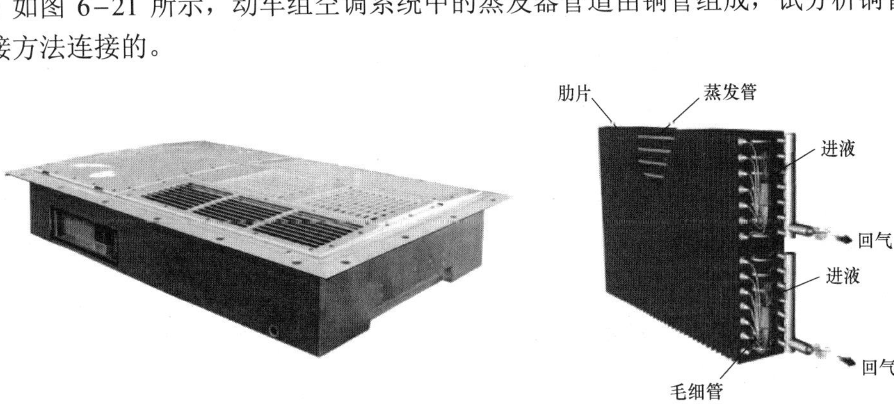

图 6-21　动车组空调蒸发器

相关知识准备

一、熔化焊

（一）手工电弧焊

手工电弧焊是熔化焊中最基本的一种焊接方法。它利用电弧产生的热熔化被焊金属，使之形成永久结合。由于它所需要的设备简单、操作灵活，可以对不同焊接位置、不同接头形式的焊缝方便地进行焊接，因此是目前应用最为广泛的焊接方法。

手工电弧焊按电极材料的不同可分为熔化极手工电弧焊和非熔化极手工电弧焊。溶化极手工电弧焊是以金属焊条作电极，电弧在焊条端部和母材表面燃烧的方法。非熔化极手工电弧焊中比较常用的有手工钨极气体保护焊。

图 6-22 是手工电弧焊示意图，图中的电路是以电源为起点，通过焊接电缆、焊钳、焊条、工件、接地电缆形成回路。在有电弧存在时形成闭合回路，形成焊接过程。焊条和工件在这里既作为焊接材料，也作为导体。焊接开始后，电弧的高热瞬间熔化了焊条端部和电弧下面的工件表面，使之形成熔池，焊条端部的熔化金属以细小的熔滴状过渡到熔池中去，与母材熔化金属混合，凝固后成为焊缝。

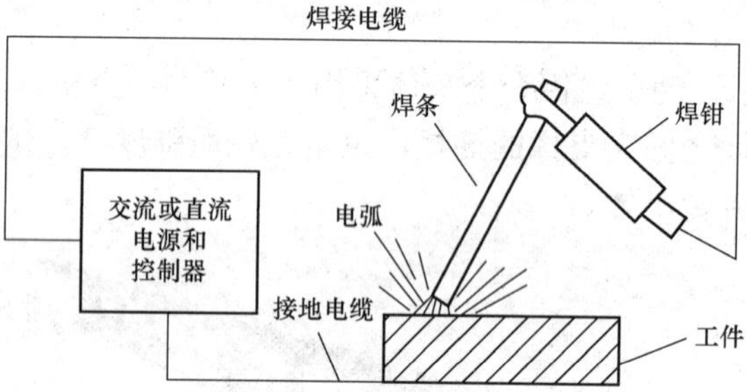

图 6-22　手工电弧焊示意图

手工电弧焊所用的设备需根据焊条和被焊材料选取。电源分为交流电和直流电两种。使用酸性焊条焊接低碳钢一般构件时，应优先考虑选用价格低廉、维修方便的交流弧焊机；使用碱性焊条焊接高压容器、高压管道等重要钢结构，或焊接合金钢、有色金属、铸铁时，则应选用直流弧焊机。购置能力有限而焊件材料的类型繁多时，可考虑选用通用性强的交、直流两用弧焊机。当采用某些碱性药皮焊条时，如结 507 时，必须选用直流焊接电源，而且要注意此时应将电焊机的负极接工件，正极接焊条，称为直流反接法；反之称为正接法。如图 6-23 所示。

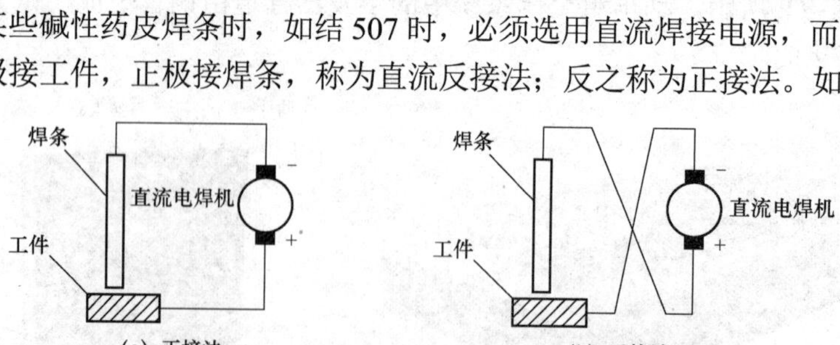

图 6-23　采用直流电焊接的极性接法

1. 焊接电弧

焊接电弧是指发生在电极与工件之间的强烈、持久的气体放电现象。

（1）电弧的引燃

常态下的气体由中性分子或原子组成，不含带电粒子。要使气体导电，首先要有一个使其产生带电粒子的过程。操作中一般采用接触引弧。先将电极（钨棒或焊条）和焊件接触形成短路［图 6–24（a）］，此时在某些接触点上产生很大的短路电流，温度迅速升高，为电子的逸出和气体电离提供能量条件，而后将电极提起一定距离［小于 5 mm，图 6–24（b）］。在电场力的作用下，被加热的阴极有电子高速逸出，撞击空气中的中性分子和原子，使空气电离成阳离子、阴离子和自由电子。这些带电粒子在外电场作用下定向运动，阳离子奔向阴极，阴离子和自由电子奔向阳极。在它们的运动过程中，不断碰撞和结合，产生大量的光和热，形成电弧［图 6–24（c）］。电弧的热量与焊接电流和电压的乘积成正比，电流越大，电弧产生的总热量就越大。

（2）电弧的组成

焊接电弧由阴极区、阳极区和弧柱区 3 部分组成［图 6–24（c）］。阴极区因发射大量电子而消耗一定能量，产生的热量较少，约占电弧热的 36%，阳极表面受高速电子的撞击，传入较多的能量，因此阳极区产生的热量较多，占电弧热的 43%。其余 21%左右的热量在弧柱区产生。

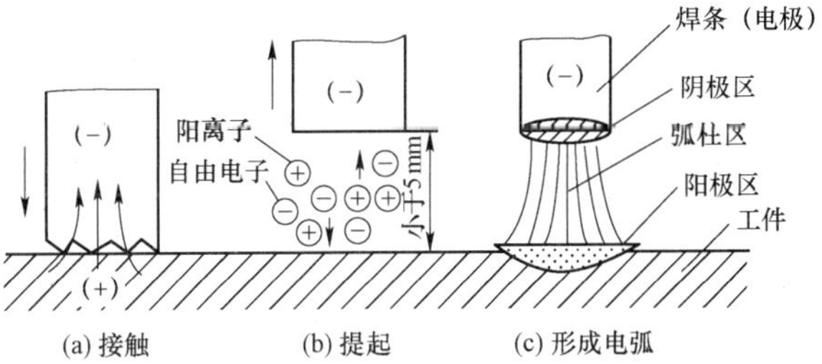

图 6–24 电弧的引燃

电弧中阳极区和阴极区的温度因电极的材料（主要是电极熔点）不同而有所不同。用钢焊条焊接钢材料时，阳极区热力学温度约 2 600 K，阴极区热力学温度约 2 400 K，弧柱区热力学温度高达 5 000～8 000 K。正接时，电弧热量主要集中在焊件（阳极）上，有利于加快焊件熔化，保证足够的熔深，适用于焊接较厚的工件。反接时，焊条接阳极，适用于焊接有色金属及薄钢板，以避免烧穿焊件。

2. 焊条

1）焊条的组成和作用

焊条由焊芯和药皮两部分组成。焊芯是金属丝，药皮是压涂在焊芯表面的涂料层。

（1）焊芯

焊芯的作用，一是作为电极传导电流，二是熔化后作为填充金属与母材形成焊缝。焊芯的化学成分和杂质含量直接影响焊缝质量。生产中有不同用途的焊丝（焊芯），如焊条焊芯、埋弧焊焊丝、CO_2 焊焊丝、电渣焊焊丝等。

（2）药皮

药皮的作用，一是改善焊接工艺性，如药皮中含有稳弧剂，使电弧易于引燃和保持燃烧稳定。二是对焊接区起保护作用。药皮中含有造渣剂、造气剂等，造渣后熔渣与药皮中有机物燃烧产生的气体对焊缝金属起双重保护作用。三是起有益的冶金化学作用。药皮中含有脱氧剂、合金剂、稀渣剂等，使熔化金属顺利地进行脱氧、脱硫、去氢等冶金化学反应，并补充被烧损的合金元素。

2）焊条的分类

焊条按用途不同分为 10 大类：结构钢焊条、钼和铬钼耐热钢焊条、低温钢焊条、不锈钢焊条、堆焊焊条、铸铁焊条、镍及镍合金焊条、铝及铝合金焊条、铜及铜合金焊条、特殊用途焊条等。其中结构钢焊条分为碳钢焊条和低合金钢焊条两类。

结构钢焊条按药皮性质不同可分为酸性焊条和碱性焊条两种。酸性焊条的药皮中含有多量酸性氧化物（如 SiO_2、MnO_2 等），碱性焊条药皮中含有多量碱性氧化物（如 CaO 等）和萤石（CaF_2）。由于碱性焊条药皮中不含有机物，药皮产生的保护气体中氢含量极少，所以又称为低氢焊条。

3）焊条的型号与牌号

焊条型号是国家标准中规定的焊条代号。焊接结构生产中应用最广的是碳钢焊条和低合金钢焊条，相应的国家标准为 GB/T 5117—2012 和 GB/T 5118—2012。标准规定，碳钢焊条型号由字母 E 和四位数字组成。如 E4301，其含义如下。

E：代表焊条。

43：代表熔敷金属抗拉强度不低于 430 MPa。

0：适用的焊接位置（“0”“1” 适于全位置焊接，“2” 适于平焊及平角焊，“4” 适于向下立焊）。

1：第三位和第四位数字组合时代表焊接电流种类和药皮类型。

在碳钢焊条型号中，代表熔敷金属抗拉强度最小值的数字仅有“43”和“50”系列两种。

焊条牌号是焊条生产行业统一的焊条代号。表 6-3 为不同用途的焊条类别与焊条牌号表示方法。焊条牌号前的字母表示焊条类别，“×××” 代表数字，前两位数字代表焊缝金属抗拉强度等级。末尾数字表示焊条的药皮类型和焊接电流种类（表 6-4）。表 6-5 部分常用碳钢焊条型号与牌号对应表。

表 6-3　焊条类别与焊条牌号表示方法

名称	焊条牌号	名称	焊条牌号
结构钢焊条	J×××	铸铁焊条	Z×××
钼及铬钼耐热钢焊条	R×××	镍及镍合金焊条	Ni×××
低温钢焊条	W×××	铝及铝合金焊条	L×××
不锈钢焊条	G×××	铜及铜合金焊条	T×××
堆焊焊条	A×××	特殊用途焊条	TS×××

表 6-4　焊条牌号末尾数字与焊条药皮类型和焊接电流种类之间的关系

<table>
<tr><th>末尾数字</th><th>药皮类型</th><th>焊接电流种类</th><th>末尾数字</th><th>药皮类型</th><th>焊接电流种类</th></tr>
<tr><td>××0</td><td colspan="2">不属已规定的类型</td><td>××5</td><td>纤维素型</td><td>交流或直流正、反接</td></tr>
<tr><td>××1</td><td>氧化钛型</td><td rowspan="4">交流或直流正、反接</td><td>××6</td><td>低氢钾型</td><td>交流或直流反接</td></tr>
<tr><td>××2</td><td>氧化钛钙型</td><td>××7</td><td>低氢钠型</td><td>直流反接</td></tr>
<tr><td>××3</td><td>钛铁矿型</td><td>××8</td><td>石墨型</td><td>交流或直流正、反接</td></tr>
<tr><td>××4</td><td>氧化铁型</td><td>××9</td><td>盐基型</td><td>直流反接</td></tr>
</table>

表 6–5 部分常用碳钢焊条型号与牌号对应表

焊条型号	焊条牌号	熔敷金属抗拉强度数值(≥)		药皮类型	焊条类别	电流种类与极性	用途
		kgf/mm²	MPa				
E4301	J423	43	420	钛铁矿型	酸性焊条	交流或直流正、反接	较重要的碳钢结构
E5001	J503	50	490				
E4303	J422	43	420	钛钙型			
E5003	J502	50	490				
E4311	J425	43	420	高纤维素钾型		交流或直流反接	一般碳钢结构
E5011	J505	50	490				
E4320	J424	43	420	氧化铁型	酸性焊条	交流或直流正接	较重要的碳钢结构
E4327	J424Fe	43	420	铁粉氧化铁型			
E4315	J427	43	420	低氢钠型	碱性焊条	直流反接	重要碳钢、低合金钢结构
E5015	J507	50	490				
E4316	J426	43	420	低氢钾型		交流或直流反接	
E5016	J506	50	490				
E5018	J506Fe	50	490	铁粉低氢钾型			

焊条型号是根据熔敷金属抗拉强度、药皮类型、焊条类别、电流种类与极性划分的，以便供用户选焊条时参考。但同一种焊条型号可能有不同性能的几种焊条牌号与之对应，如 J427 和 J427Ni 属于同一种焊条型号 E4315。

4）焊条的选用原则

（1）等强度原则

焊接低碳钢和低合金钢时，一般应使焊缝金属与母材等强度，即选用与母材同强度等级的焊条。

（2）同成分原则

焊接耐热钢、不锈钢等金属材料时，应使焊缝金属的化学成分与母材的化学成分相同或相近，即按母材化学成分选用相应成分的焊条。

（3）抗裂缝原则

焊接刚度大、形状复杂、要承受动载荷的结构时，应选用抗裂性好的碱性焊条，以免在焊接和使用过程中接头产生裂纹。

（4）抗气孔原则

受焊接工艺条件的限制，如对焊件接头部位的油污、铁锈等清理不便，应选用抗气孔能力强的酸性焊条，以免焊接过程中气体滞留于焊缝中，形成气孔。

（5）低成本原则

在满足使用要求的前提下，尽量选用工艺性能好、成本低和效率高的焊条。此外，应根据焊件的厚度、焊缝位置等条件，选用不同直径的焊条。一般焊件越厚，选用焊条的直径就越大。

（二）埋弧自动焊

埋弧焊（SAW）又称焊剂层下电弧焊，它是通过保持在焊丝和工件之间的电弧将金属加热，使被焊件之间形成刚性连接。按自动化程度的不同，埋弧焊分为半自动焊（移动电弧是手工操作）和自动焊。这里所指的埋弧焊都是指埋弧自动焊，半自动焊已基本上被气体保护焊代替。

1. 埋弧自动焊的焊接过程

埋弧自动焊时，焊剂由给送焊剂管流出，均匀地堆敷在装配好的母材表面。焊丝由自动送丝机构自动送进，经导电嘴进入电弧区。焊接电源分别接在导电嘴和焊件上，以便产生电弧。给送焊剂管、自动送丝机构及控制盘等通常都装在一台电动小车上。小车可以按调定的速度沿着焊缝自动行走，如图 6-25 所示。

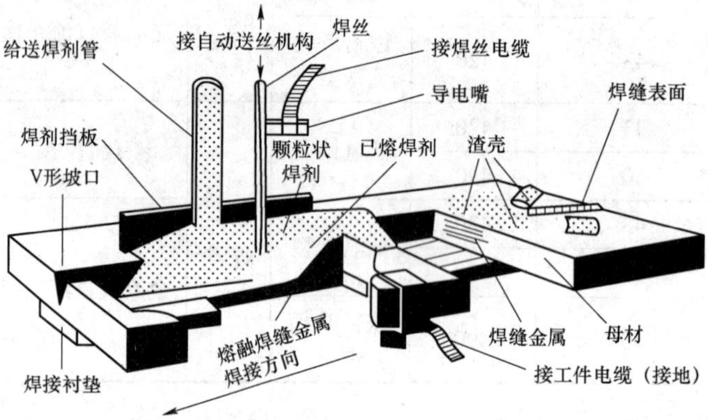

图 6-25　埋弧自动焊

颗粒状焊剂层下的焊丝末端与母材之间产生电弧，电弧热使邻近的母材、焊丝和焊剂熔化，并有部分蒸发。焊剂蒸气将熔化的焊剂（熔渣）排开，形成一个与外部空气隔绝的封闭空间，这个封闭空间不仅很好地隔绝了空气与电弧和熔池的接触，而且可完全阻挡有害电弧光的辐射。

电弧在这里继续燃烧，焊丝便不断地熔化，呈滴状进入熔池并与母材中熔化的金属及焊剂提供的合金元素相混合。熔化的焊丝不断地被补充，送入电弧中，同时不断地添加焊剂。随着焊接过程的进行，电弧向前移动，焊接熔池随之冷却而凝固，形成焊缝。密度较小的已熔焊剂浮在焊缝表面形成熔渣层。未熔化的焊剂可回收再用。

2. 埋弧自动焊的特点及应用

（1）焊接质量好

焊接过程能够自动控制；各项工艺参数可以调节到最佳数值；焊缝的化学成分比较均匀和稳定；焊缝光洁平整，有害气体难以侵入，熔池金属冶金反应充分，焊接缺陷较少。

（2）生产率高

焊丝从导电嘴伸出长度较短，可用较大的焊接电流，而且连续施焊的时间较长，这样就能提高焊接速度。同时，焊件厚度在 14 mm 以内的对接焊缝可不开坡口，不留间隙，一次焊成，故其生产率高。

（3）节省焊接材料

焊件可以不开坡口或开小坡口，可减少焊缝中焊丝的填充量，也可减少因加工坡口而浪费掉的焊件材料。同时，焊接时金属飞溅少，又没有焊条头的损失，所以可节省焊接材料。

（4）易实现自动化

埋弧自动焊自动化程度高，劳动条件好，强度低，操作简单。

埋弧自动焊的缺点是：适应性差，通常只适用于焊接水平位置的直缝和环缝，不能焊接空间焊缝和不规则焊缝，对坡口的加工、清理和装配质量要求较高。

埋弧自动焊通常用于碳钢、低合金结构钢、不锈钢和耐热钢等中厚板结构的长直缝、直径大于 300 mm 环缝的平焊。此外，它还用于耐磨、耐腐蚀合金的堆焊、大型球墨铸铁曲轴及镍合金、铜合金等材料的焊接。

（三）气体保护电弧焊

气体保护电弧焊是指用外加气体作为电弧介质并保护电弧和焊接区的电弧焊。气体保护电弧焊是明弧焊接，焊接时便于监视焊接过程，故操作方便，可实现全位置自动焊接，焊后还不用清渣，可节省大量辅助时间，大大提高了生产率。另外，由于保护气流对电弧有冷却压缩作用，电弧热量集中，因而焊接热影响区窄，工件变形小，特别适用于薄板焊接。

1. 氩弧焊

氩弧焊是以氩（Ar）气作为保护气体的气体保护电弧焊。氩气是一种惰性气体，在高温下，它不与金属和其他任何元素起化学反应，也不溶于金属，因此保护效果良好，所焊接头质量高。

按使用的电极不同，氩弧焊可分为不熔化极氩弧焊即钨极氩弧焊（TIG 焊）和熔化极氩弧焊（MIG 焊）两种，如图 6–26 所示。

（1）钨极氩弧焊

常采用熔点较高的钍钨棒或铈钨棒作为电极，焊接过程中电极本身不熔化，故属不熔化极电弧焊。钨极氩弧焊又分为手工焊和自动焊两种。焊接时填充焊丝在钨极前方添加。当焊接薄板时，一般不需开坡口和加填充焊丝。

钨极氩弧焊的电流种类与极性的选择原则是：焊接铝、镁及其合金时，采用交流电；焊其他金属（低合金钢、不锈钢、耐热钢、钛及钛合金、铜及铜合金等）采用直流正接。由于钨极的载流能力有限，其电功率受到限制，所以钨极氩弧焊一般只适于焊接厚度小于 6 mm 的工件。

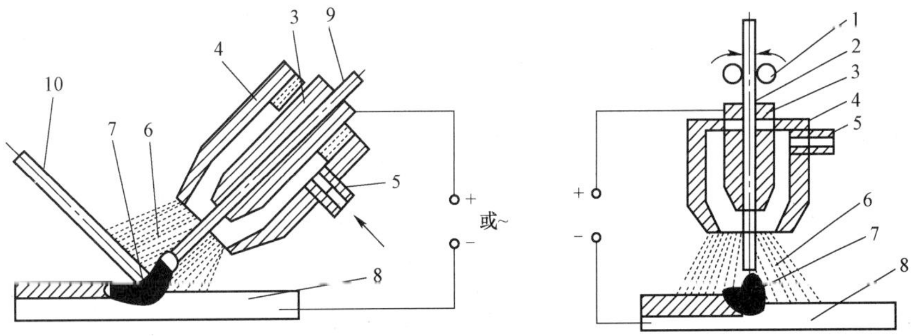

(a) 钨极氩弧焊　　(b) 熔化极氩弧焊

1—送丝轮；2—焊丝；3—导电嘴；4—喷嘴；5—进气管；6—氩气流；7—电弧；8—工件；9—钨极；10—填充焊丝

图 6–26　氩弧焊示意图

（2）熔化极氩弧焊

熔化极氩弧焊是以连续送进的焊丝作为电极，电弧产生在焊丝与工件之间，焊丝不断送进，并熔化过渡到焊缝中去，因而焊接电流可大大提高。

熔化极氩弧焊可分为半自动焊和自动焊两种，一般采用直流反接法。与TIG焊相比，MIG焊可采用高密度电流，母材熔深大，填充金属熔敷速度快，生产率高。MIG焊和TIG焊一样，几乎可焊接所有的金属，尤其适合于焊接铝及铝合金、铜及铜合金和不锈钢等材料。主要用于中、厚板的焊接。目前采用熔化极脉冲氩弧焊可以焊接薄板，进行全位置焊接，实现单面焊双面成型和封底焊。

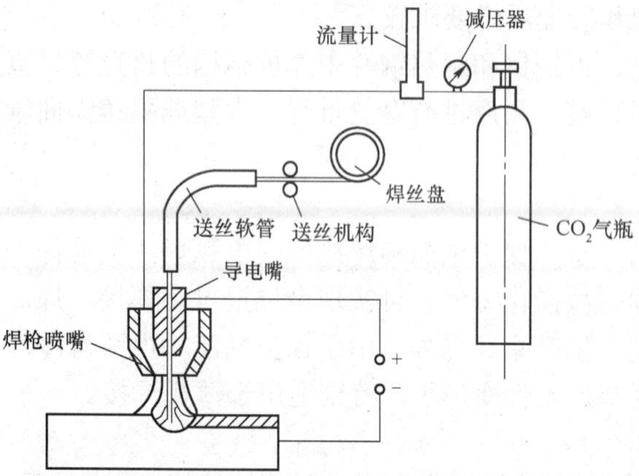

图6-27　CO_2气体保护焊示意图

2. CO_2气体保护焊

CO_2气体保护焊是利用廉价的CO_2作为保护气体的电弧焊。CO_2气体保护焊如图6-27所示。它是利用焊丝作电极，焊丝由送丝机构通过软管经导电嘴送出。电弧在焊丝与工件之间产生。CO_2气体从喷嘴中以一定的流量喷出，包围电弧和熔池，从而防止空气对液体金属的有害作用。CO_2气体保护焊可分为自动焊和半自动焊。目前应用较多的是半自动焊。

CO_2气体保护焊除具有前述的气体保护焊的那些优点外，还有焊缝含氢量低，抗裂性能好；CO_2气体具有价格便宜、来源广泛，生产成本低等优点。由于CO_2气体是氧化性气体，高温时可分解成CO和氧原子，易造成合金元素烧损，焊缝吸氧，导致电弧稳定性差、飞溅较多、弧光强烈、焊缝表面成形不够美观等缺点。若控制或操作不当，还容易产生气孔。为保护焊缝的合金元素，须采用含锰、硅较高的焊接钢丝或含有相应合金元素的合金钢焊丝。常用的CO_2气体保护焊焊丝是H08Mn2SiA，适于焊接低碳钢和普通低合金结构钢（σ_b<600 MPa）。还可使用Ar和CO_2气体混合保护，焊接强度级别较高的普通低合金结构钢。为了稳定电弧，减少飞溅，CO_2气体保护焊采用直流反接。由于CO_2气体保护焊的优点较多，目前已广泛应用于机械制造业各部门中。

（四）气焊

气焊是利用气体火焰作为热源的焊接方法。最常用的是氧-乙炔焊，利用氧-乙炔焰进行焊接。乙炔（C_2H_2）为可燃气体，氧气为助燃气体。乙炔和氧气在焊炬中混合均匀后从焊嘴喷出燃烧，将焊件和焊丝熔化形成熔池，冷却凝固后形成焊缝，如图6-28所示。气焊时气体燃烧，产生大量的CO_2、CO、H_2气体笼罩熔池，起到保护作用。气焊使用不带药皮的光焊丝作填充金属。

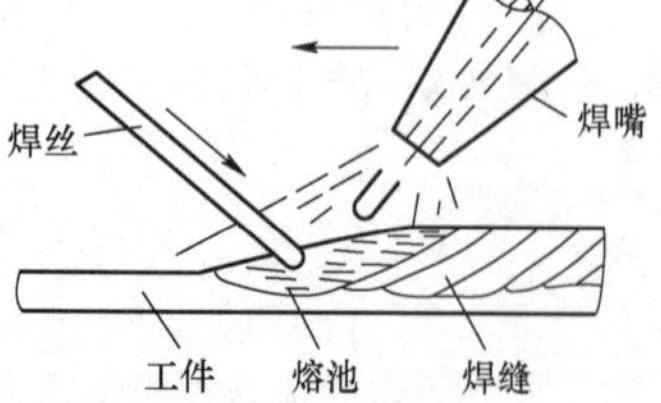

图6-28　气焊示意图

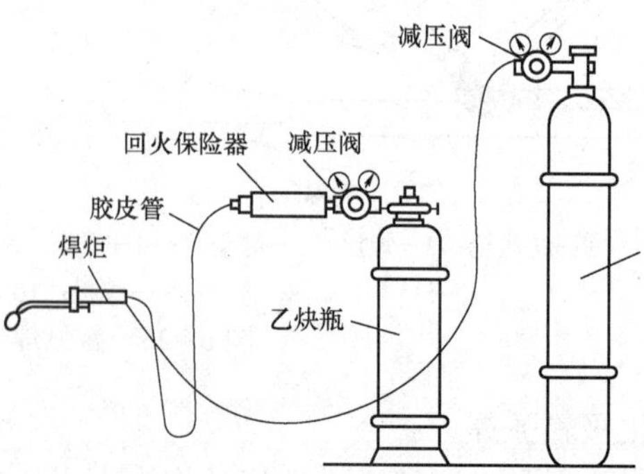

图6-29　气焊设备及其连接

气焊设备简单、操作灵活方便、不需电源，但气焊火焰温度较低（最高约 3 150 ℃），且热量较分散，生产率低，工件变形大，所以应用不如电弧焊广泛。主要用于焊接厚度在 3 mm 以下的薄钢板，铜、铝等有色金属及其合金，低熔点材料和铸铁焊补等。气焊设备由氧气瓶、乙炔瓶、减压阀、回火保险器及焊炬等组成。如图 6–29、图 6–30 所示。

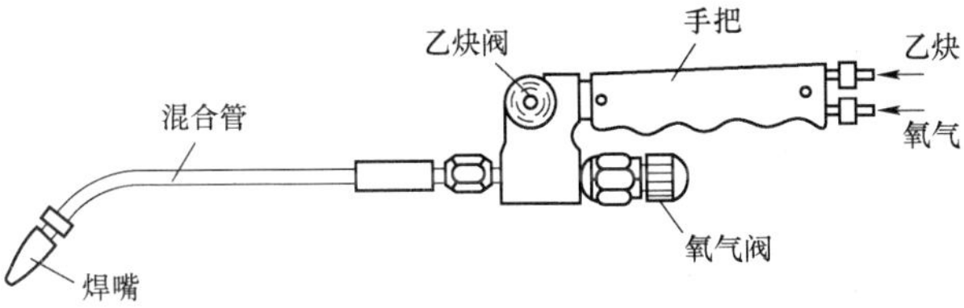

图 6–30 焊炬

1. 气焊火焰的种类及应用

气焊时通过调节氧气阀和乙炔阀，可以改变氧气和乙炔的混合比例，从而得到三种不同的气焊火焰：中性焰、碳化焰和氧化焰，如图 6–31 所示。

（1）中性焰

中性焰是指在一次燃烧区内既无过量氧又无游离碳的火焰（最高温度 3 100～3 200 ℃），中性焰中氧气和乙炔的比值为 1～1.2。其火焰由焰芯、内焰、外焰三部分组成。焰芯呈亮白色清晰明亮的圆锥形，内焰的颜色呈淡橘红色，外焰为橙黄色不甚明亮。由于内焰温度高（约 3 150 ℃），又具有还原性（含有一氧化碳和氧气），故最适宜气焊工作。中性焰使用较多，如焊接低碳钢、中碳钢、低合金钢、紫铜、铝合金等。

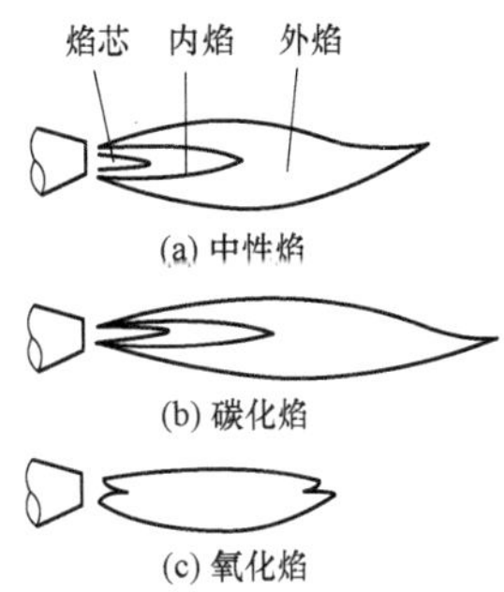

图 6–31 气焊火焰

（2）碳化焰

当氧气和乙炔的比值小于 1 时，得到的火焰是碳化焰。向火焰中提供的氧气量不足而乙炔过剩，使火焰焰芯拉长，白炽的碳层加厚呈羽翅状延伸入内焰区中。整个火焰燃烧软弱无力，冒黑烟。用此种火焰焊接金属能使金属增碳，通常用于焊接高碳钢、高速钢、铸铁及硬质合金等。

（3）氧化焰

当氧气和乙炔的比值大于 1.2 时，得到的火焰是氧化焰。火焰中有过量的氧，焰芯变短变尖，内焰区消失，整个火焰长度变短，燃烧有力并发出响声。用此种火焰焊接金属能使熔池氧化沸腾，钢性能变脆，故除焊接黄铜外，一般很少使用。

2. 接头形式和焊接准备

气焊可以进行平、立、横、仰等各种空间位置的焊接。其接头型式也有对接、搭接、角接和 T 形接头等。在气焊前，必须彻底清除焊丝和焊件接头处表面的油污、油漆、铁锈及水分等，否则不能进行焊接。

3. 焊丝与焊剂

在焊接时，气焊的焊丝作为填充金属，与熔化的母材一起形成焊缝，因此焊丝质量对焊件性能有很大的影响。焊接时常根据焊件材料选择相应的焊丝。

焊剂的作用是保护熔池金属，除去焊接过程中形成的氧化物，增加液态金属的流动性。焊接低碳钢时，由于中性焰本身具有相当的保护作用，可不用焊剂。我国气焊焊剂的主要牌号有 CJ101（用于焊接不锈钢、耐热钢）、CJ201（用于焊接铸铁）、CJ301（用于焊接铜合金）、CJ401（用于焊接铝合金）。焊剂的主要成分有硼酸、硼砂、碳酸钠等。

（五）电渣焊

电渣焊是利用电流通过液态熔渣时所产生的电阻热熔化母材和填充金属进行焊接的方法。它与电弧焊不同，除引弧外，焊接过程中不产生电弧。

电渣焊一般在立焊位置进行，焊前将边缘经过清理、侧面经过加工的焊件装配成相距 20～40 mm 的接头，如图 6-32 所示，焊接过程如图 6-33 所示。

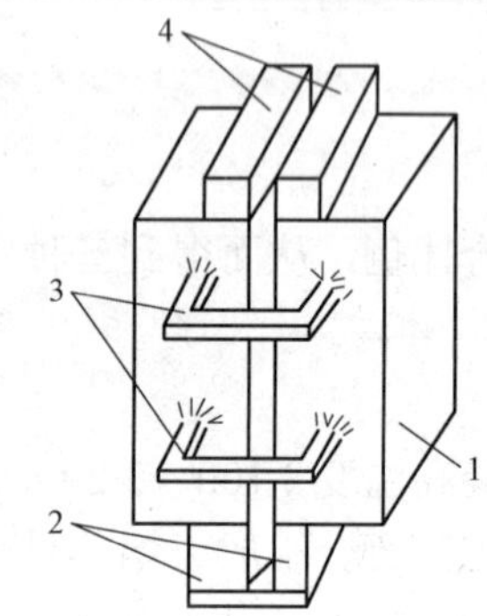

1—工件；2—引弧板；3—门形板；4—引出板

图 6-32　电渣焊工件装配图

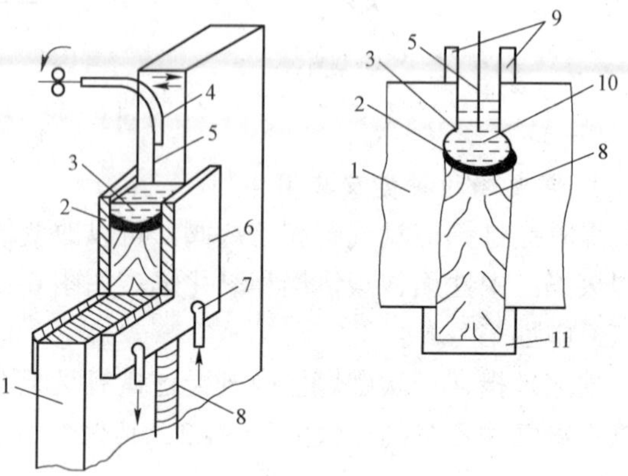

1—工件；2—金属熔池；3—熔渣；4—导丝管；5—焊丝；6—强制成形装置；7—冷却水管；8—焊缝；9—引出板；10—金属熔滴；11—引弧板

图 6-33　电渣焊焊接过程

焊件与填充焊丝接电源两极，在接头底部焊有引弧板，顶部装有引出板。在接头两侧还装有强制成形装置即冷却滑块（一般用铜板制成，并通水冷却），以利熔池冷却结晶。焊接时将焊剂装在引弧板、冷却滑块围成的盒状空间里。送丝机构送入焊丝，同引弧板接触后引燃电弧。电弧高温使焊剂熔化，形成液态熔渣池。当熔渣池液面升高淹没焊丝末端后，电弧自行熄灭，电流通过熔渣，进入电渣焊过程。由于液态熔渣具有较大电阻，电流通过时产生的电阻热将使熔渣温度升高达 1 700～2 000 ℃，使与之接触的那部分焊件边缘及焊丝末端熔化。熔化的金属在下沉过程中，同熔渣进行一系列冶金反应，最后沉积于熔渣池底部、形成金属熔池。以后随着焊丝不断送进与熔化，金属熔池不断升高并将熔渣池上推，冷却滑块也同步上移，熔渣池底部则逐渐冷却凝固成焊缝，将两焊件连接起来。比重轻的熔渣池浮在上面既作为热源，又隔离空气，保护熔池金属不受侵害。

电渣焊的特点如下。

① 对于厚大截面的焊件可一次焊成，生产率高。工件不开坡口，焊接同等厚度的工件，焊剂消耗量只是埋弧自动焊的 1/50～1/20。电能消耗量是埋弧焊的 1/3～1/2、焊条电弧焊的 1/2，因此，电渣焊的经济效果好，成本低。

② 由于熔渣对熔池保护严密，避免了空气对金属熔池的有害影响，而且熔池金属保持液态时间长，有利于冶金反应充分，焊缝化学成分均匀和气体杂质上浮被排除。因此焊缝金属比较纯净，质量较好。

③ 焊接速度慢，焊件冷却慢，因此焊接应力小。但焊接热影响区却比其他焊接方法的宽，造成接头晶粒粗大，力学性能下降。所以电渣焊后，焊件要进行正火处理，以细化晶粒。

电渣焊主要用于焊接厚度大于 30 mm 的厚大工件。由于焊接应力小，它不仅适合低碳钢的焊接，还适合于中碳钢和合金结构钢的焊接。目前电渣焊是制造大型铸—焊、锻—焊复合结构，如水压机、水轮机和轧钢机上大型零件的重要工艺方法。

（六）等离子弧焊

等离子弧焊原理如图 6–34 所示。钨极与工件之间加一高压，经高频振荡器的激发，使气体电离形成电弧，电弧通过细孔喷嘴时，弧柱截面缩小，产生机械压缩效应；向喷嘴内通入高速保护气流（如氩气、氮气等），此冷气流均匀地包围着电弧，使弧柱外围受到强烈冷却，于是弧柱截面进一步缩小，产生了热压缩效应。此外，带电离子在弧柱中的运动可看成是无数根平行的通电"导体"，其自身磁场所产生的电磁力使这些"导体"互相吸引靠拢，电弧受到进一步压缩，这种作用称为电磁压缩效应。这三种压缩效应作用在弧柱上，使弧柱被压缩得很细，电流密度极大提高，能量高度集中，弧柱区内的气体完全电离，从而获得等离子弧。这种等离子弧的热力学温度可高达 15 000～16 000 K，能够用于焊接和切割。

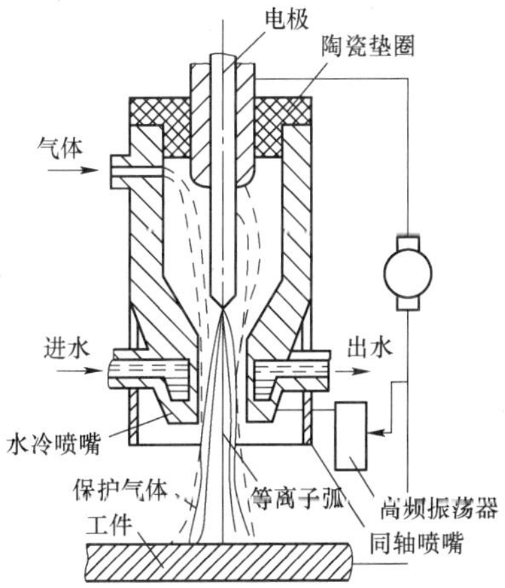

图 6–34 等离子弧焊原理

利用等离子弧作为热源的焊接方法称为等离子弧焊。焊接时，在等离子弧周围还要喷射保护气体以保护熔池，一般保护气体和等离子气体相同，通常为氩气。

按焊接电流大小，等离子弧焊分为微束等离子弧焊和大电流等离子弧焊两种。微束等离子弧的电流一般为 0.1～30 A，可用于厚度为 0.025～2.5 mm 箔材和薄板的焊接。大电流等离子弧主要用于焊接厚度大于 2.5 mm 的焊件。

等离子弧焊具有能量集中，穿透能力强，电弧稳定等优点。因此，焊接 12 mm 厚的工件可不开坡口，能一次单面焊透双面成型；其焊接热影响区小，焊件变形小；而且焊接速度快，生产率高。但等离子弧焊设备复杂，气体消耗大，焊接成本较高，并且只适宜于室内焊接，因此应用范围受到一定限制。

现在等离子弧焊已广泛应用于化工、原子能、精密仪器仪表及尖端技术领域的不锈钢、耐热钢、铜合金、铝合金、钛合金及钨、钼、钴、铬、镍、钛的焊接。此外，利用高温高速的等离子弧还可以切割任何金属和非金属材料，包括氧–乙炔焰不能切割的材料，而且切口窄而光滑，切割效率比氧–乙炔焰切割提高 1～3 倍。

二、压力焊与钎焊

（一）压力焊

利用加压（或同时加热）的方法使两工件的结合面紧密接触并产生一定的塑性变形，借用原子之间的结合力将它们牢固地连接起来。这类焊接方法称为压力焊。根据加热加压的方式不同，压力焊可分为电阻焊、摩擦焊、超声波焊、扩散焊和爆炸焊等。

1. 电阻焊

电阻焊是利用电流通过焊件及其接触面产生的电阻热作热源，将焊件局部加热到塑性或熔融状态，然后在压力下形成焊接接头的一种焊接方法。

电阻焊分为点焊、缝焊、对焊三种形式，如图 6–35 所示。

与其他焊接方法相比，电阻焊具有生产率高、焊件变形小、劳动条件好、不需填充材料和易于实现自动化等特点。但设备较一般熔化焊复杂，耗电量大，适用的接头形式和可焊工件厚度受到一定限制，且焊前清理要求高。

1）点焊

如图 6–35（a）所示，点焊是利用柱状电极在两块搭接工件接触面之间形成焊点而将工件焊在一起的焊接方法。

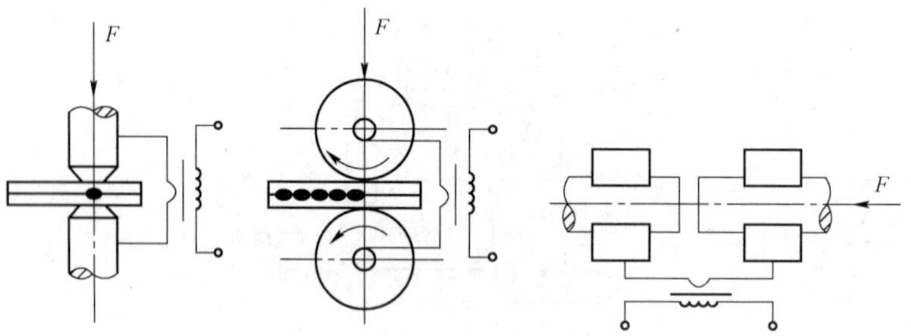

图 6–35　电阻焊示意图

点焊的焊接过程分预压、通电加热和断电冷却几个阶段。

（1）预压

将表面已清理好的工件叠合起来，置于两电极之间预压夹紧，使工件欲焊处紧密接触。

（2）通电加热

由于电极内部通水，电极与被焊工件之间所产生的电阻热被冷却水带走，故热量主要集中在两工件接触处，将该处金属迅速加热到熔融状态而形成熔核，熔核周围的金属被加热到塑性状态，在压力作用下发生较大塑性变形。

（3）断电冷却

当塑性变形量达到一定程度后，切断电源，并保持压力一段时间，使熔核在压力作用下冷却结晶，形成焊点。

焊完一点后，移动工件焊第二点，这时候有一部分电流流经已焊好的焊点，这种现象称为分流。分流会使第二点处电流减小，影响焊接质量，因而两点间应有一定距离。被焊材料的导电性越好，焊件厚度越大，分流现象越严重，因此两点间的间距就应该越大。

点焊主要用于薄板结构，板厚一般在 4 mm 以下，特殊情况下可达 10 mm。这种焊接方法广泛用来制造汽车车厢、飞机外壳等轻型结构。

2）缝焊

缝焊过程与点焊基本相似。缝焊焊缝是由许多焊点依次重叠而形成的连续焊缝。由于缝焊机的电极是两个可以旋转的盘状电极，所以缝焊又称滚焊。

如图 6–35（b）所示，当两工件的搭接处被两个圆盘电极以一定的压力夹紧并反向转动时，自动开关按一定的时间间隔断续送电，两工件接触面间就形成许多连续而彼此重叠的焊点，这样就获得了缝焊焊缝，焊点相互重叠率在 50%以上。缝焊在焊接过程中分流现象严重。因此缝焊只适于焊接 3 mm 以下的薄板焊件。

缝焊焊缝表面光滑美观，气密性好。缝焊已广泛应用于家用电器（如电冰箱壳体）、交通运输（如汽车、拖拉机油箱）及航空航天（如火箭燃料贮箱）等工业部门中要求密封的焊件的焊接。

3）对焊

如图 6–35（c）所示，对焊是利用电阻热将两工件端部对接起来的一种压力焊方法。根据焊接过程不同，对焊又可分为电阻对焊和闪光对焊。

（1）电阻对焊

把工件装在对焊机的两个电极夹具上对正、夹紧，并施加预压力，使两工件的端面挤紧，然后通电。由于两工件接触处实际接触面积较小，因而电阻较大，当电流通过时，就会在此产生大量的电阻热，使接触面附近金属迅速加热到塑性状态，然后增大压力，切断电源，使接触处产生一定的塑性变形而形成接头。

电阻对焊具有接头光滑、毛刺小、焊接过程简单等优点，但接头的机械性能较低。焊前必须对焊件端面进行除锈、修整，否则焊接质量难以保证。电阻对焊主要用于截面尺寸小且截面形状简单（如圆形、方形等）的金属型材的焊接。

（2）闪光对焊

在闪光对焊时，将工件装在电极夹头上夹紧，先接通电源，然后逐渐靠拢。由于工件接头端面比较粗糙，开始只有少数几个点接触，当强大的电流通过接触面积很小的几点时，就会产生大量的电阻热，使接触点处的金属迅速熔化甚至气化，熔化的金属在电磁力和气体爆炸力作用下连同表面的氧化物一起向四周喷射，产生火花四溅的闪光现象。继续推进焊件，闪光现象便在新的接触点处产生，待两工件的整个接触端面有一薄层金属熔化时，迅速加压并断电，两工件便在压力作用下冷却凝固而焊接在一起。

闪光对焊对工件端面的平整度要求不高，接头质量也较电阻对焊的好，但操作比较复杂，对环境也会造成一定污染。其应用如铁轨闪光对焊连接，如图 6–36 所示。

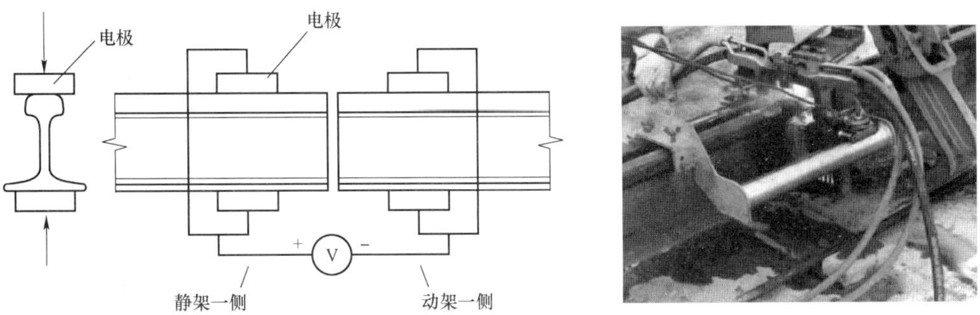

图 6–36 铁轨闪光对焊连接

2. 摩擦焊

摩擦焊是利用两工件焊接端面之间相互摩擦而产生的热量将工件接合端加热到塑性状态后，在压力作用下使它们连接起来的一种压力焊方法。

（1）摩擦焊过程

将工件I、II分别夹持在焊机的旋转夹头和移动夹头上，加上预压力使两工件紧密接触。然后使工件I高速旋转，工件II在一定的轴向压力作用下不断向工件I方向缓缓移动。于是两工件接触端面强烈摩擦而发出大量的热并被加热到塑性状态，同时在轴向压力作用下逐步发生塑性变形。变形的结果使覆盖在端面上的氧化物和杂质迅速破碎并被挤出焊接区，露出纯净的金属表面，如图6－37所示。

随着焊接区金属塑性变形的增加，接触端部很快被加热到焊接温度，这时立即刹车，停止工件I的旋转并加大轴向压力，使两工件在高温高压下焊接起来。

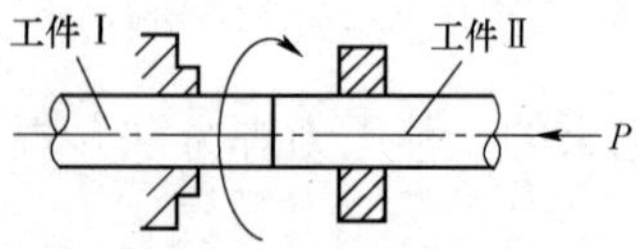

图6－37　摩擦焊工作原理

（2）摩擦焊特点

摩擦焊具有以下特点。

① 焊接接头质量高且稳定。由于工件接触表面强烈摩擦，使工件接触表面的氧化膜和杂质被挤出焊缝，因而接头质量好，焊件尺寸精度高。

② 不仅可以实现同种金属的焊接，还可实现异种金属的焊接，如高速钢与45钢焊接，铜合金与铝合金焊接等。

③ 生产率高。焊好一个接头所需时间一般不超过1 min，与闪光对焊相比，生产率可提高几倍甚至几十倍。

④ 摩擦焊操作技术简单，容易实现自动控制，且没有火花和弧光，劳动条件好。

⑤ 焊机所需功率小，省电。与闪光对焊相比，可节约电能5～10倍以上。

（3）摩擦焊的接头形式

摩擦焊接头一般是等截面的，也可以是不等截面的。摩擦焊作为一门新技术，在国内外已得到很大发展，世界各国投入使用的摩擦焊机逐年增多。我国目前已能焊接直径168 mm的大型石油钻杆，并对摩擦焊机实现了微机控制，改善了接头质量，提高了产品合格率。随着研究的深入和生产的发展，摩擦焊将会得到更广泛的应用。

（二）钎焊

钎焊是通过加热，使被焊工件接头处温度升高，但不熔化，同时使熔点较低的钎料熔化并渗入被焊工件的间隙之中，通过原子扩散互相溶解，冷却凝固后将两工件连接起来的一类焊接方法。

与一般焊接方法相比，钎焊的加热温度较低，焊件的应力和变形较小。对材料的组织和性能影响很小，易于保证焊件尺寸。钎焊还能实现异种金属甚至金属与非金属的连接。因此钎焊在电工、仪表、航空等机械制造业中得到广泛应用。

1. 钎料

按熔点不同，钎料可分为易熔钎料和难熔钎料两大类。

（1）易熔钎料

熔点在450 ℃以下，又称软钎料。常用的软钎料有锡基和铅基钎料。这种钎料的焊缝强度较低，用于强度要求低或无强度要求的焊件，如电子产品和仪表中线路的焊接。

（2）难熔钎料

熔点高于 450 ℃，又称硬钎料。常用的硬钎料有银基和铜基钎料。这种钎料的接头强度较高，常用于受力较大或工作温度较高的工件焊接，如车刀上硬质合金刀头与刀杆的焊接。

2. 钎焊方法

1）焊件去膜

大气中的金属表面都覆盖着一层氧化膜。氧化膜的存在会使液态钎料不能浸润工件而难于焊接，因此必须设法清除。常用的去膜法有钎剂去膜法（如锡焊时采用松香、铜焊时采用硼酸或硼砂）和机械去膜法（如利用器械刮除）。

2）接头形式

钎焊接头的强度往往低于钎焊金属的强度，因此钎焊常采用搭接接头形式。依靠增大搭接面积，可以在接头强度低于钎焊金属强度的条件下，达到接头与焊件具有相等的承载能力的目的。另外，它的装配要求也比较简单。

3）加热方法

（1）烙铁加热

利用烙铁头积聚的热量来熔化钎料并加热工件钎焊部位。烙铁钎焊只适用于软钎料焊接薄件和小件，多用于电工、仪表等线路连接。烙铁钎焊一般采用钎剂去膜。

（2）火焰加热

利用可燃性气体或液体燃料燃烧所形成的火焰来加热焊件和熔化钎料。这种加热方法常用于银基和铜基钎料，钎焊碳钢、低合金钢、不锈钢、铜及铜合金的薄壁和小型焊件。火焰钎焊主要由手工操作，对工人的技术水平要求较高。

（3）电阻加热

依靠电阻热加热焊件和熔化钎料，并在压力作用下完成焊接过程。电阻钎焊加热迅速、生产率高，易于实现自动化，但接头尺寸不能太大。目前主要用于钎焊刀具、带锯、导线端、各种电触点，以及集成电路块和晶体管等元件的焊接。

（4）感应加热

将工件的钎焊部分置于交变磁场中，通过工件在磁场中产生的感应电流的电阻热来实现钎焊焊接。感应加热的速度快，生产率高，便于实现自动化。特别适用于管件套接、管子和法兰、轴和轴套之类接头的焊接。

任务三　常用金属材料的焊接

任务引入

【1】车体作为列车的框架，是高铁列车之“骨”，CR200J 型动车组车体采用耐候钢板材焊接而成，试分析耐候钢的焊接性如何。

【2】CRH380B 动车组车体采用中空挤压铝合金型材焊接而成，如图 6–38 所示，试分析铝合金的焊接性如何。

图 6-38 动车组铝合金焊接车体

相关知识准备

一、碳钢的焊接

（一）低碳钢的焊接

低碳钢碳的质量分数≤0.25%，所以这类钢的焊接性良好，焊接时一般不需要采取特殊的工艺措施，用各种焊接方法都能获得优质焊接接头。只有厚大结构件在低温下焊接时，才应考虑焊前预热，如 20 mm 以下板厚、温度低于零下 10 ℃或板厚大于 50 mm、温度低于 0 ℃，应预热 100～150 ℃。

低碳钢结构件焊条电弧焊时，根据母材强度等级，一般选用酸性焊条 E4303（J422）、E4320（J424）等；承受动载荷、结构复杂的厚大焊件，选用抗裂性好的碱性焊条 E4215（J427）、E4316（J426）等。埋弧焊时，一般选用焊丝 H08A 或 H08MnA 配合焊剂 HJ431。采用电渣焊时，焊后应进行正火处理。

沸腾钢脱氧不完全，含氧量较高，S、P 等杂质分布不均匀，局部区域 S、P 含量可能超出规定范围，焊接时裂纹倾向大，不宜作为焊接结构件，应改用镇静钢。

（二）中、高碳钢的焊接

中碳钢焊接时，热影响区组织淬硬倾向增大，较易出现裂纹和气孔，为此要采取一定的工艺措施。如 35 钢、45 钢焊接时，焊前应预热 150～250 ℃。根据母材强度级别，选用焊条 E5015（J507）、E5016（J506）、E5515-×（J557）、E5516-×（J556）等（×代表后缀字母，表示熔敷金属化学成分分类的代号）。为避免母材过量熔入焊缝中导致碳含量升高，要开坡口并采用细焊条、小电流、多层焊等工艺。焊后缓冷，并进行 600～650 ℃回火，以消除应力。

高碳钢碳的质量分数在 0.60%以上，淬硬倾向大，易出现各种裂纹和气孔，焊接性差，一般不用来作为焊接结构，只用于破损工件的焊补。焊补时通常采用焊条电弧焊或气焊，焊条选用 E6015-×（J607）、E7015-×（J707）等，预热 250～350 ℃，焊后缓冷，并立即进行 650 ℃以上高温回火，以消除应力。中、高碳钢焊条电弧焊时，若焊件无法预热，应选用奥氏体不锈钢焊条进行焊接。

二、低合金结构钢的焊接

低合金结构钢在焊接生产中应用很广。这种钢可分为两大类：强度用钢和特殊性能钢。强度用钢按照屈服点数值分为三类：σ_S=294～490 MPa 的热轧及正火钢（焊前为热轧及正火状态），σ_S=441～980 MPa 的低碳调质钢（w_C＜0.25%，焊前为调质状态）和 σ_S=880～1 176 MPa 的中碳调质钢（w_C=0.25%～0.45%，焊前为调质状态）。特殊性能钢包括低温钢、耐热钢和耐蚀钢。

(一)强度用钢的焊接

表 6-6 列出 5 种常用的热轧及正火钢焊接工艺特点。焊前预热温度取决于焊件厚度和现场温度，以 16Mn 为例，其预热温度见表 6-7。

表 6-6 5 种常用的热轧及正火钢焊接工艺特点

钢号	09Mn2	16Mn	15MnV	15MnVN	14MnMoV
碳当量值	0.36	0.39	0.40	0.43	0.50
屈服点 σ_s/MPa	294	343	392	441	491
抗拉强度 σ_b/MPa	≈420	≈490	≈540	≈590	≈690
预热温度/℃	不预热（板厚 h≤16 mm）	100～150（h≥30 mm）	100～150（h≥28 mm）	100～150（h≥25 mm）	≥200
焊条型号	E4303 E4315	E5003 E5015 E5016	E5003 E5015 E5016 E5515	E5515 E6015	E6015
埋弧焊焊丝	H08A H08MnA HJ431	H08A（不开坡口）H08MnA（不开坡口）H10Mn2（开坡口）HJ431	H08MnA（不开坡口）H08Mn2SiA H10Mn2（中板开坡口）HJ431	H08MnMoA（厚板开深坡口） HJ350 HJ250 H08MnMoA H04MnVTiA HJ431 HJ350	H08Mn2MoA HJ350
CO_2 焊焊丝	H08Mn2Si、H08Mn2SiA				H06Mn2SiMoA
焊后热处理规范	电弧焊、电渣焊：不热处理	电弧焊： 600～650 ℃回火 电渣焊： 900～930 ℃正火 600～650 ℃回火	电弧焊： 550 ℃或 600 ℃回火 电渣焊： 950～980 ℃正火 550 ℃或 600 ℃回火	电弧焊： 550 ℃或 600 ℃回火 电渣焊： 950 ℃正火 650 ℃回火	电弧焊： 550 ℃或 600 ℃回火 电渣焊： 950～980 ℃正火 550 ℃或 600 ℃回火

表 6-7 不同环境温度下焊接 16Mn 钢的预热温度

板厚/mm	不同环境温度下的预热温度
16 以下	不低于 -10 ℃不预热，-10 ℃以下预热 100～150 ℃
16～24	不低于 -5 ℃不预热，-5 ℃以下预热 100～150 ℃
25～40	不低于 0 ℃不预热，0 ℃以下预热 100～150 ℃
40 以上	均预热 100～150 ℃

低、中碳调质钢的碳当量数值在 0.45%以上，焊接时热影响区产生淬硬组织倾向较大，

易产生冷裂纹，且钢的强度级别越高，冷裂倾向越大。因此，焊接前应预热，表 6－8 列出两种低碳调质钢的预热温度。由于中碳调质钢的焊接性比低碳调质钢差，所以预热温度应更高，为 200～350 ℃。

表 6－8　两种低碳调质钢的预热温度

钢号	板厚/mm			
	<13	13～16	16～22	22～35
	温度 / ℃			
14MnMoVN	不预热	50～100	100～150	150～200
14MnMoNbB	不预热	50～100	100～150	150～200

焊接强度用钢的常用方法有焊条电弧焊、埋弧焊和 CO_2 焊等。钨极氩弧焊可用于要求全焊透的管形工件的打底焊。焊接厚板工件如厚壁压力容器，可采用电渣焊。

（二）特殊性能钢的焊接

珠光体耐热钢是以 Cr、Mo 为基础的低、中合金钢，如 12CrMo 和 20Cr3MoWV 等。其碳当量数值为 0.45%～0.90%，裂纹倾向较大，焊接性较差。焊条电弧焊时，要选用与母材成分相近的焊条，预热温度 150～400 ℃，焊后应及时进行高温回火处理。如果焊前不能预热，应选用 Ni、Cr 含量较高的奥氏体不锈钢焊条。

低温钢中含 Ni 量较高的 5Ni 钢、9Ni 钢等，焊前不需预热，焊条成分要与母材匹配，焊接时能量输入要小，焊后回火注意避开“回火脆性区”。

耐蚀钢中除 P 含量较高的钢以外，其他耐蚀钢焊接性较好，不需预热或焊后热处理等。但要选择与母材相匹配的耐蚀焊条。

（三）不锈钢的焊接

奥氏体型不锈钢如 0Cr18Ni9 等，虽然 Cr、Ni 元素含量较高，但 C 含量低，焊接性良好，焊接时一般不需要采取工艺措施，因此它在不锈钢焊接中应用最广。焊条电弧焊、埋弧焊、钨极氩弧焊时，焊条、焊丝和焊剂的选用应保证焊缝金属与母材成分类型相同。焊接时采用小电流、快速不摆动焊，焊后加快冷速，接触腐蚀介质的表面应最后施焊。

铁素体型不锈钢如 1Cr17 等，焊接时热影响区中的铁素体晶粒易过热粗化，使焊接接头的塑、韧性急剧下降甚至开裂。因此，焊前预热温度应在 150 ℃以下，并采用小电流、快速焊等工艺，以降低晶粒粗大倾向。

马氏体型不锈钢焊接时，在空冷条件下焊缝就可转变为马氏体组织，所以焊后淬硬倾向大，易出现冷裂纹。如果碳含量较高，淬硬倾向和冷裂纹现象更严重。因此，焊前预热温度 200～400 ℃，焊后要进行热处理。如果不能实施预热或热处理，应选用奥氏体不锈钢焊条。铁素体型不锈钢和马氏体型不锈钢焊接的常用方法是焊条电弧焊和氩弧焊。

三、铸铁的焊补

铸铁中 C、Si、Mn、S、P 的含量比碳钢高，焊接性能差，不能作为焊接结构件，但对铸铁件的局部缺陷进行焊补很有经济价值。铸铁焊补的主要问题有两个：一是焊接接头易生成白口组织和淬硬组织，难以机加工；二是焊接接头易出现裂纹。

根据焊前预热温度，将铸铁焊补分为不预热焊法和热焊法两种。

（一）不预热焊法

焊前工件不预热（或局部预热至 300～400 ℃，称半热焊），焊后缓冷。常用的焊补方法是焊条电弧焊。焊条的选择根据如何保证焊缝中碳、硅含量合适而不致生成白口组织或使焊缝组织为塑性好的非铸铁型组织，并保证焊后工件的加工性能和使用性能来选定。

铸铁件裂纹的不预热焊法：先将裂纹处清理干净，并在裂纹两端钻止裂孔，防止裂纹扩展。焊接时采用与焊条种类相适应的工艺，焊后采用缓冷和锤击焊缝等方法，防止白口组织生成，减少焊接应力。

铸铁焊补的焊条有多种，如镍基铸铁焊条、纯铁芯和低碳钢芯铸铁焊条、铁基铸铁焊条等。镍基铸铁焊条的焊缝金属有良好的抗裂性和加工性，但价格较贵，主要用于重要铸铁件，如机床导轨面的不预热焊法。纯铁芯和低碳钢芯铸铁焊条与铁基铸铁焊条的熔合区和焊缝区易出现白口组织和裂纹，适于非加工面或刚度小的小型薄壁件的焊补。

不预热焊法生产率高，劳动条件好，工件焊补成本低，应尽量多用。

（二）热焊法

焊前把工件预热至 600～700 ℃，并在此温度下施焊，焊后缓冷或在 600～700 ℃保温消除应力。常用的焊补方法是焊条电弧焊和气焊。焊条电弧焊适于中等厚度以上（>10 mm）的铸铁件，选用铁基铸铁焊条或低碳钢芯铸铁焊条。10 mm 以下薄件为防止烧穿，采用气焊，用气焊火焰预热和缓冷焊件，选用铁基铸铁焊丝并配合焊剂使用。

热焊法劳动条件差，一般用于焊补后还需机械加工的复杂、重要铸铁件，如汽车的缸体、缸盖和机床导轨等。

四、有色金属的焊接

常用的有色金属有铝、铜、钛及其合金等。由于非铁金属具有许多特殊性能，在工业中应用越来越广，其焊接技术也越来越重要。

（一）铝及铝合金的焊接

铝及铝合金焊接的主要问题有以下几个方面。

（1）极易氧化

铝极易生成难熔的 Al_2O_3 薄膜（熔点为 2 050 ℃），覆盖在金属表面，阻碍母材熔合。薄膜比重大，易进入焊缝造成夹杂而脆化。

（2）易生成气孔

氢在液态铝合金中的溶解度比固态高 20 多倍，所以熔池凝固时氢气来不及完全逸出，造成焊缝气孔。另外 Al_2O_3 薄膜易吸附水分，使焊缝出现气孔的倾向增大。

（3）熔融状态难控制

铝及铝合金从固态转化为液态时颜色无明显变化，令操作者难以识别，不易控制熔融时间和温度，有可能出现烧穿等缺陷。

采用氩弧焊焊接铝及铝合金，由于有“阴极破碎”作用可解决氧化问题，惰性气体保护等措施可以解决气孔问题，所以在氩弧焊条件下，纯铝、防锈铝合金、少部分铸造铝硅合金焊接性较好。

目前，氩弧焊是焊接铝及铝合金最理想的熔化焊方法。为保证焊接质量，焊前要严格清洗焊件、焊丝，并一定要干燥后再焊，否则焊缝中易出现气孔。焊接时尽量选用与母材化学成分相近的专用焊丝。若没有专用焊丝也可从母材上切下窄条替代焊丝（钨极氩弧焊和气焊时）。还可使用电阻焊、钎焊方法焊接铝材，但焊前必须清除焊件表面的氧化膜，电阻焊时要采用气焊，气焊时需使用焊剂去除氧化物，但焊剂同时也使工件焊后的耐腐蚀性下降，且气焊生产率低，工件变形大。

（二）铜及铜合金的焊接

铜及铜合金分为紫铜、黄铜和青铜等。焊接结构件常用的是紫铜和黄铜，铜及铜合金焊接的主要问题有以下几个方面。

（1）难熔合及易变形

由于铜的导热性很强，约为钢的6倍，焊接时热量极易散失，不易达到焊接所需的温度，出现填充金属与母材金属难熔合、工件未焊透、焊缝成形差等缺陷。铜的线膨胀系数和凝固时的收缩率都大，导热性强还使热影响区范围宽，结果焊接应力大，易变形。

（2）热裂纹倾向大

铜及铜合金中一般含有 S、P、Bi 等杂质，铜在液态时氧化形成 Cu_2O，硫化形成 Cu_2S。Cu_2O、Cu_2S、P、Bi 都能与铜形成低熔点共晶体存在于晶界上，易引起热裂纹。

（3）易产生气孔

氢在液态铜中的溶解度比在固态铜中的溶解度高数倍，焊缝凝固时氢来不及完全析出；另外氢还与熔池中的 Cu_2O 反应生成水蒸气，造成焊缝中易出现氢气和水蒸气气孔。

由于上述原因，铜及铜合金焊接接头的塑性和韧性下降明显，为此采用焊接强热源设备和焊前预热（150～550 ℃）来防止难熔合、未焊透现象并减少焊接应力与变形；严格限制杂质含量，加入脱氧剂，控制氢来源，降低溶池冷却速度等方法防止裂纹、气孔缺陷；焊后采用退火处理以消除应力等措施。

焊接铜及铜合金常用的方法有氩弧焊、气焊、埋弧焊和钎焊。氩弧焊是焊接铜及铜合金应用最广的熔化焊方法。厚度小于 3 mm 的工件采用 TIG 焊，可不开坡口不加焊丝；厚度 3～12 mm 的工件采用填丝 TIG 焊或 MIG 焊；厚度大于 12 mm 的工件一般采用 MIG 焊。选用焊丝除满足一般工艺、冶金要求外，应注意控制其杂质含量和提高脱氧能力。气焊黄铜采用弱氧化焰，其他均采用中性焰，由于温度较低，除薄件外，焊前应将工件预热至 400 ℃以上，焊后应进行退火或锤击处理。埋弧焊适用于中、厚板长焊缝的焊接，厚度 20 mm 以上的工件焊前应预热，单面焊时背面应加成形垫板。铜及铜合金的钎焊性优良，硬钎焊时采用铜基钎料、银基钎料，配合硼砂、硼酸混合物等作为钎剂；软钎焊时可用锡基钎料、铅基钎料，配合松香、焊锡膏作为钎剂。

（三）钛及钛合金的焊接

钛（熔点 1 725 ℃，密度为 4.5 g/cm^3）及钛合金具有高强度、低密度、强抗腐蚀性和好的低温韧性，是航天工业的理想材料，因此焊接该种材料成为在尖端技术领域中必然要遇到的问题。

由于钛及钛合金化学性质非常活泼，极易出现多种焊接缺陷，焊接性差，所以主要采用氩弧焊，此外还可采用等离子弧焊、真空电子束焊和钎焊等。钛及钛合金极易吸收各种气体，使焊缝出现气孔。过热区晶粒粗化或钛马氏体生成以及氢、氧、氮与母材金属的激烈反应，都使焊接接头脆化，产生裂纹。氢是使钛及钛合金焊接出现延迟裂纹的主要原因。

3 mm 以下薄板钛合金的钨极氩弧焊焊接工艺比较成熟，但焊前的清理工作，焊接中工艺参数的选定和焊后热处理工艺都要严格控制。

任务四 轨道车辆常用焊件

任务引入

【1】转向架构架（图 6-39）是转向架其他零部件的安装基础。转向架构架焊接之后，常需要进行退火处理，试分析转向架构架采用什么焊接方法进行生产。

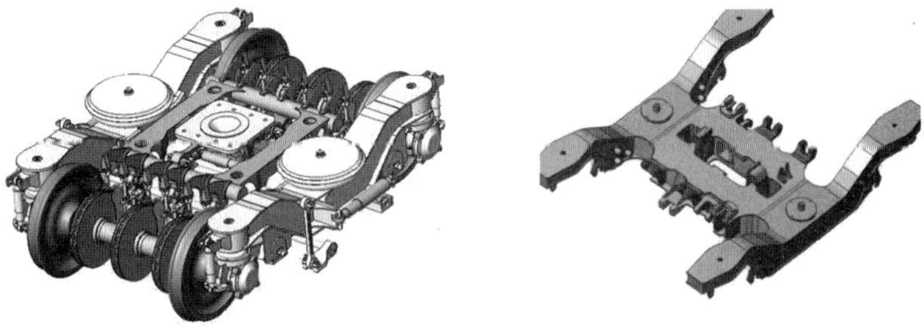

图 6-39 转向架构架

【2】为提高动车组铝合金车体的焊接质量，焊接前应对铝合金型材及焊丝进行什么样的处理？

相关知识准备

一、车身焊接

轨道车辆中焊接技术的应用，典型的是动车组车体和转向架构架的焊接。动车组车体的生产过程：先将铝合金型材按尺寸采用激光、水切割等工艺下料，之后焊接加工成不同部件，包括底架、侧墙、车顶、外端墙、内端墙等几大部件，这些部件再被组合，最终组焊成车体。

车体加工的长焊缝由机器人完成，小的部位由手工焊接，如图 6-40 所示。此外，搅拌摩擦焊、激光复合焊等新的焊接工艺也得到广泛应用。

(a) 手工焊接　　(b) 机器人焊接

图 6-40 动车组铝合金车体焊接

与其他材料焊接相比，铝合金焊接不仅难度高，同时对焊接环境有恒温恒湿的高要求，国内高铁动车组生产企业基本都配置了恒温恒湿环保焊接生产车间。

车体按结构形式分中间车和带驾驶室的头车两种。中间车为基础车型，被分为底架、侧墙、车顶、外端墙、内端墙等几大部件分别焊接，这几部分基本同步开始制造。将上面这些组合焊接在一起，车体就制造完成了。车体制造最难的是有驾驶室的头车车体。由于头车车体形状复杂，主要采用手工组焊，工艺更为复杂，尺寸要求更为苛刻。

车体焊接完成，或者在焊接过程中，需要不断进行调直打平，用打磨的方式进行精细修整。打磨几乎和焊接一样重要，目的在于消除应力，保证车身的平整度。

当车体制造完成后，开始涂装工艺。车体前后要多次上腻子，多次喷涂底漆和面漆，最后形成全身白色的车体。

二、转向架构架焊接

转向架构架，好比是整个转向架的“骨架”，其重要性如同人体的躯干一样，制动系统和牵引系统均安装在构架上。

转向架构架自动焊接生产线如图 6−41（a）所示，全长 120 m 的生产线，5 台焊接机器人、2 条自动运输线，重量不轻的构架在流水线上被传送、焊接、翻转、输出。

转向架构架焊接完成后，有复杂的涂装过程，即油漆。沿着设定的轨道，一个个构架从入口进去，穿过 U 形通道，在自动完成一个个复杂工序后，出来时已做好了防锈和表面涂装。之后开始转向架的组装，即制动装置、电机和各种管线的安装。组装中，在专用工艺装备的帮助下，构架分正反两面安装。一面安装完毕，被快速地翻转 180°。最后，安装好多种部件的构架，被吊起落在轮对上，转向架装配完成。

(a) 自动焊接生产线

(b) 焊接机器人

图 6−41　转向架构架焊接

思考与练习

1. 焊接电弧是如何产生的？电弧中各区的温度有多高？用直流或交流电焊接效果一样吗？

2. 焊接时为什么要进行保护？说明各电弧焊方法中的保护方式和保护效果有什么不同？

3. 焊芯的作用是什么？其化学成分有何特点？焊条药皮有哪些作用？

4. 何谓焊接热影响区？低碳钢焊接时各有哪些区段？各区段组织与性能变化如何？对接头性能有何影响？

5. 如何防止焊接变形？减少焊接应力的工艺措施有哪些？

6. 低碳钢焊接有何特点？普通低合金钢焊接的主要问题是什么？焊接时应采取哪些措施？

7. 奥氏体不锈钢焊接的主要问题是什么？

8. 铝、铜及其合金焊接常用哪些方法？优先采用哪一种为好？为什么？

项目七

金属切削加工

金属切削加工就是利用工件和刀具之间的相对（切削）运动，用刀具上的切削刃切除工件上的多余金属层，从而获得具有一定加工质量零件的过程。由此可见，需要理解零件加工质量的概念，掌握切削运动和金属切削刀具的基本知识，认识金属切削过程的基本规律。

知识目标

1. 掌握切削运动、切削用量三要素。
2. 掌握车刀的结构、主要角度及其作用、切屑变形的基本过程。
3. 了解常用刀具材料、切削力、切削热、刀具磨损及耐用度。
4. 掌握机床的种类及其特点。
5. 掌握车削、铣削、刨削和插削的工艺特点。
6. 掌握钻削、镗削、拉削和磨削的工艺特点。

任务一　切削运动与切削刀具

任务引入

【1】金属切削加工方法种类丰富，形式多样，其各种切削过程既有区别，也有着共同的现象和规律，观察图 7-1 所示的 3 种切削加工方法，熟悉切削加工的多样性。

(a) 车削

(b) 铣削

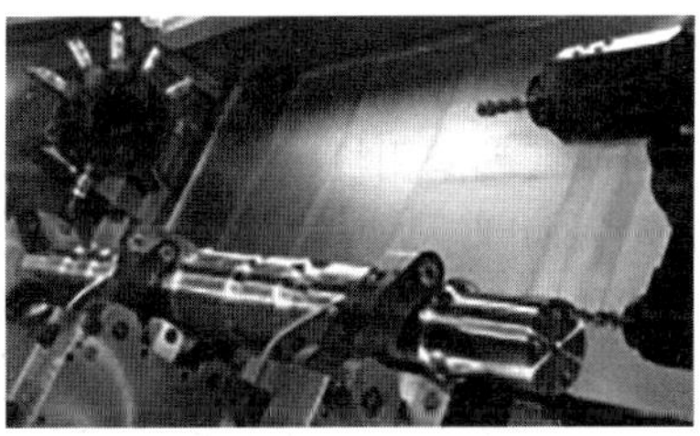

(c) 钻削

图 7-1　列车典型零件的切削加工方法

【2】空心车轴切削加工（图 7-2）过程的实现条件是车轴与刀具之间具有一定的相对运动，观察其切削过程，理解这种相对运动对确保加工顺利实现的意义。

图 7-2　空心车轴切削加工

相关知识准备

一、切削运动

切削加工时，为了获得各种形状的零件，刀具与工件之间必须具有一定的相对运动，即切削运动，切削运动按其所起的作用可分为主运动和进给运动。

（一）主运动

由机床或人力提供的运动，它使刀具与工件之间产生主要的相对运动。主运动的特点是速度最高，消耗功率最大。车削时，主运动是工件的回转运动，如图 7-3 所示；牛头刨床刨削时，主运动是刀具的往复直线运动，如图 7-4 所示。

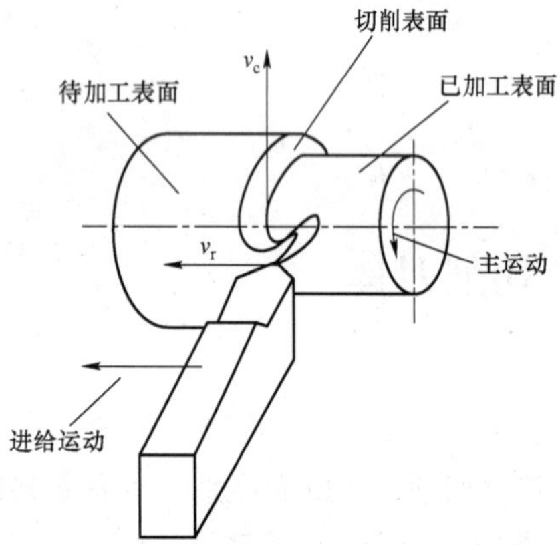

图 7-3　车削运动和工件上的表面

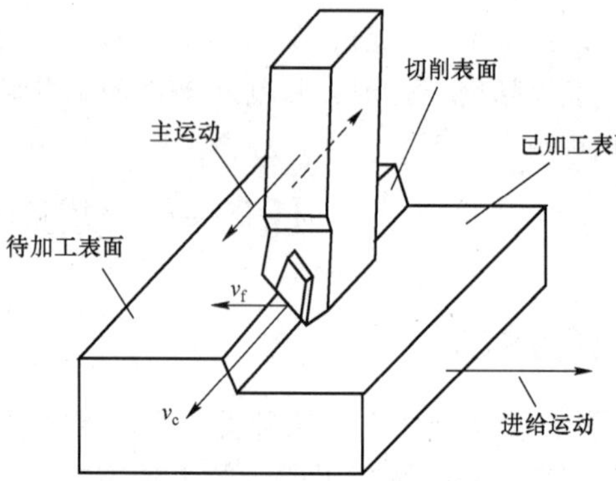

图 7-4　刨削运动和工件上的表面

（二）进给运动

进给运动是由机床提供的运动，使刀具与工件间产生附加的相对运动，并使被切金属层不断地投入切削，加工出具有所需几何特性的加工表面。车削外圆时，进给运动是刀具的纵向运动；车削端面时，进给运动是刀具的横向运动。牛头刨床刨削时，进给运动是工作台的移动。

主运动的运动形式可以是旋转运动，也可以是直线运动；主运动可以由工件完成，也可以由刀具完成；主运动和进给运动可以同时进行，也可以间歇进行；主运动通常只有一个，而进给运动的数目可以有一个或几个。

二、切削用量

切削用量是用来表示切削加工中主运动和进给运动参数的数量。切削用量包括切削速度、进给量、背吃刀量三个要素。

（一）切削速度

在切削加工时，切削刃选定点相对于工件主运动的瞬时速度称为切削速度，它表示在单位时间内工件或刀具沿主运动方向相对移动的距离，单位为 m/min 或 m/s。

主运动为旋转运动时，切削速度 v_c 计算公式为

$$v_c = \frac{\pi d n}{1\,000} \quad (7-1)$$

式中：d——工件直径，mm；

n——工件或刀具转速，r/min 或 r/s。

主运动为往复运动时，平均切削速度为

$$v_c = \frac{2Ln_r}{1\,000} \quad (7-2)$$

式中：L——往复运动行程长度，mm；

n_r——主运动每分钟的往复次数，次/min。

（二）进给量

进给量是刀具在进给运动方向上相对工件的位移量，可用刀具或工件每转或每行程的位移量来表述或度量。车削时进给量的单位是 mm/r，即工件每转一圈，刀具沿进给运动方向移动的距离。刨削的主运动为往复直线运动，其间歇进给的进给量为 mm/双行程，即每个往复行程刀具与工件之间的相对横向移动距离。

单位时间的进给量，称为进给速度，它是切削刀选定点相对于工件进给运动的瞬时速度。车削时的进给速度 v_f（mm/min 或 mm/s）计算公式为

$$v_f = n \cdot f \quad (7-3)$$

式中：n——主轴转速，r/min 或 r/s；

f——切削进刀量，mm/r。

铣削时，由于铣刀是多齿刀具，进给量单位除 mm/r 外，还规定了每齿进给量，用 a_z 表示，单位是 mm/z，v_f、f、a_z 三者之间的关系为

$$v_f = n \cdot f = n \cdot a_z \cdot z \quad (7-4)$$

z 为多齿刀具的齿数。

切削速度和进给速度的图示方法见图 7-3 和图 7-4。

（三）背吃刀量

背吃刀量 a_p 是指主刀刃工作长度（在基面上的投影）沿垂直于进给运动方向上的投影值。

对于外圆车削，背吃刀量 a_p 等于工件已加工表面和待加工表面之间的距离，单位为 mm，计算公式为

$$a_p = \frac{d_w - d_m}{2} \quad (7-5)$$

式中：d_w——待加工表面直径，mm；

d_m——已加工表面直径，mm。

三、切削刀具

切削刀具种类很多，如车刀、刨刀、铣刀和钻头等。虽然它们几何形状各异，复杂程度不等，但它们切削部分的结构和几何角度都具有许多共同的特征，其中车刀是最常用、最

简单和最基本的切削工具，因而最具有代表性。其他刀具都可以看作车刀的组合或变形（图 7-5）。因此，在研究金属切削工具时，通常以车刀为例进行研究和分析。

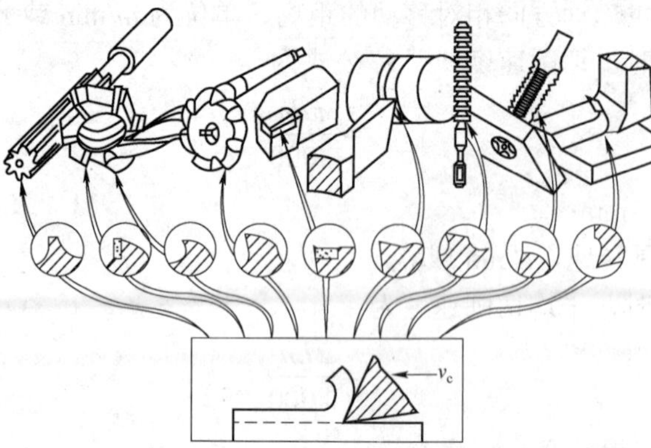

图 7-5　各种刀具切削部分的形状

（一）车刀的组成

车刀由切削部分、刀柄两部分组成。切削部分承担切削加工任务，刀柄用以装夹在机床刀架上。切削部分由一些刀面和切削刃组成。常用的外圆车刀是由三个刀面、两条切削刃、一个刀尖组成的，如图 7-6 所示。

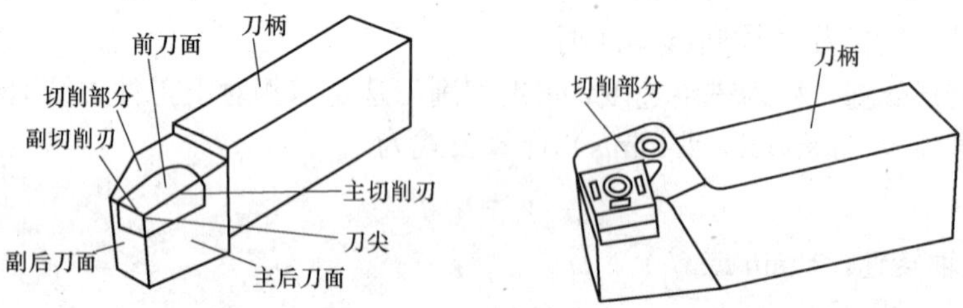

图 7-6　车刀的组成

（1）刀面

① 前刀面：刀具上切屑流过的表面。

② 后刀面：与工件上切削表面相对的刀面。

③ 副后刀面：与已加工表面相对的刀面。

（2）切削刃

① 主切削刃：前刀面与后刀面的交线，承担主要的切削工作。

② 副切削刃：前刀面与副后刀面的交线，承担少量的切削工作。

（3）刀尖

主、副切削刃相交的一点，实际上该点不可能磨得很尖，而是由一段折线或微小圆弧组成，微小圆弧的半径称为刀尖圆弧半径。

（二）刀具几何角度参考系

为了便于确定车刀上的几何角度，常选择某一参考系作为基准，通过测量刀面或切削刃相对于参考系坐标平面的角度值来反映它们的空间方位。

1. 刀具标注角度参考系

（1）正交平面参考系

正交平面参考系由三个平面组成，如图 7-7 所示。

基面 P_r 是过切削刃某选定点平行或垂直于刀具在制造、刃磨及测量时适合于安装或定位的一个平面或轴线，一般来说其方位要垂直于假定的主运动方向。车刀的基面都平行于它的底面。

主切削平面 P_s 是过切削刃某选定点与主切削刃相切并垂直于基面的平面。

正交平面 P_o 是过切削刃某选定点同时垂直于基面和切削平面的平面。过主、副切削刃某选定点都可以建立正交平面参考系。基面 P_r、主切削平面 P_s、正交平面 P_o 三个平面在空间相互垂直。

（2）法平面参考系

法平面参考系由 P_r、P_s 和法平面 P_n 组成，如图 7-8 所示。其中法平面 P_n 是过切削刃某选定点垂直于切削刃的平面。

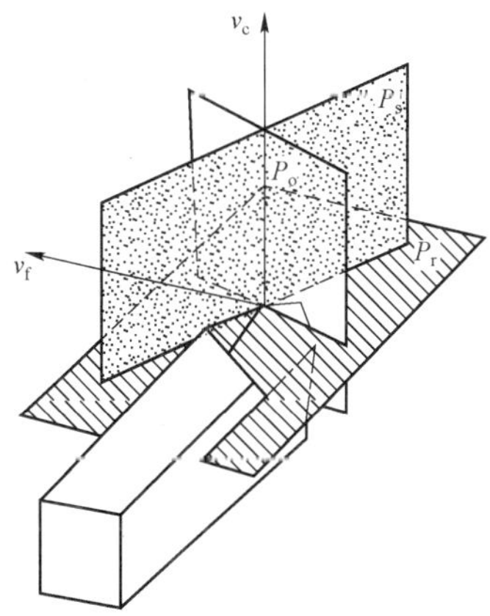

图 7-7　正交平面参考系

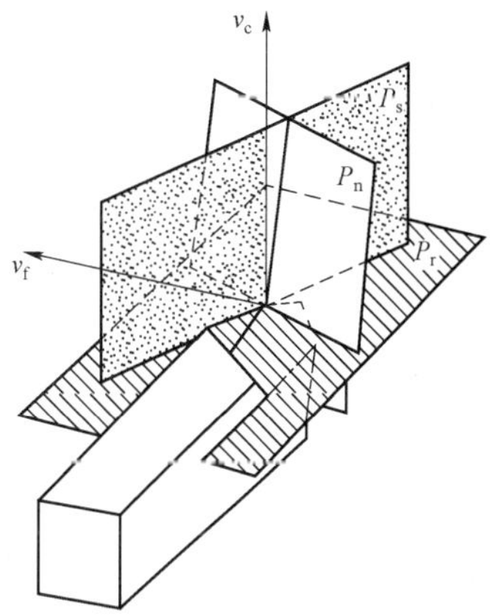

图 7-8　法平面参考系

（三）刀具标注角度

（1）在基面内测量的角度

① 主偏角 κ_r：主切削刃与进给运动方向之间的夹角，如图 7-9 所示。

② 副偏角 κ'_r：副切削刃与进给运动反方向之间的夹角。

③ 刀尖角 ε_r：主切削刃与副切削刃之间的夹角。刀尖角的大小会影响刀具切削部分的强度和传热性能。它与主偏角和副偏角的关系为

$$\varepsilon_r = 180° - (\kappa_r + \kappa'_r) \qquad (7-6)$$

（2）在主切削刃正交平面（O—O）内测量的角度

① 前角 γ_o：前刀面与基面间的夹角。当前刀面与基面平行时，前角为零。基面在前刀面以内，前角为负。基面在前刀面以外，前角为正。

② 后角 α_o：后刀面与切削平面间的夹角。

③ 楔角 β_o：前刀面与后刀面间的夹角。

楔角的大小将影响切削部分截面的大小，决定着切削部分的强度，它与前角 γ_o 和后角 α_o 的关系为

$$\beta_o = 90° - (\gamma_o + \alpha_o) \qquad (7-7)$$

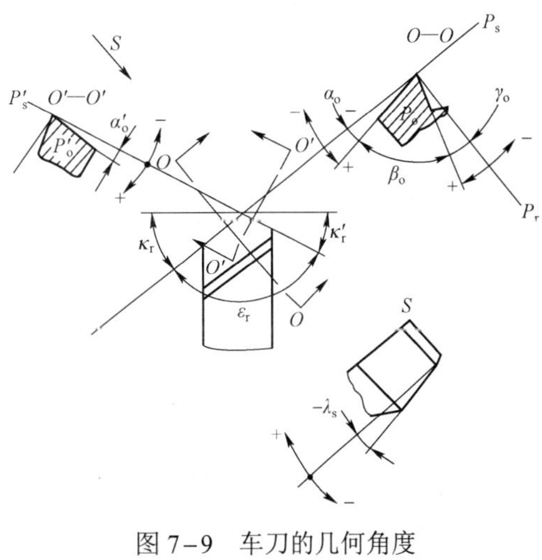

图 7-9　车刀的几何角度

（3）在切削平面内（S 向）测量的角度

刃倾角 λ_s：主切削刃与基面间的夹角。刃倾角的正负规定如图 7-10 所示。刀尖处于最高点时，刃倾角为正；刀尖处于最低点时，刃倾角为负；切削刃平行于底面时，刃倾角为零。

$\lambda_s=0°$ 的切削称为直角切削，此时主切削刃与切削速度方向垂直，切屑沿切削刃的法向流出。$\lambda_s \neq 0°$ 的切削称为斜角切削，此时主切削刃与切削速度方向不垂直，切屑的流向与切削刃的法向倾斜了一个角度，如图 7-11 所示。

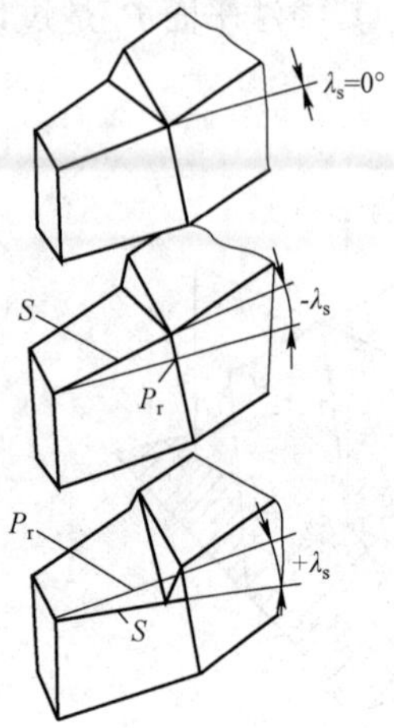

图 7-10　λ_s 的正负规定

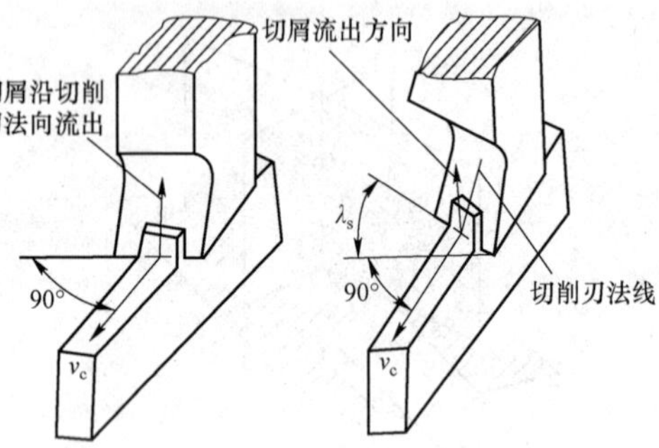

图 7-11　直角切削与斜角切削

（4）在副切削刃正交平面内（O'—O'）测量的角度

副后角 α'_o：副后刀面与副切削刃切削平面间的夹角。

上述的几何角度中，最常用的是前角（γ_o）、后角（α_o）、主偏角（κ_r）、刃倾角（λ_s）、副偏角（κ'_r）和副后角（α'_o），通常称为基本角度，在刀具切削部分的几何角度中，上述基本角度能完整地表达出车刀切削部分的几何形状，反映出刀具的切削特点。

（四）切削层

切削层是刀具切削部分切过工件的一个单程所切除的工件材料层。切削层参数就是指这个切削层的截面尺寸。为了简化计算，切削层形状、尺寸规定在刀具的基面中度量，切削层的形状和尺寸将直接影响刀具切削部分所承受的负荷和切屑的尺寸大小。

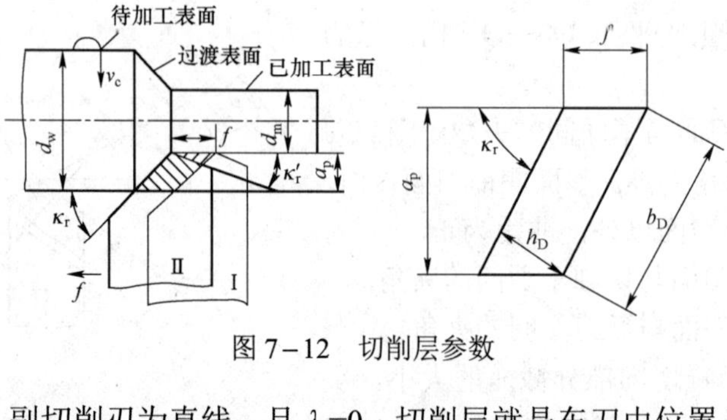

图 7-12　切削层参数

车外圆时，主、副切削刃为直线，且 $\lambda_s=0$，切削层就是车刀由位置Ⅰ移动到位置Ⅱ即一个 f 距离，刀具正在切削的那层金属层，可见，切削层的形状是平行四边形，切削层参数如图 7-12 所示。

① 切削层公称厚度 h_D：是垂直于切削表面度量的切削层尺寸，简称切削厚度。计算公式为

$$h_D = f \cdot \sin\kappa_r \tag{7-8}$$

② 切削层公称宽度 b_D：是沿切削表面度量的切削层尺寸，简称切削宽度。计算公式为

$$b_D = a_p / \sin\kappa_r \tag{7-9}$$

③ 切削层公称横截面积 A_D。计算公式为

$$A_D = f \cdot a_p = h_D \cdot b_D \tag{7-10}$$

四、刀具材料

1. 刀具材料的性能

在切削加工时，刀具切削部分与切屑、工件相互接触的表面上承受了很大的压力和强烈的摩擦，刀具在高温下进行切削的同时，还承受着切削力、冲击和振动，因此要求刀具材料应具备以下性能。

（1）高硬度

刀具材料必须具有高于工件材料的硬度，常温硬度应在 60HRC 以上。

（2）耐磨性

耐磨性表示刀具抵抗磨损的能力，通常刀具材料的硬度越高，耐磨性越好；材料中硬质点的硬度越高，数量越多，颗粒越小，分布越均匀，则耐磨性越好。

（3）强度和韧性

为了承受切削力、冲击和振动，刀具材料应具有足够的强度和韧性。一般用抗弯强度（σ_b）和冲击韧性（a_k）值表示。

（4）耐热性

刀具材料应在高温下保持较高的硬度、耐磨性、强度和韧性，并有良好的抗扩散、抗氧化的能力。这就是刀具材料的耐热性。它是衡量刀具材料综合切削性能的主要指标。

（5）工艺性

为了便于刀具制造，要求刀具材料有较好的可加工性，包括锻、轧、焊接、切削加工、可磨削性和热处理特性等。

此外，在选用刀具材料时，还要考虑经济性。经济性差的刀具材料难以推广使用。

2. 刀具材料的种类

刀具材料的种类很多，常用的有碳素工具钢、合金工具钢、高速钢、硬质合金、陶瓷、金刚石（天然和人造）和立方氮化硼等。

碳素工具钢（如 T10A、T12A）和合金工具钢（如 9SiCr、CrWMn），因其耐热性较差，仅用于低速手工工具。陶瓷、金刚石和立方氮化硼则由于性质脆、工艺性差及价格昂贵等原因，目前只在较小的范围内使用。当今，用得最多的刀具材料为高速钢和硬质合金。

高速钢是一种加入了钨（W）、钼（Mo）、铬（Cr）、钒（V）等合金元素的高合金工具钢。它的耐热性较碳素工具钢和一般合金工具钢显著提高，允许的切削速度比碳素工具钢和合金工具钢高两倍以上。高速钢具有较高的强度、韧性和耐磨性，耐热性为 540～600 ℃。虽然高速钢的硬度和耐热性不如硬质合金，但用这种材料制造的刀具的刃口强度和韧性比硬质合金高，能承受较大的冲击载荷，能用于刚性较差的机床，而且这种刀具材料的工艺性能较好，容易磨出锋利的刃口。

硬质合金是用粉末冶金法制造的合金材料，它是由硬度和熔点很高的碳化物（硬质相）和金属（粘结相）组成。硬质合金的硬度较高，常温下可达 74～81HRC，它的耐磨性较好，耐热性较高，能耐 800～1 000 ℃的高温，因此能采用比高速钢高几倍甚至十几倍的切削速度，

它的不足之处是抗弯强度和冲击韧性较高速钢低，刃口不能磨得像高速钢刀具那样锋利。

常用硬质合金按其化学成分和使用特性可分为四类：钨钴类（YG）、钨钛钴类（YT）、钨钛钽钴类（YW）和碳化钛基类（YN）。

随着科学技术的发展，新的工程材料不断出现，对刀具材料的要求也不断提高，在进行切削加工时，必须根据具体情况综合考虑，合理选择刀具材料，既要充分发挥刀具材料的特性，又要较经济地满足切削加工的要求。值得一提的是，在加工一般材料时，仍以使用通用高速钢与硬质合金为宜，当加工难切削的材料时，才有必要选用新牌号硬质合金或高性能高速钢。

任务二　金属切削过程

任务引入

【1】空心车轴中心孔的加工处于封闭状态，无法直接观测刀具的切削情况，且 EA4T 钢散热性较差，冷却困难，加之容屑空间小，排屑路线长，切屑排出困难，易造成堵屑而使钻头崩刃。试分析空心车轴中心孔加工如何排屑及冷却。

【2】动车组牵引系统中，变速箱广泛应用铝合金铸件。试分析铝合金铸件的切削加工性如何。

相关知识准备

金属切削过程是指工件上一层多余的金属被刀具切除的过程和已加工表面形成的过程。在这个过程中始终存在着刀具与工件（金属材料）之间切削和抗切削的矛盾，并产生一系列重要现象。如形成切屑、切削力、切削热与切削温度及刀具的磨损等。

一、切屑

（一）切屑的形成过程

金属切削的特点是被切金属层在刀具的挤压、摩擦作用下产生变形以后转变为切屑和形成已加工表面。

工件上的被切削层在刀具的挤压作用下，沿切削刃附近的金属首先产生弹性变形，接着由剪应力引起的应力达到金属材料的屈服极限以后，切削层金属便沿倾斜的剪切面变形区滑移，产生塑性变形，然后在沿前刀面流出去的过程中，受摩擦力作用再次发生滑移变形，最后形成切屑。通常把被切削刃作用的金属层划分为三个变形区。第 I 变形区位于切削刃和前刀面的前方，面积是三个变形区中最大的，为主变形区；第 II 变形区是与前刀面相接触的附近区域，切屑沿前刀面流出时，受到前刀面的挤压和摩擦，靠近前刀面的切屑底层会进一步发生变形；第 III 变形区是已加工表面靠近切削刃处的区域，这一区域金属受到切削刃钝圆部分和后刀面的挤压、摩擦与回弹，发生变形造成加工硬化，如图 7－13 所示。

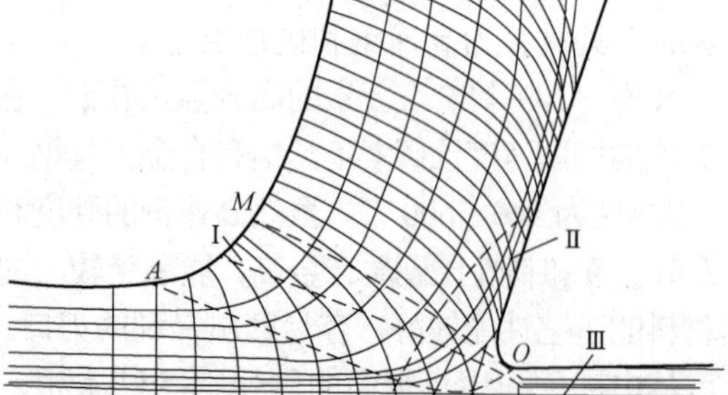

图 7－13　金属切削过程中的变形区、滑移线和流线

（二）切屑的类型

由于工件材料和切削条件的不同，切屑形成过程中的变形情况也不同，因而产生的切屑形状也不同。切屑的形状分为四种类型，如图 7-14 所示。

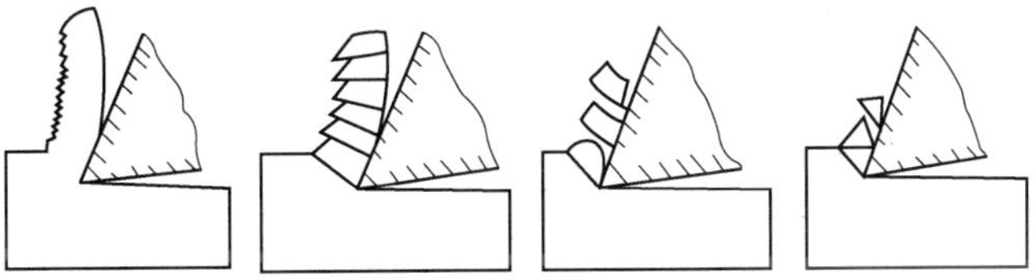

(a) 带状切屑 (b) 挤裂切屑 (c) 粒状切屑 (d) 崩碎切屑

图 7-14 切屑的类型

1. 带状切屑

在切削过程中，切削层变形终了时，如其金属的内应力还没有达到强度极限时，就会形成连绵不断的切屑，切屑靠近前刀面的一面很光滑，另一面略呈毛茸状，这就是带状切屑。当切削塑性较大的金属材料如碳素钢、合金钢、铜和铝合金，刀具前角较大，切削速度较高时，经常出现这类切屑。

2. 挤裂切屑（节状切屑）

在切屑形成过程中，如切屑变形较大其剪切面上局部所受到的剪应力达到材料的强度极限时，则剪切面上的局部材料就会破裂成节状，但与前刀面接触的一面常互相连接因而未被折断，这就是挤裂切屑。工件材料塑性越差或用较大进给量低速切削钢材时，较容易得到这类切屑。

3. 粒状切屑（单元切屑）

在切屑形成过程中，如其整个剪切面上所受到的剪应力均超过材料的破裂强度时，则切屑就分离成为粒状切屑，形状似梯形。

4. 崩碎切屑

切削铸铁、黄铜等脆性材料时，切削层几乎不经过塑性变形阶段就产生崩裂，得到的切屑呈现不规则的粒状，工件加工后的表面也极为粗糙。

前三种切屑是切削塑性金属时得到的，形成带状切屑时切削过程最平稳，切削力波动较小，已加工表面粗糙度较小，但带状切屑不易折断，常缠在工件上，损坏已加工表面，影响生产，甚至伤人。因此要采取断屑措施，如在前刀面上磨出卷屑槽等。形成粒状切屑时，切削力波动最大。在生产中一般常见的是带状切屑，当进给量增大，切削速度降低，则可由带状切屑转化为挤裂切屑。在形成挤裂切屑的情况下，如果进一步减小前角，或加大进给量，降低切削速度，就可以得到粒状切屑，反之，如果加大前角，减小进给量，提高切削速度，变形较小则可得到带状切屑，这说明切屑的形态是可以随切削条件而转化的。

（三）积屑瘤

在切削速度不高而又能形成连续性切屑的情况下，加工一般钢料或其他塑性材料时，常常在刀具前刀面切削处粘着一块剖面呈三角状的硬块，如图 7-15 所示，这块冷焊在前刀面上的金属就称为积屑瘤。积屑瘤的硬度很高，通常是工件材料的 2～3 倍，当它处于比较稳定的状态时，能够代替切削刃进行切削，起到了保护刀具的作用，而且增大了实际前角，可减小切屑变形和切削力，但是积屑瘤会引起过量切削（图中的 Δh_D），降低了加工精度，当积屑瘤脱落时，其残片会粘附在已加工表面上恶化表面粗糙度，如果残片粘附在切屑底层会划伤刀具表面，因此在粗加工时可以利用积屑瘤的有利之处，精加工时应避免产生积屑瘤。

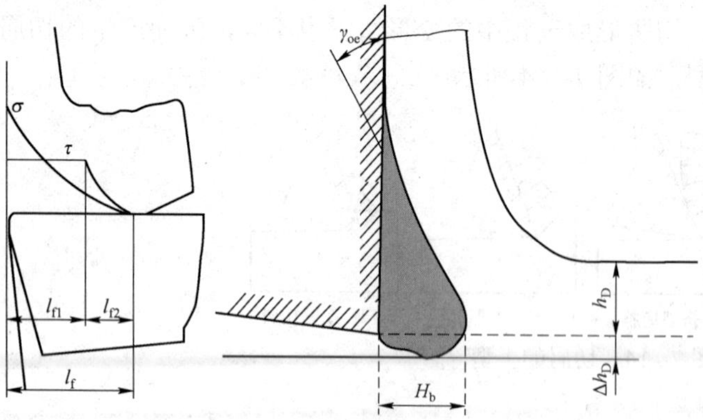

图 7-15　积屑瘤

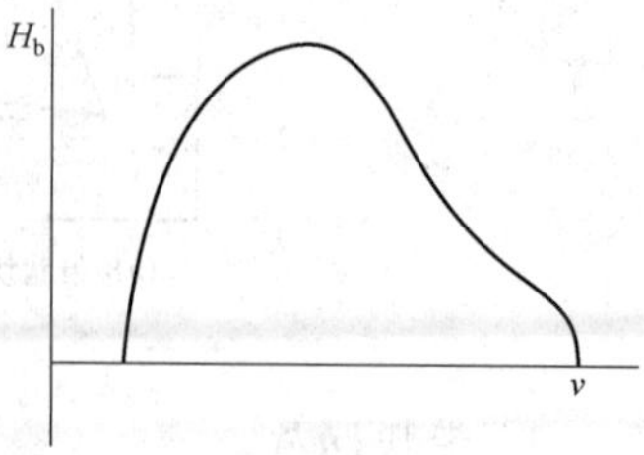

图 7-16　切削速度 v 与积屑瘤高度 H_b 的关系曲线

积屑瘤形成的原因是切削区温度达到一定时，刀具和切屑接触长度 l_f 的 l_{f1} 接触区间上，当切屑底层材料中剪应力超过材料的剪切屈服强度，滞流层中流动速度为零的切削层就被剪切断裂粘结在前刀面上，由于粘结作用，使得切屑底层的晶粒纤维化程度很高，几乎和前刀面平行，由于这层金属经受了强烈的剪切滑移变形，产生加工硬化，所以它能代替切削刃继续切削较软的金属层，这样依次逐层堆积，高度逐渐增大就形成了积屑瘤。长高的积屑瘤在外力或振动作用下会发生局部的破裂和脱落，继而重复生长与脱落。

影响积屑瘤产生的主要因素是工件材料和切削速度。工件材料塑性越好，越易生成积屑瘤。实践证明，切削速度很高或很低时，很少生成积屑瘤，在某一速度范围内，积屑瘤容易生成，图 7-16 是切削速度 v 与积屑瘤高度 H_b 的关系曲线。此外增大刀具前角、改善前刀面的表面粗糙度、使用合适的切削液，都可减少或避免积屑瘤生成。

二、切削力

金属切削时，刀具切入工件使被切金属层发生变形成为切屑所需要的力称为切削力。研究切削力对刀具、机床、夹具的设计和使用都具有很重要的意义。

（一）切削力的来源、合力及其分力

金属切削时，力来源于两个方面：其一是克服在切屑过程中工件材料对弹性变形和塑性变形的变形抗力；其二是克服切屑与前刀面、已加工表面与后刀面的摩擦阻力。变形力和摩擦力形成了作用在刀具上的合力 F_r。切削时，合力 F_r 作用在切削刃空间某个方向，由于大小与方向都不易确定，因此为了便于测量、计算和反映实际作用的需要，常将合力 F_r 分解为互相垂直的 F_c、F_f 和 F_p 三个分力，如图 7-17 所示。

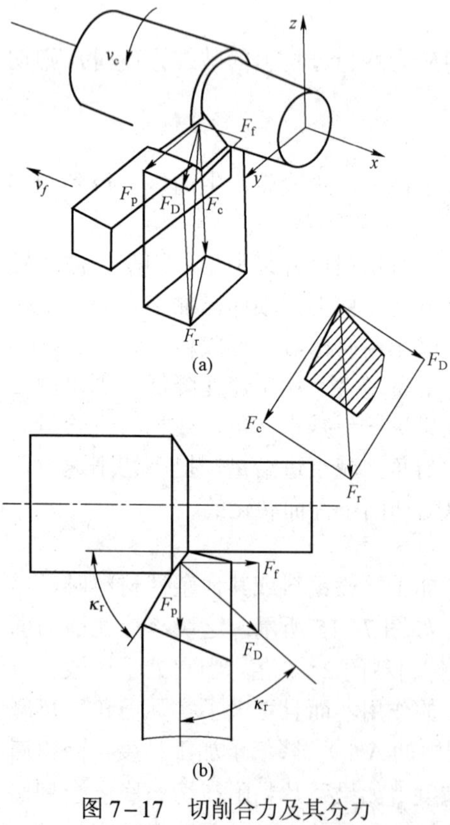

图 7-17　切削合力及其分力

切削力 F_c（主切削力 F_z）——在主运动方向上的分力，它切于加工表面，并与基面垂直。F_c 是计算刀具强度、设计机床零件、确定机床功率等的主要依据。

进给力 F_f（进给抗力 F_x）——在进给运动方向上的分力，它处于基面内在进给方向上。F_f 是设计机床进给机构和确定进给功率等的主要依据。

背向力 F_p（切深抗力 F_y）——在切深方向上的分力，它处于基面内并垂直于进给运动方向。F_p 是计算工艺系统刚度等的主要依据。它也是使工件在切削过程中产生振动的力。

由图 7–17 可以看出进给力 F_f 和背向力 F_p 的合力 F_D 作用在基面上且垂直于主切削刃。

F_r、F_D、F_f、F_p 之间的关系为

$$F_r = F_c^2 + F_D^2 = F_c^2 + F_f^2 + F_p^2 \tag{7-11}$$

$$F_f = F_D \sin \kappa_r \tag{7-12}$$

$$F_p = F_D \cos \kappa_r \tag{7-13}$$

（二）影响切削力的主要因素

1. 工件材料

工件材料的强度、硬度越高，剪切屈服强度 τ_s 也越高，切削时产生的切削力越大。如加工 60 钢的切削力 F_c 比 45 钢增大 4%，加工 35 钢的切削力 F_c 比 45 钢减小 13%。

工件材料的塑性、冲击韧性越高，切削变形越大，切屑与刀具间的摩擦增加，则切削力越大。例如，不锈钢 1Cr18Ni9Ti 的延伸率是 45 钢的 4 倍，所以切削时变形大，切屑不易折断，加工硬化严重，产生的切削力比 45 钢增大 25%。加工脆性材料时，因塑性变形小，切屑与刀具间摩擦小，切削力较小。

2. 刀具几何参数

前角 γ_o 增大，切削变形减小，故切削力减小。主偏角对切削力 F_c 的影响较小，而对进给力 F_f 和背向力 F_p 影响较大，由图 7–18 可知当主偏角增大时，F_f 增大，F_p 减小。

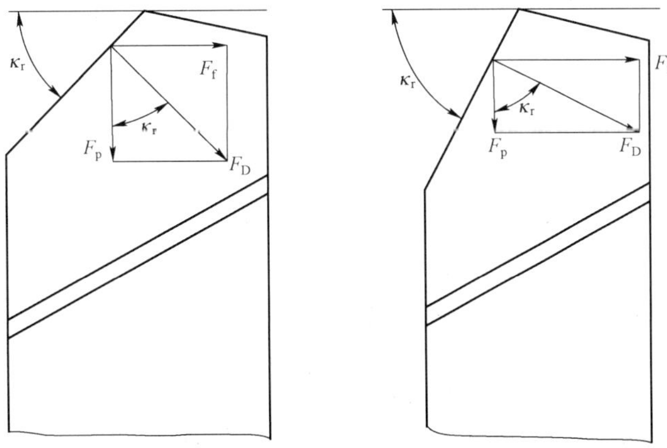

图 7–18 主偏角对 F_f 和 F_p 的影响

实践证明，刃倾角 λ_s 在很大范围（−40°～40°）内变化时，对 F_c 没有什么影响，但 λ_s 增大时，F_f 增大，F_p 减小。

3. 切削用量

切削用量对切削力的影响较大，背吃刀量和进给量增加时，使切削面积 A_D 成正比增加，变形抗力和摩擦力加大，因而切削力随之增大，当背吃刀量增大一倍时，切削力近似成正比

增加。进给量 f 增大一倍时，切削面积 A_D 也成正比增加，但变形程度减小，使切削层单位面积切削力减小，因而切削力只增大 70%～80%。

切削塑性材料时，切削速度对切削力的影响分为有积屑瘤阶段和无积屑瘤阶段两种情况。在低速范围内，随着切削速度的增加，积屑瘤逐渐长大，刀具实际前角增大，使切削力逐渐减小。在中速范围内，积屑瘤逐渐减小并消失，使切削力逐渐增至最大。在高速阶段，由于切削温度升高，摩擦力逐渐减小，使切削力得到稳定的降低。

4. 其他因素

刀具材料与工件材料之间的摩擦系数 μ 会直接影响到切削力的大小。一般按立方碳化硼刀具、陶瓷刀具、涂层刀具、硬质合金刀具、高速钢刀具的顺序，切削力依次增大。

切削液有润滑作用，可以通过减小摩擦系数使切削力降低。切削液的润滑作用越好，切削力的降低越显著。在较低的切削速度下，切削液的润滑作用更为突出。

三、切削热、切削温度和切削液

切削热是切削过程的重要物理现象之一。切削温度影响工件材料的性能；影响前刀面上的摩擦系数和切削力的大小；影响刀具磨损和刀具寿命；影响积屑瘤的产生和加工表面质量；也影响工艺系统的热变形和加工精度。因此，研究切削热和切削温度具有重要的实际意义。

（一）切削热

切削过程中所消耗的能量有 98%～99%转换为热能，因此可以近似地认为单位时间内所产生的切削热为

$$Q = F_c \cdot v_c \tag{7-14}$$

式中：Q——单位时间内产生的切削热，J/s。

切削区域产生的切削热，在切削过程中分别由切屑、工件、刀具和周围介质向外传导出去，如在空气冷却条件下车削时，切削热 50%～86%由切屑带走，10%～40%传入工件，3%～9%传入刀具，1%左右通过辐射传入空气。

（二）切削温度

切削温度是指前刀面与切屑接触区内的平均温度，它是由切削热的产生与传出的平衡条件所决定的。产生的切削热越多，传出越慢，切削温度越高。反之，切削温度就越低。凡是增大切削力和切削功率的因素都会使切削温度上升。而有利于切削热传出的因素都会降低切削温度。

在切削过程中，切屑、刀具和工件上不同部位的切削温度分布是不均匀的，如图 7-19 所示。

在前刀面和后刀面上，最高温度点都不在切削刃上，而是在离切削刃有一定距离的地方。这是摩擦热沿前刀面不断增加的缘故。在靠近前刀面的切屑底层上，温度变化很大，说明前刀面上的摩擦热集中在切屑底层。在已加工表面上，较高温度仅存在于切削刃附近的一个很小的范围，说明温度的升降是在极短的时间内完成的。影响切削温度的主要因素有以下几种。

1. 工件材料

工件材料的强度、硬度越高，切削时消耗的功就越多，产生的切削热越多，切削温度就越高。工件材料的热导率越大，通过切屑和工件传出的热量越多，切削温度下降越快。

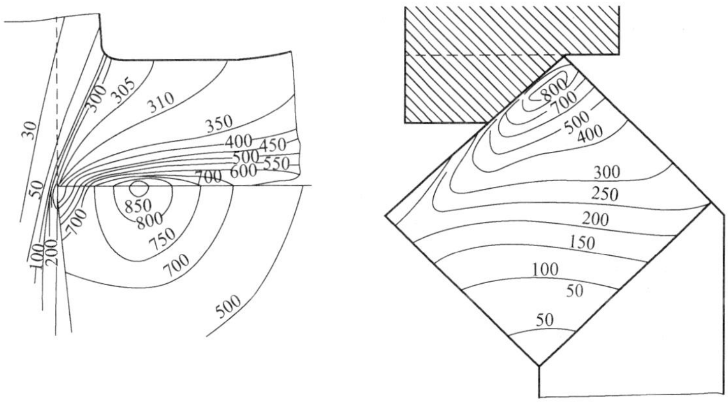

图 7-19 切削温度分布

2. 刀具几何参数

前角增大，切削层变形小，产生的热量少，切削温度降低，但过大的前角会减少散热体积，当前角大于 20°时，前角对切削温度的影响减少。主偏角减小，使切削宽度增大，散热面积增加，切削温度下降。

3. 切削用量

对切削温度影响最大的切削用量是切削速度，其次是进给量，而背吃刀量的影响最小。这是因为当切削速度增大时，单位时间内参与变形的金属量增加而使消耗的功率增大，提高了切削温度；进给量增大时，切屑变厚，由切屑带走的热量增多，故切削温度上升不甚明显；当背吃刀量增大时，产生的热量和散热面积同时增大，故对切削温度的影响也小。

4. 其他因素

刀具后刀面磨损量增大时，加剧了刀具与工件间的摩擦，使切削温度升高，切削速度越高，刀具磨损对切削温度的影响就越显著。

切削时，使用切削液对降低切削温度、减少刀具磨损和提高已加工表面质量有明显的效果。切削液的润滑作用可以减小摩擦，减少切削热的产生。

（三）切削液

1. 切削液的作用

切削液进入切削区，可以改善切削条件，提高工件加工质量和切削效率。切削液的主要作用如下。

① 冷却作用。切削液能从切削区域带走大量切削热，从而降低切削温度。

② 润滑作用。切削液能渗入刀具与切屑和加工表面之间，形成一层润滑膜或化学吸附膜，以减小它们之间的摩擦。

③ 清洗作用。切削液大量的流动，可以冲走切削区域和机床上的细碎切屑和脱落的磨粒。

④ 防锈作用。在切削液中加入防锈剂，可在金属表面形成一层保护膜，对工件、机床、刀具和夹具等都能起到防锈作用。

2. 常用切削液的种类与选用

（1）水溶液

它的主要成分是水，其中加入了少量的有防锈和润滑作用的添加剂。水溶液的冷却效果良好，多用于普通磨削和其他加工。

（2）乳化液

它是将乳化油（由矿物油、表面活性剂和其他添加剂配成）用水稀释而成，用途广泛。

低浓度的乳化液冷却效果较好，主要用于磨削、粗车、钻孔加工等。高浓度的乳化液润滑效果较好，主要用于精车、攻丝、铰孔、插齿加工等。

（3）切削油

它主要是矿物油（如机油、轻柴油、煤油等），少数采用动植物油或复合油。普通车削、攻丝时，可选用机油。精加工有色金属或铸铁时，可选用煤油。加工螺纹时，可选用植物油。在矿物油中加入一定量的油性添加剂和极压添加剂，能提高其高温、高压下的润滑性能，可用于精铣、铰孔、攻丝及齿轮加工。

四、刀具磨损和刀具寿命

金属切削加工时，刀具一方面将切屑切离工件，另一方面自身也要发生磨损或破损。磨损是连续的、逐渐的发展过程；而破损一般是随机的、突发的破坏（包括脆性破损和塑性破损）。这里仅分析刀具的磨损。

（一）刀具的磨损形式

刀具的磨损形式有以下三种，如图 7-20 所示。

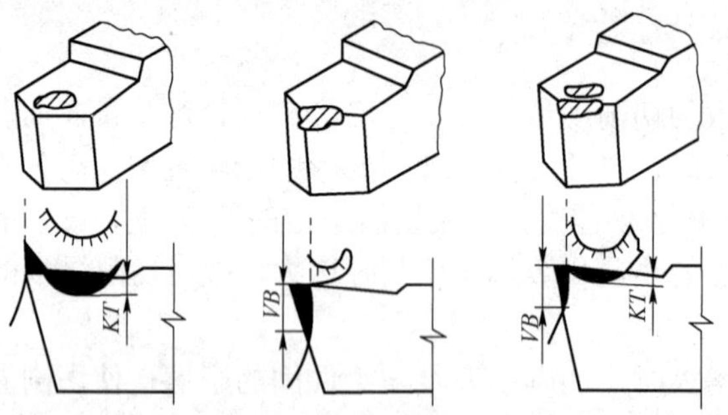

(a) 前刀面磨损　(b) 后刀面磨损　(c) 前后刀面同时磨损

图 7-20　刀具的磨损形式

1. *前刀面磨损*

切削塑性材料时，如果切削速度和切削厚度较大，刀具前刀面上会形成月牙洼磨损。它是以切削温度最高点的位置为中心开始发生，然后逐渐向前向后扩展，深度不断增加。当月牙洼发展到其前缘与切削刃之间的棱边变得很窄时，切削刃强度降低，容易导致切削刃破损。前刀面月牙洼磨损值以其最大深度表示。

2. *后刀面磨损*

后刀面与工件表面实际上接触面积很小，所以接触压力很大，存在着弹性和塑性变形，因此，磨损就发生在这个接触面上。在切削铸铁和以较小的切削厚度切削塑性材料时，主要也是发生这种磨损。后刀面磨损带宽度往往是不均匀的，可划分为三个区域，情况如图 7-21 所示。

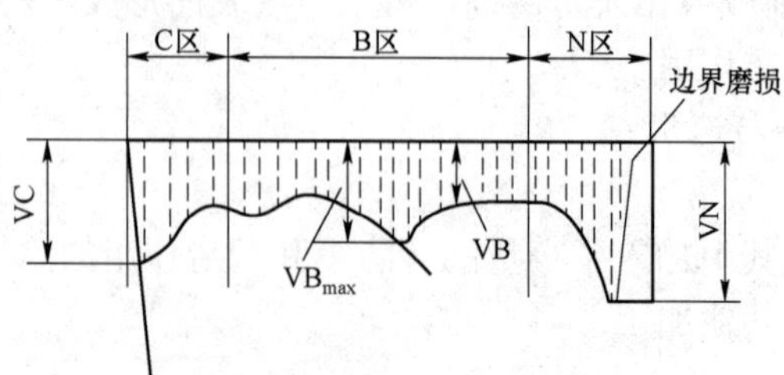

图 7-21　后刀面磨损情况

C 区刀尖磨损：强度较低，散热条件又差，磨损比较严重，其最大值为 VC。

N 区边界磨损：切削钢料时主切削刃靠近工件待加工表面处的后刀面（N 区）上，会磨成较深的沟，以 VN 表示。这主要是工件在边界处的加工硬化层和刀具在边界处较大的应力梯度和温度梯度所造成的。

B 区中间磨损：在后刀面磨损带的中间部位磨损比较均匀，其平均宽度以 VB 表示，而其最大宽度以 VB_{max} 表示。

3. 前后刀面同时磨损

在常规条件下，加工塑性金属常常出现前后刀面同时磨损的情况。

（二）刀具磨损的原因

刀具磨损不同于一般的机械零件的磨损，因为与刀具表面接触的切屑底面是活性很高的新鲜表面，刀面上的接触压力很大（可达 2～3 GPa）接触温度很高（如硬质合金加工钢，可达 800～1 000 ℃以上），所以刀具磨损存在着机械的、热的和化学的作用，既有工件材料硬质点的刻划作用而引起的磨损，也有黏着、扩散等引起的磨损。

1. 磨料磨损

磨料磨损是由于工件材料中的杂质、材料基体组织中的碳化物、氮化物、氧化物等硬质点对刀具表面的刻划作用而引起的机械磨损。在各种切削速度下，刀具都存在磨料磨损。在低速切削时，其他各种形式的磨损还不显著，磨料磨损便成为刀具磨损的主要原因。一般可以认为磨料磨损量与切削路程成正比。

2. 黏着磨损

在切削过程中，当刀具与工件材料的摩擦面上具备高温、高压和新鲜表面的条件，接触面达到原子间距离时，就会产生吸附黏着现象，又称为冷焊。在刀具和工件相对运动时，粘结点受到较大的剪切或拉伸应力会产生破裂，一般破坏点总是发生于硬度较低的工件材料或切屑一方。

但是刀具材料往往也存在组织不均匀，残余应力、微裂纹、空隙、局部软点等缺陷，所以刀具表面也可发生破裂而被工件材料带走，形成黏着磨损。各种刀具材料都会发生黏着磨损，磨损的程度主要取决于工件材料与刀具材料的亲和力和硬度比，切削温度、压力及润滑条件等。黏着磨损是硬质合金刀具在中等偏低切削速度时磨损的主要原因。

3. 扩散磨损

当切削温度很高时，刀具与工件材料中的某些化学元素能在固体下互相扩散，使两者的化学成分发生变化，削弱了刀具材料的性能，加速磨损进程。扩散磨损是硬质合金刀具在高温（800～1 000 ℃）下切削产生磨损的主要原因之一。一般从 800 ℃开始，硬质合金中的 Co、C、W 等元素会扩散到切屑中而被带走，同时切屑中的 Fe 也会扩散到硬质合金中，使刀面的硬度和强度下降，脆性增加，磨损加剧。不同元素的扩散速度不同，如 Ti 的扩散速度比 C、Co、W 等元素低得多，故 YT 类硬质合金抗扩散能力比 YG 类强。

4. 氧化磨损

当切削温度达 700～800 ℃时，空气中的氧与硬质合金中的钴、碳化钨、碳化钛等会发生氧化作用生成疏松脆弱的氧化物。这些氧化物容易被运动着的切屑和工件带走，加速了刀具磨损。

5. 相变磨损

用高速钢刀具切削时，当切削温度超过其相变温度（500～600 ℃）时，刀具材料的金相组织会发生变化，使刀具材料硬度降低，磨损加快。

（三）刀具的磨损过程及磨钝标准

1. 刀具的磨损过程

刀具的磨损过程可分为三个阶段，如图 7-22 所示。

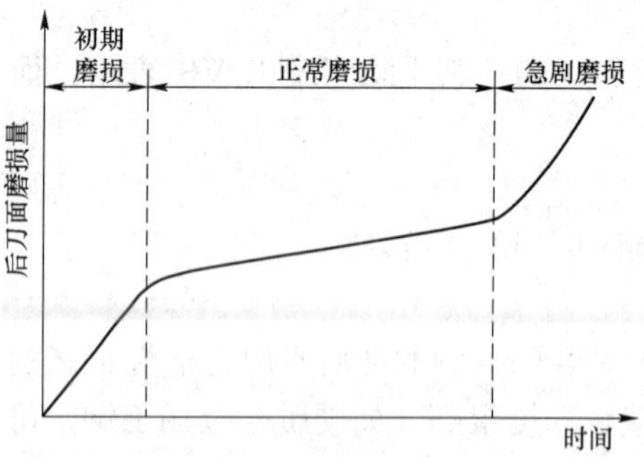

图 7-22　刀具的磨损过程

（1）初期磨损阶段

这一阶段的磨损速度较快，因为新刃磨的刀具表面较粗糙，并存在显微裂纹、氧化或脱碳等缺陷，而且切削刃较锋利，后刀面与加工表面接触面积较小，压应力较大，所以容易磨损。

（2）正常磨损阶段

经过初期磨损后，刀具粗糙表面已经磨平，缺陷减少，刀具后刀面与加工表面接触面积变大，压强减小，进入比较缓慢的正常磨损阶段。后刀面的磨损量与切削时间近似地成比例增加。正常切削时，这个阶段时间较长，是刀具的有效工作时期。

（3）急剧磨损阶段

当刀具的磨损带达到一定程度，后刀面与工件摩擦过大，导致切削力与切削温度均迅速增高。磨损速度急剧增加。生产中为了合理使用刀具，保证加工质量，应该在发生急剧磨损之前就及时换刀。

2. 刀具的磨钝标准

刀具磨损到一定限度后就不能继续使用。这个磨损限度称为磨钝标准。由于在多数切削情况下均可能出现后刀面的均匀磨损量，而 VB 值比较容易测量和控制，因此常用 VB 值来研究磨损过程，并作为磨钝标准。ISO 标准统一规定以 1/2 背吃刀量处的后刀面上测定的磨损带宽度 VB 作为刀具的磨钝标准。自动化生产中的精加工刀具，常以沿工件径向的刀具磨损尺寸作为刀具的磨钝标准，称为径向磨损量 NB。

（四）刀具寿命

在生产实际中，为了更加方便、快速、准确地判断刀具的磨损情况，一般以刀具寿命来间接地反映刀具的磨钝标准。刀具寿命的定义为：刀具由刃磨后开始切削，一直到磨损量达到刀具的磨钝标准所经过的总切削时间（单位 min）。

刀具寿命反映了刀具磨损的快慢程度。刀具寿命长表明刀具磨损速度慢；反之表明刀具磨损速度快。影响切削温度和刀具磨损的因素都同样影响刀具寿命。切削速度对刀具寿命影响最大，进给量次之，背吃刀量最小。这与三者对切削温度的影响顺序完全一致。反映出切削温度对刀具寿命有重要的影响。

刀具寿命是一个具有多种用途的重要参数，如用来确定换刀时间；衡量工件材料切削加工性和刀具材料切削性能优劣；判定刀具几何参数及切削用量的选择是否合理等，都可用它来表示和说明。

五、材料的切削加工性

（一）材料切削加工性的影响因素

工件材料的切削加工性与其本身的物理、力学性能有很大关系。主要影响因素有以下几个方面。

1. 材料的强度和硬度

工件材料的硬度和强度越高，切削力就越大，消耗的功率也越大，切削温度也越高，使刀具的磨损加剧，切削加工性就越差。特别是工件材料的耐热性（高温硬度值）越高，这时刀具材料的硬度与工件材料的硬度之比就越低，切削加工性就越差，刀具越容易磨损。这也是某些耐热钢、高温合金钢切削加工性差的主要原因。

2. 材料的塑性

材料的塑性越大，切削时的塑性变形就越大，切削温度就越高，刀具容易出现黏着磨损和扩散磨损。以低速切削塑性高的材料时易产生积屑瘤，影响表面加工质量，而且塑性大的材料，切削时不易断屑。但加工塑性太低的材料时，切削力和切削热集中在切削刃附近，加剧刀具的磨损，也会影响切削加工性。

3. 材料的韧性

韧性较大的材料，在切削变形时吸收的功较多，于是切削力和切削温度也越高，并且不易断屑，影响切削加工性。

4. 材料的导热性

工件材料的导热性越好，由切屑带走和由工件散出的热量就越多，越有利于降低切削区的温度，减小刀具的磨损，切削加工性好。

综上所述，可以通过材料的强度、硬度、塑性、韧性、热导性等来分析所加工工件材料的切削加工性。

（二）常用材料的切削加工性

1. 结构钢

普通碳素钢是应用最广泛的金属材料，根据切削加工性来看，它属于普通材料。由于碳的含量不同，其切削加工性有所差异。低碳钢（w_C<0.25%）中金相组织以铁素体为主，硬度为140HBS，塑性和韧性大，故切削变形大，切屑分离母体时已加工表面会因发生严重的撕扯而产生大量细裂纹（又称鳞刺），而且低碳钢容易与刀具前刀面粘结产生积屑瘤，这两个因素会严重影响精加工表面质量。粗加工时，断屑困难，所以低碳钢的切削加工性较差。

中碳钢（w_C=0.3%～0.6%）的金相组织中铁素体含量减少，珠光体增加，硬度为180HBS，有较好的综合性能，切削加工性好，根据需要还可通过正火或调质处理，改善加工过程或加工质量。高碳钢（w_C=0.6%～0.8%）的金相组织以珠光体为主，正火后的硬度为230～280HBS，其切削加工性不如中碳钢。

通常，碳素钢硬度在170～230HBS范围内的切削加工性较好，过硬，刀具磨损加剧；过软，则不易断屑而影响切削过程，同时也影响工件的加工质量。合金结构钢的切削加工性一般低于含碳量相近的碳素结构钢。

2. 铸铁

普通铸铁的金相组织是金属基体加游离石墨。塑性和硬度都较低，切屑易断，因为组织中的石墨有一定的润滑作用，切削时摩擦系数小，切削力小，功率消耗少，所以并不难加工。但是由于切屑是从石墨处开始不规则的断裂往往深入已加工表面以下，使已加工表面粗糙。另外，切削铸铁时，形成的是崩碎切屑，它与前刀面接触长度短，切削力、切削温度集中在刃区，最高温度在靠近切削刃的后刀面上。

3. 有色金属

普通铝及铝合金的硬度和强度都低，且导热性好，属于易切削材料。切削时应选用大的刀具前角（大于 20°）和高的切削速度，所用刀具应锋利、光滑，以减少积屑瘤和加工硬化对表面质量的影响。铜及铜合金的硬度和强度都较低，导热性也好，属于易切削材料。纯铜和普通黄铜由于塑性和韧性较大，断屑性差，易粘屑，切削时应采用大的前角和可靠的断屑措施。铅黄铜和锡青铜的强度和硬度较高，但由于铅的存在，使其脆性增加，伸长率降低，故切削变形小，形成崩碎切屑，切削时可选用较高的切削速度。

4. 难加工金属材料

随着科学技术的发展，诸如高锰钢、高强度钢、不锈钢、高温合金、钛合金、难熔金属及其合金等难加工金属材料的应用越来越多。由于这些材料中含有一系列合金元素，在其中形成了各种合金渗碳体、合金碳化物、奥氏体、马氏体及带有残余奥氏体的马氏体等，不同程度地提高了硬度、强度、韧性、耐磨性乃至高温强度和硬度。在切削加工这些材料时，常表现出切削力大，切削温度高，刀具磨损剧烈，而且会造成严重的加工硬化和较大的残余拉应力，使加工精度降低，所以，这些材料的切削加工性很差。

（三）改善工件材料切削加工性的途径

生产中改善金属工件材料切削加工性最常用的办法之一是通过适当的热处理工艺，改变材料的金相组织，使材料的切削加工性得到改善。例如，高碳钢经球化退火，可降低硬度；低碳钢经正火处理，可降低塑性，提高硬度；马氏体不锈钢经调质处理，可降低塑性；铸铁件切削前进行退火，可降低表面层的硬度。

在满足工件使用要求的前提下，应尽可能选择切削加工性较好的工件材料，同时还应注意合理选择材料的供应状态。例如，低碳钢经冷拔加工后，可降低塑性，提高其切削加工性；中碳钢以部分球化的珠光体组织的切削加工性最好；高碳钢完全球化退火状态易于切削加工；锻造毛坯余量不均匀，且表层有硬皮，不如冷拔或热轧毛坯切削加工性好。

选用合适的刀具材料，确定合理的刀具角度和切削用量，安排适当的加工方法和加工顺序，也可以改善材料的切削加工性。

六、金属切削条件的选择

金属切削加工过程中的效率、质量和经济性等问题，除了与机床设备的工作能力、操作者技术水平、工件的形状、生产批量、刀具材料及工件材料的切削加工性有关，还受到切削条件的影响和制约。这些切削条件包括刀具几何参数、刀具寿命、切削用量及切削过程的冷却润滑等。

（一）刀具几何参数的选择

刀具的几何参数对切削过程中的金属切削变形、切削力、切削温度、工件加工质量及刀具磨损都有显著的影响。选择合理的刀具几何参数，可使刀具潜在的切削能力得到充分发挥，降低生产成本，提高切削效率。

刀具几何参数包含切削刃的形状、切削区的剖面形式、刀面形式和刀具几何角度四个方面，这里我们主要讨论刀具几何角度的合理选择，即前角，后角、副后角，主偏角、副偏角，刃倾角的选择。

1. 前角的选择

前角的大小将影响切削过程中的切削变形和切削力，同时也影响工件的表面粗糙度和刀具的强度与寿命。增大刀具前角，可以减小前刀面挤压被切削层，达到减小塑性变形、减小切削力和表面粗糙度的目的，但刀具前角过大，会降低切削刃和刀头的强度，刀头散热条件变差，切削时刀头容易崩刃。因此合理前角的选择既要切削刃锐利，又要有一定的强度和一定的散热体积。

对不同材料的工件，在切削时合理前角值不同。切削钢的合理前角比切削铸铁大，切削中硬钢的合理前角比切削软钢小。

对于不同的刀具材料，由于硬质合金的抗弯强度较低，抗冲击韧性差，所以合理前角就小于高速钢刀具的合理前角。粗加工、断续切削或切削特硬材料时，为保证切削刃强度，应取较小的前角，甚至负前角。

2. 后角、副后角的选择

后角的大小将影响刀具后刀面与已加工表面之间的摩擦。后角增大可减小后刀面与加工表面之间的摩擦，后角越大，切削刃越锋利，但是切削刃和刀头的强度削弱，散热体积减小。粗加工、强力切削及承受冲击载荷的刀具，为增加刀具强度，后角应取小些；精加工时，增大后角可提高刀具寿命和已加工表面的质量。

工件材料的硬度与强度高，取较小的后角，以保证刀头强度；工件材料的硬度与强度低，塑性大，易产生加工硬化，为了防止刀具后刀面磨损，后角应适当加大。加工脆性材料时，切削力集中在刃口附近，宜取较小的后角。若采用负前角时，应取较大的后角，以保证切削刃锋利。

尺寸刀具精度高，取较小的后角，以防止重磨后刀具尺寸的变化。为了制造、刃磨的方便，一般刀具的副后角等于后角。但切断刀、车槽刀、锯片铣刀的副后角，受刀头强度的限制，只能取很小的数值，通常取 1° 30′左右。

3. 主偏角、副偏角的选择

主偏角和副偏角越小，刀头的强度越高，散热面积越大，刀具寿命长，而且，主偏角和副偏角减小，工件加工后的表面粗糙度会减小，但是，主偏角和副偏角减小时，会加大切削过程中的背向力，容易引起工艺系统的弹性变形和振动。

主偏角的选择原则与参考值：工艺系统的刚度较好时，主偏角可取小值，如，κ_r=30°～45°，在加工高强度、高硬度的工件材料时，可取 κ_r=10°～30°，以增加刀头的强度。当工艺系统的刚度较差或强力切削时，一般取 κ_r=60°～75°。车削细长轴时，为减小背向力，取 κ_r=90°～93°。在选择主偏角时，还要视工件形状及加工条件而定，如车削阶梯轴时，可取 κ_r=90°，用一把车刀车削外圆、端面和倒角时，可取 κ_r=45°～60°。

副偏角的选择原则与参考值：副偏角主要根据工件已加工表面的粗糙度要求和刀具强度来选择，在不引起振动的情况下，尽量取小值。精加工时，取 κ'_r=5°～10°；粗加工时，取 κ'_r=10°～15°。当工艺系统刚度较差或从工件中间切入时，可取 κ'_r=30°～45°。精车时，可在副切削刃上磨出一段 κ'_r=0°，长度为（1.2～1.5）f 的修光刃，以减小已加工表面的粗糙度值。对于切断刀、锯片铣刀和槽铣刀等，为了保持刀具强度和重磨后宽度变化较小，副偏角宜取 1°30′。

4. 刃倾角的选择

刃倾角的正负会影响切屑的排出方向，如图 7–23 所示。精车和半精车时刃倾角宜选用正值，使切屑流向待加工表面，防止划伤已加工表面。加工钢和铸铁，粗车时取刃倾角 –5°～0°；车削淬硬钢时，取 –15°～–5°，使刀头强固，刀尖可避免受到冲击，散热条件好，提高了刀具寿命。

增大刃倾角的绝对值，使切削刃变得锋利，可以切下很薄的金属层。如微量精车、精刨时，可取 45°～75°的大刃倾角刀具，使切削刃加长，切削平稳，排屑顺利，生产效率高，加工表面质量好。工艺系统刚性差，切削时不宜选用负刃倾角。

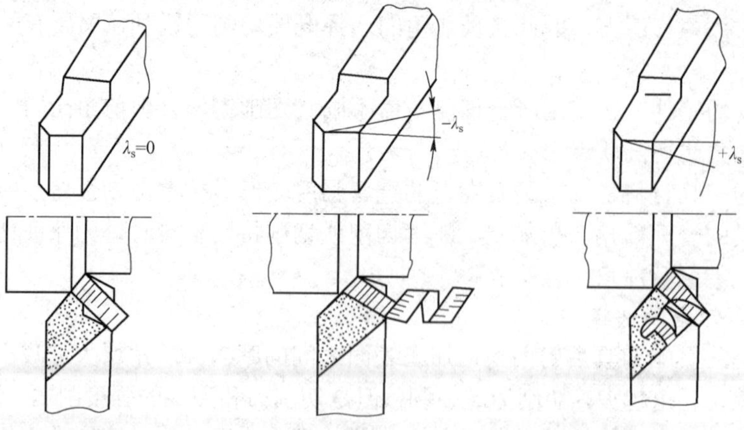

(a) λ_s=0　　(b) $-\lambda_s$　　(c) $+\lambda_s$

图 7-23　刃倾角的正负对切屑的排出方向的影响

（二）刀具寿命的选择

刀具寿命对切削加工的生产率和生产成本有较大的影响。如果将刀具寿命定得过高，必然要降低切削用量，使机加工时间增加，生产率降低，成本提高；如果将刀具寿命定得过低，虽然可采用较大的切削用量，但会增加换刀和磨刀的次数，辅助时间延长，同样会降低生产率，增加成本。因此，应根据具体的生产条件制定出合理的刀具寿命。

确定合理的刀具寿命的方法有以下三种。

① 根据单件平均生产时间最短的指标计算最大生产率刀具寿命。

② 根据单件平均加工成本最低的指标计算最低成本刀具寿命。

③ 根据平均利润率最大的指标计算最大利润刀具寿命。

在选择刀具耐用度时，通常依据具体情况下的产品销路情况来考虑。在产品销路不畅时，宜采用最大利润寿命。在产品销路畅通甚至供不应求时，宜采用最大生产率寿命。在产品初创阶段，宜采用最低成本寿命，以利于市场竞争。

在具体制定刀具寿命时，还应注意到，对于制造和刃磨都比较简单，且成本不高的刀具，寿命可定得低些；反之，则应定得高些。对于装卡和调整比较复杂的刀具，寿命应定得高些。切削大型工件时，为避免在切削过程中途换刀，刀具寿命应定得高些。

（三）切削用量的选择

合理选择切削用量，能够保证工件加工质量，提高切削效率，延长刀具使用寿命和降低加工成本。根据不同加工性质对切削加工的要求，切削用量会选得不一样。粗加工时，应尽量保证较高的金属切除率和必要的刀具寿命，一般优先选择大的背吃刀量，其次选择较大的进给量，最后根据刀具寿命，确定合适的切削速度。精加工时，应保证工件的加工质量，一般选用较小的进给量和背吃刀量，尽可能选用较高的切削速度。

1. 背吃刀量的选择

粗加工的背吃刀量应根据工件的加工余量确定，应尽量用一次走刀就切除全部加工余量。当加工余量过大、机床功率不足、工艺系统刚度较低、刀具强度不够以及断续切削或冲击振动较大时，可分几次走刀。对切削表面层有硬皮的铸、锻件，应尽量使背吃刀量大于硬皮层的厚度，以保护刀尖。半精加工和精加工的加工余量一般较小，可一次切除。有时为了保证工件的加工质量，也可二次走刀。多次走刀时，第一次走刀的背吃刀量取得比较大，一般为总加工余量的 2/3～3/4。

2. 进给量的选择

粗加工时，进给量的选择主要受切削力的限制。在工艺系统的刚度和强度良好的情况下，可选用较大的进给量值。半精加工和精加工时，由于进给量对工件的已加工表面粗糙度值影响很大，进给量一般取得较小。通常按照工件加工表面粗糙度值的要求，根据工件材料、刀尖圆弧半径、切削速度等条件来选择合理的进给量。当切削速度提高，刀尖圆弧半径增大，或刀具磨有修光刃时，可以选择较大的进给量，以提高生产率。粗车时进给量的参考值和精车时进给量的参考值都可以在切削用量手册中查到。

3. 切削速度的选择

在背吃刀量和进给量选定以后，可在保证刀具合理寿命的条件下，确定合适的切削速度。粗加工时，背吃刀量和进给量都较大，切削速度受刀具寿命和机床功率的限制，一般较低。精加工时，背吃刀量和进给量都取得较小，切削速度主要受工件加工质量和刀具寿命的限制，一般取得较高。选择切削速度时，还应考虑工件材料的切削加工性等因素。例如，加工合金钢、高锰钢、不锈钢、铸铁等的切削速度应比加工普通中碳钢的切削速度低 20%～30%，加工有色金属时，则应提高 1～3 倍。在断续切削和加工大件、细长件、薄壁件时，应选用较低的切削速度。切削速度的参考值可以在切削用量手册中查到。

任务三　金属切削机床

任务引入

【1】动车组车轮运行一定里程以后，需要对车轮进行镟轮作业。镟轮就是用刀具把车轮踏面上的磨耗、剥离之类的缺陷切削到正常范围，如图 7–24 所示，试分析镟轮采用什么机床进行切削。

图 7–24　镟轮

【2】动车组空心车轴锻压制坯之后，试分析采用什么机床进行空心车轴毛坯外圆的切削加工。

相关知识准备

金属切削机床是用切削的方法将金属毛坯加工成机器零件的一种机器，人们习惯上称之为机床。由于切削加工仍是机械制造过程中获取具有一定尺寸、形状和精度的零件的主要加工方法，所以机床是机械制造系统中最重要的组成部分，它为加工过程提供刀具与工件之间的相对位置和相对运动，为改变工件形状、质量提供能量。

一、机床的分类

目前金属切削机床的品种和规格繁多，为便于区别、使用和管理，需对机床进行分类。

按加工性质和所用刀具的不同，机床可分为11大类：车床、钻床、镗床、磨床、齿轮加工机床、螺纹加工机床、铣床、刨插床、拉床、锯床和其他机床。

按机床通用性程度，可分为通用机床（或称万能机床）、专门化机床和专用机床三类。通用机床适用于单件小批量生产，加工范围较广，可以加工多种零件的不同工序。例如，普通车床、卧式镗床、万能升降台铣床等。专门化机床用于大批量生产中，加工范围较窄，可加工不同尺寸的一类或几类零件的某一种（或几种）特定工序。例如，精密丝杠车床、曲轴轴颈车床等。专用机床通常应用于成批及大量生产中，这类机床是根据工艺要求专门设计制造的，专门用于加工某一种（或几种）零件的某一特定工序。例如，加工车床导轨的专用磨床、加工车床主轴箱的专用镗床等。

在同一种机床中，按加工精度的不同，可分为普通精度级、精密级和高精度级机床。按机床的质量和尺寸不同，可分为仪表机床、中型（一般）机床、大型机床（质量达10 t）、重型机床（质量在30 t以上）、超重型机床（质量在100 t以上）。

按机床自动化程度不同，可分为手动、机动、半自动和自动机床。

此外，机床还可以按主要工作器官的数目进行分类，如单刀机床、多刀机床、单轴机床、多轴机床等。目前，机床正在向数控化方向发展，而且其功能也在不断增加，除了数控加工功能，还增加了自动换刀、自动装卸工件等功能。因此也可按机床具有的数控功能，分为一般数控机床、加工中心、柔性制造单元等。随着新品种机床的不断出现，机床的分类也会更加丰富。

二、机床型号的编制方法

机床型号是机床产品的代号，用以简明表示机床的类型、通用和结构特性、主要技术参数等。GB/T 15375—2008《金属切削机床　型号编制方法》规定，机床型号由汉语拼音字母和阿拉伯数字按一定规律组合而成，适用于各类通用机床和专用机床（组合机床除外），如图7–25所示。

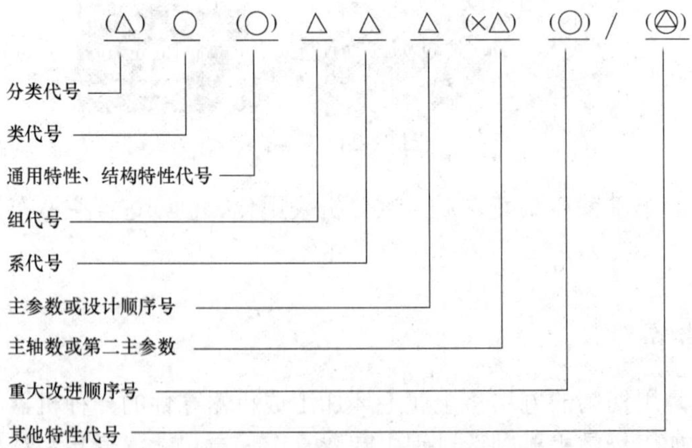

注：①“△”表示阿拉伯数字；②“○”表示大写汉语拼音字母；③“( )”表示可选项，无内容时，不表示，有内容时则不带括号；④“◎”表示大写汉语拼音字母或阿拉伯数字或者两者兼有之。

图7–25　机床型号编制方法

（1）机床的类代号

用大写的汉语拼音字母表示，并按相应的汉字字意读音。当需要时，每类又可分为若干分类，分类代号用阿拉伯数字表示，放在类代号之前，但第一分类不予表示。机床的类代号、分类代号及其读音见表 7–1。

表 7–1 机床的类代号、分类代号及其读音

类别	车床	钻床	镗床	磨床			齿轮加工机床	螺纹加工机床	铣床	刨插床	拉床	锯床	其他机床
代号	C	Z	T	M	2M	3M	Y	S	X	B	L	G	Q
读音	车	钻	镗	磨	二磨	三磨	牙	丝	铣	刨	拉	割	其

（2）机床的通用特性和结构特性代号

通用特性代号位于类代号之后，用大写汉语拼音字母表示。当某种类型机床除有普通型外，还有如表 7–2 所示的某种通用特性时，则在类代号之后加上相应特性代号，如 CK 表示数控车床。如果同时具有两种通用特性时，则可按重要程度排列，用两个代号表示，如 MBG 表示半自动高精度磨床。

表 7–2 机床通用特性代号

通用特性	高精度	精密	自动	半自动	数控	加工中心（自动换刀）	仿形	轻型	加重型	柔性加工单元	数显	高速
代号	G	M	Z	B	K	H	F	Q	C	R	X	S
读音	高	密	自	半	控	换	仿	轻	重	柔	显	速

对于主参数相同，而结构、性能不同的机床，在型号中用结构特性区分。结构特性代号无统一含义，它只是在同类型机床中起区分结构、性能不同的作用。当机床具有通用特性代号时，结构特性代号位于通用特性代号之后，用大写汉语拼音字母表示。如 CA6140 中的 A 和 CY6140 中的 Y，均为结构特性代号，它们分别表示沈阳第一机床厂和云南机床厂生产的基本型号的卧式车床。为了避免混淆，通用特性代号已用的字母和 L、O 都不能作为结构特性代号使用。

（3）机床的组、系代号

组、系代号用两位阿拉伯数字表示，前一位表示组别，后一位表示系别。每类机床按其结构性能及使用范围划分为用数字 0～9 表示的 10 个组。在同一组机床中，又按主参数相同、主要结构及布局型式相同划分为用数字 0～9 表示的 10 个系。

（4）机床主参数、设计顺序号及第二主参数

机床主参数是表示机床规格大小的一种尺寸参数。在机床型号中，用阿拉伯数字给出主参数的折算值，位于机床组、系代号之后。折算系数一般是 1/10 或 1/100，也有少数是 1。例如，CA6140 型卧式车床中主参数的折算值为 40（折算系数是 1/10），其主参数表示在床身导轨面上能车削工件的最大回转直径为 400 mm。某些通用机床，当无法用一个主参数表示时，则用设计顺序号来表示。第二主参数是对主参数的补充，如最大工件长度、最大跨距、工作台工作面长度等，第二主参数一般不予给出。

（5）机床的最大改进顺序号

当机床的性能及结构有重大改进，并按新产品重新设计、试制和鉴定时，在原机床型号尾部加重大改进顺序号。

（6）其他特性代号与企业代号

其他特性代号用以反映各类机床的特性，如对于数控机床，可用来反映不同的数控系统；对于一般机床，可用来反映同一型号机床的变型等。其他特性代号可用汉语拼音字母或阿拉伯数字或二者的组合来表示。企业代号与其他特性代号表示方法相同，位于机床型号尾部，用“—”与其他特性代号分开，读作“至”。若机床型号中无其他特性代号，仅有企业代号时，则不加“—”，企业代号直接写在“/”后面。根据通用机床型号编制方法，举例如下。

① MG1432A 表示高精度万能外圆磨床，最大磨削直径为 320 mm，经过第一次重大改进，无企业代号。

② Z3040×16/S2 表示摇臂钻床，最大钻孔直径为 40 mm，最大跨距为 1 600 mm，沈阳第二机床厂生产。

③ CKM1116/NG 表示数控精密单轴纵切自动车床，最大车削棒料直径为 16 mm，宁江机床厂生产。

三、零件表面的切削加工成形方法和机床的运动

（一）零件表面的切削加工成形方法

在切削加工过程中，机床上的刀具和工件按一定的规律作相对运动，通过刀具对工件毛坯的切削作用，切除毛坯上多余金属，从而得到所要求的零件表面形状。机械零件的任何表面都可以看作一条线（称为母线）沿另一条线（称为导线）运动的轨迹。

平面是由一条直线（母线）沿另一条直线（导线）运动而形成的；圆柱面和圆锥面是由一条直线（母线）沿着一个圆（导线）运动而形成的；普通螺纹的螺旋面是由“∧”形线（母线）沿螺旋线（导线）运动而形成的；直齿圆柱齿轮的渐开线齿面是渐开线（母线）沿直线（导线）运动而形成的。零件表面的形成如图 7–26 所示。

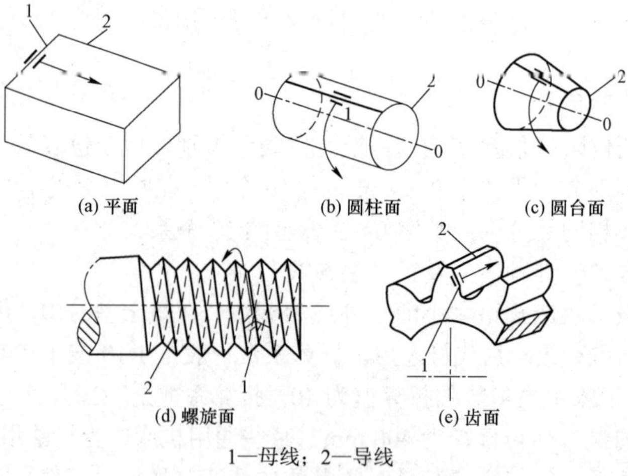

1—母线；2—导线

图 7–26　零件表面的形成

（二）机床的运动

机床在加工过程中，必须形成一定形状的发生线（母线和导线），才能获取所需的工件表面形状。因此，机床必须完成一定的运动，这种运动称为表面成形运动。此外，还有多种辅助运动。

1. *表面成形运动*

表面成形运动按其组成情况不同，可分为简单成形运动和复合成形运动两种。如果一个独立的成形运动是由单独的旋转运动或直线运动构成的，则此成形运动称为简单成形运动。例如，用车刀车削外圆柱面时［图 7-27（a）］，工件的旋转运动 B_1 产生圆导线，刀具纵向直线运动 A_2 产生直线母线，即加工出圆柱面。运动 B_1 和 A_2 是两个相互独立的表面成形运动，因此，用车刀车削外圆柱时属于简单成形运动。

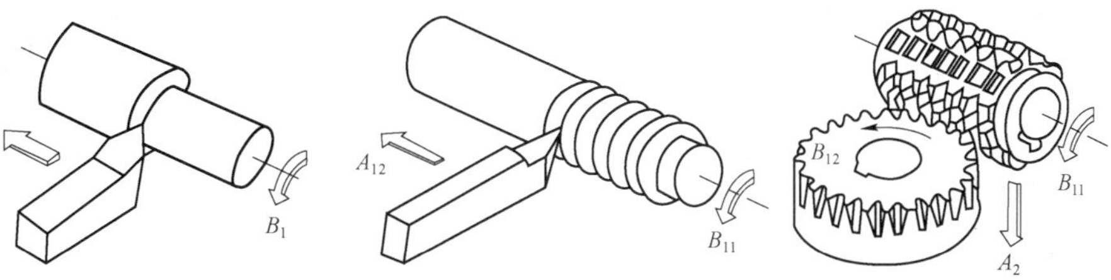

(a) 圆柱面　(b) 螺旋　(c) 齿面

图 7-27　成形运动的组成

如果一个独立的成形运动，是由两个以上的旋转运动或（和）直线运动，按某种确定的运动关系组合而成，则此成形运动称为复合成形运动。例如，用螺纹车刀车削螺纹表面时［图 7-27（b）］，工件的旋转运动 B_{11} 和车刀的直线运动 A_{12} 按规定作相对运动，形成螺旋线导线，三角形母线（由刀刃形成，不需成形运动）沿螺旋线运动，形成了螺旋面。形成螺旋线导线的两个简单运动 B_{11} 和 A_{12}，由于螺纹导程限定而不能彼此独立，它们必须保持严格的运动关系，从而 B_{11} 和 A_{12} 这两个简单运动组成了一个复合成形运动。又如，用齿轮滚刀加工直齿圆柱齿轮时［图 7-27（c）］，它需要一个复合成形运动 B_{11}、B_{12}（范成运动），形成渐开线母线，又需要一个简单直线成形运动 A_2，才能得到整个渐开线齿面。

成形运动中各单元运动根据其在切削中所起的作用不同，又可分为主运动和进给运动。

2. *辅助运动*

机床在加工过程中还需一系列辅助运动，其功能是实现机床的各种辅助动作，为表面成形运动创造条件。它的种类很多，如进给运动前后的快进和快退，调整刀具和工件之间正确相对位置的调位运动，切入运动，分度运动，工件夹紧、松开等操纵控制运动。

任务四　车削、铣削、刨削、插削加工

任务引入

【1】动车组车轮采用整体辗钢轮，包括踏面、轮缘、轮辋、轮毂和辐板等部分。试分析车轮踏面采用什么切削方法进行制造。

【2】试分析动车组车轮镟轮作业采用什么切削加工工艺把车轮上的踏面磨耗、剥离之类缺陷切削到正常范围。

相关知识准备

轴类、套类和盘类零件是具有外圆表面的典型零件。外圆表面常用的机械加工方法有车削、磨削和各种光整加工方法。车削加工是外圆表面最经济有效的加工方法，但就其经济加工精度来说，一般适用于作为外圆表面粗加工和半精加工方法；磨削加工是外圆表面主要精加工方法，特别适用于各种高硬度和淬火后零件的精加工；光整加工是精加工之后进行的超精密加工方法（如滚压、抛光、研磨等），适用于某些精度和表面质量要求很高的零件。

由于各种加工方法所能达到的经济加工精度、表面粗糙度、生产率和生产成本各不相同，因此必须根据具体情况，选用合理的加工方法，从而加工出满足零件图纸上要求的合格零件。

一、车削加工

（一）车削外圆

车削外圆是一种最常见、最基本的车削方法，其主要形式见图 7–28。

车削外圆一般可划分为荒车、粗车、半精车、精车和精细车，各种车削方案所能达到的加工精度和表面粗糙度各不相同，必须合理选用。

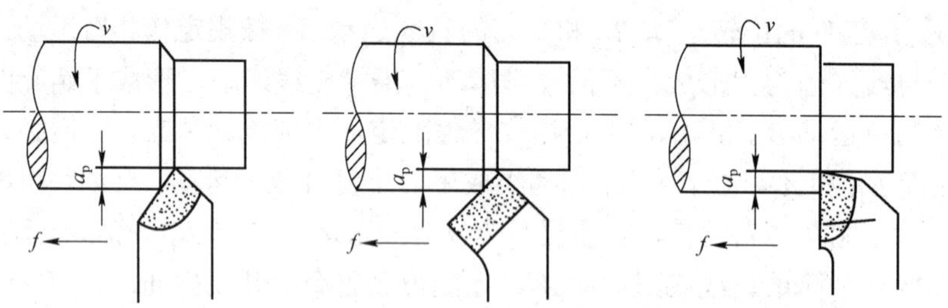

(a) 75°外圆车刀　(b) 45°弯头车刀　(c) 90°外圆车刀

图 7–28　车削外圆的主要形式

（二）车削工件的装夹方法

车削加工时，最常见的工件装夹方法见表 7–3。

表 7–3　最常见的工件装夹方法

名称	装夹简图	装夹特点	应用
三爪卡盘	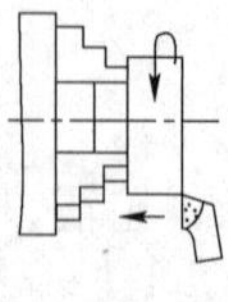	三个卡爪可同时移动，自动定心，装夹迅速方便	长径比小于 4，截面为圆形，六方体的中、小型工件加工

续表

名称	装夹简图	装夹特点	应用
四爪卡盘	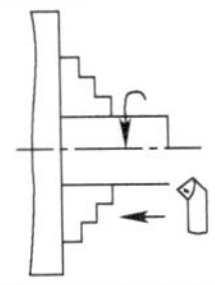	四个卡爪都可单独移动，装夹工件需要找正	长径比小于 4，截面为方形、椭圆形的较大、较重的工件加工
花盘	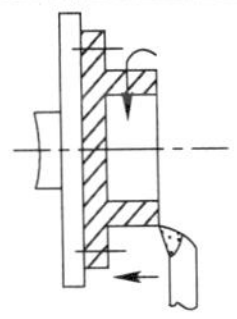	盘面上多通槽和 T 形槽，使用螺钉、压板装夹，装夹前需找正	形状不规则的工件、孔或外圆与定位基面垂直的工件加工
双顶尖	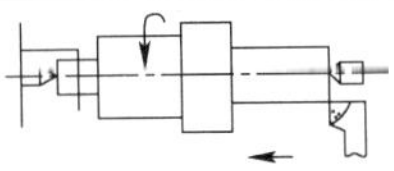	定心正确，装夹稳定	长径比为 4～15 的实心轴类零件加工
双顶尖中心架	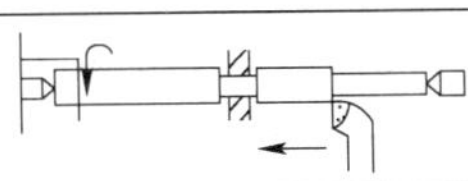	支爪可调，增加工件刚性	长径比大于 15 的细长轴工件粗加工
一夹一顶	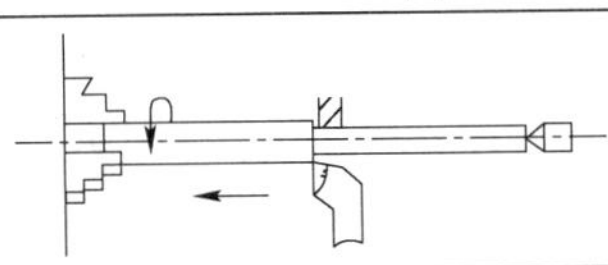	跟刀架支爪随刀具一起运动，无接刀痕	长径比大于 15 的细长轴工件半精加工、精加工
心轴	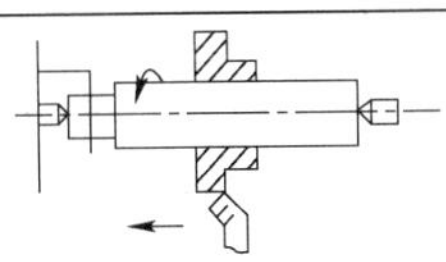	能保证外圆、端面对内孔的位置精度	以孔为定位基准的套类零件加工

（三）车刀的结构形式

车刀按结构不同可分为整体式、焊接式、机夹重磨式和机夹可转位式等几种。

1. 整体式

整体式车刀是将车刀的切削部分与夹持部分用同一种材料制成的，如尺寸不大的高速钢车刀常用这种结构。

2. 焊接式

焊接式车刀是在碳钢刀杆（常用 45 钢）上根据刀片的形状和尺寸铣出刀槽后将硬质合金刀片钎焊在刀槽中，然后刃磨出所需的几何参数。焊接式车刀结构简单、紧凑、刚性好、灵活性大，可根据切削要求较方便地刃磨出所需角度，故应用广泛。但经高温钎焊的硬质合金刀片，易产生应力和裂纹，切削性能有所下降，并且刀杆不能重复使用，浪费较大。

3. 机夹重磨式

机夹重磨式车刀的刀片与刀杆是两个可拆的独立元件，切削时靠夹紧元件将它们紧固在一起，由于避免了因焊接产生的缺陷，可提高刀具的切削性能，并且刀杆可多次使用。

4. 机夹可转位式

机夹可转位式车刀是将压制有合理几何参数、断屑槽、并有几个切削刃的多边形刀片，用机械夹固的方法，装夹在标准刀杆上，以实现切削的一种刀具结构。当刀片的一个切削刃磨钝后，松开夹紧元件，把刀片转位换成另一新切削刃，便可继续使用。与焊接式车刀相比，机夹可转位式车刀具有切削效率高，刀片使用寿命长，刀具消耗费用低等优点。可转位式车刀的刀杆可重复使用，节省了刀杆材料。刀杆和刀片可实现标准化、系列化，有利于刀具的管理工作。

常见车刀的结构示意图如图 7-29 所示。

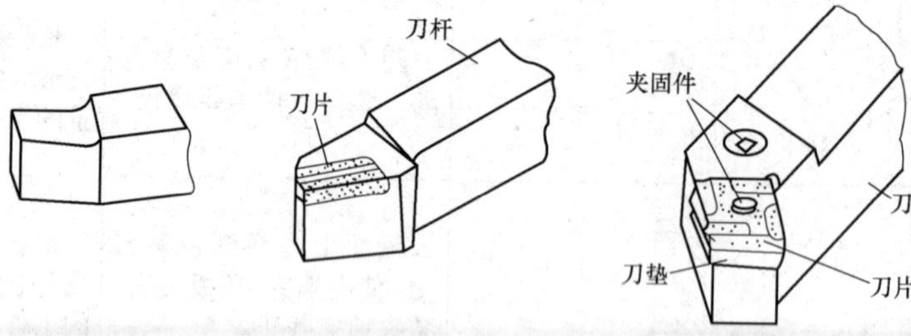

(a) 整体式　(b) 焊接式　(c) 机夹可转位式

图 7-29　常用车刀的结构示意图

（四）外圆车刀的选择和装夹

外圆车刀应根据外圆表面加工方案选择。粗车外圆要求外圆粗车刀强度高，能在切削深度大或走刀速度快的情况下保持刀头坚固。精车外圆要求外圆车刀刀刃锋利、光洁。主偏角为 κ_r=75°的外圆车刀刀头强度高，生产中常选用为外圆粗车刀；主偏角为 κ_r=45°的弯头车刀，使用方便，还可以车端面和倒角，但因其副偏角 κ'_r 大，工件表面加工粗糙，不适于精加工；主偏角为 κ_r=90°的外圆车刀可用于粗车或精车，还可车削有垂直台阶的外圆和细长轴。

车刀在刀架上的安装高度，一般应使刀尖在与工件旋转轴线等高的地方。安装时可用尾架顶尖作为标准，或在工件端面车一印痕，就可知道轴线位置，把车刀调整安装好。

车刀在刀架上的位置，一般应垂直于工件旋转轴线，否则会引起主偏角 κ_r 变化，还可能使刀尖扎入工件已加工表面或影响表面粗糙度质量。

（五）车床

1. 车床的用途

车床主要用于加工零件的各种回转表面，如内外圆柱表面，内外圆锥表面，成形回转表面和回转体的端面等，有些车床还能车削螺纹表面。由于大多数机器零件都具有回转表面，并且大部分需要用车床来加工，因此，车床是一般机器制造厂中应用最广泛的一类机床。

在车床上，除使用车刀进行加工外，还可以使用各种孔加工刀具（如钻头、铰刀、镗刀等）进行孔加工，或者使用螺纹刀具（丝锥、板牙）进行内、外螺纹加工。

2. 车床的运动

为形成工件加工表面形状，车床必须具备以下运动。

① 工件的旋转运动，是车床的主运动，其功用是使工件得到所需要的切削速度，其特点是速度较高，消耗功率较大。

② 刀具的直线移动，是车床的进给运动，其功用是使毛坯上新的金属层被不断投入切削，以便切削出整个加工表面。

上述运动是车床形成加工表面形状所需的表面成形运动。车床上车削螺纹时，工件的旋转运动和刀具的直线移动则形成螺旋运动，是一种复合成形运动。

③ 辅助运动，是车床上切入运动及刀架纵向或横向的快速运动，其功用是为表面成形运动创造条件，也是车床必不可少的运动。

3. 车床的分类

为适应不同的加工要求，车床分为很多种类。按其结构和用途不同，可分为卧式车床

（图 7–30）、立式车床（图 7–31）、转塔车床（图 7–32）、回轮车床、落地车床、液压仿形及多刀自动和半自动车床、各种专用车床（如曲轴车床、凸轮车床等）、数控车床（图 7–33）和车削加工中心等。

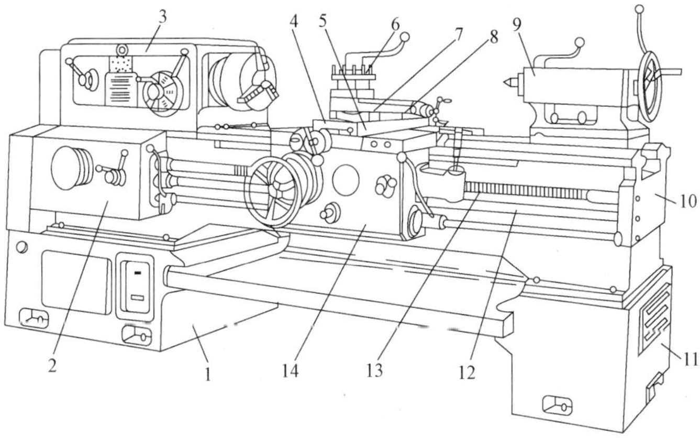

1、11—床腿；2—进给箱；3—主轴箱；4—床鞍；5—中滑板；6—刀架；7—回转盘；8—小滑板；9—尾架；10—床身；12—光杠；13—丝杠；14—溜板箱

图 7–30　CA6140 型卧式车床

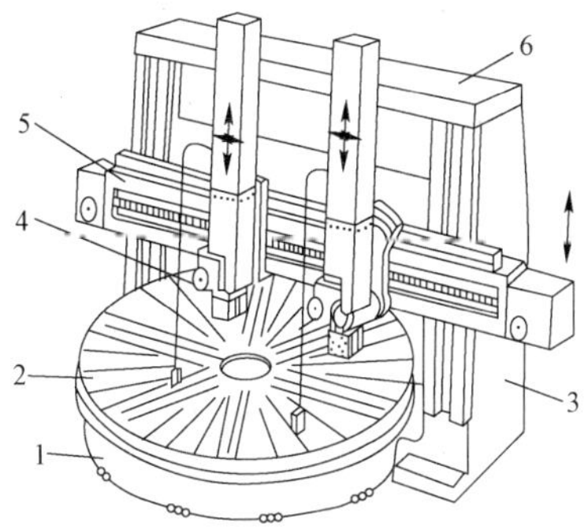

1—底座；2—工作台；3—立柱；4—垂直刀架；5—横梁；6—顶梁

图 7–31　立式车床

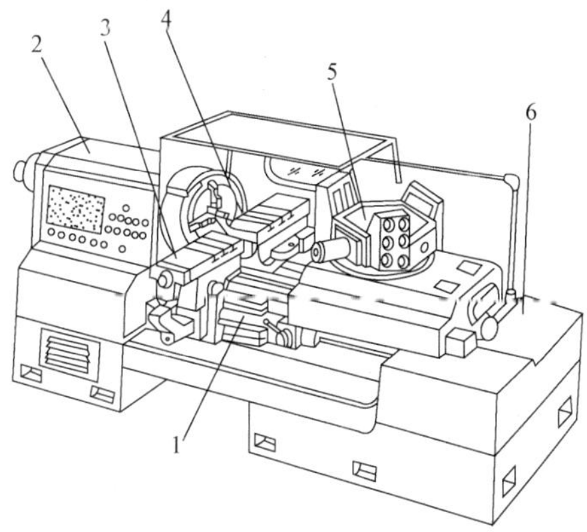

1—床身；2—主轴箱；3—前刀架；4—后刀架；5—转塔刀架；6—液压装置

图 7–32　CB3464–1 型自动转塔车床

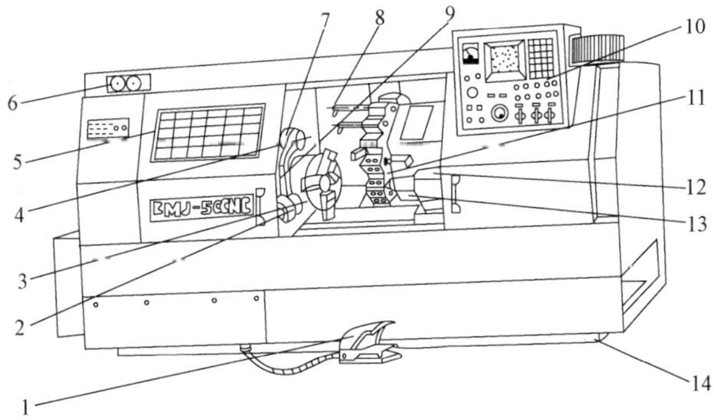

1—主轴卡盘松、夹开关；2—对刀仪；3—主轴卡盘；4—主轴箱；5—机床防护门；6—压力表；7—对刀仪防护罩；8—导轨防护罩；9—对刀仪转臂；10—操作面板；11—回转刀架；12—尾座；13—床鞍；14—床身

图 7–33　MJ–50 数控车床

4. CA6140 型卧式车床

CA6140 型卧式车床的工艺范围很广，能适用于各种回转表面的加工，如车削内外圆柱面、圆锥面、环槽及成形回转面，车削端面及各种常用螺纹，还可以进行钻孔、扩孔、铰孔、滚花、攻螺纹和套螺纹等工作。其加工的典型表面如图 7–34 所示。

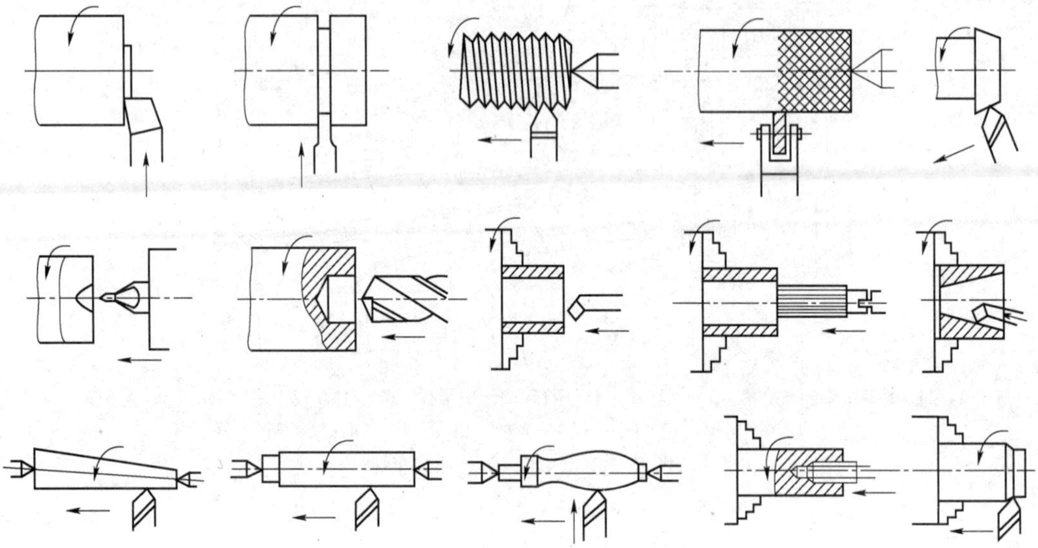

图 7–34　CA6140 型卧式车床加工的典型表面

CA6140 型卧式车床的通用性较强，但机床的结构复杂且自动化程度低，加工过程中辅助时间较长，适用于单件、小批量生产及修理车间。

二、铣削加工

（一）铣削加工的应用范围及特点

铣削加工是利用多刃回旋体刀具在铣床上对工件表面进行加工的一种切削加工方法。它可以加工水平面、垂直面、斜面、沟槽、成形表面、螺纹和齿形等，也可以用来切断材料。因此，铣削加工的应用范围相当广泛，也是平面加工的主要方法之一。铣削加工的典型表面如图 7–35 所示。与其他平面加工方法相比较，铣削的工艺特点如下。

① 铣刀是典型的多刃刀具，加工过程有几个刀齿同时参加切削，总的切削宽度较大。铣削时的主运动是铣刀的旋转，有利于进行高速切削，故铣削的生产率高于刨削加工。

② 铣削加工范围广，可以加工刨削无法加工或难以加工的表面。例如，可铣削周围封闭的凹平面、圆弧形沟槽、具有分度要求的小平面和沟槽等。

③ 铣削过程中，就每个刀齿而言是依次参加切削，刀齿在离开工件的一段时间内，可以得到一定的冷却。因此，刀齿散热条件好，有利于减少铣刀的磨损，延长了使用寿命。

④ 由于是断续切削，刀齿在切入和切出工件时会产生冲击，而且每个刀齿的切削厚度也时刻在变化，这就引起切削面积和切削力的变化。因此，铣削过程不平稳，容易产生振动。

⑤ 铣床、铣刀比刨床、刨刀结构复杂，铣刀的制造与刃磨比刨刀困难，所以铣削成本比刨削高。

⑥ 铣削与刨削的加工质量大致相当，经粗、精加工后都可达到中等精度。但在加工大平面时，刨削后无明显接刀痕，而用直径小于工件宽度的端铣刀铣削时，各次走刀间有明显的

接刀痕，影响表面质量。铣削加工适用于单件小批量生产，也适用于大批量生产。

（二）铣床及附件

铣床是用铣刀进行切削加工的机床，它的用途极为广泛。在铣床上采用不同类型的铣刀，配备万能分度头、回转工作台等附件，可以完成如图 7－35 所示的各种典型表面加工。

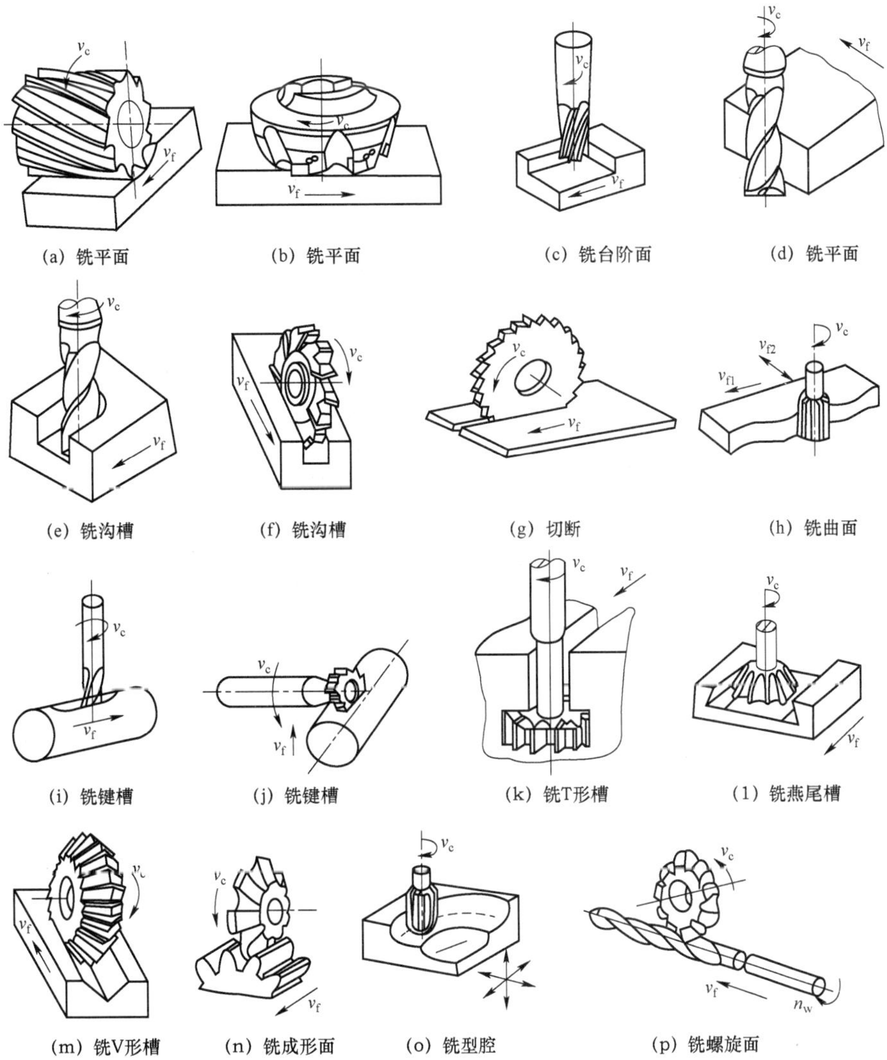

图 7－35 铣削加工的典型表面

铣床工作时的主运动是主轴部件带动铣刀的旋转运动，进给运动是由工作台在三个互相垂直方向的直线运动来实现的。由于铣床上使用的是多齿刀具，切削过程中存在冲击和振动，这就要求铣床在结构上应具有较高的静刚度和动刚度。

铣床的类型很多，主要类型有卧式升降台铣床、立式升降台铣床、工作台不升降铣床、龙门铣床、工具铣床。此外，还有仿形铣床、仪表铣床和各种专门化铣床（如键槽铣床、曲轴铣床）等。随着机床数控技术的发展，数控铣床、镗铣加工中心的应用也越来越普遍。

1. 万能卧式升降台铣床

万能卧式升降台铣床是指主轴轴线呈水平安置的，工作台可以作纵向、横向和垂直运动，并可在水平平面内调整一定角度的铣床。图 7-36 是一种应用最为广泛的万能卧式升降台铣床外形图。加工时，铣刀装夹在刀杆上，刀杆一端安装在主轴 3 的锥孔中，另一端由悬梁 4 右端的刀杆支架 5 支承，以提高其刚度。驱动铣刀作旋转主运动的主轴变速机构 1 安装在床身 2 内。工作台 6 可沿回转盘 7 上的燕尾导轨作纵向运动，回转盘 7 可相对于床鞍 8 绕垂直轴线调整至一定角度（±45°），以便加工螺旋槽等表面。床鞍 8 可沿升降台 9 上的导轨作平行于主轴轴线的横向运动，升降台 9 则可沿床身 2 侧面导轨作垂直运动。进给变速机构 10 及其操纵机构都置于升降台内。这样，用螺栓、压板或机床用平口虎钳或专用夹具装夹在工作台 6 上的工件，便可以随工作台一起在三个方向实现任一方向的位置调整或进给运动。

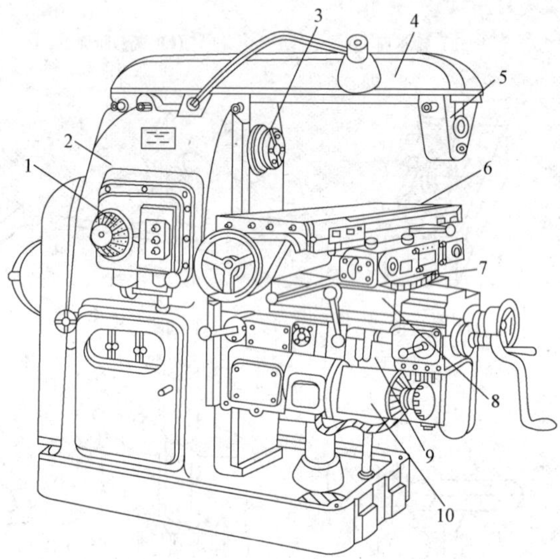

1—主轴变速机构；2—床身；3—主轴；4—悬梁；5—刀杆支架；6—工作台；
7—回转盘；8—床鞍；9—升降台；10—进给变速机构

图 7-36　万能卧式升降台铣床

卧式升降台铣床结构与万能卧式升降台铣床结构基本相同，但卧式升降台铣床在工作台和床鞍之间没有回转盘，因此工作台不能在水平面内调整角度。这种铣床除了不能铣削螺旋槽外，可以完成和万能卧式升降台铣床一样的各种铣削加工。万能卧式升降台铣床及卧式升降台铣床的主参数是工作台面宽度。它们主要用于中、小零件的加工。

2. 立式升降台铣床

立式升降台铣床与卧式升降台铣床的主要区别仅在于它的主轴是垂直安置的，可用各种端铣刀（亦称面铣刀）或立铣刀加工平面、斜面、沟槽、台阶、齿轮、凸轮以及封闭的轮廓表面等。图 7-37 为常见的一种立式升降台铣床外形图，其工作台 3、床鞍 4 及升降台 5 与卧式升降台铣床相同。立铣头 1 可在垂直平面内旋转一定的角度，以扩大加工范围，主轴 2 可沿轴线方向进行调整或作进给运动。

3. 龙门铣床

龙门铣床是一种大型高效能通用机床，主要用于加工各类大型工件上的平面、沟槽，它不仅对工件可以进行粗铣、半精铣，也可以进行精铣加工。图 7-38 为具有四个铣头的中型龙门铣床。四个铣头分别安装在横梁和立柱上，并可单独沿横梁或立柱的导轨作调整位置的移动。每个铣头既是一个独立的主运动部件，又能由铣头主轴套筒带动铣刀主轴沿轴向实现进给运动和调整位置的移动，根据加工需要每个铣头还能旋转一定的角度。加工时，工作台带动工件作纵向进给运动，其余运动均由铣头实现。由于龙门铣床的刚性和抗振性比龙门刨床好，它允许采用较大切削用量，并可用几个铣头同时从不同方向加工几个表面，机床生产效率高，在成批和大量生产中得到广泛应用。龙门铣床的主参数是工作台面宽度。

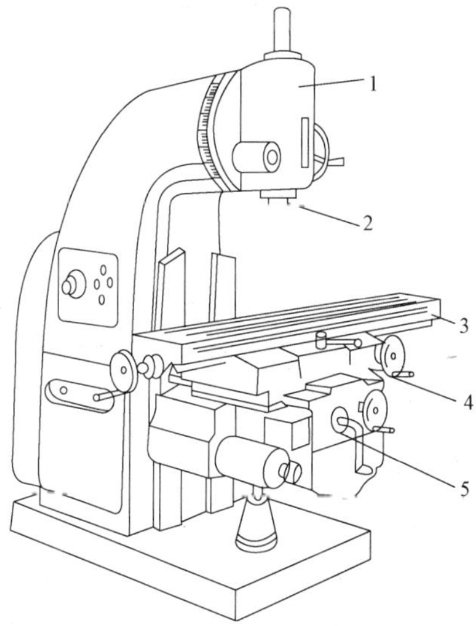

1—立铣头；2—主轴；3—工作台；4—床鞍；5—升降台

图 7-37　立式升降台铣床

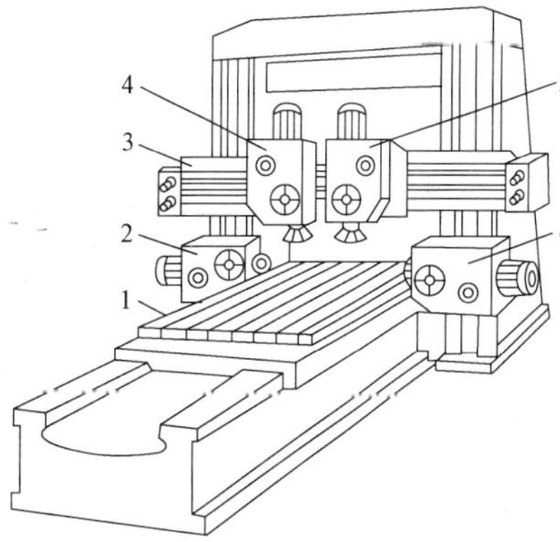

1—工作台；2、6—水平铣头；3—横梁；4、5—垂直铣头

图 7-38　龙门铣床

4. 铣床附件

升降台式铣床配备有多种附件，用来扩大工艺范围。其中回转工作台（圆工作台）和万能分度头是常用的两种附件。

（1）回转工作台

回转工作台安装在铣床工作台上，用来装夹工件，以铣削工件上的圆弧表面或沿圆周分度。如图 7-39 所示，用手轮转动方头 5，通过回转工作台内部的蜗杆蜗轮机构，使转盘 1 转动，转盘的中心为圆锥孔，供工件定位用。利用 T 形槽、螺钉和压板将工件夹紧在转盘上。传动轴 3 和铣床的传动装置相连接，可进行机动进给。扳动手柄 4 可接通或断开机动进给。调整挡铁 2 的位置，可使转盘自动停止在所需的位置上。

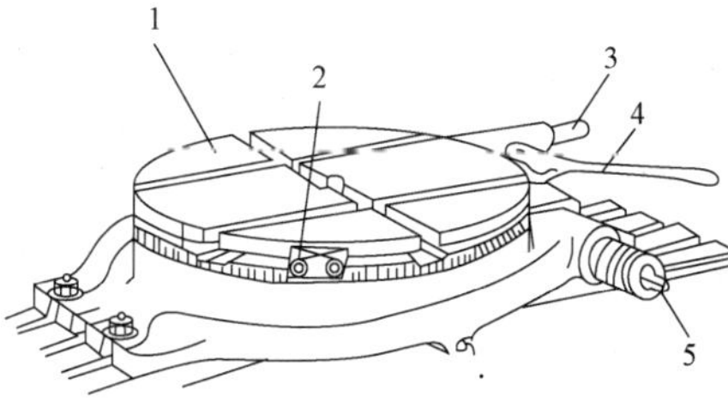

1—转盘；2—挡铁；3—传动轴；4—手柄；5—方头

图 7-39　回转工作台

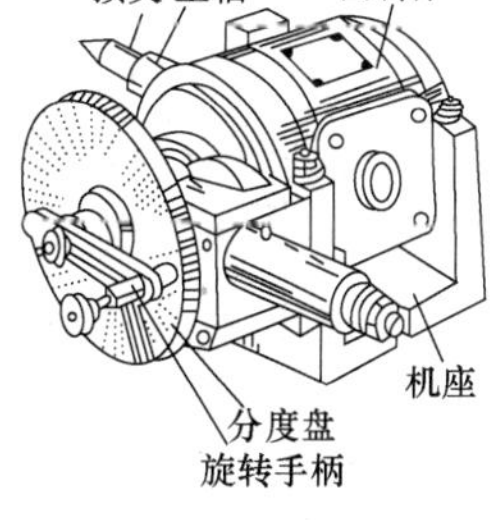

图 7-40　FW250 型万能分度头

（2）万能分度头

图 7–40 为 FW250 型（夹持工件最大直径为 250 mm）万能分度头的外形。

万能分度头最基本的功能是使装夹在分度头主轴顶尖与尾座顶尖之间或夹持在卡盘上的工件，依次转过所需的角度，以达到规定的分度要求。它可以完成以下工作：由分度头主轴带动工件绕其自身轴线回转一定角度，完成等分或不等分的分度工作，用以铣削方头、六角头、直齿圆柱齿轮、键槽、花键等的分度工作；通过配备挂轮，将分度头主轴与工作台丝杠联系起来，组成一条以分度头主轴和铣床工作台纵向丝杠为两末端件的内联系传动链，用以铣削各种螺旋表面、阿基米德旋线凸轮等；用卡盘夹持工件，使工件轴线相对于铣床工作台倾斜一定角度，以铣削与工件轴线相交成一定角度的沟槽、平面、直齿锥齿轮、齿轮离合器等。

（三）铣刀的类型及应用

铣刀为多齿回转刀具，其每一个刀齿都相当于一把车刀固定在铣刀的回转面上。铣刀刀齿的几何角度和切削过程，都与车刀或刨刀基本相同。铣刀的类型很多，结构不一，应用范围很广，是金属切削刀具中种类最多的刀具之一。铣刀按其用途可分为加工平面用铣刀、加工沟槽用铣刀、加工成形面用铣刀等类型。通用规格的铣刀已标准化，一般均由专业工具厂制造。以下介绍几种常用铣刀的特点及适用范围。

1. 圆柱铣刀

圆柱铣刀一般用高速钢整体制造，直线或螺旋线切削刃分布在圆周表面上，没有副切削刃。螺旋形的刀齿切削时是逐渐切入和脱离工件的，所以切削过程较平稳，参见图 7–35（a）。主要用于卧式铣床铣削宽度小于铣刀长度的狭长平面。

2. 面铣刀（端铣刀）

面铣刀主切削刃分布在圆柱或圆锥面上，端面切削刃为副切削刃，参见图 7–35（b）。按刀齿材料可分为高速钢和硬质合金两大类，多制成套式镶齿结构。镶齿面铣刀刀盘直径一般为 75～300 mm，最大可达 600 mm，主要用在立式或卧式铣床上铣削台阶面和平面，特别适合较大平面的铣削加工。用面铣刀加工平面，同时参加切削刀齿较多，又有副切削刃的修光作用，使加工表面粗糙度值小。硬质合金镶齿面铣刀可实现高速切削（100～150 m/min），生产效率高，应用广泛。

3. 立铣刀

立铣刀一般有 3～4 个刀齿组成，圆柱面上的切削刃是主切削刃，端面上分布着副切削刃，工作时只能沿着刀具的径向进给，不能沿着铣刀轴线方向作进给运动，参见图 7–35（c）、（d）、（e）、（h）。它主要用于铣削凹槽、台阶面和小平面，还可以利用靠模铣削成形表面。

4. 三面刃铣刀

三面刃铣刀可分为直齿三面刃和错齿三面刃，它主要用在卧式铣床上铣削台阶面和凹槽，参见图 7–35（f）。三面刃铣刀除圆周具有主切削刃外，两侧面也有副切削刃，从而改善了两端面切削条件，提高了切削效率，减小了表面粗糙度值。错齿三面刃铣刀，圆周上刀齿呈左右交错分布，和直齿三面刃铣刀相比，它切削较平稳、切削力小、排屑容易，故应用较广。

5. 锯片铣刀

锯片铣刀很薄，只有圆周上有刀齿，侧面无切削刃，用于铣削窄槽和切断工件，参见图 7–35（g）。为了减小摩擦和避免夹刀，其厚度由边缘向中心减薄，使两侧面形成副偏角。

6. 键槽铣刀

它的外形与立铣刀相似，不同的是它在圆周上只有两个螺旋刀齿，其端面刀齿的刀刃延伸至中心，因此在铣两端不通的键槽时，可作适量的轴向进给，参见图 7-35（i）。它主要用于加工圆头封闭键槽。铣削加工时，先轴向进给达到槽深，然后沿键槽方向铣出键槽全长。

在图 7-35 中，其他还有角度铣刀［图 7-35（m）］、成形铣刀［图 7-35（n）、（p）］、T 形槽铣刀［图 7-35（k）］、燕尾槽铣刀［图 7-35（l）］及头部形状根据加工需要可以是圆柱形球头和圆锥形球头的模具铣刀［图 7-35（o）］等。

（四）铣削方式

1. 周铣

用圆柱铣刀的圆周齿进行铣削的方式，称为周铣。周铣有逆铣和顺铣之分。

（1）逆铣

铣削时，铣刀每一刀齿在工件切入处的速度方向与工件进给方向相反，这种铣削方式称为逆铣，如图 7-41（a）所示。逆铣时，刀齿的切削厚度从零逐渐增大至最大值。刀齿在开始切入时，由于刀齿刃口有圆弧，刀齿在工件表面打滑，产生挤压与摩擦，使这段表面产生冷硬层，至滑行一定程度后，刀齿方能切下一层金属层。下一个刀齿切入时，又在冷硬层上挤压、滑行，这样不仅加速了刀具磨损，同时也使工件表面粗糙度值增大。

由于铣床工作台纵向进给运动是用丝杠螺母副来实现的，螺母固定，由丝杠带动工作台移动，由图 7-41（a）可见，逆铣时，铣削力 F 的纵向铣削分力 F_x 与驱动工作台移动的纵向力方向相反，这样使得工作台丝杠螺纹的左侧与螺母齿槽左侧始终保持良好接触，工作台不会发生窜动现象，铣削过程平稳。但在刀齿切离工件的瞬时，铣削力 F 的垂直铣削分力 F_z 是向上的，对工件夹紧不利，易引起振动。

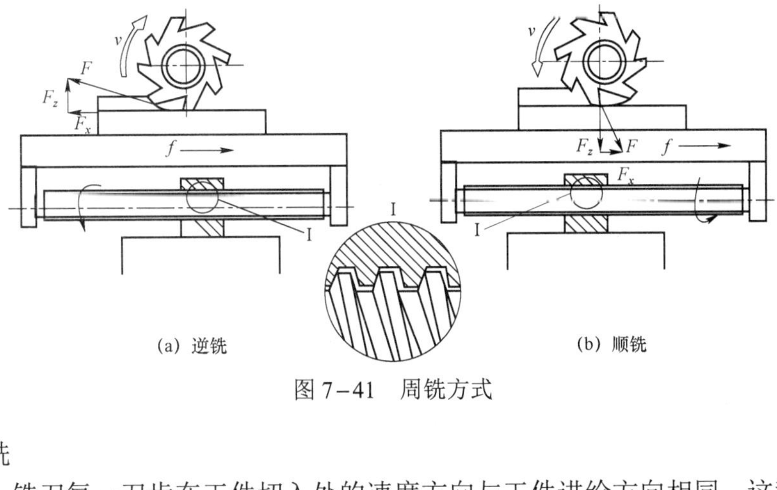

（a）逆铣　　（b）顺铣

图 7-41　周铣方式

（2）顺铣

铣削时，铣刀每一刀齿在工件切入处的速度方向与工件进给方向相同，这种切削方式称为顺铣，如图 7-41（b）所示。顺铣时，刀齿的切削厚度从最大逐步递减至零，没有逆铣时的滑行现象，已加工表面的加工硬化程度大为减轻，表面质量较高，铣刀的耐用度比逆铣高。同时铣削力 F 的垂直分力 F_z 始终压向工作台，避免了工件的振动。

顺铣时，切削力 F 的纵向分力 F_x 始终与驱动工作台移动的纵向力方向相同。如果丝杠螺母副存在轴向间隙，当纵向切削力 F_x 大于工作台与导轨之间的摩擦力时，会使工作台带动丝杠出现左右窜动，造成工作台进给不均匀，严重时会出现打刀现象。粗铣时，如果采用顺铣方式加工，则铣床工作台进给丝杠螺母副必须有消除轴向间隙的机构。否则宜采用逆铣方式加工。

2. 端铣

用端铣刀的端面齿进行铣削的方式，称为端铣。如图 7-42 所示，铣削加工时，根据铣刀与工件相对位置的不同，端铣分为对称铣和不对称铣两种。不对称铣又分为不对称逆铣和不对称顺铣。

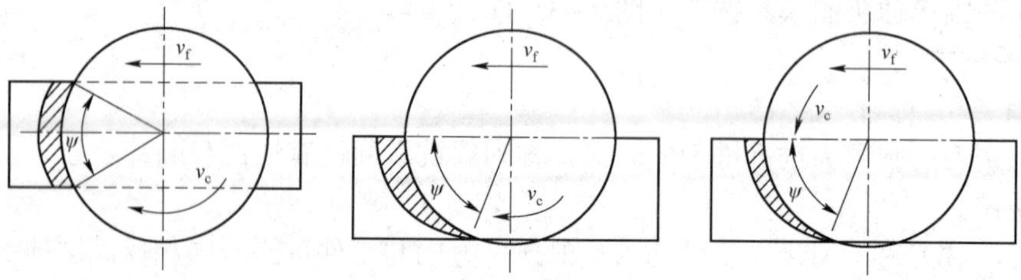

(a) 对称铣　(b) 不对称逆铣　(c) 不对称顺铣

图 7-42　端铣方式

（1）对称铣

铣刀轴线位于铣削弧长的对称中心位置，铣刀每个刀齿切入和切离工件时切削厚度相等，称为对称铣，如图 7-42（a）所示。对称铣削具有最大的平均切削厚度，可避免铣刀切入时对工件表面的挤压、滑行，铣刀耐用度高。对称铣适用于工件宽度接近面铣刀的直径，且铣刀刀齿较多的情况。

（2）不对称逆铣

铣刀轴线偏置于铣削弧长的对称位置，且逆铣部分大于顺铣部分的铣削方式，称为不对称逆铣，如图 7-42（b）所示。不对称逆铣切削平稳，切入时切削厚度小，减小了冲击，从而使刀具耐用度和加工表面质量得到提高，适合于加工碳钢及低合金钢及较窄的工件。

（3）不对称顺铣

如图 7-42（c）所示，其特征与不对称逆铣正好相反。这种切削方式一般很少采用，但用于铣削不锈钢和耐热合金钢时，可减少硬质合金刀具剥落磨损。

上述的周铣和端铣，是由于在铣削过程中采用不同类型的铣刀而产生的不同铣削方式，两种铣削方式相比，端铣具有铣削较平稳，加工质量及刀具耐用度均较高的特点，且端铣用的面铣刀易镶硬质合金刀齿，可采用大的切削用量，实现高速切削，生产率高。但端铣适应性差，主要用于平面铣削。周铣的铣削性能虽然不如端铣，但周铣能用多种铣刀，铣平面、沟槽、齿形和成形表面等，适应范围广，因此生产中应用较多。

三、刨削加工与插削加工

（一）刨削加工

在刨床上使用刨刀对工件进行切削加工，称为刨削加工。刨削加工主要用于加工各种平面（如水平面、垂直面和斜面等）和沟槽（如 T 形槽、燕尾槽、V 形槽等）。刨削加工的典型表面见图 7-43（图中的切削运动是按牛头刨床加工时标注的）。刨削加工常见的机床有牛头刨床和龙门刨床。

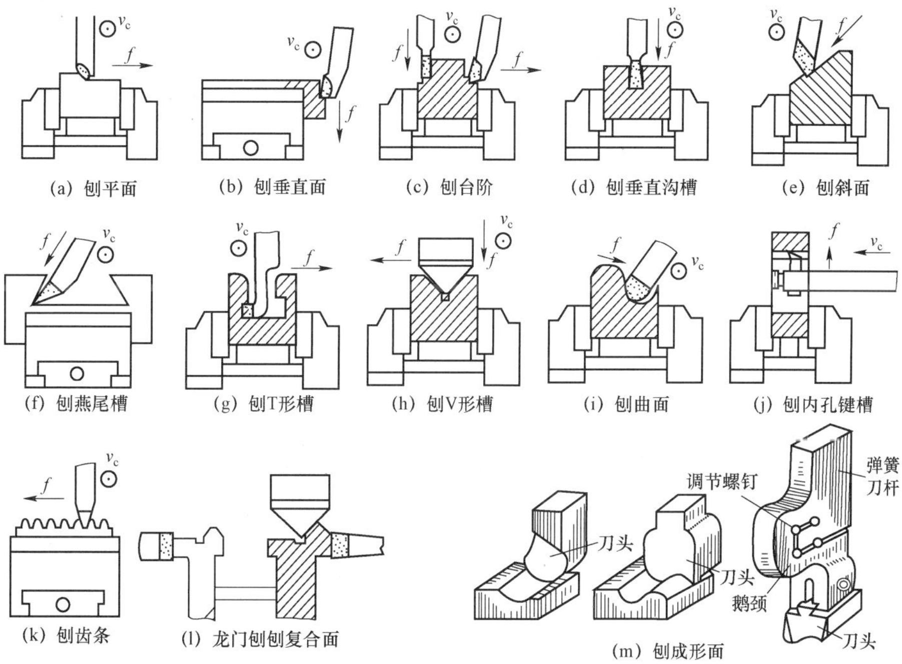

图 7－43　刨削加工的典型表面

1. 牛头刨床

牛头刨床主要由床身、横梁、工作台、滑枕、刀架等组成，因其滑枕和刀架形似“牛头”而得名，如图 7－44 所示。牛头刨床工作时，装有刀架 1 的滑枕 3 由床身 4 内部的摆杆带动，沿床身顶部的导轨作直线往复运动，由刀具实现切削过程的主运动。夹具或工件则安装在工作台 6 上，加工时，工作台 6 带动工件沿横梁 5 上导轨作间歇横向进给运动。横梁 5 可沿床身的垂直导轨上下移动，以调整工件与刨刀的相对位置。刀架 1 还可以沿刀架座上的导轨上下移动（一般为手动），以调整刨削深度，以及在加工垂直平面和斜面作进给运动时。调整转盘 2，可以使刀架左右回旋，以便加工斜面和斜槽。

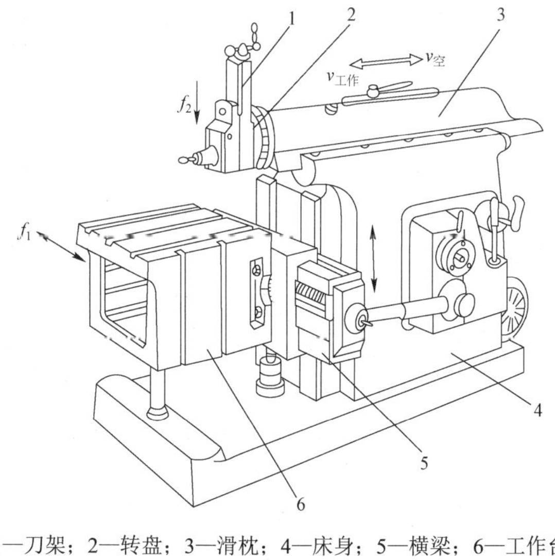

1—刀架；2—转盘；3—滑枕；4—床身；5—横梁；6—工作台

图 7－44　牛头刨床

牛头刨床的刀具只在一个运动方向上进行切削，刀具在返回时不进行切削，空行程损失大。此外，滑枕在换向的瞬间，有较大的冲击惯性，因此主运动速度不能太高。加工时通常只能单刀加工，所以它的生产率比较低。牛头刨床的主参数是最大刨削长度。它适用于单件小批量生产或机修车间，用来加工中、小型工件的平面或沟槽。

2. 龙门刨床

图 7-45 是龙门刨床的外形图，因它具有一个“龙门”式框架而得名。龙门刨床工作时，工件装夹在工作台 9 上，随工作台沿床身 10 的水平导轨作直线往复运动以实现切削过程的主运动。

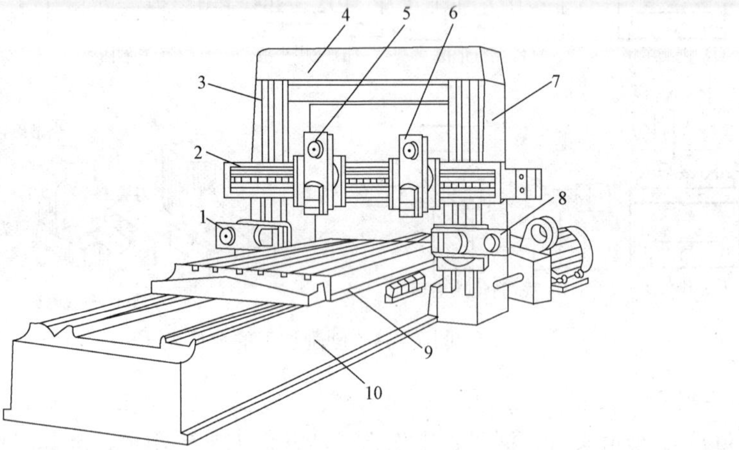

1、8—左、右侧刀架；2—横梁；3、7—立柱；4—顶梁；5、6—垂直刀架；9—工作台；10—床身

图 7-45　龙门刨床

装在横梁 2 上的垂直刀架 5、6 可沿横梁导轨作间歇的横向进给运动，用以刨削工件的水平面，垂直刀架的溜板还可使刀架上下移动，作切入运动或刨竖直平面。此外，刀架溜板还能绕水平轴调整至一定角度位置，以加工斜面或斜槽。横梁 2 可沿左右立柱 3、7 的导轨作垂直升降以调整垂直刀架位置，适应不同高度工件的加工需要。装在左右立柱上的侧刀架 1、8 可沿立柱导轨作垂直方向的间歇进给运动，以刨削工件竖直平面。

与牛头刨床相比，龙门刨床具有形体大、动力大、结构复杂、刚性好、工作稳定、工作行程长、适应性强和加工精度高等特点。龙门刨床的主参数是最大刨削宽度。它主要用来加工大型零件的平面，尤其是窄而长的平面，也可加工沟槽或在一次装夹中同时加工数个中、小型工件的平面。

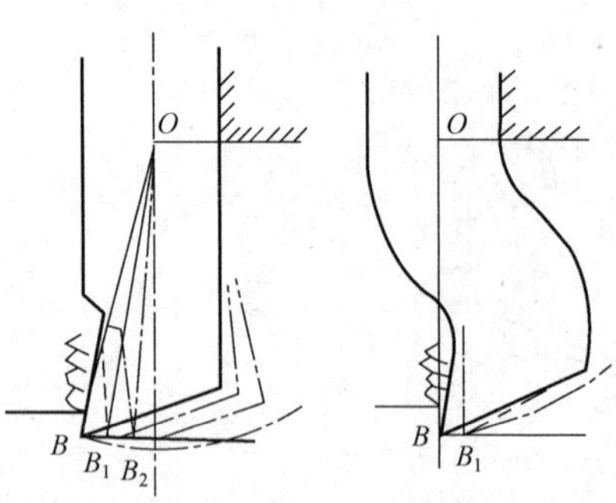

(a) 直杆　　(b) 弯杆

图 7-46　刨刀刀杆形状

3. 刨刀

刨刀的结构与车刀相似，其几何角度的选取原则也与车刀基本相同。但因刨削过程中有冲击，所以刨刀的前角比车刀小 5°～6°，而且刨刀的刃倾角也应取较大的负值，以使刨刀切入工件时产生的冲击力作用在离刀尖稍远的切削刃上。刨刀的刀杆截面比较粗大，以增加刀杆刚性和防止折断。如图 7-46 所示，刨刀刀杆有直杆和弯杆之分，直杆刨刀刨削时，如遇

到加工余量不均或工件上的硬点，切削力的突然增大将增加刨刀的弯曲变形，造成切削刃扎入已加工表面，降低已加工表面的精度和表面质量，也容易损坏切削刃。若采用弯杆刨刀，当切削力突然增大时，刀杆产生的弯曲变形会使刀尖离开工件，避免扎入工件。

4. 刨削加工的工艺特点

① 刨床结构简单，调整、操作方便，刨刀制造、刃磨、安装容易，加工费用低。

② 刨削加工切削速度低，加之空行程所造成的损失，生产率一般较低。但在加工窄长面和进行多件或多刀加工时，刨削的生产率并不比铣削低。

③ 刨削特别适宜加工尺寸较大的 T 形槽、燕尾槽及窄长的平面。

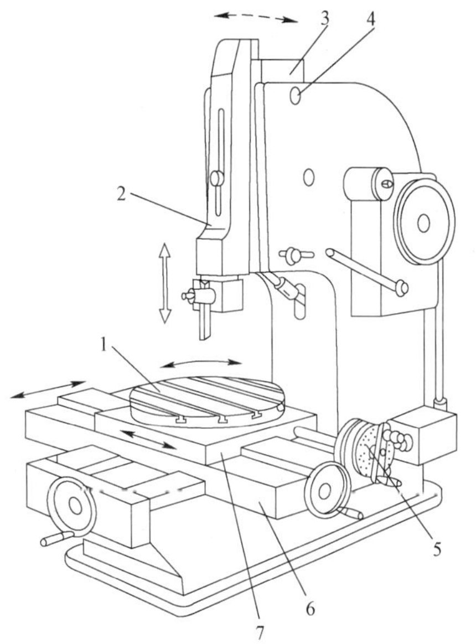

1—圆工作台；2—滑枕；3—滑枕导轨座；4—销轴；5—分度装置；6—床鞍；7—溜板

图 7-47 插床

（二）插削加工

插削和刨削的切削方式基本相同，只是插削是在竖直方向进行切削。因此，可以认为插床是一种立式的刨床。图 7-47 是插床的外形图，插削加工时，滑枕 2 带动插刀沿垂直方向作直线往复运动，实现切削过程的主运动。工件安装在圆工作台 1 上，圆工作台可实现纵向、横向和圆周方向的间歇进给运动。

插床的主参数是最大插削长度。插削主要用于单件、小批量生产中加工工件的内表面，如方孔、多边形孔和键槽等。在插床上加工内表面，比刨床方便，但插刀刀杆刚性差，为防止“扎刀”，前角不宜过大，因此加工精度比刨削低。

任务五 钻削、镗削、拉削、磨削加工

任务引入

【1】空心车轴减轻车辆簧下质量，不仅可以提高列车运行稳定性，还可以减轻对铁轨的磨损。如图 7-48 所示，试分析空心车轴的中心孔采用什么切削方法进行加工。

图 7-48 空心车轴切削加工

【2】空心车轴中心孔钻通后，试分析对粗加工的中心孔采用什么切削方法以提高空心车轴内孔尺寸精度和表面质量。

相关知识准备

内圆表面（即内孔）也是组成零件的基本表面之一。零件上有多种多样的孔，如螺钉、螺栓的紧固孔，套筒、法兰盘及齿轮等回转体零件上的孔，箱体类零件上的主轴及传动轴的轴承孔，炮筒、空心轴内的深孔（一般 $l/d \geqslant 10$），以及常用于保证零件间配合准确性的圆锥孔等。

与外圆表面的加工相比，内圆表面的加工条件差，因为孔加工刀具或磨具的尺寸（直径、长度）受被加工孔本身尺寸的限制，刀具的刚性差，容易产生弯曲变形及振动。切削过程中，孔内排屑、散热、冷却、润滑条件差。因此，孔的加工精度和表面粗糙度都不容易控制。此外，大部分孔加工刀具为定尺寸刀具，刀具直径的制造误差和磨损，将直接影响孔的加工精度。故在一般情况下，加工孔比加工同样尺寸、精度的外圆表面要困难些。当一个零件要求内圆表面与外圆表面必须保持某种确定关系时，一般总是先加工内圆表面，然后再以内圆表面定位加工外圆表面。

内圆表面的加工可以在车、钻、镗、拉、磨床上进行。常用的加工方法有钻孔、扩孔、铰孔、镗孔、拉孔和磨孔等。选择加工方法时，应考虑孔径大小、深度、精度、工件形状、尺寸、重量、材料、生产批量及设备等具体条件。对于精度要求较高的孔，最后还须经珩磨或研磨及滚压等精密加工。

一、钻削加工

用钻头在实体材料上加工孔的方法称为钻孔；用扩孔钻对已有孔进行扩大再加工的方法称为扩孔。它们统称为钻削加工。钻削加工主要在钻床上进行。钻削加工操作简便，适应性强，应用很广。

（一）钻孔

钻孔最常用的刀具是麻花钻，用麻花钻钻孔属于粗加工。钻孔主要用于质量要求不高的孔的终加工，如螺栓孔、油孔等，也可作为质量要求较高孔的预加工。

麻花钻由工具厂专业生产，其常备规格为 0.1～80 mm。麻花钻的结构主要由柄部、颈部及工作部分组成，如图 7–49 所示。

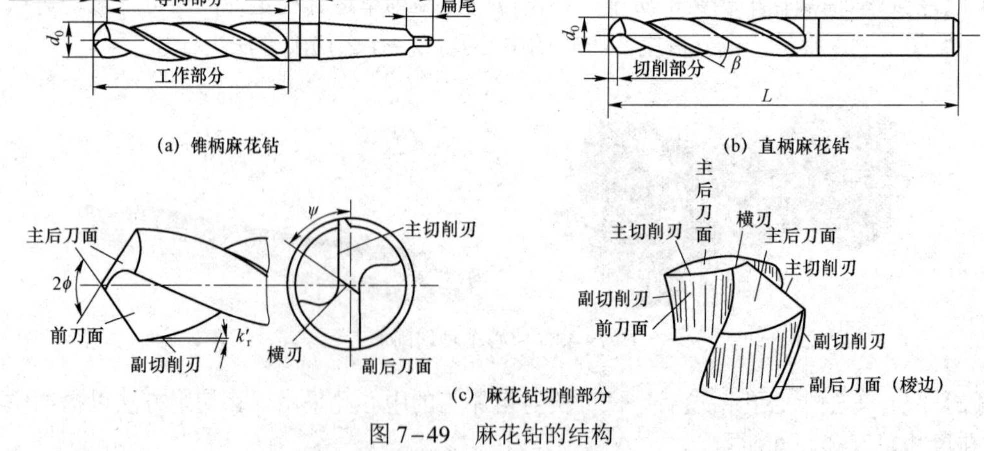

图 7–49　麻花钻的结构

柄部是钻头的夹持部分，用以传递扭矩和轴向力。柄部有直柄和锥柄两种形式，钻头直径小于 12 mm 时制成直柄，见图 7－49（b）；钻头直径大于 12 mm 时制成莫氏锥度的锥柄，见图 7－49（a）。锥柄后端的扁尾可插入钻床主轴的长方孔中，以传递较大的扭矩。

颈部是柄部和工作部分的连接部分，是磨削柄部时砂轮的退刀槽，也是打印商标和钻头规格的地方。直柄钻头一般不制有颈部。

钻头的工作部分包括切削部分和导向部分。切削部分担负主要切削工作，如图 7－49c 所示，切削部分由两条主切削刃、两条副切削刃和一条横刃及两个前刀面和两个后刀面组成。螺旋槽的一部分为前刀面，钻头的顶锥面为主后刀面。导向部分的作用是当切削部分切入工件后起导向作用，也是切削部分的后备部分。导向部分有两条螺旋槽和两条棱边，螺旋槽起排屑和输送切削液作用，棱边起导向、修光孔壁作用。导向部分有微小的倒锥度，即从切削部分向柄部每 100 mm 长度上钻头直径 d_0 减少 0.03～0.12 mm，以减少与孔壁的摩擦。

麻花钻的主要几何角度有顶角 2ϕ，螺旋角 β，前角 γ_o，后角 α_o 和横刃斜角 ψ 等。这些几何角度对钻削加工的性能、切削力大小，排屑情况等都有直接的影响，使用时要根据不同加工材料和切削要求来选取。

麻花钻虽然是孔加工的主要刀具，长期以来一直被广泛使用，但是由于麻花钻在结构上存在着比较严重的缺陷，致使钻孔的质量和生产率受到很大影响，这主要表现在以下几个方面。

① 钻头主切削刃上各点的前角变化很大，钻孔时，外缘处的切削速度最大，而该处的前角最大，刀刃强度最薄弱，因此钻头在外缘处的磨损特别严重。

② 钻头横刃较长，横刃及其附近的前角为负值，达－60°～－55°。钻孔时，横刃处于挤刮状态，轴向抗力较大。同时横刃过长，不利于钻头定心，易产生引偏，致使加工孔的孔径增大，孔不圆或孔的轴线歪斜等。

③ 钻削加工过程是半封闭加工。钻孔时，主切削刃全长同时参加切削，切削刃长，切屑宽，而各点切屑的流出方向和速度各异，切屑呈螺卷状，而容屑槽又受钻头本身尺寸的限制，因而排屑困难，切削液也不易注入切削区域，冷却和散热不良，大大降低了钻头的使用寿命。

（二）钻深孔

对于孔的深度与直径之比 l/d=5～10 的普通深孔，可以用加长麻花钻加工；对于孔的深度与直径之比 l/d>5～10 的深孔，必须采用特殊结构的深孔钻才能加工。

深孔加工难度大，技术要求高，这是深孔加工的特点所决定的。因此，设计和使用深孔钻时应注意钻头的导向，防止偏斜，保证可靠的断屑和排屑，采取有效的冷却和润滑措施。下面介绍几种常见深孔钻的工作原理与结构特点。

（1）单刃外排屑深孔钻

单刃外排屑深孔钻又称枪钻，主要用于加工直径 d=3～20 mm，孔深与直径之比 l/d>100 的小深孔。其工作原理见图 7－50。切削时高压切削液（约为 3.5～10 MPa）从钻杆和切削部分的进液孔注入切削区域，以冷却、润滑钻头，切屑经钻杆与切削部分的 V 形槽冲出，因此称为外排屑。枪钻的特点是结构较简单，钻头背部圆弧支承面在切削过程起导向定位作用，切削稳定，孔加工直线性好。

（2）错齿内排屑深孔钻

错齿内排屑深孔钻适于加工直径 d>20 mm，孔深与直径比 l/d<100 的直径较大的深孔。其工作原理见图 7－51。切削时高压切削液（2～6 MPa）由工件孔壁与钻杆的表面之间的间隙进入切削区，以冷却、润滑钻头切削部分，并利用高压切削液把切屑从钻头和钻管的内孔

中冲出。

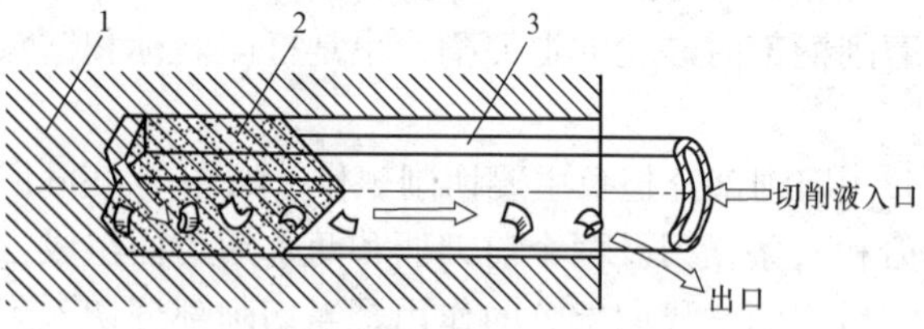

1—工件；2—切削部分；3—钻杆

图 7-50　单刃外排屑深孔钻工作原理

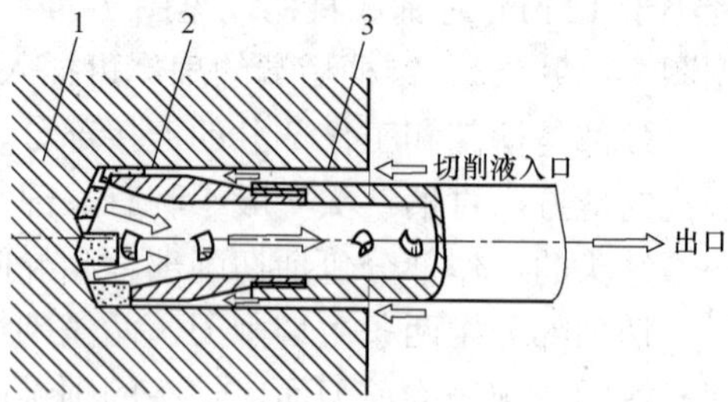

1—工件；2—钻头；3—钻杆

图 7-51　错齿内排屑深孔钻工作原理

错齿内排屑深孔钻的切削部分由数块硬质合金刀片交错排列焊接在钻体上，实现了分屑，便于切屑排出。切屑是从钻杆内部排出而不与工件已加工表面接触，所以可获得好的加工表面质量。分布在钻头前端的硬质合金导向条，使钻头支承在孔壁上，实现了切削过程中的导向，增大了切削过程的稳定性。

（3）喷吸钻

喷吸钻适用于加工直径 d=16～65 mm，孔深与直径比 l/d<100 的中等直径一般深孔。喷吸钻主要由钻头、内钻管、外钻管三部分组成，钻头部分的结构与错齿内排屑深孔钻基本相同，其工作原理见图 7-52。工作时，切削液以一定的压力（一般为 0.98～1.96 MPa）从内、外钻管之间输入，其中 2/3 的切削液通过钻头上的小孔压向切削区，对钻头切削部分及导向部分进行冷却与润滑；另外 1/3 切削液则通过内钻管上月牙形槽喷嘴喷入内钻管，由于月牙形槽缝隙很窄，喷入的切削液流速增大而形成一个低压区，切削区的高压与内钻管内的低压形成压力差，使切削液和切屑一起被迅速“吸”出，提高了冷却和排屑效果，所以喷吸钻是一种效率高，加工质量好的内排屑深孔钻。

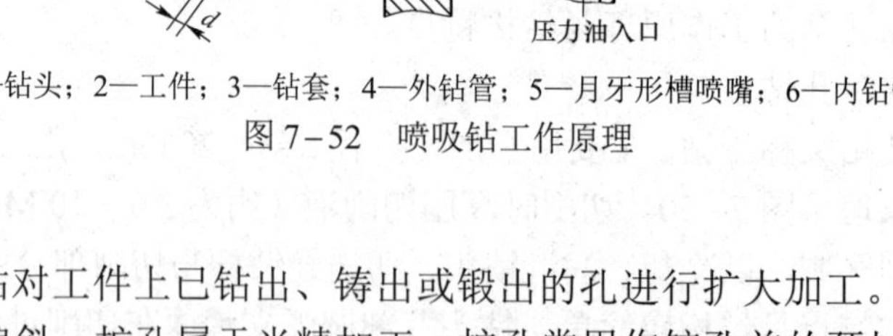

1—钻头；2—工件；3—钻套；4—外钻管；5—月牙形槽喷嘴；6—内钻管

图 7-52　喷吸钻工作原理

（三）扩孔

扩孔是用扩孔钻对工件上已钻出、铸出或锻出的孔进行扩大加工。扩孔可在一定程度上校正原孔轴线的偏斜，扩孔属于半精加工。扩孔常用作铰孔前的预加工，对于质量要求不高的孔，扩孔也可作孔加工的最终工序。扩孔用的扩孔钻结构分为带柄和套式两类。如图 7-53 所示，带柄的扩孔钻由工作部分及柄部组成；套式扩孔钻由工作部分及 1∶30 锥孔组成。

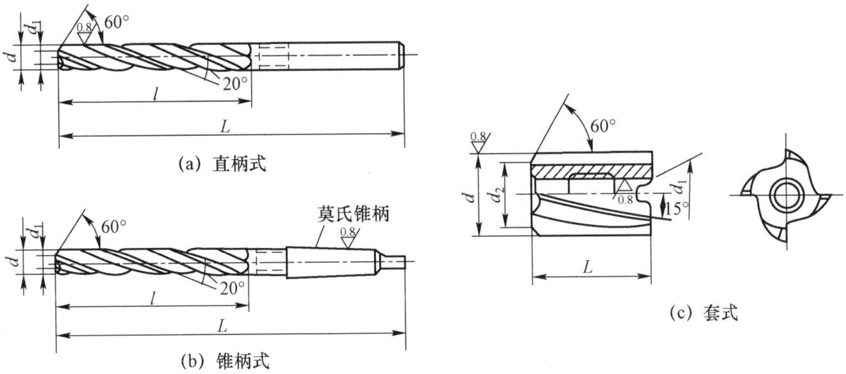

图 7－53 扩孔钻类型

扩孔钻与麻花钻相比，容屑槽浅窄，可在刀体上做出 3～4 个切削刃，所以可提高生产率。同时，切削刃增多，棱带也增多，使扩孔钻的导向作用提高了，切削较稳定。此外，扩孔钻没有横刃，钻芯粗大，轴向力小，刚性较好，可采用较大的进给量。

选用扩孔钻时应根据被加工孔及机床夹持部分的型式，选用相应直径及型式的扩孔钻。通常直柄扩孔钻与适用范围为 d=3～20 mm；锥柄扩孔钻适用范围为 d=7.5～50 mm，套式扩孔钻主要用于大直径及较深孔的扩孔加工，其适用范围为 d=20～100 mm。扩孔余量一般为 0.5～4 mm（直径值）。

（四）铰孔

用铰刀从被加工孔的孔壁上切除微量金属，使孔的精度和表面质量得到提高的加工方法，称为铰孔。铰孔是应用较普遍的对中、小直径孔进行精加工的方法之一，它是在扩孔或半精镗孔的基础上进行的。

根据铰刀的结构不同，铰孔可以加工圆柱孔、圆锥孔，可以用手操作，也可以在机床上进行。铰刀结构如图 7－54 所示，铰刀由柄部、颈部和工作部分组成。工作部分包括切削

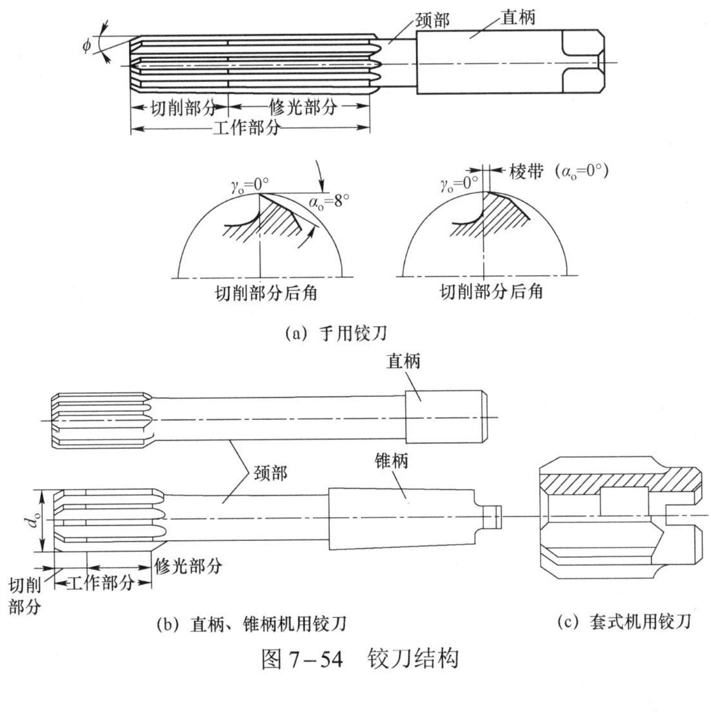

图 7－54 铰刀结构

部分和修光部分（标准部分）。切削部分为锥形，担负主要切削工作。修光部分起校正孔径、修光孔壁和导向作用。为减少修光部分刀齿与已加工孔壁的摩擦，并防止孔径扩大，修光部分的后端为倒锥形状。铰刀可分为手用铰刀和机用铰刀两种。手用铰刀为直柄，其工作部分较长，导向性好，可防止铰孔时铰刀歪斜。机用铰刀又分为直柄、锥柄和套式三种。选用铰刀时，应该据被加工孔的特点及铰刀的特点正确选用。一般手用铰刀用于小批生产或修配工作中，对未淬硬孔进行手工操作的精加工。手用铰刀适用范围为 d=1～71 mm。

机用铰刀适用于在车床、钻床、数控机床等机床上使用。主要对钢、合金钢、铸铁、铜、铝等工件的孔进行半精加工和精加工。一般机用铰刀的适用范围为 d=1～50 mm，套式机用铰刀适合于较大孔径的加工，其范围为 d=23.6～100 mm。

另外，铰刀分为三个精度等级，分别用于不同精度孔的加工（H7、H8、H9）。在选用时，应根据被加工孔的直径、精度和机床夹持部分的型式来选用相应的铰刀。铰孔生产率高，容易保证孔的精度和表面粗糙度，但铰刀是定值刀具，一种规格的铰刀只能加工一种尺寸和精度的孔，且不宜铰削非标准孔、台阶孔和盲孔。对于中等尺寸以下较精密的孔，钻—扩—铰是生产中经常采用的典型工艺方案。

（五）钻床

钻床主要是用钻头钻削直径不大，精度要求较低的孔，此外还可以进行扩孔、铰孔、攻螺纹等加工。加工时，工件固定不动，刀具旋转形成主运动，同时沿轴向移动完成进给运动。钻床的应用很广，其主要加工方法见图 7–55。

钻床的主要类型有立式钻床、摇臂钻床及深孔钻床等。

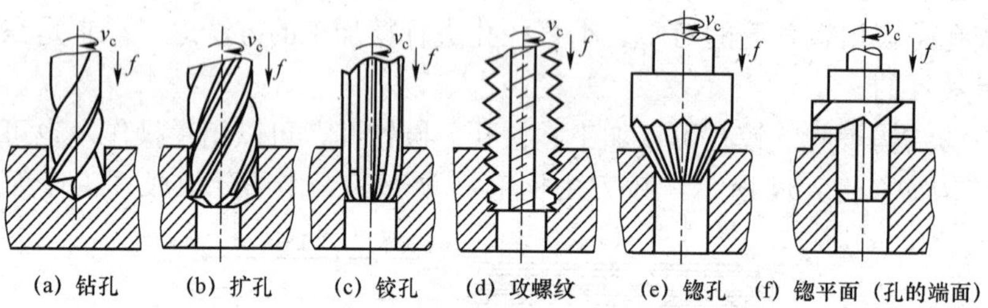

图 7–55　钻床的主要加工方法

1. 立式钻床

立式钻床是应用较广的一种机床，其主参数是最大钻孔直径，常用的有 25 mm、35 mm、40 mm 和 50 mm 等几种。

立式钻床的特点是主轴轴线垂直布置，而且位置是固定的。加工时，为使刀具旋转中心线与被加工孔的中心线重合，必须移动工件，因此立式钻床只适用于加工中、小工件上直径 $d \leqslant 50$ mm 的孔。图 7–56 是立式钻床的外形图。

2. 摇臂钻床

摇臂钻床广泛应用于大、中型零件上直径 $d \leqslant 80$ mm 孔的加工。其外形如图 7–57 所示。

3. 其他钻床

台钻是一种加工小型工件上孔径 d =0.1～13 mm 的立式钻床；多轴钻床可同时加工工件上的很多孔，生产率高，广泛用于大批量生产；中心孔钻床用来加工轴类零件两端面上的中心孔；深孔钻床用于加工孔深与直径比 $l/d>5$ 的深孔。

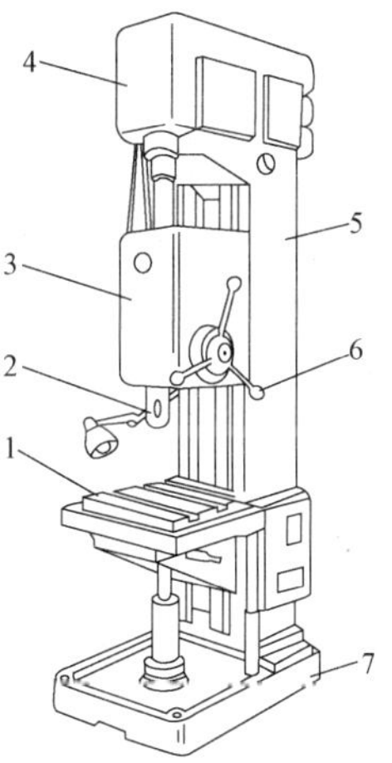

1—工作台；2—主轴；3—进给箱；4—变速箱；
5—立柱；6—操纵手柄；7—底座

图 7－56　立式钻床

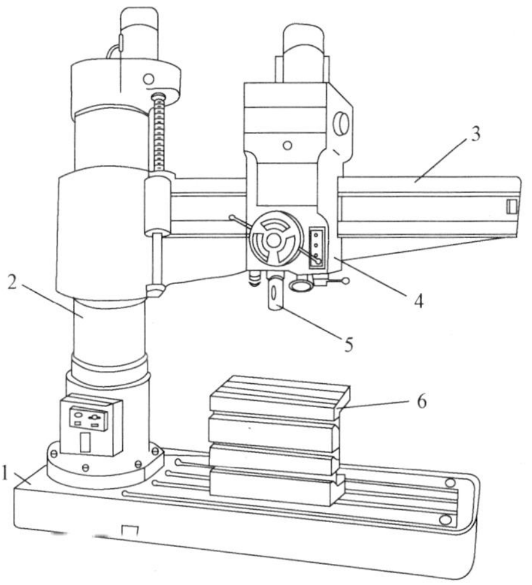

1—底座；2—立柱；3—摇臂；4—主轴箱；
5—主轴；6—工作台

图 7－57　摇臂钻床

二、镗削加工

镗削加工（镗孔）是用镗刀在已加工孔的工件上使孔径扩大并达到精度和表面粗糙度要求的加工方法。

镗削加工是常用的孔加工方法之一，根据工件的尺寸形状、技术要求及生产批量的不同，镗削加工可以在镗床、车床、铣床、数控机床和组合机床上进行。一般回旋体零件上的孔，多用车床加工；而箱体类零件上的孔或孔系（即要求相互平行或垂直的若干孔），则可以在镗床上加工。

镗削加工不但能校正原有孔轴线偏斜，而且能保证孔的位置精度，所以镗削加工适用于加工机座、箱体、支架等外形复杂的大型零件上的孔径较大、尺寸精度要求较高、有位置要求的孔和孔系。

（一）镗刀

镗刀有多种类型，按其切削刃数量可分为单刃镗刀、双刃镗刀和多刃镗刀；按其加工表面可分为通孔镗刀、盲孔镗刀、阶梯孔镗刀和端面镗刀；按其结构可分为整体式、装配式和可调式。图 7－58 所示为单刃镗刀和多刃镗刀的结构。

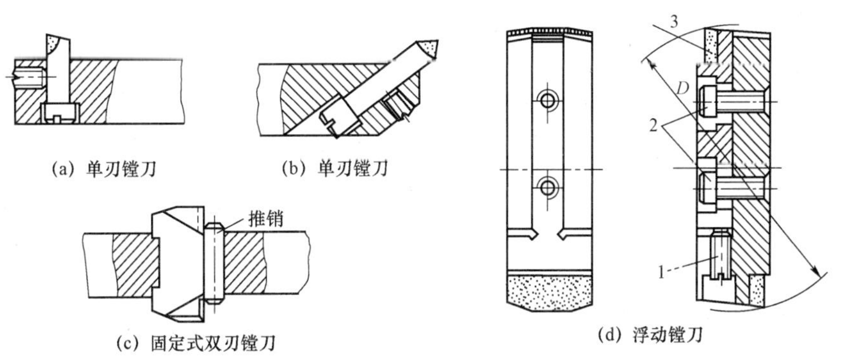

(a) 单刃镗刀　(b) 单刃镗刀　(c) 固定式双刃镗刀　(d) 浮动镗刀

图 7－58　单刃镗刀和多刃镗刀的结构

1. 单刃镗刀

单刃镗刀刀头结构与车刀类似，刀头装在刀杆中，根据被加工孔孔径大小，通过手工操纵，用螺钉固定刀头的位置。刀头与镗杆轴线垂直（图 7–58a）可镗通孔，倾斜安装（图 7–58b）可镗盲孔。单刃镗刀结构简单，可以校正原有孔轴线偏斜和小的位置偏差，适应性较广，可用来进行粗加工、半精加工或精加工。但是，所镗孔径尺寸的大小要靠人工调整刀头的悬伸长度来保证，较为麻烦，加之仅有一个主切削刃参加工作，故生产效率较低，多用于单件小批量生产。

2. 双刃镗刀

双刃镗刀有两个对称的切削刃，切削时径向力可以相互抵消，工件孔径尺寸和精度由镗刀径向尺寸保证。

图 7–58（c）为固定式双刃镗刀。工作时，镗刀块可通过斜楔、锥销或螺钉装夹在镗杆上，镗刀块相对于轴线的位置偏差会造成孔径误差。固定式双刃镗刀是定尺寸刀具，适用于粗镗或半精镗直径较大的孔。

图 7–58（d）为可调节浮动镗刀，调节时，先松开螺钉 2，转动螺钉 1，改变刀片的径向位置至两切削刃之间尺寸等于所要加工孔径尺寸，最后拧紧螺钉 2。工作时，镗刀块在镗杆的径向槽中不紧固，能在径向自由滑动，刀块在切削力的作用下保持平衡对中，可以减少镗刀块安装误差及镗杆径向跳动所引起的加工误差，而获得较高的加工精度。但它不能校正原有孔轴线偏斜或位置误差，其使用应在单刃镗之后进行。浮动镗削适于精加工批量较大、孔径较大的孔。

（二）镗床

镗床主要用于加工尺寸较大且精度要求较高的孔，特别是分布在不同表面上、孔距和位置精度要求很严格的孔系，如箱体、汽车发动机缸体等零件上的孔系加工。镗床工作时，由刀具作旋转主运动，进给运动则根据机床类型和加工条件的不同或者由刀具完成，或者由工件完成。镗床主要类型有卧式镗床、坐标镗床等。

1. 卧式镗床

卧式镗床的外形如图 7–59 所示。它主要由床身 10、主轴箱 8、工作台 3、平旋盘 5 和前后立柱 7、2 等组成。主轴箱中装有镗轴 6、平旋盘 5 及主运动和进给运动的变速、操纵机构。

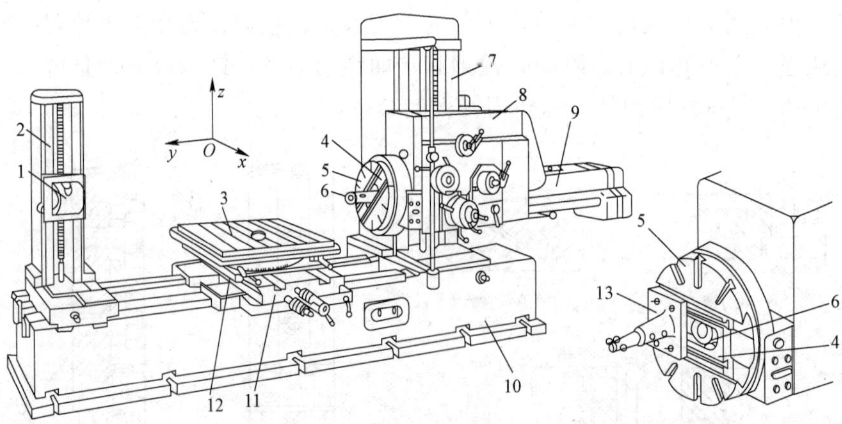

1—支架；2—后立柱；3—工作台；4—径向刀架；5—平旋盘；6—镗轴；7—前立柱；8—主轴箱；9—后尾筒；10—床身；11—下滑座；12—上滑座；13—刀座

图 7–59　卧式镗床

加工时，镗轴 6 带动镗刀旋转形成主运动，并可沿其轴线移动实现轴向进给运动；平旋盘 5 只作旋转运动，装在平旋盘端面燕尾导轨中的径向刀架 4 除了随平旋盘一起旋转外，还可带动刀具沿燕尾导轨作径向进给运动；主轴箱 8 可沿前立柱 7 的垂直导轨作上下移动，以实现垂直进给运动。工件装夹在工作台 3 上，工作台下面装有下滑座 11 和上滑座 12，下滑座可沿床身 10 水平导轨作纵向移动，实现纵向进给运动；工作台还可在上滑座的环形导轨上绕垂直轴回转，进行转位；以及上滑座沿下滑座的导轨作横向移动，实现横向进给。再利用主轴箱上、下位置调节，可使工件在一次装夹中，对工件上相互平行或成一定角度的平面或孔进行加工。后立柱 2 可沿床身导轨作纵向移动，支架 1 可在后立柱垂直导轨上，进行上下移动，用以支承悬伸较长的镗杆，以增加其刚性。

综上所述，卧式镗床的主运动有镗轴和平旋盘的旋转运动（二者是独立的，分别由不同的传动机构驱动）；进给运动有镗轴的轴向进给运动，平旋盘上径向刀架的径向进给运动，主轴箱的垂直进给运动，工作台的纵向、横向进给运动；辅助运动有工作台转位，后立柱纵向调位，后立柱支架的垂直方向调位，以及主轴箱沿垂直方向和工作台沿纵、横方向的快速调位运动。

卧式镗床结构复杂，通用性较大，除可进行镗孔外，还可进行钻孔、加工各种形状沟槽、铣平面、车削端面和螺纹等。卧式镗床的主参数是镗轴直径。它广泛用于机修和工具车间，适用于单件小批量生产。图 7-60 为其典型加工方法。其中：图 7-60（a）为利用装在镗轴上的镗刀镗孔，纵向进给运动 f_1 由镗轴移动完成；图 7-60（b）为利用后立柱支架支承长镗杆镗削同轴孔，纵向进给运动 f_3 由工作台移动完成；图 7-60（c）为利用平旋盘上刀具镗削大直径孔，纵向进给运动 f_3 由工作台完成；图 7-60（d）为利用装在镗轴上的端铣刀铣平面，垂直进给运动 f_2 由主轴箱完成；图 7-60（e）、（f）为利用装在平旋盘径向刀架上的刀具车内沟槽和端面，径向进给运动 f_4 由径向刀架完成。

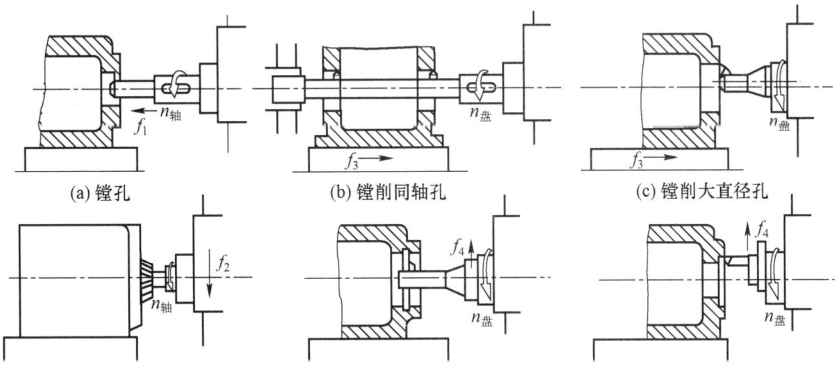

图 7-60　卧式镗床的典型加工方法

2. 坐标镗床

该类机床上具有坐标位置的精密测量装置，加工孔时，按直角坐标来精密定位，所以称为坐标镗床。坐标镗床是一种高精度机床，主要用于镗削高精度的孔，特别适用于相互位置精度很高的孔系，如钻模、镗模等的孔系。坐标镗床还可以进行钻、扩、铰孔及精铣加工。此外，还可以用于精密刻线、样板画线、孔距及直线尺寸的精密测量等工作。

三、拉削加工

在拉床上用拉刀加工工件的工艺过程，称为拉削加工。拉削应用范围广，不但可以加工各种形状的通孔，还可以拉削平面及各种组合成形表面。图 7－61 为适用于拉削加工的典型工件截面形状。由于受拉刀制造工艺及拉床动力的限制，过小或过大尺寸的孔均不适宜拉削加工（拉削孔径一般为 10～100 mm，孔的深径比一般不超过 5），盲孔、台阶孔和薄壁孔也不适宜拉削加工。

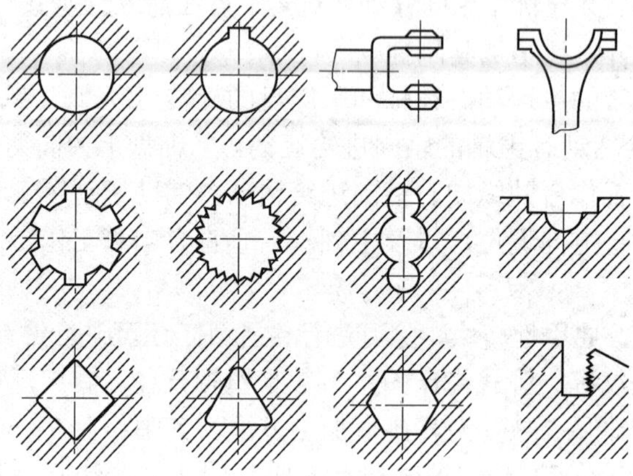

图 7－61　适用于拉削加工的典型工件截面形状

（一）拉刀

根据工件加工面及截面形状不同，拉刀分为多种形式。常用的圆孔拉刀结构见图 7－62，其组成部分如下。

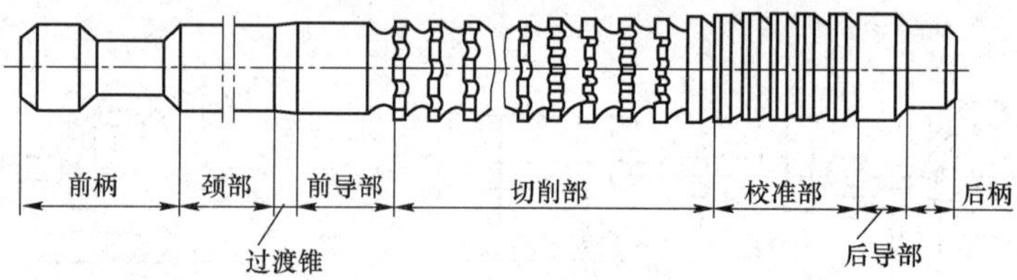

图 7－62　圆孔拉刀结构

① 前柄：用以拉床夹头夹持拉刀，带动拉刀进行拉削。

② 颈部：是前柄与过渡锥的连接部分，可在此处打标记。

③ 过渡锥：起对准中心的作用，使拉刀顺利进入工件预制孔中。

④ 前导部：起导向和定心作用，防止拉孔歪斜，并可检查拉削前的孔径尺寸是否过小，以免拉刀第一个切削齿载荷太重而损坏。

⑤ 切削部：承担全部余量的切除工作，由粗切齿、过渡齿和精切齿组成。

⑥ 校准部：用以校正孔径，修光孔壁，并作为精切齿的后备齿。

⑦ 后导部：用以保持拉刀最后正确位置，防止拉刀在即将离开工件时，工件下垂而损坏已加工表面或刀齿。

⑧ 后柄：用作直径大于 60 mm 既长又重拉刀的后支承，防止拉刀下垂。直径较小的拉刀可不设后柄。

（二）拉孔的工艺特点

分析前述圆孔拉刀的结构可知，拉刀是一种高精度的多齿刀具，由于拉刀从头部向尾部方向其刀齿高度逐齿递增，拉削过程中，通过拉刀与工件之间的相对运动，分别逐层从工件孔壁上切除金属（图 7-63），从而形成与拉刀的最后刀齿同形状的孔。

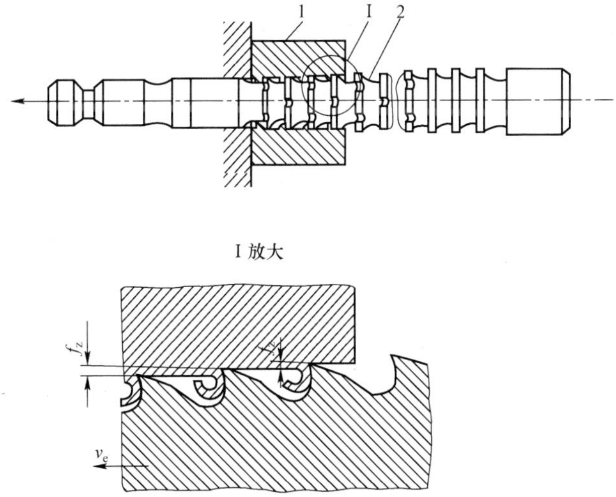

图 7-63　拉刀拉孔过程

拉孔与其他孔加工方法比较，具有以下特点。

① 生产率高。拉削时，拉刀同时工作的刀齿数多、切削刃总长度长，在一次工作行程中就能完成粗、半精及精加工，机动时间短，因此生产率很高。

② 可以获得较高的加工质量。拉刀为定尺寸刀具，有校准齿对孔壁进行校准、修光。拉孔切削速度低（v_e=2～8 m/min），拉削过程平稳，因此可获得较高的加工质量。一般拉孔精度可达 IT8～IT7 级，表面粗糙度值为 1.6～0.1 μm。

③ 拉刀使用寿命长。由于拉削速度低，切削厚度小，每次拉削过程中，每个刀齿工作时间短，拉刀磨损慢，因此拉刀耐用度高，使用寿命长。

④ 拉削运动简单。拉削的主运动是拉刀的轴向移动，而进给运动是由拉刀各刀齿的齿升量 f_z（图 7-85）来完成的。因此，拉床只有主运动，没有进给运动，拉床结构简单，操作方便。但拉刀结构较复杂，制造成本高。拉削多用于大批量或成批生产中。

（三）拉床

拉床按用途可分为内拉床及外拉床，按机床布局可分为卧式和立式。其中，以卧式内拉床应用最为普遍。

图 7-64 为卧式内拉床的外形结构。液压缸 1 固定于床身内，工作时，液压泵供给压力油驱动活塞，活塞带动拉刀 4，连同拉刀尾部活动支承 5 一起沿水平方向左移，装在固定支承上的工件 3 即被拉制出符合精度要求的内孔。其拉力通过压力表 2 显示。

拉削圆孔时，工件一般不需夹紧，只以工件端面支承，因此，工件孔的轴线与端面之间应有一定的垂直度要求。当孔的轴线与端面不垂直时，则需将工件的端面紧贴在一个球面垫板上，如图 7-65 所示，在拉削力作用下，工件 3 连同球面垫板 2 在固定支承板 1 上作微量转动，以使工件轴线自动调到与拉刀轴线一致的方向。

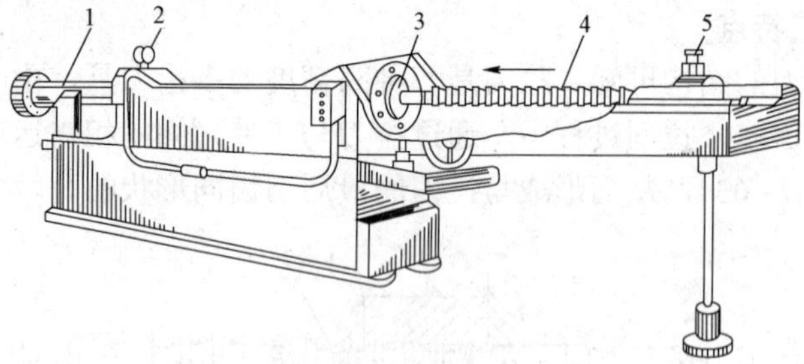

1—液压缸；2—压力表；3—工件；4—拉刀；5—活动支承

图 7－64　卧式内拉床

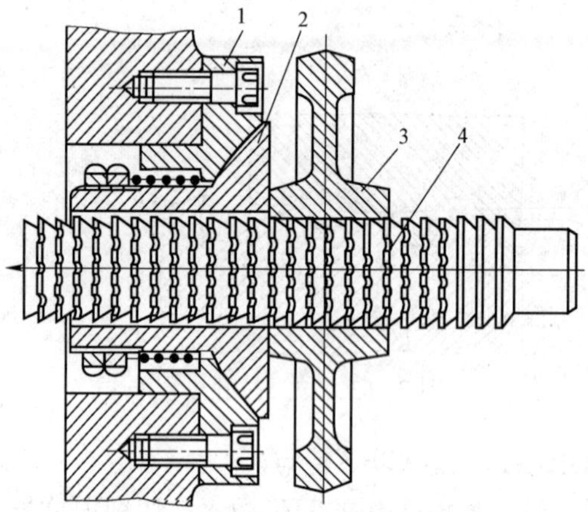

1—固定支承架；2—球面垫板；3—工件；4—拉刀

图 7－65　拉削圆孔的方法

四、磨削加工

（一）外圆表面的磨削加工

用磨具以较高的线速度对工件表面进行加工的方法称为磨削。磨削加工是一种多刀多刃的高速切削方法，它适用于零件精加工和硬表面的加工。

磨削可以划分为粗磨、精磨、细磨及镜面磨。

磨削加工采用的磨具（或磨料）具有颗粒小、硬度高、耐热性好等特点，因此可以加工较硬的金属材料和非金属材料，如淬硬钢、硬质合金刀具、陶瓷等。加工过程中同时参与切削运动的颗粒多，能切除极薄极细的切屑，因而加工精度高，表面粗糙度值小。磨削加工作为一种精加工方法，在生产中得到广泛应用。目前，由于强力磨削的发展，也可以直接将毛坯磨削到所需要的尺寸和精度，从而获得了较高的生产率。

1. 砂轮的特性

砂轮是磨削加工中最主要的一类磨具。砂轮是在磨料中加入结合剂，经压坯、干燥和焙烧而制成的多孔体。由于磨料、结合剂及制造工艺等不同，砂轮的特性差别很大，因此对磨削的加工质量、生产率和经济性有着重要影响。砂轮的特性主要是由磨料、粒度、结合剂、硬度、组织、形状和尺寸等因素决定的。

2. 外圆磨床的磨削方法

外圆表面磨削一般在外圆磨床或无心外圆磨床上进行，也可采用砂带磨床磨削。在外圆磨床上磨削工件外圆时，轴类零件常用顶尖装夹，其方法与车削时基本相同，但磨床所用顶尖不随工件一起转动。这样，主轴与轴承的制造误差、轴承间隙、顶尖的同轴度误差等就不会反映到工件上，可提高加工精度。盘套类工件则用心轴和顶尖装夹，所用心轴和车削心轴基本相同，只是形状和位置精度及表面粗糙度要求较严格。磨削短又无中心孔的轴类工件时，可用三爪自定心卡盘或四爪单动卡盘装夹。外圆磨床常用的磨削方法有以下几种。

（1）纵磨法

如图 7-66（a）所示，砂轮高速旋转起切削作用，工件旋转作圆周进给运动，并和工作台一起作纵向往复直线进给运动。工作台每往复一次，砂轮沿磨削深度方向完成一次横向进给，每次进给（吃刀深度）都很小，全部磨削余量是在多次往复行程中完成的。当工件磨削接近最终尺寸时（尚有余量 0.005～0.01 mm），应无横向进给光磨几次，直到火花消失为止。纵磨法加工精度和表面质量较高，适应性强，用同一砂轮可磨削直径和长度不同的工件，但生产率低。在单件、小批量生产及精磨中应用广泛，特别适用于磨削细长轴等刚性差的工件。

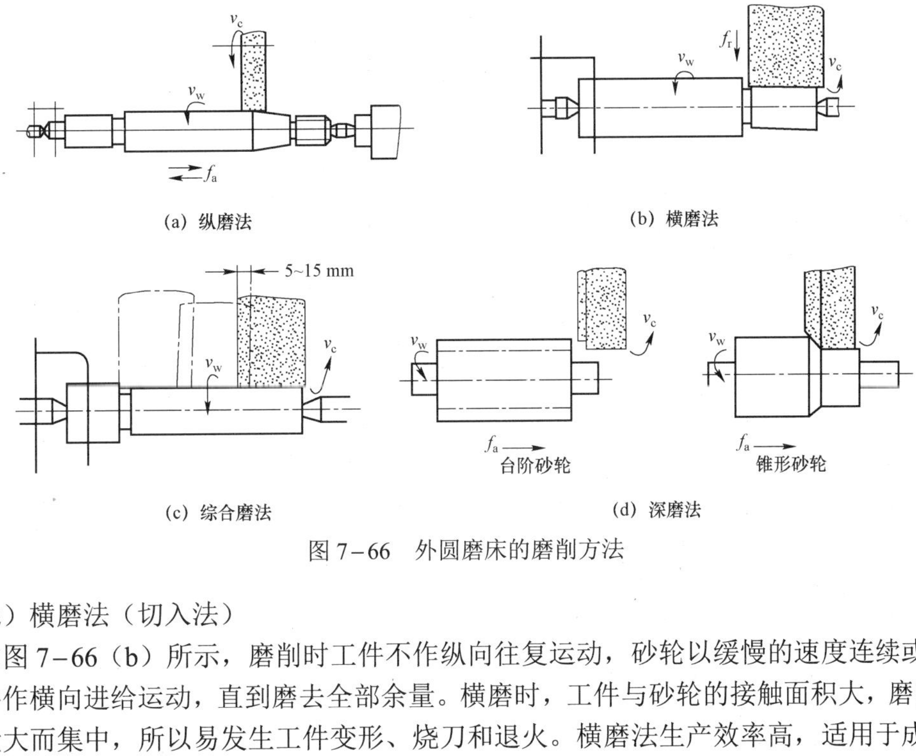

(a) 纵磨法　(b) 横磨法

(c) 综合磨法　(d) 深磨法

图 7-66　外圆磨床的磨削方法

（2）横磨法（切入法）

如图 7-66（b）所示，磨削时工件不作纵向往复运动，砂轮以缓慢的速度连续或间断地向工件作横向进给运动，直到磨去全部余量。横磨时，工件与砂轮的接触面积大，磨削力大，发热量大而集中，所以易发生工件变形、烧刀和退火。横磨法生产效率高，适用于成批或大量生产中，磨削长度短、刚性好、精度低的外圆表面及两侧都有台肩的轴颈。若将砂轮修整成形，也可直接磨削成形面。

（3）综合磨法

如图 7-66（c）所示，先用横磨法将工件分段进行粗磨，相邻之间有 5～15 mm 的搭接，每段上留有 0.01～0.03 mm 的精磨余量，精磨时采用纵磨法。这种磨削方法综合了纵磨和横磨法的优点，适用于磨削余量较大（余量 0.7～0.6 mm）的工件。

（4）深磨法

如图 7-66（d）所示，磨削时采用较小的纵向进给量（1～2 mm/r）和较大的吃刀深度（0.2～0.6 mm）在一次走刀中磨去全部余量。为避免切削负荷集中和砂轮外圆棱角迅速磨钝，应将砂轮修整成锥形或台阶形，外径小的台阶起粗磨作用，可修粗些；外径大的起精磨作用，修细些。深磨法可获得较高精度和生产率，表面粗糙度值较小，适用于大批大量生产中，加工刚性好的短轴。

3. 无心外圆磨床的磨削方法

在无心磨床磨削工件外圆时，工件不用顶尖来定心和支承，而是直接将工件放在砂轮和导轮（用橡胶结合剂做的粒度较粗的砂轮）之间，由托板支承，工件被磨削的外圆面作定位面，见图 7-67（a）。无心外圆磨床有两种磨削方法。

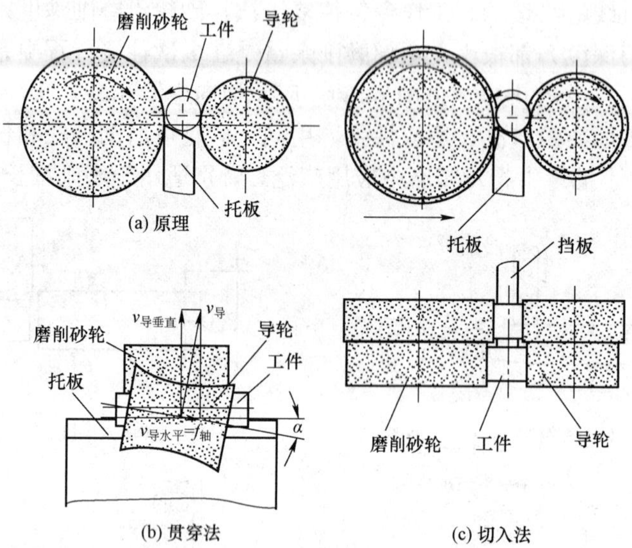

图 7-67　无心外圆磨床的磨削方法

（1）贯穿法（纵磨法）

如图 7-67（b）所示，磨削时将工件从机床前面放到托板上，推入磨削区，由于导轮轴线在垂直平面内倾斜 α 角（$\alpha=1°\sim6°$），导轮与工件接触处的线速度 $v_导$可以分解成水平和垂直两个方向的分速度 $v_{导水平}$和 $v_{导垂直}$，$v_{导垂直}$控制工件的圆周进给运动，$v_{导水平}$使工件作纵向进给。所以工件进入磨削区后，便既作旋转运动，又作轴向移动，穿过磨削区，工件就磨削完毕。α 角增大，生产率高，但表面粗糙度值增大；反之，情况相反。为保证导轮与工件呈线接触状态，需将导轮形状修整成回转双曲面形。这种磨削方法不适用于带台阶的圆柱形工件。

（2）切入法（横磨法）

先将工件放在托板和导轮之间，然后由工件（连同导轮）或磨削砂轮横向切入进给，磨削工件表面。这时导轮的中心线仅倾斜很小角度（约 30'），以便对工件产生一微小的轴向推力，使它靠住挡板，得到可靠轴向定位，见图 7-67（c）。切入法适用于磨削有阶梯或成形回转表面的工件，但磨削表面长度不能大于磨削砂轮宽度。在磨床上磨削外圆表面时，应采用充足的切削液，一般磨钢件多用苏打水或乳化液；铝件采用加少量矿物油的煤油；铸铁、青铜件一般不用切削液，而用吸尘器清除尘屑。

4. M1432A 型万能外圆磨床

图 7-68 为 M1432A 型万能外圆磨床外形图。由图可见，在床身 1 的纵向导轨上装有工作台 8，台面上装有头架 2 和尾架 5，用以夹持不同长度的工件，头架带动工件旋转。工作台由液压传动沿床身导轨往复移动，使工件实现纵向进给运动。工作台由上下两层组成，其上

部可相对下部在水平面内偏转一定的角度（一般不大于±10°），以便磨削锥度不大的圆锥面。砂轮架 4 安装在滑鞍 6 上，转动横向进给手轮 7，通过横向进给机构带动滑鞍及砂轮架作快速进退或周期性自动切入进给。内圆磨具 3 放下时用以磨削内圆（图示处于抬起状态）。

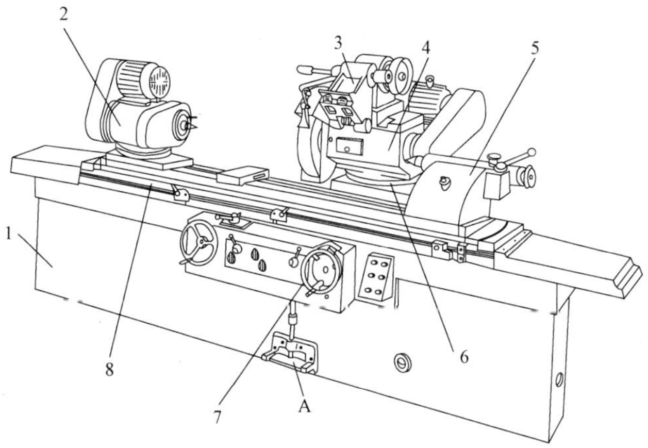

1—床身；2—头架；3—内圆磨具；4—砂轮架；5—尾架；6—滑鞍；7—手轮；8—工作台；A—脚踏操纵板

图 7－68　M1432A 型万能外圆磨床

图 7－69 为万能外圆磨床的典型加工方法：图 7－69（a）为用纵磨法磨削外圆柱面，图 7－69（b）为扳转工作台用纵磨法磨削长圆锥面，图 7－69（c）为扳动砂轮架用切入法磨削短圆锥面，图 7－69（d）为扳动头架用纵磨法磨削圆锥面，图 7－69（e）为用内圆磨具磨削圆柱孔。

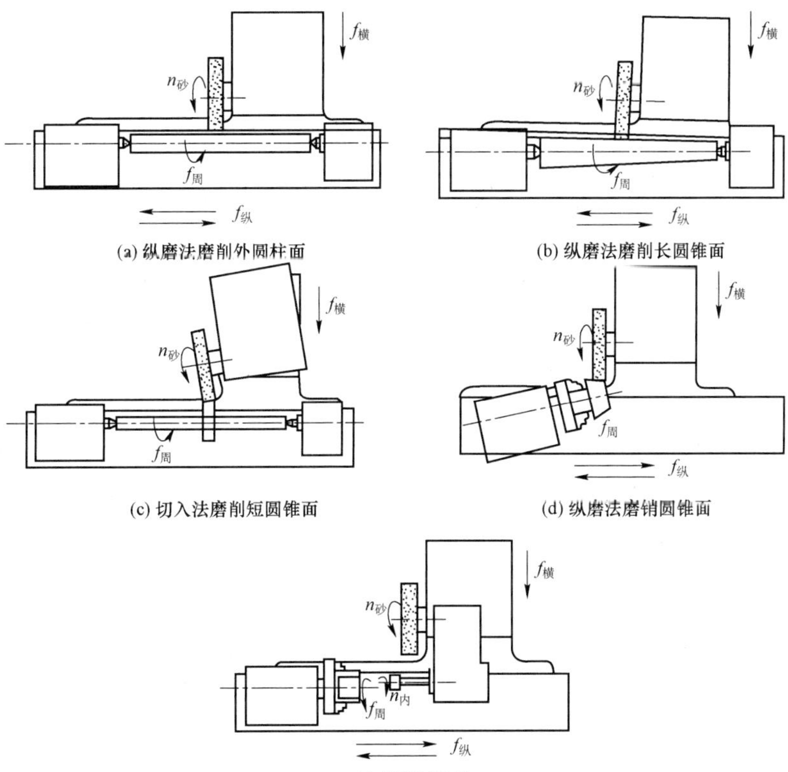

图 7－69　万能外圆磨床的典型加工方法

分析 M1432A 型万能外圆磨床的典型加工方法可知，机床必须具备以下运动：外圆磨砂轮和内圆磨砂轮的旋转主运动、工件圆周进给运动、工件（工作台）往复纵向进给运动、砂轮横向进给运动。此外，机床还应有两个辅助运动：砂轮横向快速进退和尾架套筒缩回，以便装卸工件。

（二）内圆表面的磨削加工

内圆表面的磨削可以在内圆磨床上进行，也可以在万能外圆磨床上进行。内圆磨床的主要类型有普通内圆磨床、无心内圆磨床和行星内圆磨床。不同类型的内圆磨床其磨削方法是不同的。

1. 内圆磨床的磨削方法

（1）普通内圆磨床的磨削方法

普通内圆磨床是生产中应用最广的一种，图 7－70 所示为普通内圆磨床的磨削方法。磨削时，根据工件的形状和尺寸不同，可采用纵磨法［图 7－70（a）］、横磨法［图 7－70（b）］，有些普通内圆磨床上备有专门的端磨装置，可在一次装夹中磨削内孔和端面［图 7－70（c）］，这样不仅容易保证内孔和端面的垂直度，而且生产效率较高。

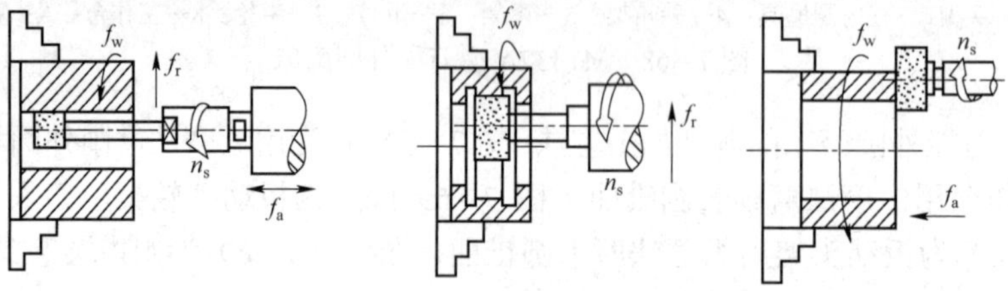

(a) 纵磨法　(b) 横磨法　(c) 端磨装置

图 7－70　普通内圆磨床的磨削方法

如图 7－70（a）所示，纵磨法机床的运动有：砂轮的高速旋转运动作主运动 n_s，头架带动工件旋转作圆周进给运动 f_w，砂轮或工件沿其轴线往复作纵向进给运动 f_a，在每次（或几次）往复行程后，工件沿其径向作一次横向进给运动 f_r。这种磨削方法适用于形状规则、便于旋转的工件。

横磨法无需纵向进给运动 f_a，如图 7－70（b）所示，横磨法适用于磨削带有沟槽表面的孔。

（2）无心内圆磨床的磨削方法

图 7－71 所示为无心内圆磨床的磨削方法。磨削时，工件 4 支承在滚轮 1 和导轮 3 上，压紧轮 2 使工件紧靠在导轮 3 上，工件即由导轮 3 带动旋转，实现圆周进给运动 f_w。砂轮除了完成主运动 n_s 外，还作纵向进给运动 f_a 和周期性横向进给运动 f_r。加工结束时，压紧轮沿箭头 A 方向摆开，以便装卸工件。这种磨削方法适用于大批量生产中，外圆表面已精加工的薄壁工件，如轴承套等。

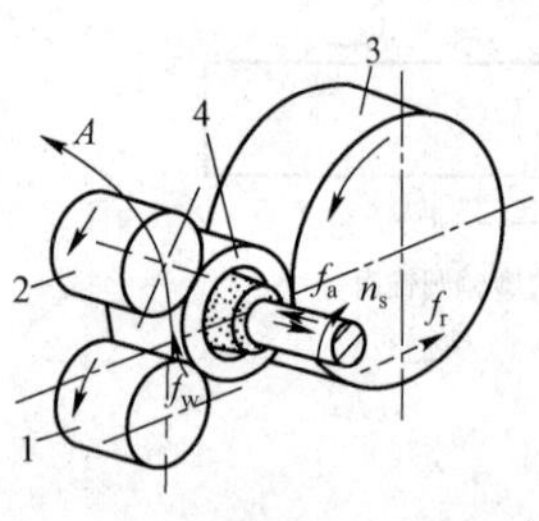

1—滚轮；2—压紧轮；3—导轮；4—工件

图 7－71　无心内圆磨床的磨削方法

2. 内圆磨削的工艺特点及应用范围

内圆磨削与外圆磨削相比，加工条件比较差，内圆磨削有以下一些特点。

① 砂轮直径受到被加工孔径的限制，直径较小。砂轮很容易磨钝，需要经常修整和更换，增加了辅助时间，降低了生产率。

② 砂轮直径小，即使砂轮转速高达每分钟几万转，要达到砂轮圆周速度 25～30 m/s 也是十分困难的，由于磨削速度低，因此内圆磨削比外圆磨削效率低。

③ 砂轮轴的直径尺寸较小，而且悬伸较长，刚性差，磨削时容易发生弯曲和振动，从而影响加工精度和表面粗糙度。内圆磨削精度可达 IT8～IT6，表面粗糙度值可达 0.8～0.2 μm。

④ 切削液不易进入磨削区，磨屑排除较外圆磨削困难。虽然内圆磨削比外圆磨削加工条件差，但仍然是一种常用的精加工孔的方法。特别适用于淬硬的孔、断续表面的孔（带键槽或花键槽的孔）和长度较短的精密孔加工。磨孔不仅能保证孔本身的尺寸精度和表面质量，还能提高孔的位置精度和轴线的直线度；用同一砂轮，可以磨削不同直径的孔，灵活性大。内圆磨削可以磨削圆柱孔（通孔、盲孔、阶梯孔）、圆锥孔及孔端面等。

3. 普通内圆磨床

图 7－72 为普通内圆磨床外形图。它主要由床身 1、工作台 2、头架 3、砂轮架 4 和滑鞍 5 等组成。磨削时，砂轮轴的旋转为主运动，头架带动工件旋转运动为圆周进给运动，工作台带动头架完成纵向进给运动，横向进给运动由砂轮架沿滑鞍的横向移动来实现。磨锥孔时，需将头架转过相应角度。

普通内圆磨床的另一种形式为砂轮架安装在工作台上做纵向进给运动。

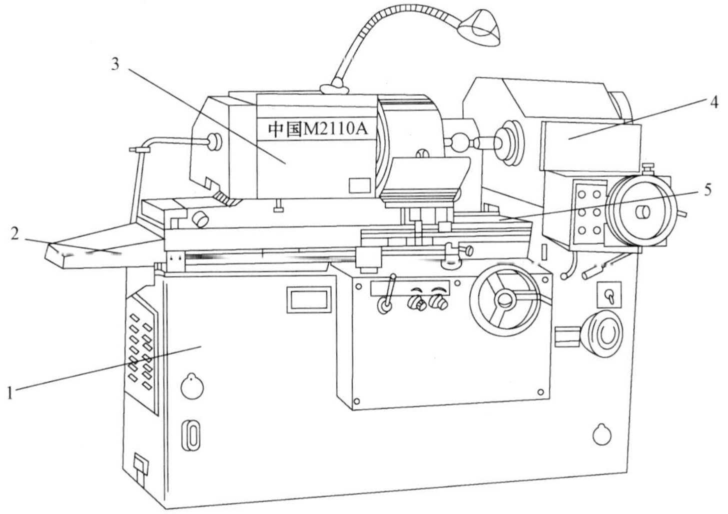

1—床身；2—工作台；3—头架；4—砂轮架；5—滑鞍

图 7－72 普通内圆磨床

（三）平面磨削加工

对于精度要求高的平面及淬火零件的平面加工，需要采用平面磨削方法。平面磨削主要在平面磨床上进行。平面磨削时，对于形状简单的铁磁性材料工件，采用电磁吸盘装夹工件，操作简单方便，能同时装夹多个工件，而且能保证定位面与加工面的平行度要求。对于形状复杂或非铁磁性材料的工件，可采用精密平口虎钳或专用夹具装夹，然后用电磁吸盘或真空吸盘吸牢。

1. 平面磨削方式

根据砂轮工作面的不同，平面磨削分为周磨和端磨两类。

（1）周磨

周磨是采用砂轮圆周面对工件平面进行的磨削，如图 7－73（a）、（b）所示。这种磨削方式，砂轮与工件的接触面积小，磨削力小，磨削热小，冷却和排屑条件较好，而且砂轮磨损均匀。

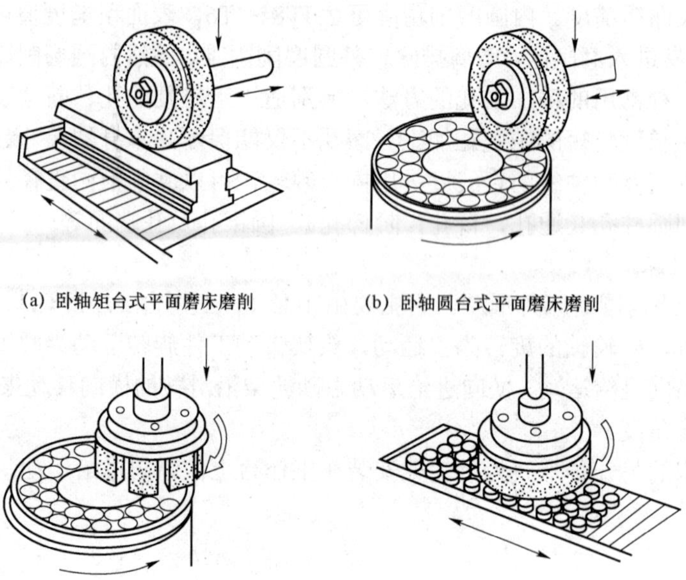

(a) 卧轴矩台式平面磨床磨削　(b) 卧轴圆台式平面磨床磨削

(c) 立轴圆台式平面磨床磨削　(d) 立轴矩台式平面磨床磨削

图 7-73　平面磨床加工示意图

（2）端磨

端磨是采用砂轮端面对工件平面进行的磨削，如图 7-73（c）、（d）所示。这种磨削方式，砂轮与工件的接触面积大，磨削力大，磨削热多，冷却和排屑条件差，工件受热变形大。此外，由于砂轮端面径向各点的圆周速度不相等，砂轮磨损不均匀。

2. 平面磨床的类型及特点

根据平面磨床工作台的形状和砂轮工作面的不同，普通平面磨床可分为四种类型：卧轴矩台式平面磨床，卧轴圆台式平面磨床，立轴圆台式平面磨床，立轴矩台式平面磨床。

上述四种平面磨床中，用砂轮端面磨削的平面磨床与用砂轮圆周面磨削的平面磨床相比，由于端面磨削的砂轮直径往往比较大，能同时磨削出工件的宽度和面积大，同时砂轮悬伸长度短，刚性好，可采用较大的磨削用量，生产率较高。但砂轮散热、冷却、排屑条件差，所以加工精度和表面质量不高，一般用于粗磨。而用圆周面磨削的平面磨床，加工质量较高，但这种平面磨床生产效率低，适合于精磨。圆台式平面磨床和矩台式平面磨床相比，由于圆台式是连续进给，生产效率高，适用于磨削小零件和大直径的环行零件端面，不能磨削长零件。矩台式平面磨床，可方便磨削各种常用零件，包括直径小于工作台面宽度的环行零件。生产中常用的是卧轴矩台式平面磨床和立轴圆台式平面磨床。

图 7-74 是卧轴矩台式平面磨床外形图。工作台 2 沿床身 1 的纵向导轨的往复直线进给运动由液压传动，也可手动进行调整。工件用电磁吸盘式夹具装夹在工作台上。砂轮架 3 可沿滑座 4 的燕尾导轨作横向间歇进给（或手动或液动）。滑座和砂轮架一起可沿立柱 5 的导轨作间歇的垂直切入运动（手动）。砂轮主轴由内装式异步电动机直接驱动。

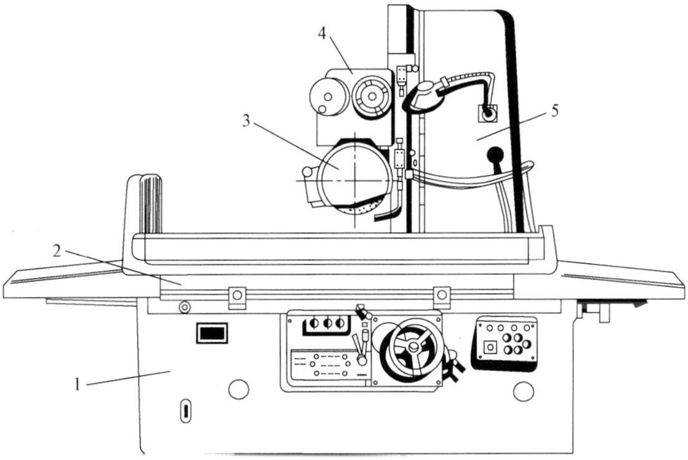

1—床身；2—工作台；3—砂轮架；4—滑座；5—立柱

图 7－74　卧轴矩台式平面磨床

思考与练习

1. 按加工性质和所用刀具不同，机床可分为哪几类？

2. 车刀按结构不同有哪几种类型，各有什么特点？

3. 简述车削加工的应用范围。

4. 外圆表面常用加工方法有哪些？如何选用？

5. 外圆磨削有哪几种方式？各有何特点？各适用于什么场合？

6. 简述无心外圆磨削的特点及磨削方法。

7. 万能外圆磨床上磨削锥面有哪几种方法？各适用于何种场合？机床应如何调整？

8. 内圆表面常用加工方法有哪些？如何选用？

9. 试分析钻孔、扩孔和铰孔三种孔加工方法的工艺特点，并说明三种孔加工工艺之间的联系。

10. 镗削加工有何特点？常用的镗刀有哪几种类型？其结构和特点如何？

11. 试述拉削工艺特点和应用。

12. 常用圆孔拉刀的结构由哪几部分组成？各部分起什么作用？

13. 试述内圆磨削的工艺特点及应用范围。

14. 试述刨削的工艺特点和应用。

15. 试述铣削加工的应用范围及特点。

16. 端铣与周铣，逆铣与顺铣各有何特点？应用如何？

17. 试分析磨平面时，端磨法与周磨法各自的特点。

模块三

机械制造零件精度

项目八

尺寸、公差与配合

工业生产中，经常要求零部件具有互换性。图 8-1 所示的圆柱齿轮减速器，由齿轮、轴、箱体、轴承等零部件经装配而成，而这些零部件是分别由不同的工厂和车间制成的。机械装配时，若同一规格的零部件，不需任何挑选或修配，便能安装在机械上，并且能够达到规定的功能要求，称这样的零部件具有互换性。零部件的互换性就是指同规格零部件，能够相互替换使用而效果相同的性能。

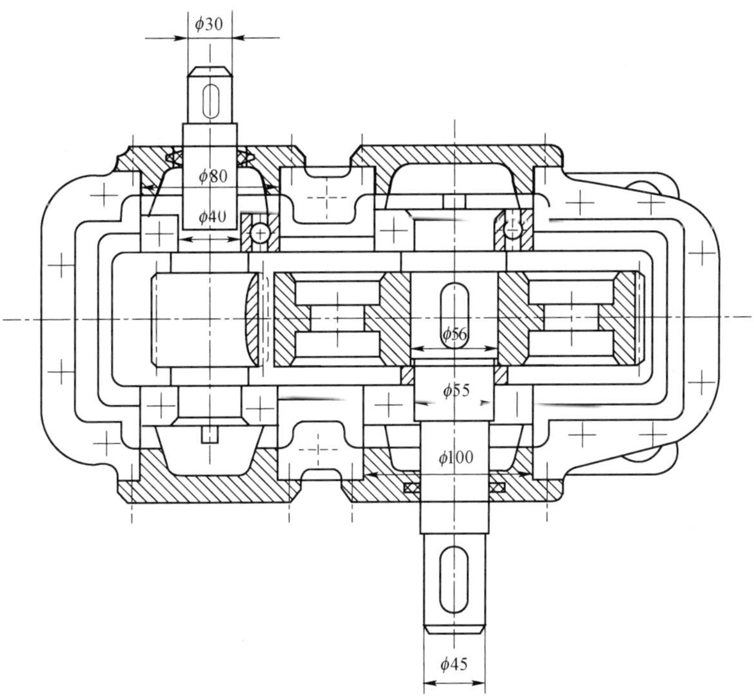

图 8-1　圆柱齿轮减速器

显然互换性是工业生产现代化、专业化、批量化的前提，是最基本的技术经济原则。零部件的互换性应包括几何量、力学性能和理化性能等方面的互换性。零部件的互换性要求，并不需要零部件的几何参数绝对准确。加工过程中由于种种因素的影响，零部件的尺寸、形状、位置及表面粗糙度等几何量总有或大或小的误差。但只要将这些几何量规定在某一范围内变动，即可保证零部件彼此的互换性。

知识目标

1. 掌握各种与尺寸、偏差、公差、配合有关的术语及定义。
2. 理解孔、轴之间的装配关系。
3. 熟练掌握公差表、基本偏差表的查表方法。
4. 学会装配图中配合公差符号的选用。

任务一　零件图中的尺寸、偏差、公差

任务引入

正确识读图 8-2 所示泵轴零件图中的标注尺寸、偏差和公差。

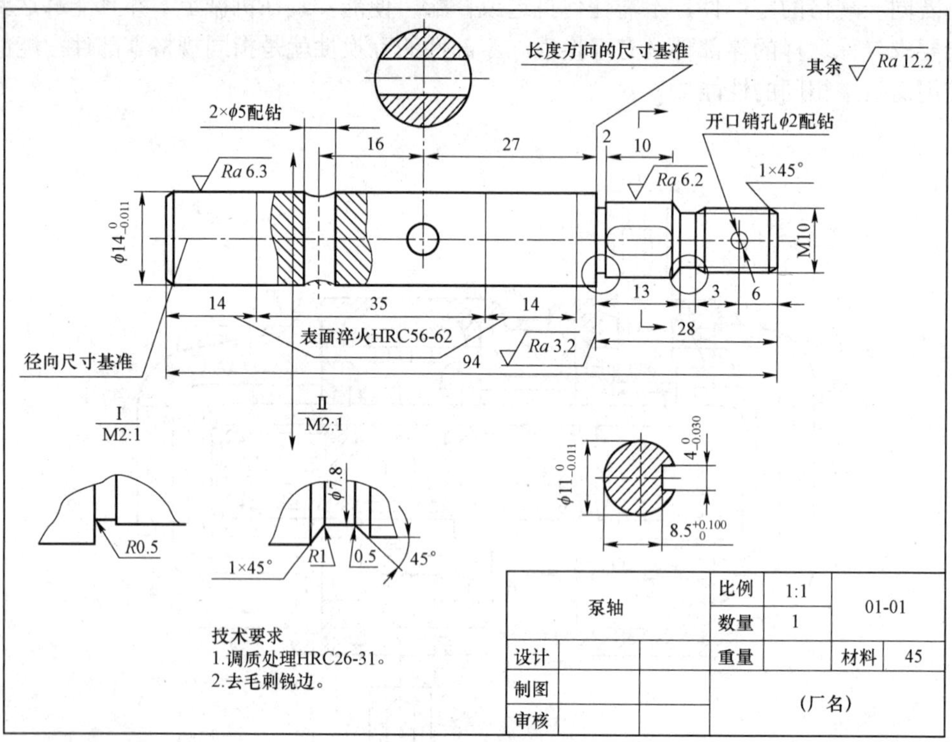

图 8-2　泵轴零件图

相关知识准备

一、尺寸的术语及其定义

1. 孔和轴

在极限与配合标准中，孔和轴这两个基本术语，有其特定的含义，它涉及极限与配合国家标准的应用范围。

孔：通常指工件的圆柱形内尺寸要素，也包括非圆柱形内尺寸要素（由两平行平面或切面形成的包容面）。如图 8-3 所示零件的各内表面上，D_1、D_2、D_3、D_4 各尺寸都称为孔。

轴：通常指工件的圆柱形外尺寸要素，也包括非圆柱形外尺寸要素（由两平行平面或切面形成的被包容面）。如图 8-3 所示零件的各外表面上，d_1、d_2、d_3 各尺寸都称为轴。

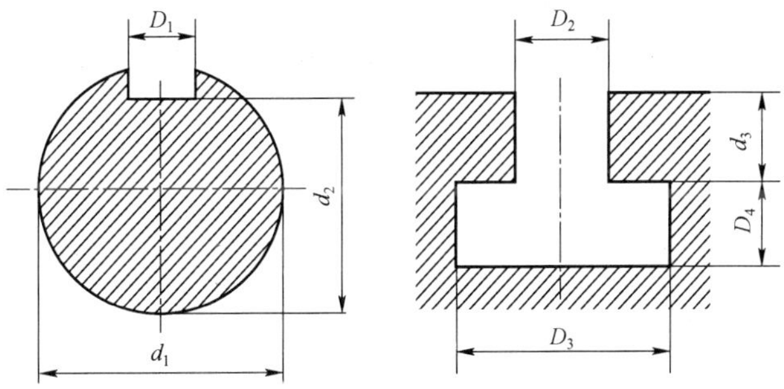

图 8-3　孔和轴

2. 尺寸的术语定义

（1）尺寸（亦称线性尺寸）

尺寸是用特定单位表示线性尺寸值的数值。尺寸表示长度的大小，包括直径、长度、宽度、高度、厚度及中心距、圆角半径等。它由数字和长度单位（如 mm）组成。不包括用角度单位表示的角度尺寸。

（2）公称尺寸（D，d）

公称尺寸是由图样规范确定的理想形状要素的尺寸，也是用来与极限偏差（上极限偏差和下极限偏差）一起计算得到极限尺寸（上极限尺寸和下极限尺寸）的尺寸。它是确定偏差位置的起始尺寸。图 8-4 为极限与配合示意图。

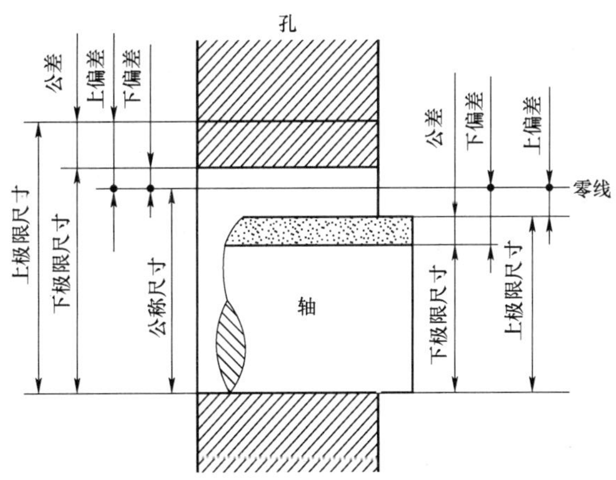

图 8-4　极限与配合示意图

公称尺寸是从零件的功能出发，通过强度、刚度等方面的计算或结构需要，并考虑工艺方面的其他要求后确定的，公称尺寸可以是一个整数或一个小数值，如 32、15、8.75、0.5…它一般应按 GB/T 2822—2005《标准尺寸》选取并在图样上标注。

（3）极限尺寸（D_{max}，D_{min}，d_{max}，d_{min}）

极限尺寸是指尺寸要素允许的尺寸的两个极端。提取组成要素的局部尺寸应位于其中，也可达到极限尺寸。

尺寸要素允许的最大尺寸称为上极限尺寸；尺寸要素允许的最小尺寸称为下极限尺寸。孔和轴的上极限尺寸分别以 D_{max} 和 d_{max} 表示；下极限尺寸分别以 D_{min} 和 d_{min} 表示。标准规定，大写字母表示孔的有关代号，小写字母表示轴的有关代号。合格的零件实际尺寸应位于上、下极限尺寸之间，即

$$上极限尺寸 \geqslant 实际尺寸 \geqslant 下极限尺寸$$

（4）提取组成要素的局部尺寸（D_a，d_a）

提取组成要素的局部尺寸是一切提取组成要素上两对应点之间距离的统称。（为方便起见，可将提取组成要素的局部尺寸简称为提取要素的局部尺寸。）

（5）最大实体状态（MMC）与最大实体尺寸（MMS）

孔或轴具有允许的材料量为最多时的状态称为最大实体状态，在最大实体状态下的极限尺寸称为最大实体尺寸。它是孔的下极限尺寸和轴的上极限尺寸的统称。孔和轴的最大实体尺寸分别以 D_M 和 d_M 表示。

（6）最小实体状态（LMC）与最小实体尺寸（LMS）

孔或轴具有允许的材料量为最少时的状态称为最小实体状态，在最小实体状态下的极限尺寸称为最小实体尺寸。它是孔的上极限尺寸和轴的下极限尺寸的统称。孔和轴的最小实体尺寸分别以 D_L 和 d_L 表示。

（7）作用尺寸（D_f，d_f）

在配合面的全长上，与实际孔内接的最大理想轴的尺寸称为孔的作用尺寸，与实际轴外接的最小理想孔的尺寸称为轴的作用尺寸，如图 8-5 所示。

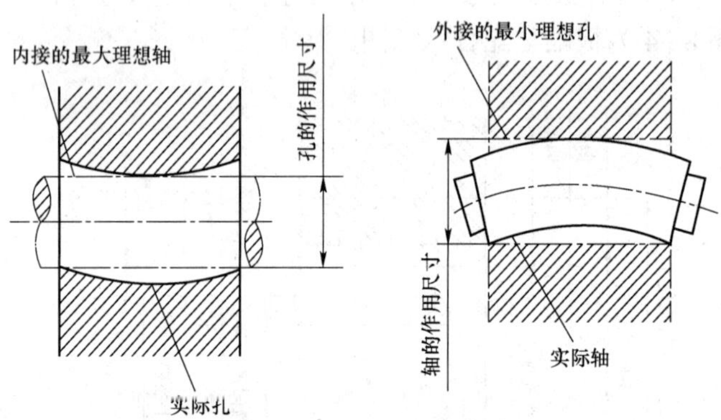

图 8-5　孔和轴的作用尺寸

二、有关偏差、公差的术语及国家标准

1. 有关偏差的术语及国家标准

（1）尺寸偏差（简称偏差）

尺寸偏差是某一尺寸减其公称尺寸所得的代数差。极限尺寸减其公称尺寸所得到的代数差称为极限偏差，分为上（极限）偏差和下（极限）偏差。偏差可以为正、负或零值。

孔：上偏差 $ES = D_{max} - D$　　下偏差 $EI = D_{min} - D$　　（8-1）

轴：上偏差 $es = d_{max} - d$　　下偏差 $ei = d_{min} - d$　　（8-2）

（2）基本偏差

基本偏差是极限与配合制标准中，所规定的确定公差带相对于零线位置的那个极限偏差。它可以是上极限偏差或下极限偏差，一般为靠近零线的那个极限偏差。

基本偏差是用来确定公差带相对于零线的位置的，不同的公差带位置与基准件将形成不同的配合。基本偏差的数量将决定配合种类的数量。为了满足各种不同松紧程度的配合需要，国家标准对孔和轴分别规定了 28 种基本偏差。

基本偏差系列如图 8-6 所示，基本偏差的代号用拉丁字母表示，大写字母代表孔，小写字母代表轴，在 26 个字母中，除去易与其他含义混淆的 I（i）、L（l）、O（o）、Q（q）、W（w）5 个字母外，采用了 21 个单写字母和 7 个双字母 CD（cd）、EF（ef）、FG（fg）、JS（js）、ZA（za）、ZB（zb）、ZC（zc）组成。

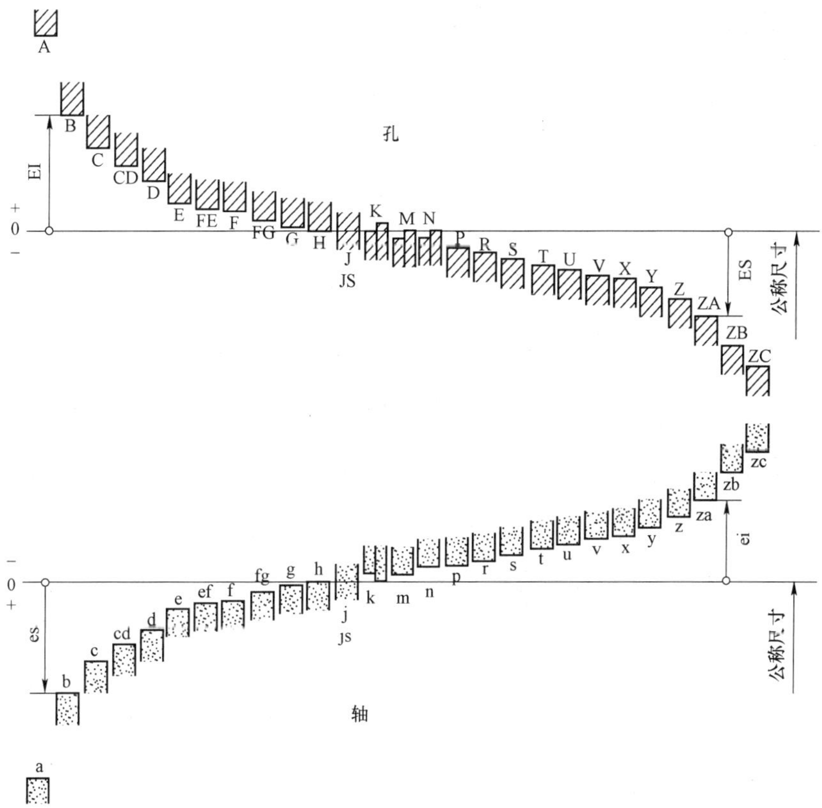

图 8-6 基本偏差系列

从图 8-5 可知，轴 a～h 基本偏差是 es，孔 A～H 基本偏差是 EI，它们的绝对值依次减小，其中 h 和 H 的基本偏差为零。轴 js 和孔 JS 的公差带相对于零线对称分布，故基本偏差可以是上偏差，也可以是下偏差，其值为标准公差的一半（即±IT/2）。轴 j～zc 基本偏差为 ei，孔 J～ZC 基本偏差是 ES，其绝对值依次增大。

孔和轴的基本偏差原则上不随公差等级变化，只有极少数基本偏差（j、js、k）例外。图 8-5 中各公差带只画出了由基本偏差决定的一端，另一端取决于基本偏差与标准公差值的组合。

（3）轴的基本偏差数值

轴的基本偏差数值是以基孔制为基础，根据各种配合的要求，在生产实践和大量试验的基础上，依据统计分析的结果整理出一系列公式而计算出来的。轴的基本偏差计算公式如表 8-1 所示。

表 8-1　公称尺寸≤500 mm 的轴的基本偏差计算公式　μm

<table>
<tr><th>代号</th><th>适用范围</th><th>基本偏差为上偏差（es）</th><th>代号</th><th>适用范围</th><th>基本偏差为下偏差（ei）</th></tr>
<tr><td rowspan="2">a</td><td>D≤120 mm</td><td>−（265 + 1.3D）</td><td>j</td><td>IT5 ～ IT8</td><td>经验数据</td></tr>
<tr><td>D>120 mm</td><td>−3.5D</td><td rowspan="2">k</td><td>≤IT3 及 ≥IT8</td><td>0</td></tr>
<tr><td rowspan="2">b</td><td>D≤160 mm</td><td>−（140 + 0.85D）</td><td>IT4 ～ IT7</td><td>$+0.6\sqrt[3]{D}$</td></tr>
<tr><td>D>160 mm</td><td>−1.8D</td><td>m</td><td></td><td>+ I17 − IT6</td></tr>
<tr><td rowspan="2">c</td><td>D≤40 mm</td><td>$-52D^{0.2}$</td><td>n</td><td></td><td>$+5D^{0.34}$</td></tr>
<tr><td>D>40 mm</td><td>−（95 + 0.8D）</td><td>p</td><td></td><td>+ IT7 +（0～5）</td></tr>
<tr><td>cd</td><td></td><td>$-\sqrt{c \cdot d}$</td><td>r</td><td></td><td>$+\sqrt{p \cdot s}$</td></tr>
<tr><td>d</td><td></td><td>$-16D^{0.44}$</td><td rowspan="2">s</td><td>D ≤ 500 mm</td><td>+ IT8 +（1～4）</td></tr>
<tr><td>e</td><td></td><td>$-11D^{0.41}$</td><td>D > 500 mm</td><td>+ 1T7 + 0.4D</td></tr>
<tr><td>ef</td><td></td><td>$-\sqrt{e \cdot f}$</td><td>t</td><td></td><td>+ IT7 + 0.63D</td></tr>
<tr><td>f</td><td></td><td>$-5.5D^{0.41}$</td><td>u</td><td></td><td>+ IT7 + D</td></tr>
<tr><td>fg</td><td></td><td>$-\sqrt{f \cdot g}$</td><td>v</td><td></td><td>+ IT7 + 1.25D</td></tr>
<tr><td>g</td><td></td><td>$-2.5D^{0.34}$</td><td>x</td><td></td><td>+ IT7 + 1.6D</td></tr>
<tr><td>h</td><td></td><td>0</td><td>y</td><td></td><td>+ IT7 + 2D</td></tr>
<tr><td></td><td></td><td></td><td>z</td><td></td><td>+ IT7 + 2.5D</td></tr>
<tr><td></td><td></td><td></td><td>za</td><td></td><td>+ IT8 + 3.15D</td></tr>
<tr><td></td><td></td><td></td><td>zb</td><td></td><td>+ IT9 + 4D</td></tr>
<tr><td></td><td></td><td></td><td>zc</td><td></td><td>+ IT10 + 5D</td></tr>
<tr><td colspan="6">js = ±IT/2</td></tr>
</table>

注：① 表中 D 的单位为 mm。

② 除 j 和 js 外，表中所列的公式与公差等级无关。

例题 8.1　计算 ϕ25g7 的基本偏差。

解：ϕ25 属于 18～30 mm 尺寸段，故 $D=\sqrt{18\times 30}=23.24$ mm

查表 8-1 的基本偏差计算公式为

$$es=-2.5D^{0.34}=-2.5\times 23.24^{0.34}\approx -7\ \mu m$$

故 ϕ25g7 的基本偏差为 es = −7 μm。

为了方便使用，标准将各尺寸段的基本偏差按表 8-1 计算公式进行计算，并按一定规则圆整尾数后，列成轴的基本偏差数值表，如表 8-2 所示。

表 8-2　公称尺寸≤500 mm 的轴的基本偏差数值　　μm

基本偏差代号		上偏差（es）											js	下偏差（ei）																		
		a	b	c	cd	d	e	ef	f	fg	g	h		j			k		m	n	p	r	s	t	u	v	x	y	z	za	zb	zc
公称尺寸/mm		所有公差等级												5 级与 6 级	7 级	8 级	4 级至 7 级	≤3 级 ≥8 级	所有公差等级													
大于	至																															
	3	−270	−140	−60	−34	−20	−14	−10	+6	−4	−2	0	偏差等于 $\pm\frac{IT_n}{2}$	−2	−4	−6	0		+2	+4	+6	+10	+14	—	+18	—	+20	—	+26	+32	+40	+60
3	6	−270	−140	−70	−46	−30	−20	−14	−10	−6	−4	0		−2	−4	—	+1	0	+4	+8	+12	+15	+19	—	+23	—	+28	—	+35	+42	+50	+80
6	10	−280	−150	−80	−56	−40	−25	−18	−13	−8	−5	0		−2	−5	—	+1		+6	+10	+15	+19	+23	—	+28	—	+34	—	+42	+52	+67	+97
10	14	−290	−150	−95	—	−50	−32	—	+16	—	−6	0		−3	−6	—	+1	0	+7	+12	+18	+23	+28	—	+33	—	+40	—	+50	+64	+90	+130
14	18																									+39	+45	—	+60	+77	+108	+150
18	24	−300	−160	−110	—	−65	−40	—	−20	—	−7	0		−4	−8	—	+2	0	+8	+15	+22	+28	+35	—	+41	+47	+54	+63	+73	+98	+138	+188
24	30																							+41	+48	+55	+64	+75	+88	+118	+160	+218
30	40	−310	−170	−120	—	−80	−50	—	−25	—	−9	0		−5	−10	—	+2	0	+9	+17	+26	+34	+43	+48	+60	+68	+80	+94	+112	+148	+200	+274
40	50	−320	−180	−130																				+54	+70	+81	+97	+114	+136	+180	+242	+325
50	65	−340	−190	−140	—	−100	−60	—	−30	—	−10	0		−7	−12	—	+2	0	+11	+20	+32	+41	+53	+66	+87	+102	+122	+144	+172	+226	+300	+405
65	80	−360	200	−150																		+43	+59	+75	+102	+120	+146	+174	+210	+274	+360	+480
80	100	−380	−220	−170	—	−120	−72	—	−36	—	−120	0		−9	−15	—	+3	0	+13	+23	+37	+51	+71	+91	+124	+146	+178	+214	+258	+335	+445	+585
100	120	−410	−240	−130																		+54	+79	+104	+144	+172	+210	+254	+310	+400	+525	+690
120	140	−460	−260	−200	—	−145	−85	—	−43	—	−14	0		−11	−18	—	+3	0	+15	+27	−43	+63	+92	+122	+170	+202	+248	+300	+365	+470	+620	+800
140	160	−520	−280	−210																		+65	+100	+134	+190	+228	+280	+340	+415	+535	+700	+900
160	180	−580	−310	−230																		+68	+108	+146	+210	+252	+310	+380	+456	+600	+780	+1000
180	200	−660	−340	−240	—	−170	−100	—	−50	—	−15	0		−13	−21	—	+4	0	+17	+31	+50	+77	+122	+166	+236	+284	+350	+425	+520	+670	+880	+1150
200	225	−740	−380	−260																		+80	+130	+180	+258	+310	+385	+470	+575	+740	+960	+1250
225	250	−820	−420	−280																		+84	+140	+196	+284	+340	+425	+520	+640	+820	+1050	+1350
250	280	−920	−480	−300	—	−190	−110	—	−56	—	−17	0		−16	−26	—	4	0	+20	+34	+56	+94	+158	+218	+315	+385	+475	+580	+710	+920	+1200	+1500
280	315	−1050	−540	−330																		+98	+170	+240	+350	+425	+525	+650	+790	+1000	+1300	+1700
315	355	−1200	−600	−360	—	−210	−125	—	−62	—	−18	0		−18	−28	—	4	0	+21	+37	+62	+108	+190	+268	+390	+475	+590	+730	+900	+1150	+1500	+1900
355	400	−1350	−680	−400																		+114	+208	+294	+435	+530	+660	+820	+1000	+1300	+1650	+2100
400	450	−1500	−760	−440	—	−230	−135	—	−68	—	−20	0		−20	−32	—	5	0	+23	+40	+68	+126	+232	+330	+490	−595	+740	+920	+1100	+1450	+1850	+2400
450	500	1650	−840	−480																		+132	+252	+360	+540	−660	+820	+1000	+1250	+1600	+2100	+2600

注：① 公称尺寸小于 1 mm 时，各级的 a 和 b 均不采用。

② js 的数值，在 7～11 级时，如果以μm 表示的 IT 数值是一个奇数，则取 js = ±（IT − 1）/2。

（4）孔的基本偏差数值

当公称尺寸≤ 500 mm 时，孔的基本偏差是从轴的基本偏差换算得到的。

换算的原则是：同名代号的孔、轴的基本偏差（如 E 与 e、T 与 t），在孔、轴同一公差等级或孔比轴低一级的配合条件下，按基孔制形成的配合（如 ϕ40H7/g6）与按基轴制形成的配合（如 ϕ40G7/h6）性质（极限间隙或极限过盈）相同。据此有两种换算规则，具体如下。

通用规则：同一字母表示的孔、轴基本偏差的绝对值相等，而符号相反，即

对于 A～H　　EI =−es

对于 K～ZC　　ES=−ei

特殊规则：对于标准公差≤ IT8 的 K、M、N 和≤ IT7 的 P～ZC，孔的基本偏差 ES 与同字母的轴的基本偏差 ei 的符号相反，而绝对值相差一个 $\varDelta$ 值。即

$$ES = -ei+\varDelta \tag{8-3}$$

$$\varDelta = ITn - IT(n-1) \tag{8-4}$$

式中：ITn 为孔的标准公差，IT（n−1）为比孔高一级的轴的标准公差。

换算得到的孔的基本偏差数值列于表 8−3。实际应用时可直接查表 8−2 或表 8−3 确定孔与轴的基本偏差数值。

例题 8.2　查表确定 ϕ25f6 和 ϕ25K7 的极限偏差。

解：① 查表 8−6 确定标准公差数值：

IT6 =13 μm　　IT7 = 21 μm

② 查表 8−2 确定 ϕ25f6 的基本偏差 es = − 20 μm，

查表 8−3 确定 ϕ25K7 的基本偏差 ES= −2 + $\varDelta$，$\varDelta$ =8μm，

所以 ϕ25K7 的基本偏差 ES = −2 + 8= +6 μm。

③ 求另一极限偏差：

ϕ25f6 的下偏差 ei = es − IT6 = −20 − 13 = −33 μm，

ϕ25K7 的下偏差 EI =ES − IT7= +6 − 21 = −15 μm，

故：ϕ25f6 的极限偏差表示为 $\phi25^{-0.020}_{-0.033}$

ϕ25K7 的极限偏差表示为 $\phi25^{+0.060}_{-0.015}$

2. 有关尺寸公差（简称公差）的术语及国家标准

（1）尺寸公差

尺寸公差是允许尺寸的变动量。它等于上极限尺寸减下极限尺寸之差，或上极限偏差减下极限偏差之差（公差是一个没有符号的绝对值。即没有正、负值之分，也不允许为零）。

孔公差：$T_h = D_{max} - D_{min}$ = ES − EI

轴公差：$T_s = d_{max} - d_{min}$ = es − ei

（2）标准公差

极限与配合制标准中，所规定的（确定公差带大小的）任一公差。标准公差系列是国家标准制定出的一系列标准公差数值，如表 8−6 所示。从表中可知，标准公差数值的大小取决于公差等级和公称尺寸两个因素。

（3）公差等级

确定尺寸精确程度的等级称为公差等级。国家标准将标准公差分为 20 级，各级标准公差用代号 IT 及数字 01，0，1，2，…，18 表示，IT 是国际公差（ISO Tolerance）的缩写，如 IT8 称为标准公差 8 级。从 IT01～IT18 等级依次降低。

表 8－3　公称尺寸≤500 mm 的孔的基本偏差数值

μm

基本偏差		下偏差（EI）											JS	上偏差（ES）																						Δ					
		A	B	C	CD	D	E	EF	F	FG	G	H		J			K		M		N		P至ZC	P	R	S	T	U	V	X	Y	Z	ZA	ZB	ZC						
公称尺寸/mm		公差等级																																							
大于	至	所有公差等级												6	7	8	≤8	>8	≤8	>8	≤8	>8	≤7	>7												3	4	5	6	7	8
	3	+270	+140	+60	+34	+20	+14	+10	+6	+4	+2	0	偏差=±$\frac{IT_n}{2}$	+2	+4	+6	0	0	−2	−2	−4	−4	在大于IT7的相应数值上增加一个Δ值	−6	−10	−14	—	−18	—	−20	—	−26	−32	−40	−60	0					
3	6	+270	+140	+70	+46	+30	+20	+14	+10	+6	+4	0		+5	+6	+10	−1+Δ	—	−4+Δ	−4	−8+Δ	0		−12	−15	−19	—	−23	—	−28	—	−35	−42	−50	−80	1	1.5	1	3	4	6
6	10	+280	+150	+80	+56	+40	+25	+18	+13	+8	+5	0		+5	+8	+12	−1+Δ	—	−6+Δ	−6	−10+Δ	0		−15	−19	−23	—	−28	—	−34	—	−42	−52	−67	−97	1	1.5	2	3	6	7
10	14	+290	+150	+95	—	+50	+32	—	+16	—	+6	0		+6	+10	+15	−1+Δ	0	−7+Δ	−7	−12+Δ	0		−18	−23	−28	—	−33	—	−40	—	−50	−64	−90	−130	1	2	3	3	7	9
14	18																												−39	−45	—	−60	−77	−108	−150						
18	24	+300	+160	+110	—	+65	+40	—	+20	—	+7	0		+8	+12	+20	−2+Δ	0	−8+Δ	−8	−15+Δ	0		−22	−28	−35	—	−41	−47	−54	−63	−73	−98	−138	−188	1.5	2	3	4	8	12
24	30																										−41	−48	−55	−64	−75	−88	−118	−160	−218						
30	40	+310	+170	+120	—	+80	+50	—	+25	—	+9	0		+10	+14	+24	−2+Δ	0	−9+Δ	−9	−17+Δ	0		−26	−34	−43	−48	−60	−68	−80	−94	−112	−148	−200	−274	1.5	3	4	5	9	14
40	50	+320	+180	+130																							−54	−70	−81	−97	−114	−136	−180	−242	−325						
50	65	+340	+190	+140	—	+100	+60	—	+30	—	+10	0		+13	+18	+28	−2+Δ	0	−11+Δ	−11	−20+Δ	0		−32	−41	−53	−66	−87	−102	−122	−144	−172	−226	−300	−405	2	3	5	6	11	16
65	80	+360	+200	+150																					−43	−59	−75	−102	−120	−146	−174	−210	−274	−360	−480						
80	100	+380	+220	+170	—	+120	+72	—	+36	—	+12	0		+16	+22	+34	−3+Δ	0	−13+Δ	−13	−23+Δ	0		−37	−51	−71	−91	−124	−146	−178	−214	−258	−335	−445	−585	2	4	5	7	13	19
100	120	+410	+240	+180																					−54	−79	−104	−144	−172	−210	−254	−310	−400	−525	−690						
120	140	+460	+260	+200	—	+145	+85	—	+43	—	+14	0		+18	+26	+41	−3+Δ	0	−15+Δ	−15	−27+Δ	0		−43	−63	−92	−122	−170	−202	−248	−300	−365	−470	−620	−800	3	4	6	7	15	23
140	160	+520	+280	+210																					−65	−100	−134	−190	−228	−280	−340	−415	−535	−700	−900						
160	180	+580	+310	+230																					−68	−108	−146	−210	−252	−310	−380	−456	−600	−780	−1000						
180	200	+660	+340	+240	—	+170	+100	—	+50	—	+15	0		+22	+30	+47	−4+Δ	0	−17+Δ	−17	−31+Δ	0		−50	−77	−122	−166	−236	−284	−350	−425	−520	−670	−880	−1150	3	4	6	9	17	26
200	225	+740	+380	+260																					−80	−130	−180	−258	−310	−385	−470	−575	−740	−960	−1250						
225	250	+820	+420	+280																					−84	−140	−196	−284	−340	−425	−520	−640	−820	−1050	−1350						
250	280	+920	+480	+300	—	+190	+110	—	+56	—	+17	0		+25	+36	+55	−4+Δ	0	−20+Δ	−20	−34+Δ	0		−56	−94	−158	−218	−315	−385	−475	−580	−710	−920	−1200	−1500	4	4	7	9	20	29
280	315	+1050	+540	+330																					−98	−170	−240	−350	−425	−525	−650	−790	−1000	−1300	−1700						
315	355	+1200	+600	+360	—	+210	+125	—	+62	—	+18	0		+29	+39	+60	−4+Δ	0	−21+Δ	−21	−37+Δ	0		−62	−108	−190	−268	−390	−475	−590	−730	−900	−1150	−1500	−1900	4	5	7	11	21	32
355	400	+1350	+680	+400																					−114	208	−294	−435	−530	−660	−820	−1000	−1300	−1650	−2100						
400	450	+1500	+760	+440	—	+230	+135	—	+68	—	+20	0		+33	+43	+66	−5+Δ	0	−23+Δ	−23	−40+Δ	0		−68	−126	−232	−330	−490	−595	−740	−920	−1100	−1450	−1850	−2400	5	5	7	13	23	34
450	500	+1650	+840	+480																					−132	−252	−360	−540	−660	−820	−1000	−1250	−1600	−2100	−2600						

注：①1 mm 以下，各级的 A 和 B 及大于 8 级的 N 均不采用。

② 标准公差≤ IT8 级的 K、M、N 及≤ IT7 级的 P～ZC 时，从续表的右侧选取 Δ 值。例：大于 1～30 mm 的 P7，Δ=8，因此 ES＝ −14。

③ 特殊情况，当公称尺寸为 250 ～ 315 mm 时，M6 的 ES＝ −9（不等于−11）。

在本标准极限与配合制中，同一公差等级（如 IT7）对所有公称尺寸的一组公差被认为具有同等精确程度。

（4）公差单位（公差因子）

公差单位是随公称尺寸而变化，用来计算标准公差的一个基本单位。生产实践表明，在相同加工条件下，公称尺寸不同的孔或轴加工后产生的加工误差也不同，利用统计法可以发现加工误差与公称尺寸在尺寸较小时，呈立方抛物线的关系，在尺寸较大时，接近线性关系。由于公差是用来控制误差的，所以公差与公称尺寸之间也应符合这个规律。

当公称尺寸≤500 mm 时，公差单位 i（μm）按下式计算

$$i = 0.453D + 0.001D \tag{8-5}$$

式中：D——公称尺寸的计算值，mm。

第一项主要反映加工误差，第二项主要用于补偿测量时温度不稳定和偏离标准温度及量规的变形等引起的测量误差。

当公称尺寸＞500～3 150 mm 时，公差单位 I（μm）的计算式为

$$I = 0.004D + 2.1 \tag{8-6}$$

（5）标准公差的计算及规律

各个公差等级的标准公差，在公称尺寸≤500 mm 时的计算公式见表 8-4。可见对 IT5～IT18 标准公差 $\mathrm{IT} = ai$。其中 a 为公差等级系数，它采用 $R5$ 优先数系，即公比 $q = \sqrt[5]{10} \approx 1.6$ 的等比数列。从 IT6 开始，每隔 5 级，公差数值增加 10 倍。

对高精度 TI01、IT0、IT1 级，主要考虑测量误差，所以标准公差与公称尺寸呈线性关系，且三个公差等级之间的常数和系数均采用优先数系的派生系列 $R10/2$。

IT2～IT4 是在 ITl～IT5 之间插入三级，使之成等比数列，公比 $q = (\mathrm{IT5}/\mathrm{IT1})^{\frac{1}{4}}$。

由此可见，标准公差数值计算的规律性很强，便于标准的发展和扩大使用。

表 8-4　公称尺寸≤500 mm 的标准公差计算公式　　mm

<table>
<tr><td>公差等级</td><td colspan="3">IT01</td><td colspan="3">IT0</td><td colspan="2">IT1</td><td colspan="2">I12</td><td colspan="2">IT3</td><td colspan="2">IT4</td></tr>
<tr><td>公差值</td><td colspan="3">$0.3 + 0.008D$</td><td colspan="3">$0.5 + 0.012D$</td><td colspan="2">$0.8 + 0.020D$</td><td colspan="2">$\mathrm{IT1}\left(\frac{\mathrm{IT5}}{\mathrm{IT1}}\right)^{\frac{1}{4}}$</td><td colspan="2">$\mathrm{IT1}\left(\frac{\mathrm{IT5}}{\mathrm{IT1}}\right)^{\frac{1}{2}}$</td><td colspan="2">$\mathrm{IT1}\left(\frac{\mathrm{IT5}}{\mathrm{IT1}}\right)^{\frac{3}{4}}$</td></tr>
<tr><td>公差等级</td><td>IT5</td><td>IT6</td><td>IT7</td><td>IT8</td><td>IT9</td><td>IT10</td><td>IT11</td><td>IT12</td><td>IT13</td><td>IT14</td><td>IT15</td><td>IT16</td><td>IT17</td><td>IT18</td></tr>
<tr><td>公差值</td><td>$7i$</td><td>$10i$</td><td>$16i$</td><td>$25i$</td><td>$40i$</td><td>$64i$</td><td>$100i$</td><td>$160i$</td><td>$250i$</td><td>$400i$</td><td>$640i$</td><td>1 000</td><td>1 600</td><td>2 500</td></tr>
</table>

公称尺寸大于 500 ～ 3 150 mm 时，可按 $T = ai$ 式计算标准公差。

（6）公称尺寸分段

按公式计算标准公差值，每个公称尺寸都应有一个相对应的公差值。在生产实践中，公称尺寸数目繁多，这样，公差值的数值表将非常庞大，使用也不方便。其次，公差等级相同而公称尺寸相近的公差数值计算结果相差甚微，因此，国标将公称尺寸分成若干段（见表 8-5），以简化公差表格。

表 8－5　公称尺寸≤500 mm 的尺寸分段　　mm

<table>
<tr><th colspan="2">主段落</th><th colspan="2">中间段落</th><th colspan="2">主段落</th><th colspan="2">中间段落</th><th colspan="2">主段落</th><th colspan="2">中间段落</th></tr>
<tr><th>大于</th><th>至</th><th>大于</th><th>至</th><th>大于</th><th>至</th><th>大于</th><th>至</th><th>大于</th><th>至</th><th>大于</th><th>至</th></tr>
<tr><td>–</td><td>3</td><td></td><td></td><td rowspan="3">30</td><td rowspan="3">50</td><td rowspan="3">30
40</td><td rowspan="3">40
50</td><td rowspan="3">180</td><td rowspan="3">250</td><td rowspan="3">180
200
225</td><td rowspan="3">200
225
250</td></tr>
<tr><td>3</td><td>6</td><td></td><td></td></tr>
<tr><td>6</td><td>10</td><td></td><td></td></tr>
<tr><td>6</td><td>10</td><td></td><td></td><td>50</td><td>80</td><td>50
65</td><td>65
80</td><td>250</td><td>315</td><td>250
280</td><td>280
315</td></tr>
<tr><td>10</td><td>18</td><td>10
14</td><td>14
18</td><td>80</td><td>120</td><td>80
100</td><td>100
120</td><td>315</td><td>400</td><td>315
355</td><td>355
400</td></tr>
<tr><td>18</td><td>30</td><td>18
24</td><td>24
30</td><td>120</td><td>180</td><td>120
140
160</td><td>140
160
180</td><td>400</td><td>500</td><td>400
450</td><td>450
500</td></tr>
</table>

尺寸分段后，标准公差计算式中的公称尺寸 D 按每一尺寸分段首尾两尺寸的几何平均值代入计算。如 50 ～ 80 mm 尺寸段的计算直径 $D=\sqrt{50\times80}=63.25\,\text{mm}$，只要属于这一尺寸分段内的公称尺寸，其标准公差的计算直径均按 63.25 mm 进行计算。对公称尺寸≤3 mm 的尺寸段，$D=\sqrt{1\times3}\,\text{mm}$。

例题 8.3　公称尺寸为 ϕ30 mm，求 IT6、IT7。

解：30 mm 属于>18～30 mm 尺寸分段

计算直径：$D=\sqrt{18\times30}\approx23.24$（mm）

公差单位：$i=0.45\sqrt[3]{D}+0.001D=0.45\sqrt[3]{23.24}+0.001\times23.24\approx1.31$（μm）

标准公差：IT6 = $10i$ = 10×1.31 = 13（μm）

IT7 = $16i$ = 16 ×1.31 = 21（μm）

表 8－6 中的标准公差数值就是经这样的计算，并按规则圆整后得出的。

表 8－6　标准公差数值

公称尺寸/mm	公差等级 /μm													公差等级 /mm						
	IT01	IT0	IT1	IT2	IT3	IT4	IT5	IT6	IT7	IT8	IT9	IT10	IT11	IT12	IT13	IT14	IT15	IT16	IT17	IT18
≤3	0.3	0.5	0.8	1.2	2	3	4	6	10	14	25	40	60	0.1	0.14	0.25	0.4	0.6	1	1.4
>3～6	0.4	0.6	1	1.5	2.5	4	5	8	12	18	30	48	75	0.12	0.18	0.3	0.48	0.75	1.2	1.8
>6～10	0.4	0.6	1	1.5	2.5	4	6	9	15	22	30	58	90	0.15	0.22	0.36	0.58	0.9	1.5	2.2
>10～18	0.5	0.8	1.2	2	3	5	8	11	18	27	43	70	110	0.18	0.27	0.43	0.7	1.1	1.8	2.7
>18～30	0.6	1	1.5	2.5	4	6	9	13	21	33	52	84	130	0.21	0.33	0.52	0.84	1.3	2.1	3.3
>30～50	0.6	1	1.5	2.5	4	7	11	16	25	39	62	100	160	0.25	0.39	0.62	1	1.6	2.5	3.9
>50～80	8	1.2	2	3	5	8	13	19	30	46	74	120	190	0.30	0.46	0.74	1.2	1.9	3.0	4.6
>80～120	1	1.5	2.5	4	6	10	15	22	35	54	87	140	220	0.35	0.54	0.87	1.4	2.2	3.5	5.4
>120～180	1.2	2	3.5	5	8	12	18	25	40	63	100	160	250	0.40	0.63	1.00	1.6	2.5	4.0	6.3
>180～250	2	3	4.5	7	10	14	20	29	46	72	115	185	290	0.46	0.72	1.15	1.85	2.9	4.6	7.2
>250～315	2.5	4	6	8	12	16	23	32	52	81	130	210	320	0.52	0.81	1.30	2.1	3.2	5.2	8.1
>315～400	3	5	7	9	13	18	25	36	57	89	140	230	360	0.57	0.89	1.40	2.3	3.6	5.7	8.9
>400～500	4	6	8	10	15	20	27	40	63	97	155	250	400	0.63	0.97	1.55	2.5	4	6.3	9.7

注：公称尺寸小于 1 mm 时，无 IT14～IT18。

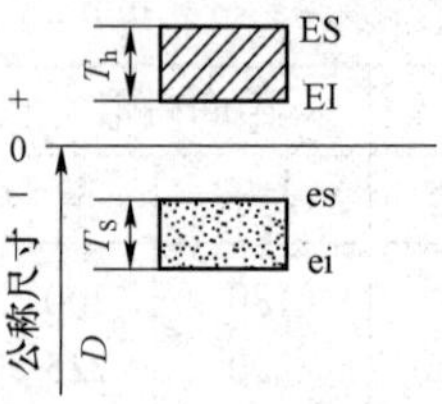

图 8-7　公差带图

3. 公差带图

公差带图是公差带的图解表示，由零线和公差带组成。由于公差或偏差的数值比公称尺寸的数值小得多，在图中不便用同一比例表示，同时为了简化，在分析有关问题时，不画出孔、轴的结构，只画出放大的孔、轴公差区域和位置，采用这种表达方法的图形，称为公差带图，参见图 8-7。

零线：在公差带图中，表示公称尺寸的一条直线，以其为基准确定偏差的零起点，正偏差位于零线上方，负偏差位于零线下方。

公差带：在公差带图中，由代表上极限偏差和下极限偏差的两平行直线所限定的区域。在国家标准中，公差带图包括了“公差带大小”与“公差带位置”两个参数，前者由标准公差确定，后者由基本偏差确定。

三、线性尺寸的未注公差

国家标准 GB/T 1804—2000《一般公差　未注公差的线性和角度尺寸的公差》是等效采用国际标准 ISO 2768-1:1989《一般公差　第 1 部分：未注公差的线性和角度尺寸的公差》对 GB/T 1804—1992《一般公差　线性尺寸的未注公差》和 GB/T 11335—1989《未注公差角度的极限偏差》进行修订的一项标准。

1. 线性尺寸的一般公差的概念

线性尺寸的一般公差是在车间普通工艺条件下，机床设备一般加工能力可保证的公差。在正常维护和操作情况下，它代表车间的一般加工的经济加工精度。

采用一般公差的尺寸和角度，在正常车间精度保证的条件下，一般可不检验。

应用一般公差，可简化图样，使图样清晰易读。由于一般公差不需在图样上进行标注，则突出了图样上的注出公差的尺寸，从而使人们在对这些注出尺寸进行加工和检验时给予应有的重视。

2. 标准的有关规定

线性尺寸的一般公差规定有 4 个公差等级。从高到低依次为精密级、中等级、粗糙级和最粗级，分别用字母 f、m、c 和 v 表示。而对尺寸也采用了大的分段。线性尺寸的未注极限偏差的数值如表 8-7 所示。这 4 个公差等级相当于 IT12、IT14、IT16 和 IT17。

表 8-7　线性尺寸的未注极限偏差的数值　　mm

公差等级	尺寸分段							
	0.5～3	>3～6	>6～30	>30～120	>120～400	>400～1 000	>1 000～2 000	>2 000～4 000
f（精密级）	±0.05	±0.05	±0.1	±0.15	±0.2	±0.3	±0.5	—
m（中等级）	±0.1	±0.1	±0.2	±0.3	±0.5	±0.8	±1.2	±2
c（粗糙级）	±0.2	±0.3	±0.5	±0.8	±1.2	±2	±3	±4
v（最粗级）	—	±0.5	±1	±1.5	±2.5	±4	±6	±8

由表 8-7 可见，不论孔和轴还是长度尺寸，其极限偏差的取值都采用对称分布的公差带，

因而与旧国标相比，使用更方便，概念更清晰。标准同时也对倒圆半径与倒角高度尺寸的极限偏差的数值作了规定，如表 8–8 所示。

表 8–8　倒圆半径与倒角高度尺寸的极限偏差的数值　mm

公差等级	尺寸分段			
	0.5～3	>3～6	>6～30	>30
f（精密级） m（中等级）	±0.2	±0.5	±1	±2
c（粗糙级） v（最粗级）	±0.4	±1	±2	±4

3. 线性尺寸的一般公差的表示方法

线性尺寸的一般公差主要用于较低精度的非配合尺寸。当功能上允许的公差等于或大于一般公差时，均应采用一般公差。

采用国标规定的一般公差，在图样上的尺寸后不注出极限偏差，而是在图样的技术要求或有关文件中，用标准号和公差等级代号作出总的表示。

例如，选用中等级时，表示为 GB/T 1804—m；选用粗糙级时，表示为 GB/T 1804—c。

任务二　孔轴的装配关系

任务引入

试确定图 8–8 所示钻套和衬套的配合性质（ϕ50H7/g6）及配合中孔、轴的极限偏差。如果换成 ϕ50G7/h6 行不行，为什么？

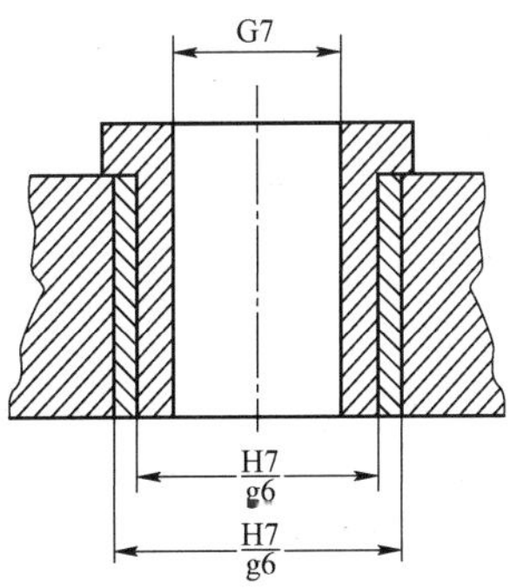

图 8–8　钻套和衬套的配合

相关知识准备

一、配合的定义

配合：公称尺寸相同的，相互结合的孔和轴公差带之间的关系。根据孔和轴公差带之间的关系不同，配合分为间隙配合、过盈配合和过渡配合三大类，如图 8-8 所示。

孔的尺寸减去相配合的轴的尺寸所得的代数差，此差值为正时称为间隙，用 X 表示；为负时称为过盈，用 Y 表示。

二、配合的种类

1. 间隙配合

具有间隙（包括最小间隙为零）的配合称为间隙配合。此时，孔的公差带在轴的公差带之上，如图 8-9（a）所示。

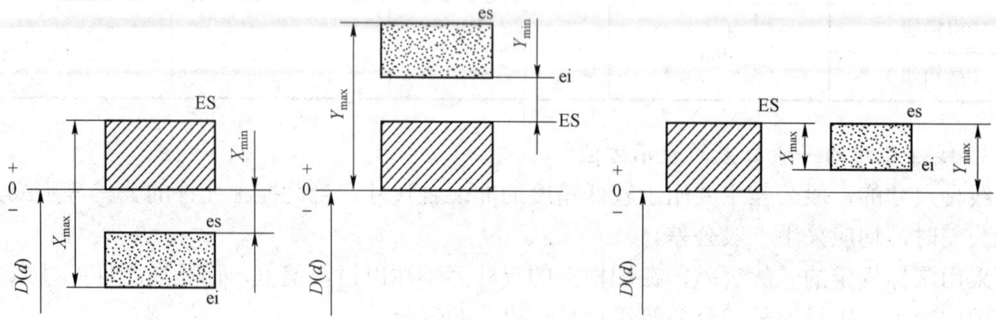

(a) 间隙配合　(b) 过盈配合　(c) 过渡配合

图 8-9　三类配合的公差带

由于孔、轴的提取组成要素局部尺寸允许在各自公差带内变动，所以孔、轴配合的间隙也是变动的。当孔为 D_{max} 而相配合轴为 d_{min} 时，装配后形成最大间隙 X_{max}；当孔为 D_{min} 而相配合轴为 d_{max} 时，装配后形成最小间隙 X_{min}。用公式表示为

$$X_{max} = D_{max} - d_{min} = \mathrm{ES} - \mathrm{ei} \tag{8-7}$$

$$X_{min} = D_{min} - d_{max} = \mathrm{EI} - \mathrm{es} \tag{8-8}$$

X_{max} 和 X_{min} 统称为极限间隙。实际生产中，成批生产的零件其提取组成要素局部尺寸大部分为极限尺寸的平均值，所以形成的间隙大多数在平均尺寸形成的平均间隙附近，平均间隙以 X_{av} 表示，其大小为

$$X_{av} = \frac{X_{max} + X_{min}}{2} \tag{8-9}$$

2. 过盈配合

具有过盈（包括最小过盈为零）的配合称为过盈配合。此时，孔的公差带在轴的公差带的下方。如图 8-9（b）所示。

当孔为 D_{min} 而相配合轴为 d_{max} 时，装配后形成最大过盈 Y_{max}；当孔为 D_{max} 而相配合轴为 d_{min} 时，装配后形成最小过盈 Y_{min}。用公式表示为

$$Y_{max} = D_{min} - d_{max} = \mathrm{EI} - \mathrm{es} \tag{8-10}$$

$$Y_{min} = D_{max} - d_{min} = \mathrm{ES} - \mathrm{ei} \tag{8-11}$$

Y_{max} 和 Y_{min} 统称为极限过盈。同上，在成批生产中，最可能得到的是平均过盈附近的过盈值，平均过盈用 Y_{av} 表示，其大小为

$$Y_{av} = \frac{Y_{max} + Y_{min}}{2} \tag{8-12}$$

3. 过渡配合

可能具有间隙或过盈的配合称为过渡配合。此时，孔的公差带与轴的公差带相互交叠。如图 8-9（c）所示。当孔为 D_{max} 而相配合的轴为 d_{min} 时，装配后形成最大间隙 X_{max}；而孔为 D_{min} 相配合轴为 d_{max} 时，装配后形成最大过盈 Y_{max}。用公式表示为

$$X_{max} = D_{max} - d_{min} = ES - ei \tag{8-13}$$

$$Y_{max} = D_{min} - d_{max} = EI - es \tag{8-14}$$

与前两种配合一样，成批生产中的零件，最可能得到的是平均间隙或平均过盈附近的值，其大小为

$$X_{av}(Y_{av}) = \frac{X_{max} + Y_{max}}{2} \tag{8-15}$$

按上式计算所得的值为正时是平均间隙，为负时是平均过盈。

三、配合公差

组成配合的孔、轴公差之和称为配合公差，用 T_f 表示。它是允许间隙或过盈的变动量。

配合精度取决于相互配合的孔和轴的尺寸精度。若要提高配合精度，则必须减少相配合孔、轴的尺寸公差，这将会使制造难度增加，成本提高。所以设计时要综合考虑使用要求和制造难度这两个方面，合理选取，从而提高综合经济效益。

$$\left.\begin{aligned} &\text{对于间隙配合}T_f = |X_{max} - X_{min}| \\ &\text{对于过盈配合}T_f = |Y_{min} - Y_{max}| \\ &\text{对于过渡配合}T_f = |X_{max} - Y_{max}| \end{aligned}\right\} = T_h + T_s \tag{8-16}$$

基准制是指以两个相配合的零件中的一个零件为基准件，并确定其公差带位置，而改变另一个零件（非基准件）的公差带位置，从而形成各种配合的一种制度。国家标准中规定有基孔（配合）制和基轴（配合）制。

1. 基孔制

基孔制是基本偏差为一定的孔的公差带，与不同基本偏差的轴公差带形成各种（标准）配合的一种制度（体系），如图 8-10（a）所示。

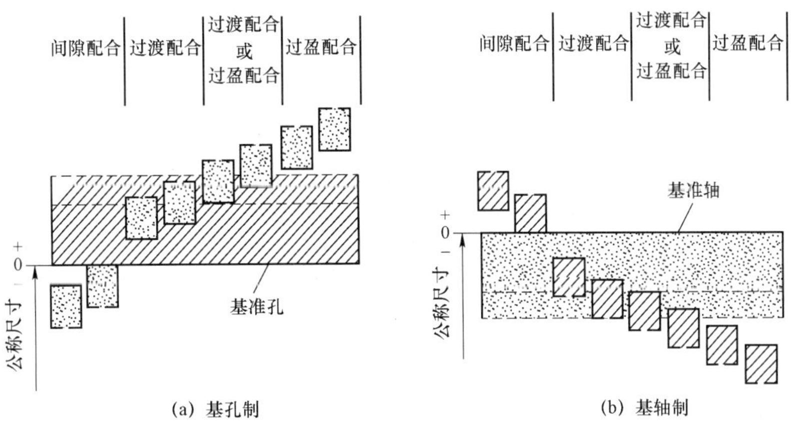

图 8-10 基准制

基孔制中的孔称为基准孔，基准孔的下极限尺寸与公称尺寸相等，即孔的下偏差为 0，其基本偏差代号为 H，基本偏差为 $EI=0$。

2. 基轴制

基轴制是基本偏差为一定的轴的公差带，与不同基本偏差的孔的公差带形成各种配合的一种制度（体系），如图 8－10（b）所示。

基轴制中的轴称为基准轴，基准轴的上极限尺寸与公称尺寸相等，即轴的上偏差为 0，其基本偏差代号为 h，基本偏差为 $es=0$。

四、公差带代号与配合代号

1. 公差带代号

由于公差带相对于零线的位置由基本偏差确定，公差带的大小由标准公差确定，因此公差带的代号由基本偏差代号与公差等级数组成。尺寸偏差标注方法如图 8－11 所示。如 ϕ50H8、ϕ30F7 为孔的公差带代号，ϕ30h7、ϕ25g6 为轴的公差带代号。

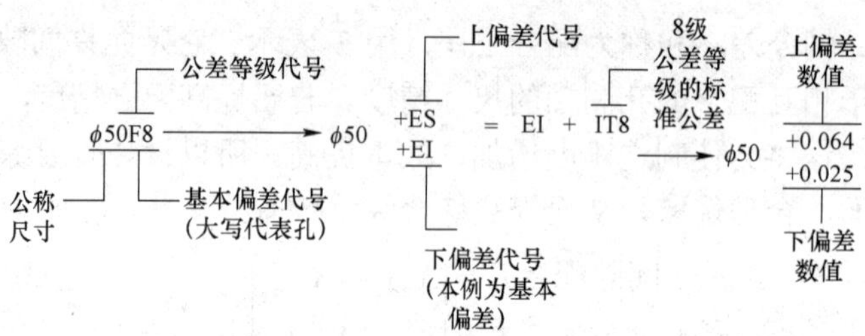

图 8－11　尺寸偏差标注方法

在零件图上，一般标注公称尺寸与极限偏差值。如 $\phi50^{+0.039}_{0}$ 或 $\phi50\mathrm{H8}\left({}^{+0.039}_{0}\right)$、$\phi30^{+0.041}_{+0.020}$ 或 $\phi30\mathrm{F7}\left({}^{+0.041}_{+0.020}\right)$、$\phi30^{0}_{-0.021}$ 或 $\phi30\mathrm{h7}\left({}^{0}_{-0.021}\right)$、$\phi25^{-0.007}_{-0.040}$ 或 $\phi25\mathrm{g8}\left({}^{-0.007}_{-0.040}\right)$。

2. 配合代号

标准规定，用孔和轴的公差带代号以分数形式组成配合代号，其中，分子为孔的公差带代号，分母为轴的公差带代号。配合代号标注方法如图 8－12 所示。如 ϕ30H8/f7 表示基孔配合制的间隙配合；ϕ50K7/h6 表示基轴配合制的过渡配合。

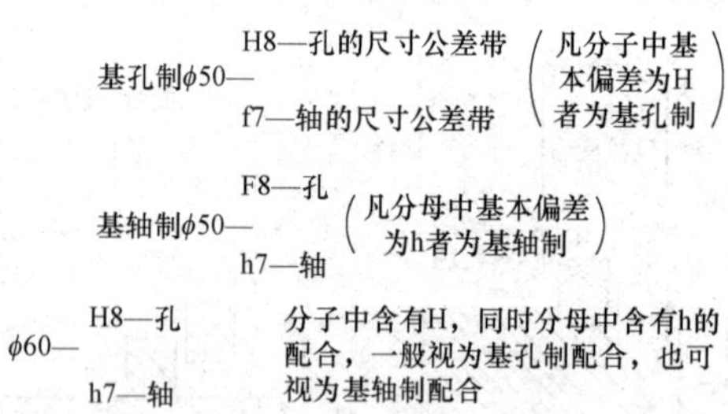

图 8－12　配合代号标注方法

五、公差与配合在图样上的标注

1. 零件图上的标注

零件图上，一般有三种标注方法，如图 8－13 所示。

① 在公称尺寸后标注所要求的公差带，如 ϕ50H7、ϕ50g6 等。

② 在公称尺寸后标注所要求的公差带对应的偏差值，如 $\phi50^{+0.025}_{0}$、$\phi50^{-0.009}_{-0.025}$ 等。

③ 在公称尺寸后标注所要求的公差带和对应的偏差值，如 $\phi50H7\ (^{+0.025}_{0})$ 等。

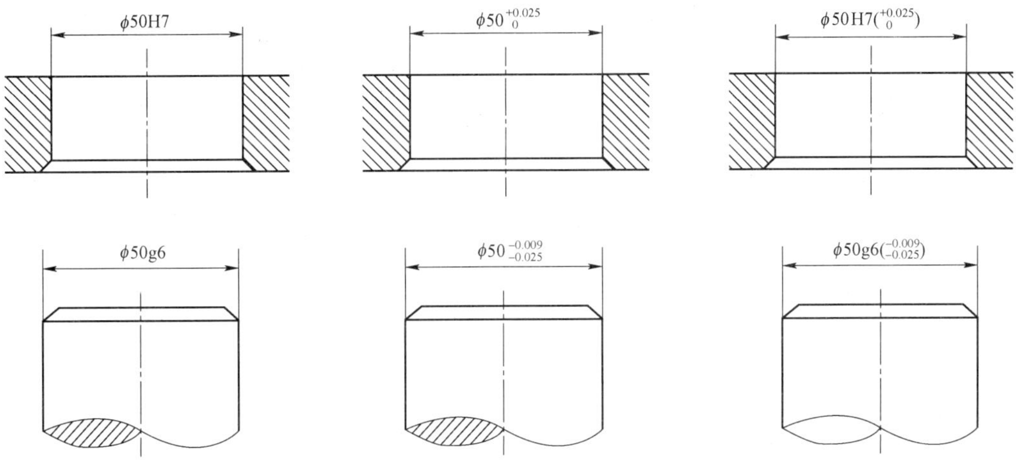

图 8-13　孔、轴公差带在零件图上的标注

2. 装配图上的标注

装配图上，也有三种标注方法，如 $\phi50\dfrac{H7}{g6}$、$\phi50\dfrac{H7(^{+0.025}_{0})}{g6(^{-0.009}_{-0.025})}$ 等。如图 8-14 所示。

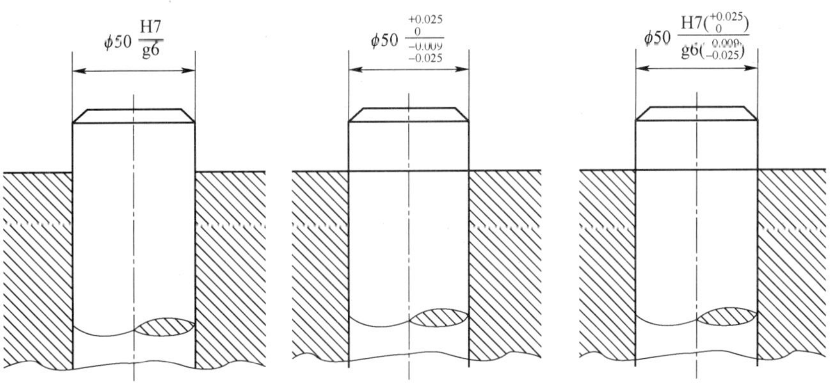

图 8-14　孔、轴公差带在装配图上的标注

例题 8.4　求下列三对配合孔、轴的公称尺寸、极限尺寸、公差、极限间隙或极限过盈、平均间隙或平均过盈及配合公差，指出各属何类配合，并画出孔、轴公差带图。

① 孔 $\phi30^{\ 0}_{-0.021}$ mm 与轴 $\phi30^{-0.020}_{-0.033}$ mm 相配合。

② 孔 $\phi30^{+0.021}_{0}$ mm 与轴 $\phi30^{+0.021}_{+0.008}$ 相配合。

③ 孔 $\phi30^{+0.021}_{0}$ mm 与轴 $\phi30^{+0.048}_{+0.035}$ mm 相配合。

解：根据题目要求，求得各项参数如表 8-9 所示，尺寸公差带如图 8-15 所示。

表 8-9　例题 8.4 的各项参数计算表　mm

相配合的孔、轴所求项目		①		②		③	
		孔	轴	孔	轴	孔	轴
公称尺寸		30	30	30	30	30	30
极限尺寸	D_{max}	30.021	29.980	30.021	30.021	30.021	30.048
	D_{min}	30.000	29.967	30.000	30.008	30.000	30.035
极限偏差	ES（es）	+0.021	−0.020	+0.021	+0.021	+0.021	+0.048
	EI（ei）	0	−0.033	0	+0.008	0	+0.035
公差 T_h（T_s）		0.021	0.013	0.021	0.013	0.021	0.013
极限间隙或极限过盈	X_{max}	+0.054		+0.013			
	X_{min}	+0.020					
	Y_{max}			−0.021		−0.048	
	Y_{min}					−0.014	
平均间隙或平均过盈	X_{av}	+0.037					
	Y_{av}			−0.004		−0.031	
配合公差		0.034		0.034		0.034	
配合类型		间隙配合		过渡配合		过盈配合	

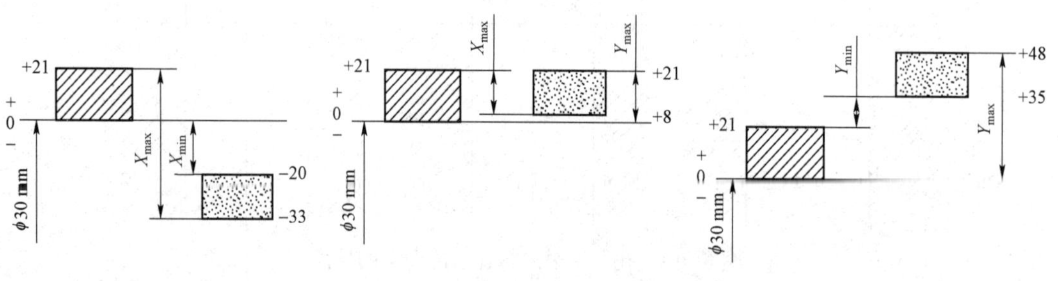

(a) 间隙配合　(b) 过渡配合　(c) 过盈配合

图 8-15　例题 8.4 的尺寸公差带

任务三　公 差 配 合

任务引入

分析确定图 8-16 所示 C616 型车床尾座有关部位的配合。

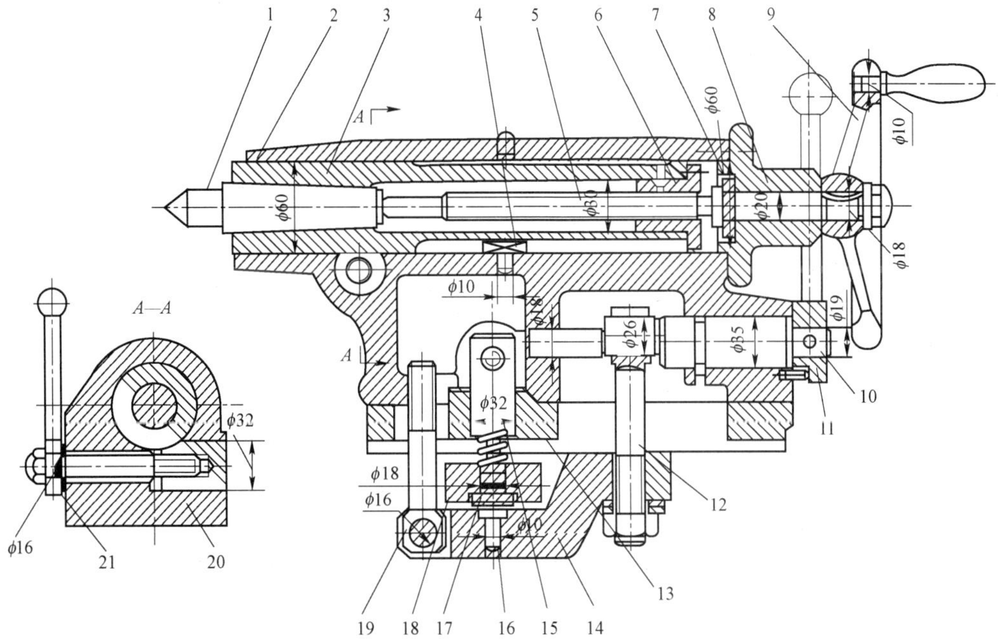

1—顶尖；2 一尾座体；3—套筒；4—定位块；5—丝杠；6—螺母；7—挡油圈；8—后盖；9—手轮；
10—偏心轴；11—手柄；12—拉紧螺钉；13—滑座；14—杠杆；15—圆柱；
16、17—压块；18—压板；19—螺钉；20—夹紧套；21—手柄

图 8－16　C616 型车床尾座装配图

相关知识准备

一、极限与配合国家标准的组成

经标准化的公差与偏差制度称为极限制。它是一系列标准的孔、轴公差数值和极限偏差数值。配合制则是同一极限的孔和轴（的公差带）组成配合的一种制度（体系）。

极限与配合国家标准主要由基准制、标准公差系列、基本偏差系列组成。

国家标准规定有 20 个公差等级和 28 个基本偏差代号，其中，基本偏差 j 限用于 4 个公差等级，J 限用于 3 个公差等级。由此可得到的公差带，孔有（20×27+3）=543 个，轴有（20×27+4）=544 个。数量如此之多，故可满足广泛的需要，不过，同时应用所有可能的公差带显然是不经济的，因为这会导致定值刀具、量具规格的繁杂。另外还应避免那些与实际使用要求显然不符的公差带，如 g12、a4 等。所以，对公差带的选用应加以限制。

在极限与配合制中，对公称尺寸≤500 mm 的常用尺寸段，标准推荐了孔、轴的一般、常用和优先公差带，如表 8－10 和表 8－11 所示。表中为一般用途公差带，轴有 116 个，孔有 105 个；线框内为常用公差带，轴有 59 个，孔有 44 个；圆圈内为优先公差带，轴、孔均有 13 个。在选用时，应首先考虑优先公差带，其次是常用公差带，再次为一般用途公差带。这些公差带的上、下偏差均可从极限与配合制中直接查得。仅在特殊情况下，当一般公差带不能满足要求时，才允许按规定的标准公差与基本偏差组成所需公差带；甚至按公式用插入或延伸的方法，计算新的标准公差与基本偏差，然后组成所需公差带。

表 8-10　公称尺寸≤500 mm 的一般、常用和优先轴公差带

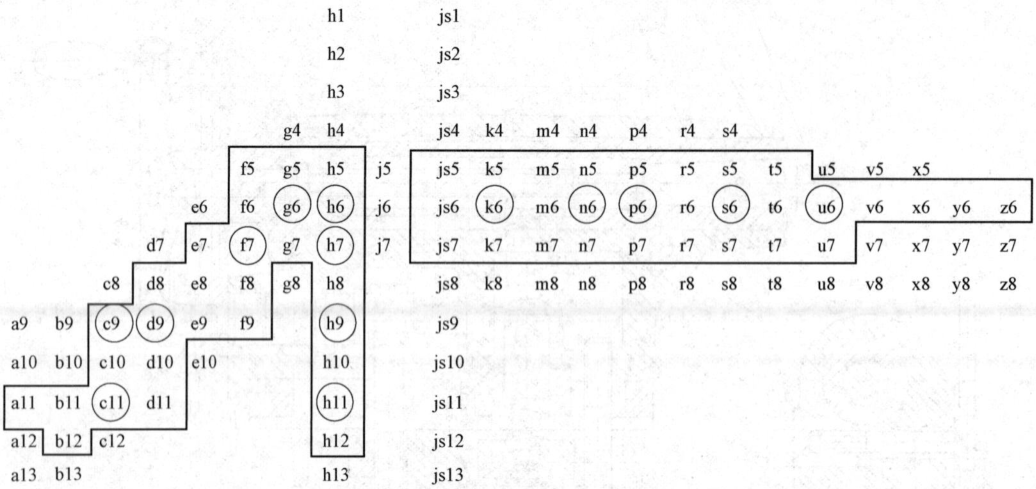

表 8-11　公称尺寸≤500 mm 的一般、常用和优先孔公差带

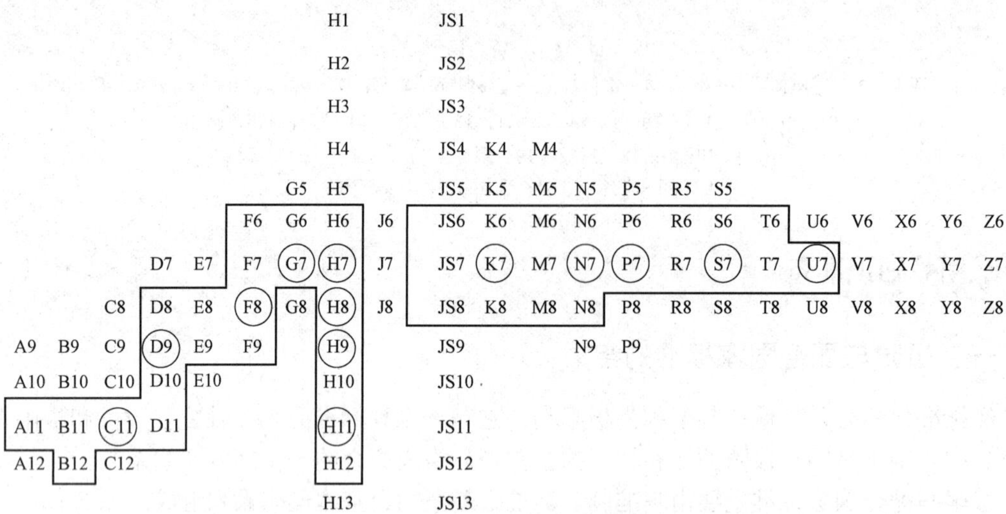

表 8-12　基孔制优先、常用配合

基准孔	轴																				
	a	b	c	d	e	f	g	h	js	k	m	n	p	r	s	t	u	v	x	y	z
	间隙配合								过渡配合				过盈配合								
H6						H6/f5	H6/g5	H6/h5	H6/js5	H6/k5	H6/m5	H6/n5	H6/p5	H6/r5	H6/s5	H6/t5					
H7						H7/f6	◤ H7/g6	◤ H7/h6	H7/js6	◤ H7/k6	H7/m6	◤ H7/n6	◤ H7/p6	H7/r6	◤ H7/s6	H7/t6	◤ H7/u6	H7/v6	H7/x6	H7/y6	H7/z6
H8						H8/e7	◤ H8/f7	H8/g7	◤ H8/h7	H8/js7	H8/k7	H8/m7	H8/n7	H8/p7	H8/r7	H8/t7	H8/u7				
					H8/d8	H8/e8	H8/f8		H8/h8												

续表

基准孔	轴																				
	a	b	c	d	e	f	g	h	js	k	m	n	p	r	s	t	u	v	x	y	z
	间隙配合								过渡配合				过盈配合								
H9			H9/c9	◤ H9/d9	H9/e9	H9/f9		◤ H9/h9													
H10			H10/c10	H10/d10				H10/h10													
H11	H11/a11	H11/b11	◤ H11/c11	H11/d11				◤ H11/h11													
H12		H12/b12						H12/h12													

注：（1）$\frac{H6}{n5}$、$\frac{H7}{p6}$ 在公称尺寸≤3 mm 和 $\frac{H8}{r7}$ 在≤100 mm 时，为过渡配合。

（2）标注◤的配合为优先配合。

表 8－13　基轴制优先、常用配合

基准孔	孔																				
	A	B	C	D	E	F	G	H	JS	K	M	N	P	R	S	T	U	V	X	Y	Z
	间隙配合								过渡配合				过盈配合								
H5						F6/h5	G6/h5	H6/h5	JS6/h5	K6/h5	M6/h5	N6/h5	P6/h5	R6/h5	S6/h5	T6/h5					
H6						F7/h6	◤ G7/h6	◤ H7/h6	JS7/h6	◤ K7/h6	M7/h6	◤ N7/h6	◤ P7/h6	R7/h6	◤ S7/h6	T7/h6	◤ U7/h6				
H7					E8/h7	◤ F8/h7		◤ H8/h7	JS8/h7	K8/h7	M8/h7	N8/h7									
H8				D8/h8	E8/h8	F8/h8		H8/h8													
H9				◤ D9/h9	E9/h9	F9/h9		◤ H9/h9													
H10				D10/h10				H10/h10													
H11	A11/h11	B11/h11	◤ C11/h11	D11/h11				◤ H11/h11													
H12		B12/h12						H12/h12													

注：标注◤的配合为优先配合。

在上述推荐的轴、孔公差带的基础上，极限与配合制还推荐了孔、轴公差带的配合，如表 8－12、表 8－13 所示。对基孔制规定了常用配合 59 个，优先配合 13 个；对基轴制规定了常用配合 47 个，优先配合 13 个。针对这些配合，在标准中分别列出了它们的极限间隙或过盈，便于设计选用。

二、尺寸公差与配合的选择

尺寸公差与配合的选择是机械设计与制造中的一个重要环节。公差与配合的选择是否恰当，对产品的性能、质量、互换性及经济性都有着重要的影响。选择的原则应使机械产品的使用价值与制造成本的综合经济效果最好。

尺寸公差与配合的选择主要包括配合制、公差等级及配合种类。

1. 配合制的选择

基孔制配合和基轴制配合是两种平行的配合制度。对各种使用要求的配合，既可用基孔制配合也可用基轴制配合来实现。配合制的选择主要应从工艺性、经济性、结构等方面分析确定。

① 一般情况下优先选用基孔制。从工艺上看，对较高精度的中、小尺寸孔，广泛采用定值刀、量具（如钻头、铰刀、塞规）加工和检验。采用基孔制可减少备用定值刀、量具的规格和数量，故经济性好。

② 在采用基轴制有明显经济效果的情况下，应采用基轴制。如以下一些实例。

农业机械和纺织机械中，有时采用 IT9 ～ IT11 的冷拉成型钢材直接做轴（轴的外表面不需经切削加工即可满足使用要求），此时应采用基轴制。

尺寸小于 1 mm 的精密轴比同一公差等级的孔加工要困难，因此在仪器制造、钟表生产和无线电工程中，常使用经过光轧成型的钢丝或有色金属棒料直接做轴，这时也应采用基轴制。

③ 在结构上，当同一轴与公称尺寸相同的几个孔配合，并且配合性质要求不同时，可根据具体结构考虑采用基轴制。如图 8-17（a）所示的柴油机的活塞连杆组件中，由于工作时要求活塞销和连杆相对摆动，所以活塞销与连杆小头衬套采用间隙配合。而活塞销和活塞销座孔的连接要求准确定位，故它们采用过渡配合。若采用基孔制，则活塞销应设计成中间小两头大的阶梯轴［图 8-17（b）］，这不仅给加工造成困难，而且装配时阶梯轴大头易刮伤连杆衬套内表面。若采用基轴制，活塞销设计成光轴［图 8-17（c）］，这样容易保证加工精度和装配质量。而不同基本偏差的孔，分别位于连杆和活塞两个零件上，加工并不困难。所以应采用基轴制。

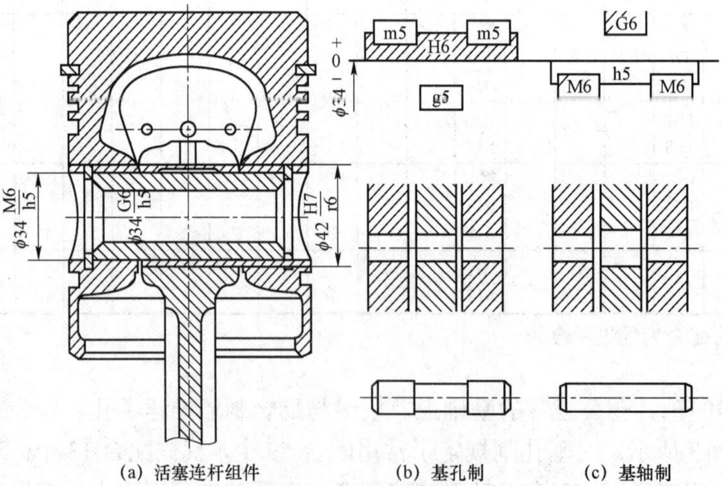

图 8-17　基准制选择示例

④ 当设计的零件与标准件相配合时，基准制的选择应按标准件而定。例如，与滚动轴承内圈配合的轴颈应按基孔制配合，而与滚动轴承外圈配合的轴承座孔则应选用基轴制。

⑤ 为了满足配合的特殊需要，有时允许孔与轴都不用基准件（H 或 h）而采用非基准孔、轴公差带组成的配合，即非基准制配合。例如，图 8－18 所示的外壳孔同时与轴承外径和端盖直径配合，由于轴承与外壳孔的配合已被定为基轴制过渡配合（M7），而端盖与外壳孔的配合则要求有间隙，以便于拆装，所以端盖直径就不能再按基准轴制造，而应小于轴承的外径。在图中端盖外径公差带取 f，所以它和外壳孔所组成的为非基准制配合 M7/f7。又如有镀层要求的零件，要求涂镀后满足某一基准制配合的孔或轴，在电镀前也应按非基准制配合的孔、轴公差带进行加工。

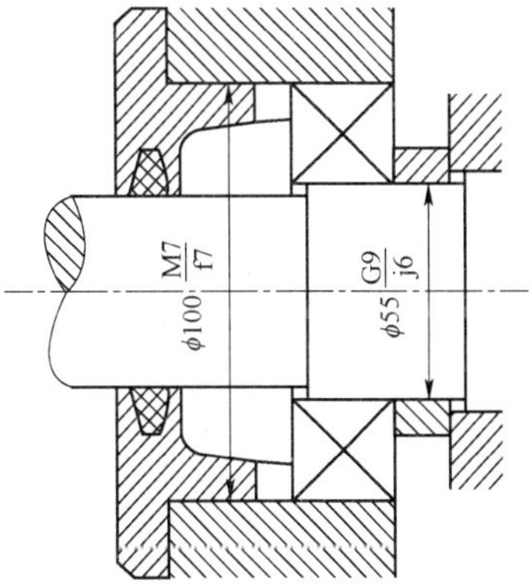

图 8－18 非基准制配合

2. 公差等级的选择

选择公差等级时，要正确处理使用要求、制造工艺和成本之间的关系。选用的基本原则是，在满足使用要求的前提下，尽量选用较低的公差等级。

公差等级可采用计算法或类比法进行选择。

（1）计算法

用计算法选择公差等级的依据是：$T_f = T_h + T_s$，至于 T_h 与 T_s 的分配则可按工艺等价原则来考虑。

① 对≤500 mm 的公称尺寸，当公差等级在 IT8 及以上高精度级时，推荐孔比轴低一级，如 H8/f7、H7/g6；当公差等级为 IT8 级时，也可采用同级孔、轴配合，如 H8/f8；当公差等级在 IT9 及以下较低精度级时，一般采用同级孔、轴配合，如 H9/d9、H11/c11。

② 对＞500 mm 的公称尺寸，一般采用同级孔、轴配合。

（2）类比法

采用类比法选择公差等级，也就是参考从生产实践中总结出来的经验资料，进行比较选用。选择时应考虑以下几个方面。

① 相配合的孔、轴应加工难易程度相当，即使孔、轴工艺等价。

② 各种加工方法能够达到的公差等级如表 8－15 所示，可供选择时参考。

③ 与标准零件或部件相配合时应与标准件的精度相适应。如与滚动轴承相配合的轴颈和轴承座孔的公差等级，应与滚动轴承的精度等级相适应，与齿轮孔相配合的轴的公差等级要与齿轮的精度等级相适应。

④ 过渡配合与过盈配合的公差等级不能太低，一般孔的标准公差≤ IT8 级，轴的标准公差≤ IT7 级。间隙配合则不受此限制。但间隙小的配合公差等级应较高，而间隙大的公差等级应低些。

⑤ 产品精度越高，加工工艺越复杂，生产成本越高。图 8－19 所示是公差等级与生产成本的关系曲线图。由图可见，在高精度区，加工精度稍有提高将使生产成本急剧上升。所以高公差等级的选用要特别谨慎。而在低精度区，公差等级提高使生产成本增加不显著，因而可在工艺条件许可的情况下适当提高公差等级，以使产品有一定的精度储备，从而取得更好的综合经济效益。

表 8-14　各种加工方法所能够达到的公差等级

加工方法	IT 等级																			
	01	0	1	2	3	4	5	6	7	8	9	10	11	12	13	14	15	16	17	18
研磨	—	—	—	—	—	—	—													
珩						—	—	—	—											
圆磨							—	—	—	—										
平磨							—	—	—	—										
金刚石车							—	—	—											
金刚石镗							—	—	—											
拉削							—	—	—	—										
铰孔								—	—	—	—	—								
车									—	—	—	—	—							
镗									—	—	—	—	—							
铣										—	—	—	—							
刨、插												—	—							
钻孔												—	—	—	—					
滚压、挤压												—	—							
冲压												—	—	—	—	—				
压铸													—	—	—	—				
粉末冶金成型								—	—	—										
粉末冶金烧结									—	—	—	—								
砂型铸造、气割																				—
锻造																		—	—	

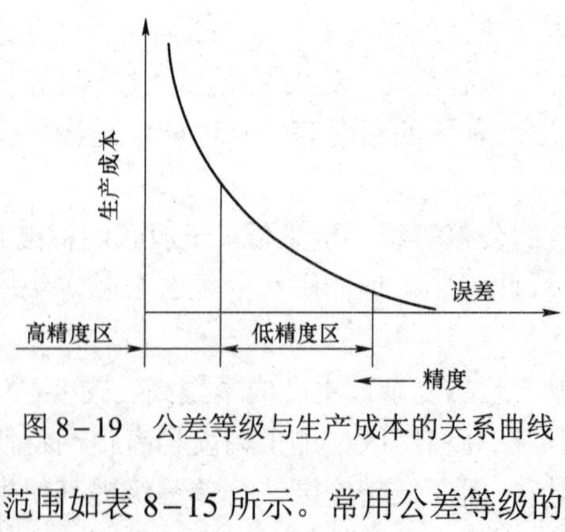

图 8-19　公差等级与生产成本的关系曲线

⑥ 各公差等级的应用范围如表 8-15 所示。常用公差等级的应用示例如表 8-16 所示。

表 8－15 各公差等级的应用范围

应用	IT 等级																			
	01	0	1	2	3	4	5	6	7	8	9	10	11	12	13	14	15	16	17	18
块规	——	——	——																	
量规			——	——	——	——	——	——	——											
配合尺寸							——	——	——	——	——	——	——	——						
特别精密零件的配合				——	——	——	——													
非配合尺寸（大制造公差）														——	——	——	——	——	——	
原材料公差										——	——	——	——	——	——	——				

表 8－16 常用公差等级的应用示例

公差等级	应 用
5 级	主要用在配合精度、形位精度要求较高的地方，一般在机床、发动机、仪表等重要部位应用。如与 P4 级滚动轴承配合的箱体孔，与 P5 级滚动轴承配合的机床主轴、机床尾架与套筒，精密机械及高速机械中的轴颈，精密丝杆轴颈
6 级	用于配合性质均匀性要求较高的地方。如与 P5 级滚动轴承配合的孔、轴颈，与齿轮、蜗轮、联轴器、带轮、凸轮等连接的轴颈，机床丝杠轴颈，摇臂钻立柱，机床夹具中导向件外径尺寸，6 级精度齿轮的基准孔，7 级、8 级精度齿轮的基准轴颈
7 级	在一般机械制造中应用较为普遍。如联轴器、带轮、凸轮等孔颈，机床夹盘坐孔，夹具中固定钻套、可换钻套，7 级、8 级齿轮基准孔，9 级、10 级齿轮基准轴
8 级	在机器制造中属于中等精度。如轴承座衬套沿宽度方向尺寸，低精度齿轮基准孔与基准轴，通用机械中与滑动轴承配合的轴颈，也用于重型机械或农业机械中某些较重要的零件
9 级、10 级	精度要求一般。如机械制造中轴套外径与孔，操作件与轴，键与键槽等零件
11 级、12 级	精度较低，适用于基本上没有什么配合要求的场合。如机床上法兰盘与止口，滑块与滑移齿轮，加工中工序间尺寸，冲压加工的配合件

3. 配合种类的选择

当配合制和公差等级确定后，配合的选择就是根据所选部位松紧程度的要求，确定非基准件的基本偏差代号。

国家标准规定的配合种类很多，设计中应根据使用要求，尽可能地选择优先配合，其次考虑常用配合，然后是一般配合等。

配合选择的方法有计算法、试验法和类比法三种。

1）计算法

根据配合部位的使用要求和工作条件，按一定理论建立极限间隙或极限过盈的计算公式。如根据流体润滑理论，计算保证液体摩擦状态所需要的间隙，根据弹性变形理论，计算出既能保证传递一定力矩而又不使材料损坏所需要的过盈。然后按计算出的极限间隙或过盈选择相配合孔、轴的公差等级和配合代号。由于影响配合间隙和过盈量的因素很多，所以理论计算往往是把条件理想化和简单化，因此结果不完全符合实际，也较麻烦。故目前只有计算公式较成熟的少数重要配合才有可能用计算法。但这种方法理论根据比较充分，有指导意义，随着计算机技术的发展，将会得到越来越多的应用。目前，我国已经颁布 GB/T 5371—2004《极限与配合　过盈配合的计算和选用》国家标准，其他配合的计算与选用也在研究中。故计算法将会日趋完善，其应用也将逐渐增多。

例题 8.5　公称尺寸为 $\phi40$ mm 的某孔、轴配合，由计算法设计确定配合的间隙应在+0.022～+0.066 mm，试选用合适的孔、轴公差等级和配合种类。

解：① 选择公差等级。

由 $T_f = |X_{max} - X_{min}| = T_h + T_s$

得：$T_h + T_s = |66 - 22| = 44$（μm）

查表 8−6 得：IT7 = 25 μm，IT6 = 16 μm，按工艺等价原则，取孔为 IT7 级，轴为 IT6 级，则：$T_h + T_s = 25 + 16 = 41$（μm）

接近 44 μm，符合设计要求。

② 选择基准制。

由于没有其他条件限制，故优先选用基孔制，则孔的公差带代号为 ϕ40H7。

③ 选择配合种类，即选择轴的基本偏差代号。

因为是间隙配合，故轴的基本偏差应在 a～h，且其基本偏差为上偏差 es。

由 X_{min} =EI － es

得：es = EI － X_{min} = 0 － 22 = －22（μm）

查表 8−2 选取轴的基本偏差代号为 f（es =−25 μm）能保证 X_{min} 的要求，故轴的公差带代号为 ϕ40f6。

④ 验算：所选配合为 40H7/f6，其中

$$X_{max} = ES - ei = 25 - (-41) = +66\ (\mu m)$$

$$X_{min} = EI - es = 0 - (-25) = +25\ (\mu m)$$

均在+0.022～+0.066 mm，故所选符合要求。

2）试验法

对于与产品性能关系很大的关键配合，可采用多种方案进行试验比较，从而选出具有最理想的间隙或过盈量的配合。这种方法较为可靠，但成本较高，一般用于大量生产的产品的关键配合。

3）类比法

在对机械设备上现有的行之有效的一些配合有充分了解的基础上，对使用要求和工作条件与之类似的配合件，用参照类比的方法确定配合，这是目前选择配合的主要方法。

用类比法选择配合，必须掌握各类配合的特点和应用场合，并充分研究配合件的工作条件和使用要求，进行合理选择。下面分别加以阐述。

（1）了解各类配合的特点与应用情况，正确选择配合类别

A～h（或 A～H）11 种基本偏差与基准孔（或基准轴）形成间隙配合，主要用于结合件有相对运动或需方便装拆的配合。

js～n（或 JS～N）5 种基本偏差与基准孔（或基准轴）一般形成过渡配合，主要用于需精确定位和便于装拆的相对静止的配合。

p～zc（或 P～ZC）12 种基本偏差与基准孔（或基准轴）一般形成过盈配合，主要用于孔、轴间没有相对运动，需传递一定的扭矩的配合。过盈不大时主要借助键连接（或其他紧固件）传递扭矩，可拆卸；过盈大时主要借助结合力传递扭矩，不便拆卸。

配合类别大体确定后，再进一步类比选择确定非基准件的基本偏差代号。表 8–17 所示为各种基本偏差的配合特性及应用；表 8–18 所示为尺寸≤500 mm 的基孔制常用和优先配合的特征和应用说明。均可供选择时参考。

表 8–17 各种基本偏差的配合特性及应用

配合	基本偏差	配合特性及应用
间隙配合	a（A） b（B）	可得到特别大的间隙，应用很少。主要用于工作时温度高、热变形大的零件的配合，如发动机中活塞与缸套的配合为 H9/a9
	c（c）	可得到很大的间隙，一般用于工作条件较差（如农业机械）、工作时受力变形大及装配工艺性不好的零件的配合，也适用于高温工作的动配合，如内燃机排气阀与导管的配合为 H8/c7
	d（D）	与 IT7～IT11 对应，适用于较松的间隙配合（如滑轮、空转皮带轮与轴的配合），以及大尺寸滑动轴承与轴的配合（如涡轮机、球磨机等的滑动轴承）。活塞环与活塞槽的配合可用 H9/d9
	e（E）	与 IT6～IT9 对应，具有明显的间隙，用于大跨距及多支点的转轴与轴承的配合，以及高速、重载的大尺寸轴与轴承的配合，如大型电机、内燃机的主要轴承处的配合为 H8/e7
	f（F）	多与 IT6～IT8 对应，用于一般转动的配合，受温度影响不大，采用普通润滑油的轴与滑动轴承的配合滑动轴承，如齿轮箱、小电机、泵等的转轴与滑动轴承的配合为 H7/6
	g（G）	多与 IT5～IT7 对应，形成配合的间隙较小，用于轻载精密装置中的转动配合，最适合不回转的精密滑动配合，也用于插销等定位配合，如精密连杆轴承、活塞及滑阀、连杆销等处的配合
	h（H）	多与 IT4～IT11 对应，广泛用于无相对转动的零件，作为一般的定位配合。若没有温度、变形的影响，也可用于精密滑动配合，如车床尾座孔与滑动套筒的配合为 H6/h5
过渡配合	js（JS） j（J）	多用于 IT4～IT7 具有平均间隙的过渡配合，用于略有过盈的定位配合，如联轴节、齿圈与轮毂的配合，滚动轴承外圈与外壳孔的配合多用 JS7 或 J。一般用手或木槌装配
	k（K）	多用于 IT4～IT7 平均间隙接近零的配合，用于定位配合，如滚动轴承的内、外圈分别与轴颈、外壳孔的配合，用木槌装配
	m（M）	多用于 IT4～IT7 平均过盈较小的配合，用于精密定位的配合，如蜗轮的青铜轮缘与轮毂的配合为 H7/m6
	n（N）	多用于 IT4～IT7 平均过盈较大的配合，很少形成间隙。用于加键传递较大扭矩的配合，如冲床上齿轮与轴的配合
过盈配合	p（P）	小过盈配合。与 H6 或 H7 的孔形成过盈配合，而与 H8 的孔形成过渡配合。碳钢和铸铁制零件形成的配合为标准压入配合，如卷扬机的绳轮与齿圈的配合为 H7/p6。对弹性材料，如轻合金等，往往要求很小的过盈，故可采用 p（或 P）与基准件形成的配合

续表

配合	基本偏差	配合特性及应用
过盈配合	r（R）	用于传递大扭矩或受冲击负荷而需加键的配合，如涡轮与轴的配合为 H7/6。配合 H8/r7 在公称尺寸小于 100 mm 时，为过渡配合
	s（s）	用于钢和铸铁制零件的永久性和半永久性结合，可产生相当大的结合力，如套环压在轴、阀座上用 H7/s6 的配合。尺寸较大时，为避免损伤配合表面，需用热胀或冷缩法装
	t（T）	用于钢和铸铁制零件的永久性结合，不用键可传递扭矩，需用热胀或冷缩法装配，如联轴节与轴的配合为 H7/t6
	U（U）	大过盈配合，最大过盈需验算材料的承受能力，用热胀或冷缩法装配，如火车轮毂和轴的配合为 H6/u5
	v（v）、x（X） y（Y）、z（Z）	特大过盈配合，目前使用的经验和资料很少，须经试验后才能应用，一般不推荐

表 8-18　尺寸≤500 mm 的基孔制常用和优先配合的特征和应用说明

配合类别	配合特征	配合代号	应用
间隙配合	特大间隙	$\frac{H11}{a11}$ $\frac{H11}{b11}$ $\frac{H12}{b12}$	用于高温或工作时要求大间隙的配合
	很大间隙	$\left(\frac{H11}{c11}\right)$ $\frac{H11}{d11}$	用于工作条件较差，受力变形或为了便于装配而需要大间隙的配合和高温工作的配合
	较大间隙	$\frac{H9}{d9}$ $\frac{H10}{c10}$ $\frac{H8}{d8}$ $\left(\frac{H9}{d9}\right)$ $\frac{H10}{d10}$ $\frac{H8}{e7}$ $\frac{H8}{e8}$ $\frac{H9}{e9}$	用于高速重载的滑动轴承或大直径的滑动轴承，也可用于大跨距或多支点支承的配合
	一般间隙	$\frac{H6}{f5}$ $\frac{H6}{f6}$ $\left(\frac{H8}{f7}\right)$ $\frac{H8}{f8}$ $\frac{H9}{f9}$	用于一般转速的配合，当温度影响不大时，广泛应用于普通润滑油润滑的支承处
	较小间隙	$\left(\frac{H7}{g6}\right)$ $\frac{H8}{g8}$	用于精密滑动零件或缓慢间歇回转的零件的配合部件
	很小间隙或零间隙	$\frac{H6}{g5}$ $\frac{H6}{h5}$ $\left(\frac{H7}{b6}\right)$ $\left(\frac{H8}{h7}\right)$ $\frac{H8}{b8}$ $\left(\frac{H9}{h9}\right)$ $\frac{H10}{h10}$ $\left(\frac{H11}{h11}\right)$ $\left(\frac{H12}{h12}\right)$	用于不同精度要求的一般定位件的配合及缓慢移动和摆动零件的配合
过渡配合	大部分有微小间隙	$\frac{H6}{js5}$ $\frac{H7}{js6}$ $\frac{H8}{js7}$	用于易于装拆的定位配合或加紧固件后可传递一定静载荷的配合
	大部分有微小间隙	$\frac{H6}{k5}$ $\left(\frac{H7}{k6}\right)$ $\frac{H8}{k7}$	用于稍有振动的定位配合，加紧固件可传递一定载荷，装配方便可用木槌敲入
	大部分有微小过盈	$\frac{H6}{m5}$ $\frac{H7}{m6}$ $\frac{H8}{m7}$	用于定位精度较高且能抗振的定位配合，加键可传递较大载荷，可用铜锤敲入或小压力压入
	大部分有微小过盈	$\left(\frac{H7}{n6}\right)$ $\frac{H8}{n7}$	用于精确定位或紧密结合件的配合，加键能传递大力矩或冲击性载荷，只在大修时拆卸
	大部分有较小过盈	$\frac{H8}{p7}$	加键后能传递很大力矩，且承受振动和冲击的配合，装配后不再拆卸

（2）分析零件的工作条件及使用要求，合理调整配合的间隙与过盈

零件的工作条件是选择配合的重要依据。用类比法选择配合时，当待选部位和类比的典型实例在工作条件上有所变化时，应对配合的松紧作适当的调整。因此必须充分分析零件的具体工作条件和使用要求，考虑工作时结合件的相对位置状态（如运动速度、运动方向、停歇时间、运动精度要求等）、承受负荷情况、润滑条件、温度变化、配合的重要性、装卸条件及材料的物理机械性能等，参考表 8－19 所示对结合件配合的间隙量或过盈量的绝对值进行适当的调整。

表 8－19　不同工作条件影响配合间隙或过盈的趋势

具体情况	过盈量	间隙量	具体情况	过盈量	间隙量
材料强度小	减	—	装配时可能歪斜	减	增
经常拆卸	减	增	旋转速度增高	增	增
有冲击载荷	增	减	有轴向运动	—	增
工作时孔温高于轴温	增	减	润滑油黏度增大	—	增
工作时轴温高于孔温	减	增	表面趋向粗糙	增	减

（3）考虑热变形和装配变形的影响，保证零件的使用要求

① 热变形：在选择公差与配合时，要注意温度条件。标准中规定的均是标准温度为+20 ℃时的数值。当工作温度不是+20 ℃，特别是孔、轴温度相差较大，或其线膨胀系数相差较大时，应考虑热变形的影响。这对于高温或低温下工作的机械更为重要。

例题 8.6　铝制活塞与钢制缸体的结合，其公称尺寸为 $\phi150$ mm。工作温度：孔温 $t_h=110$ ℃，轴温 $t_s=180$ ℃。线膨胀系数：孔 $\alpha_h=12\times10^{-6}$（1/℃），轴 $\alpha_s=24\times10^{-6}$（1/℃），要求工作时间隙量在 0.1～0.3 mm。试选择配合。

解：由热变形引起的间隙量的变化为

$$\Delta X=150\times[12\times10^{-6}\times(110-20)-24\times10^{-6}\times(180-20)]=-0.414\ (\text{mm})$$

即工作时间隙量减小，故装配时间隙量应为：

$$X_{min}=0.1+0.414=0.514\ (\text{mm})$$

$$X_{max}=0.3+0.414=0.714\ (\text{mm})$$

按要求的最小间隙，由表 8－2 可选基本偏差 a = －520 μm

由配合公差 $T_f=0.714-0.514=0.2$（mm）$=T_h+T_s$

可取 $T_h=T_s=100$（μm）

由表 8－4 知可取 IT9。故选择配合为 $\phi150$H9/a9。

其最小间隙为 0.52 mm，最大间隙为 0.72 mm。

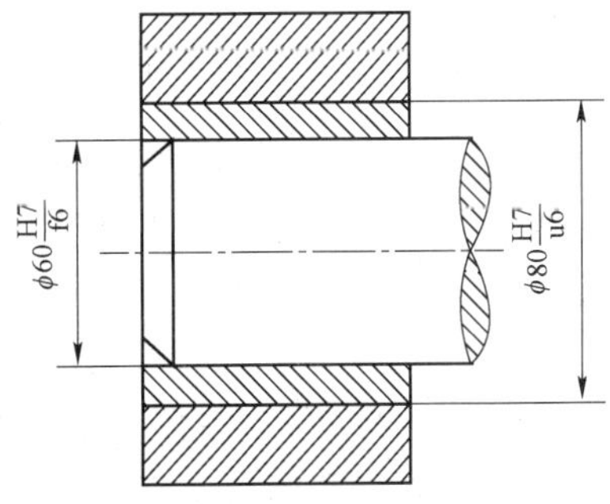

图 8－20　有装配变形的配合

② 装配变形：在机械结构中，常遇到套筒装配变形问题。如图 8－20 所示，套筒外表面与机座孔的配合为过渡配合 d80H7/u6，套筒内表面与轴的配合为 60H7/f6。由于套筒外表面与机座孔的配合有过盈，当套筒压入机座孔后，套筒内孔即收缩，直径变小。若套筒内孔与轴之间原要求最

小间隙为 0.03 mm，则由于装配变形，此时将实际产生过盈，不仅不能保证配合要求，甚至无法自由装配。

一般装配图上规定的配合，应是装配后的要求。因此对有装配变形的套筒类零件，在设计绘图时应对公差带进行必要的修正，如将内孔公差带上移，使孔的极限尺寸加大；或用工艺措施加以保证，如将套筒压入机座孔后再精加工套筒孔，以达到其图样设计要求，从而保证装配后的要求。

4. 各类配合的特征与应用示例

为了便于在设计中用类比法合理地选用配合，下面以基孔制为例，举例说明一些配合在实际中的应用，以供参考。

（1）间隙配合的选用

a～h 共 11 种轴基本偏差与基准孔 h 形成间隙配合，其中，H/a 的配合间隙最大，间隙依次减小，H/h 的配合间隙最小，其最小间隙为零。

① H/a、H/b、H/c 配合：这三种配合的间隙很大，不常使用。适用于高温下工作的间隙配合及工作条件较差、受力变形大，或为了便于装配的缓慢、松弛的大间隙配合。例如，内燃机的排气阀和导管的配合，如图 8–21 所示。

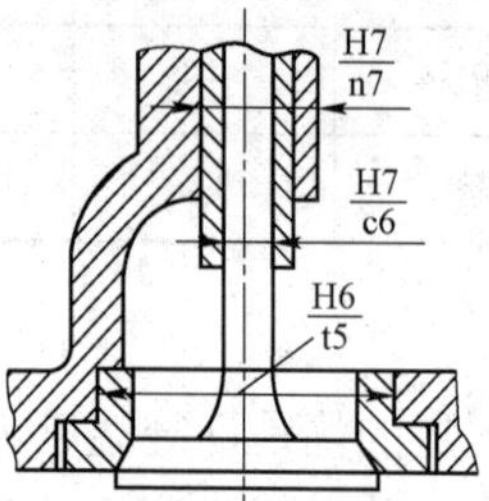

图 8–21　内燃机的排气阀和导管的配合

② H/d、H/e 配合：这两种配合的间隙较大，适用于松的间隙配合和一般的转动配合。例如，滑轮与轴的配合，如图 8–22 所示。

③ H/f 配合：这种配合的间隙适中，多用于 IT7～IT9 的一般转动配合。例如，齿轮轴套与轴的配合，如图 8–23 所示。

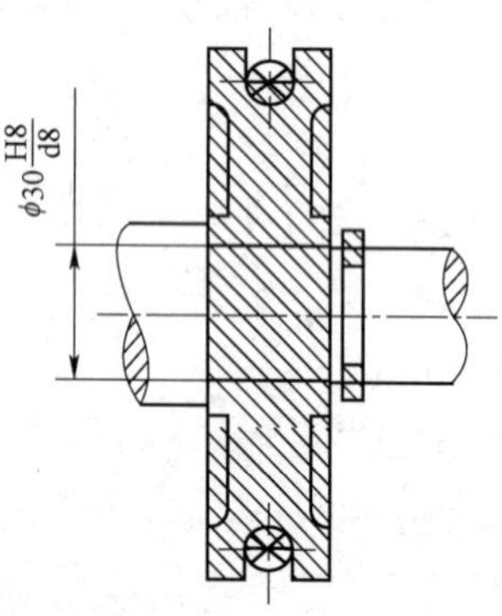

图 8–22　滑轮与轴的配合

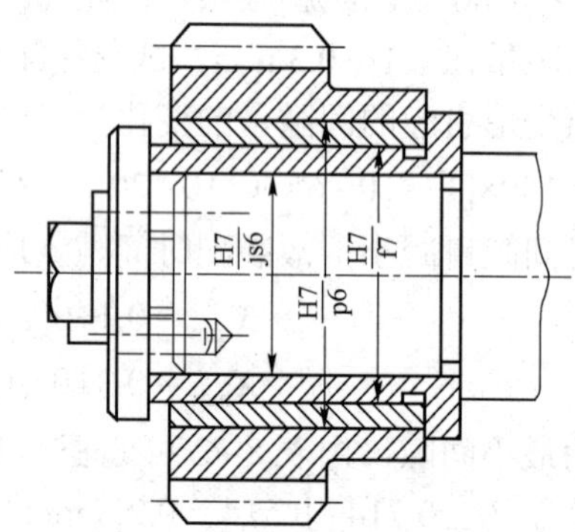

图 8–23　齿轮轴套与轴的配合

④ H/g 配合：这种配合的间隙很小，制造成本很高，除了用于很轻负荷的精密装置外，不推荐用于转动配合。多用于 IT5～IT7 级，适合于作往复摆动和滑动的精密配合。例如，钻套与衬套的配合，如图 8–24 所示。

⑤ H/h 配合：这种配合的间隙最小，平均间隙为零，广泛用于 IT4～IT11 级无相对转动而有定心和导向要求的定位配合。若没有温度、变形影响，也用于精密的滑动配合。例如，车床尾座顶尖套筒与尾座的配合，如图 8–25 所示。

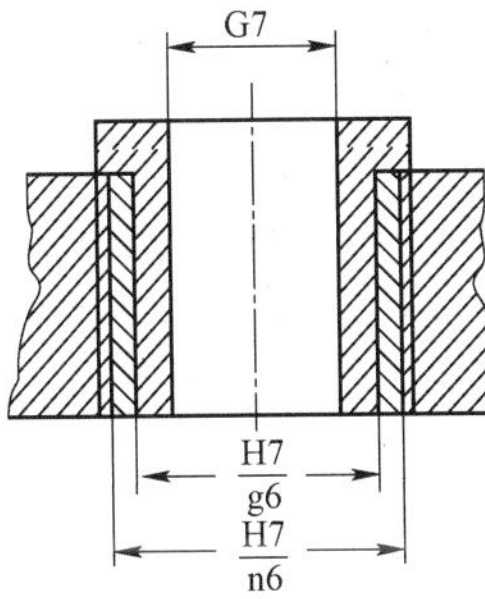

图 8-24 钻套与衬套的配合

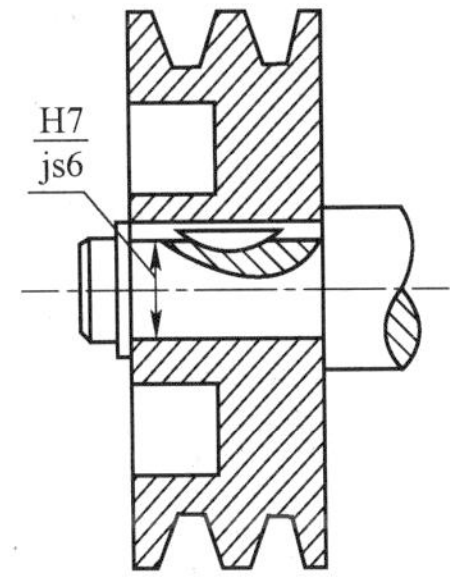

图 8-25 车床尾座顶尖套筒与尾座的配合

（2）过渡配合的选用

J～n 共 5 种轴基本偏差与基准孔 H 形成过渡配合。

① H/j、H/js 配合：这两种配合获得间隙的机会较多，一般用于 IT4～IT7 级易于装卸的精密零件的定位配合。例如，带轮与轴的配合，如图 8-26 所示。

② H/k 配合：这种配合获得的平均间隙接近于零，定心较好，装配后零件受到接触应力也较小，用于 IT4～IT7 级稍有过盈、能够拆卸的定位配合。例如，刚性联轴节的配合，如图 8-27 所示。

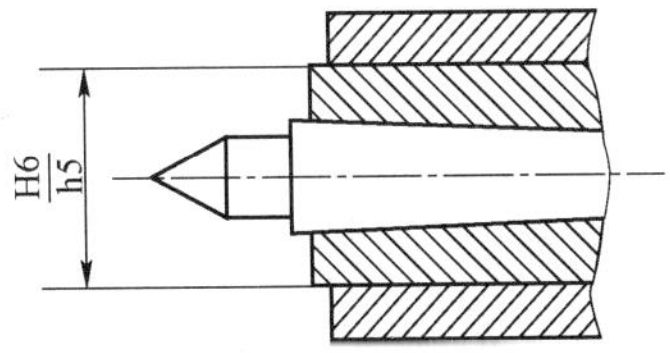

图 8-26 带轮与轴的配合

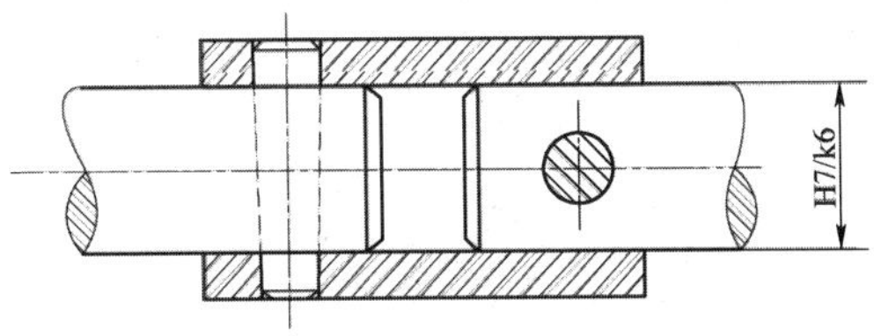

图 8-27 刚性联轴节的配合

③ H/m、H/n 配合：这两种配合获得过盈的机会较多，用于 IT4～IT7 级定位要求较高、装配较紧的配合。例如，涡轮青铜轮缘与轮辐的配合，如图 8-28 所示。

（3）过盈配合的选用

p～zc 共 12 种轴基本偏差与基准孔 H 形成过盈配合。

① H/p、H/r 配合：这两种配合在公差等级 IT6～IT8 时为过盈配合，可用锤打或压入机装配，只适合在大修时拆卸。它主要用于定心精度很高、零件有足够的刚性、受冲击载荷的定位配合。例如，连杆小头孔与衬套的配合，如图 8-29 所示。

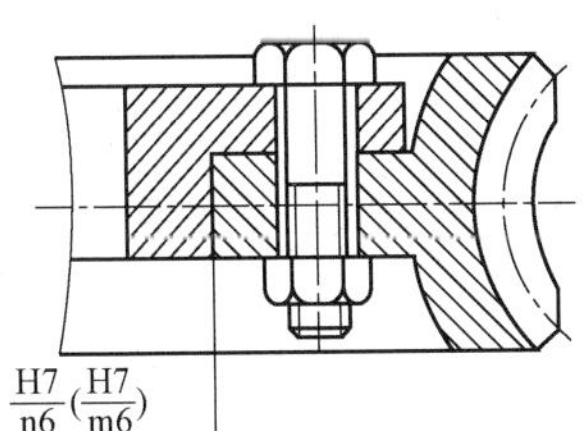

图 8-28 涡轮青铜轮缘与轮辐的配合

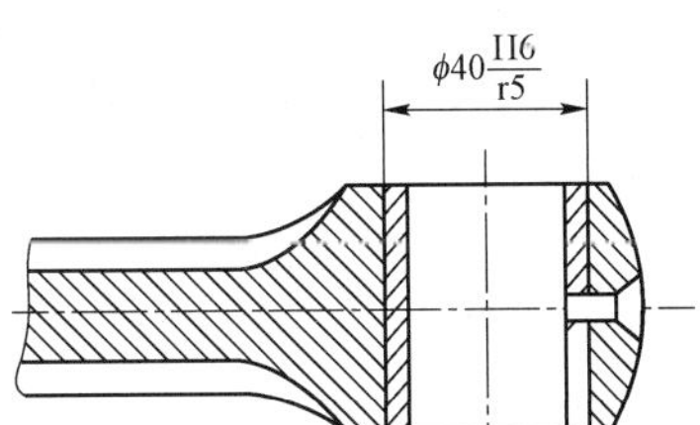

图 8-29 连杆小头孔与衬套的配合

② H/s、H/t 配合：这两种配合属于中等过盈配合，多采用 IT6、IT7 级。它用于钢铁件

的永久或半永久结合。不用辅助件，依靠过盈产生的结合力，可以直接传递中等载荷。一般用压力法装配，也有用热胀法或冷缩法装配。例如，联轴器与轴的配合，如图 8-30 所示。

③ H/u、H/v、H/x、H/y、H/z 配合：这几种配合属于大过盈配合，一般不用。适用于传递大的扭矩或承受大的冲击载荷，完全依靠过盈产生的结合力保证牢固的连接。通常采用热胀法或冷缩法装配。例如，火车车轮与钢箍的配合，如图 8-31 所示。

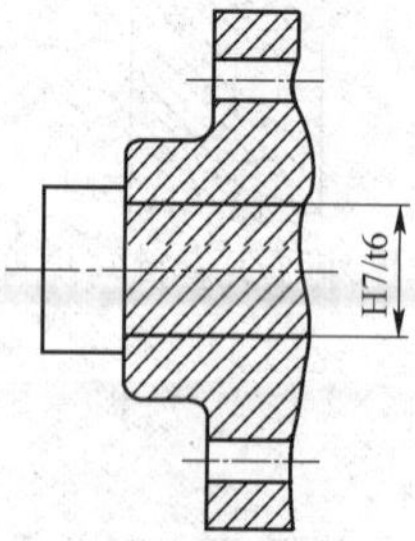

图 8-30　联轴器与轴的配合

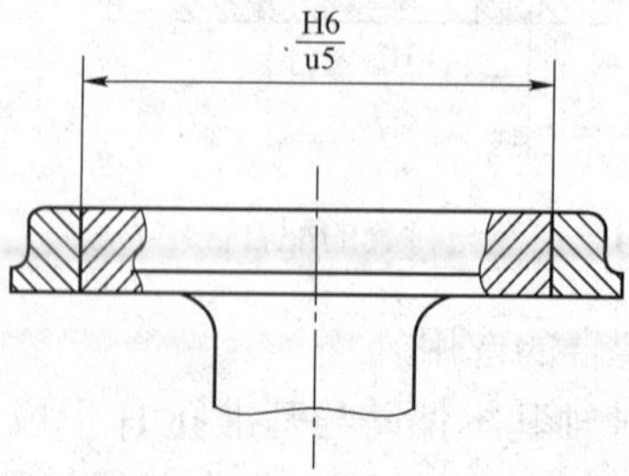

图 8-31　火车车轮与钢箍的配合

例 8-7　设有一公称尺寸为 ϕ60 mm 的配合，根据使用要求，确定其间隙在 25～110 μm，试确定孔和轴的公差等级和配合种类。

解：① 选择基准制。

没有特殊要求，选择基孔制配合，基孔制配合 EI = 0。

② 查表选择孔、轴公差等级。

$$T_f = |X_{max} - X_{min}| = T_h + T_s$$

根据使用要求，允许的配合公差 $T_f = |X_{max} - X_{min}| = |110 - 25| = 85$ μm，即所选孔、轴公差之和 $T_h + T_s$ 应最接近 T_f 而不大于 T_f。

查表 8-6 得：孔和轴的公差等级介于 IT7 和 IT8 之间，根据工艺等价原则，当间隙配合公差等级≤ IT8，由于孔比轴难加工，采用孔比轴低一级，故孔为 IT8，$T_h = 46$ μm，轴为 IT7，$T_s = 30$ μm，则配合公差 $T_f = T_h + T_s =$（46 + 30）=76 μm，小于且接近于 T_f，因此满足使用要求。

③ 确定孔、轴公差带代号。

因为选用基孔制配合，且孔的标准公差为 IT8，所以孔的公差带代号为 ϕ60H8。

又因为是间隙配合，X_{min} = EI － es =0 － es = －es，由已知条件 X_{min} = +25 μm，即轴的基本偏差 es 应最接近于−25 μm。查表 8-2，取轴的基本偏差 f，es = 30 μm，则 ei = es － IT7 =（－ 30 － 30）= －60 μm。

所以轴的公差带代号为 ϕ60f7，配合代号为 $\phi 60\dfrac{H8}{f7}$。

④ 验算设计结果。

$$X_{max} = ES - ei = [+46 - (-60)] = 106\ \mu m$$
$$X_{min} = EI - es = [0 - (-30)] = 30\ \mu m$$

间隙在 25～110 μm 之间，结果满足使用要求。

以上分析可知，本题所选的配合 $\phi 60\dfrac{H8}{f7}$ 是合适的，其中孔为 ϕ60H8，轴为 ϕ60f7。

思考与练习

1. 什么是公差带？公差带由哪两个基本要素组成？

2. 尺寸偏差与尺寸公差有何区别？零件的尺寸偏差越大是否精度越低？举例说明。

3. 何谓基孔制、基轴制配合？何谓混合配合？何种情况下选用基轴制配合及混合配合？

4. 查表确定下列公差带的极限偏差。

（1）ϕ30JS7；（2）ϕ70T5；（3）ϕ50P6；（4）ϕ30S6；（5）ϕ50js5；（6）ϕ40U7。

5. 根据表 8−20 中提供的数据，求出空格中应有的数据并填入空格内。

表 8−20　5 题数据

基本尺寸	最大极限尺寸	最小极限尺寸	上偏差	下偏差	公差
孔 ϕ8	8.040	8.025			
轴 ϕ60			−0.060		0.046
孔 ϕ30		30.020			0.130
轴 ϕ50			−0.050	−0.112	

6. 试根据表 8−21 中的数据，计算并填写该表空格的数值。

表 8−21　6 题数据

公称尺寸	孔			轴			最大间隙或最小过盈	最小间隙或最大过盈	平均间隙或平均过盈	配合公差	配合性质
	上极限偏差	下极限偏差	公差	上极限偏差	下极限偏差	公差					
ϕ25		0				0.021	+0.074		+0.053		
ϕ14		0				0.010		−0.012	+0.002 5		
ϕ45			0.025	0				−0.050	−0.029 5		

7. 设有一配合，孔、轴的基本尺寸为 ϕ40，要求配合间隙为+0.025～+0.066。试确定公差等级和选取适当的配合。

8. 有一对配合的孔、轴，设基本尺寸为 ϕ60，配合公差为 0.049，最大间隙为 0.01，按国家标准选择规则求出孔、轴的最佳公差带。

9. 设有一配合，基本尺寸为 ϕ25，按设计要求，配合过盈为−0.048～−0.014，试确定孔、轴的公差等级，按基孔制选定适当的配合，并绘出公差带图。

10. 如图 8−32 所示为钻床夹具简图，试根据表 8−22 给出的已知条件，选择配合种类。

表 8−22　10 题已知条件

配合种类	已知条件	配合种类名称
①	有定心要求，不可拆连接	
②	有定心要求，可拆连接（钻套磨损后可更换）	
③	有定心要求，孔、轴间需有轴向移动	
④	有导向要求，轴、孔间需有相对的高速转动	

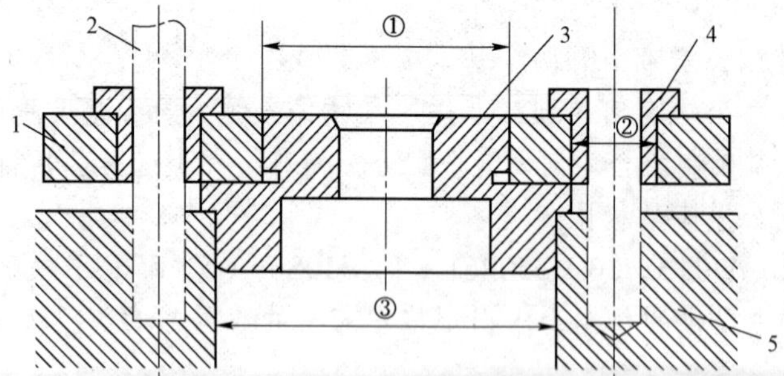

1—钻模板；2—钻头；3—定位套；4—钻套；5—工件

图 8-32　钻床夹具简图

11. 图 8-33 所示是卧式车床主轴箱中 I 轴的局部结构示意图，轴上装有同一公称尺寸的滚动轴承内圈、挡圈和齿轮。根据标准件滚动轴承要求，轴的公差带确定为 $\phi30k6$。分析挡圈孔和轴配合的合理性。

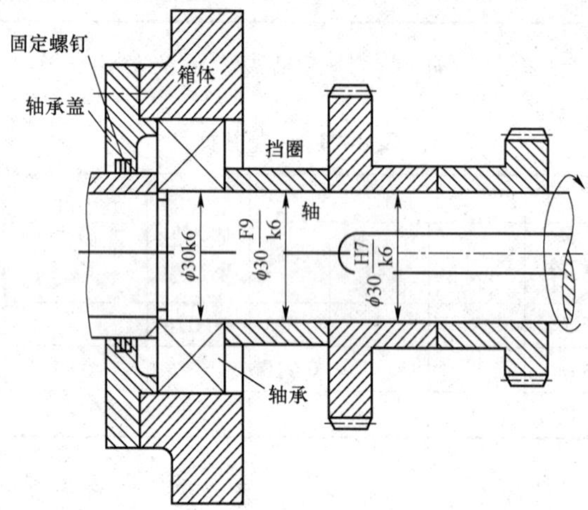

图 8-33　卧式车床主轴箱中 I 轴的局部结构示意图

项目九

几何公差

为了提高产品质量和保证互换性，不仅要对零件的尺寸误差进行限制，还要对零件的形状与位置误差加以限制，给出一个经济、合理的误差变动范围，这就是几何公差。几何公差相关的国家标准有 GB/T 1182—2018、GB/T 1184—1996，GB/T 4249—2018 和 GB/T 16671—2018 等。

知识目标

1. 掌握几何公差的有关术语、符号及标注方法。
2. 熟悉公差原则及检测原则。
3. 理解几何公差的内涵，能够在图纸上正确识读、标注。
4. 能够使用检测工具检测零件的几何公差，检验零件的合格性。

任务一　识读、标注几何公差

任务引入

图 9–1 所示为一连杆轴，请解释图中各项几何公差标注的含义。

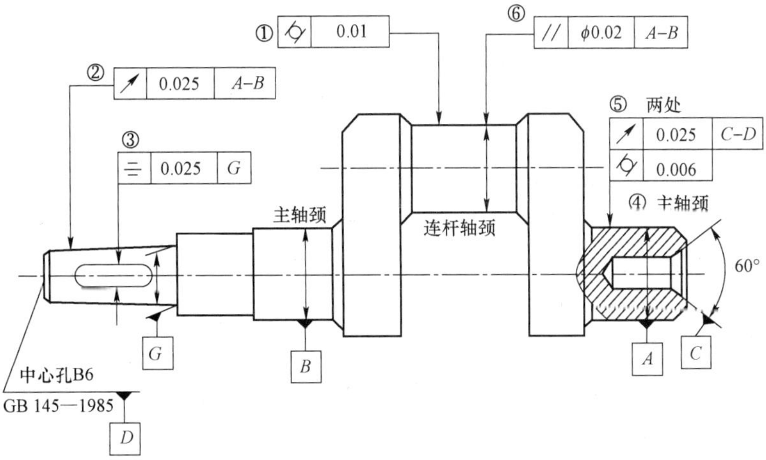

图 9–1　连杆轴

相关知识准备

一、几何公差的基础知识

几何公差由形状公差、方向公差、位置公差和跳动公差组成，它是针对构成零件几何特征的点、线、面的几何形状和相互位置的误差所规定的公差。

1. 几何公差的研究对象

几何公差的研究对象是零件的几何要素（简称为“要素”），就是构成零件几何特征的点、线、面。图 9-2 所示零件的几何要素，包括球心、锥顶、圆柱面和圆锥面的素线、轴线、球面、圆柱面和圆锥面、槽的中心平面等。

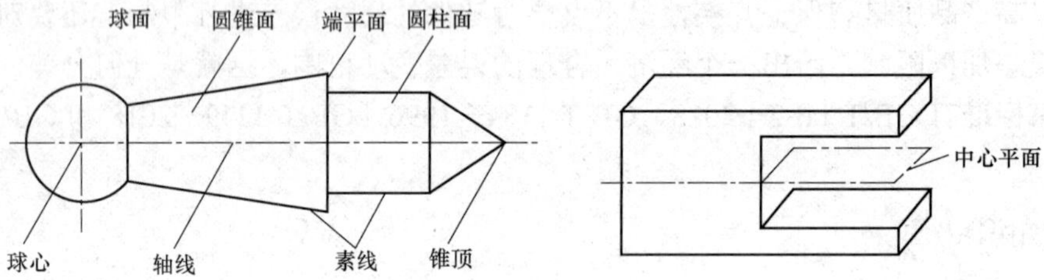

图 9-2　零件的几何要素

几何要素可按不同的角度分类如下。

（1）按存在的状态分为理想要素和实际要素

理想要素（公称要素）具有几何学意义的要素，它们不存在任何误差。机械零件图样上表示的要素均为理想要素。

实际要素是零件上实际存在的要素。通常都以测得（提取）要素来代替。

（2）按结构特征分为轮廓要素和中心要素

轮廓（组成）要素是零件轮廓上的点、线、面，即可触及的要素。组成要素还分为提取组成要素和拟合组成要素。

中心要素是可由轮廓要素导出的要素。如中心点、中心面或回转表面的轴线。标准规定，“轴线”“中心平面”用于表述理想形状的中心要素，“中心线”“中心面”用于表述非理想形状的中心要素。即导出要素分为提取导出要素和拟合导出要素。

提取导出要素是由一个或几个提取组成要素得到的中心点、中心线或中心面。

拟合导出要素是由一个或几个拟合组成要素导出的中心点、轴线或中心平面。

（3）按所处地位分为被测要素和基准要素

被测要素是在图样上给出了形状或（和）位置公差要求的要素，是检测的对象。

基准要素是用来确定理想被测要素的方向或（和）位置的要素。

（4）按功能关系分为单一要素和关联要素

单一要素是仅对要素本身给出形状公差要求的要素。

关联要素是对基准要素有功能关系要求而给出方向、位置和跳动公差要求的要素。

2. 几何公差的特征项目及其符号

GB/T 1182—2018 规定了 14 种形状、方向和位置等公差的特征项目符号。各几何公差特征项目的名称及符号如表 9-1 所示。

表 9-1　各几何公差特征项目的名称及符号

公差类型	几何特征	符号	有无基准
形状公差	直线度	⏤	无
	平面度	⏥	无
	圆度	○	无
	圆柱度	⌭	无
	线轮廓度	⌒	无
	面轮廓度	⌓	无
方向公差	平行度	//	有
	垂直度	⊥	有
	倾斜度	∠	有
	线轮廓度	⌒	有
	面轮廓度	⌓	有
位置公差	位置度	⌖	有或无
	同心度（用于中心点）	◎	有
	同轴度（用于轴线）	◎	有
	对称度	⌯	有
	线轮廓度	⌒	有
	面轮廓度	⌓	有
跳动公差	圆跳动	↗	有
	全跳动	⌰	有

3. *几何公差的标注方法*

几何公差在图样上用框格的形式标注，如图 9-3 所示。

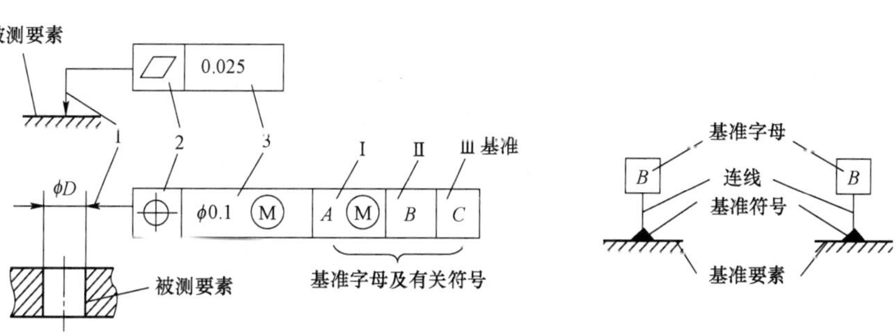

1—指示箭头；2—项目符号；3—几何公差值及有关符号

图 9-3　几何公差框格及基准代号

几何公差框格由 2～5 格组成。形状公差一般为 2 格，方向、位置和跳动公差一般为 3～5 格，框格中的内容从左到右顺序填写：公差特征符号、几何公差值（以 mm 为单位）及有关符号、基准字母及有关符号。代表基准的字母（包括基准代号方框内的字母）用大写英文字母（为不引起误解，其中E、I、J、M、Q、O、P、L、R、F不用）表示。若几何公差值的数字前加注有ϕ或$S\phi$，则表示其公差带为圆形、圆柱形或球形。

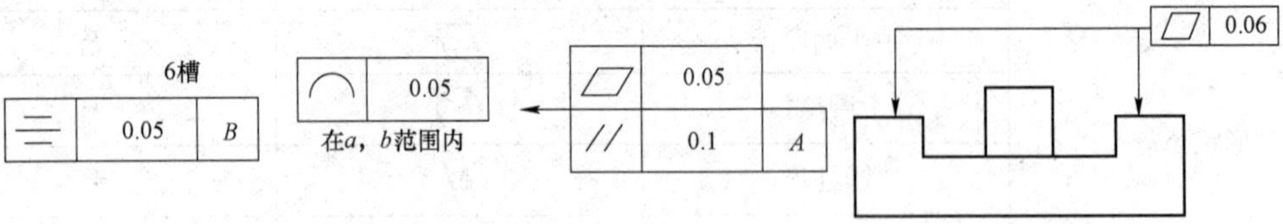

(a) 数量说明　(b) 其他说明性要求　(c) 多要求　(d) 相同要求

图9-4　几何公差的标注

对被测要素的数量说明，应标注在形位公差框格的上方，如图9-4（a）所示；其他说明性要求应标注在形位公差框格的下方，如图9-4（b）所示；如对同一要素有一个以上的几何公差特征项目的要求，其标注方法又一致时，为方便起见，可将一个框格放在另一个框格的下方，如图9-4（c）所示；当多个被测要素有相同的几何公差（单项或多项）要求时，可以从框格引出的指引线上绘制多个指示箭头并分别与各被测要素相连，如图9-4（d）所示。

（1）被测要素的标注

设计要求给出几何公差的要素用带指示箭头的指引线与公差框格相连。指引线一般与框格一端的中部相连，也可以与框格任意位置水平或垂直相连。

当被测要素为轮廓要素（轮廓线或轮廓面）时，指示箭头应直接指向被测要素或其延长线上，并与尺寸线明显错开，如图9-5所示。

当被测要素为中心要素（中心点、中心线、中心面等）时，指示箭头应与被测要素相应的轮廓要素的尺寸线对齐，如图9-6所示。指示箭头可代替一个尺寸线的箭头。

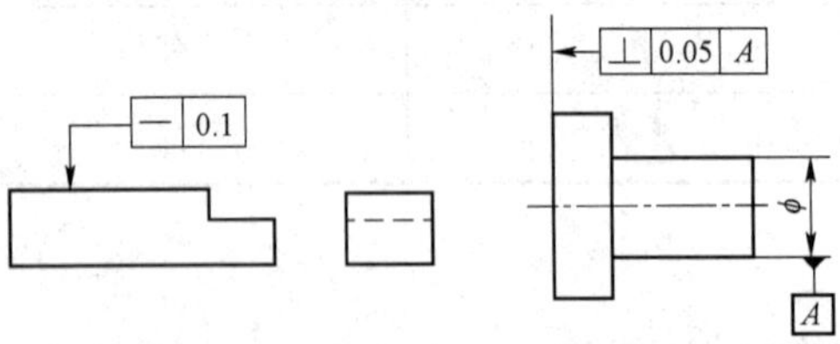

图9-5　被测要素为轮廓要素时的标注

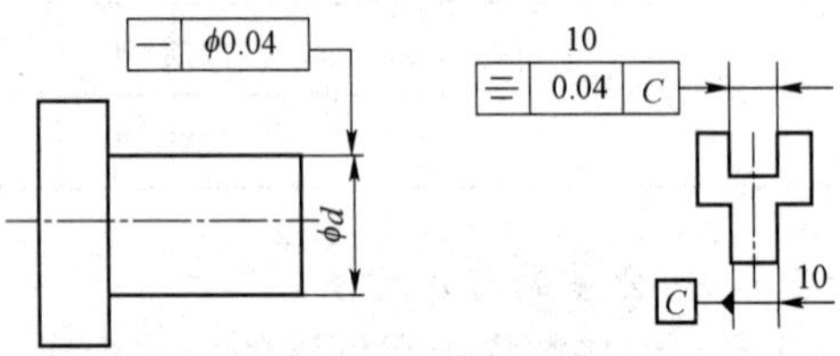

图9-6　被测要素为中心要素时的标注

对被测要素任意局部范围内的公差要求，应将该局部范围的尺寸标注在几何公差值后面，并用斜线隔开，图9-7（a）表示箭头所指圆柱面素线在任意100 mm长度范围内的直线度公差为0.05 mm，图9-7（b）表示箭头所指平面在任意边长为100 mm的正方形范围内的平面度公差是0.01 mm，图9-7（c）表示上平面对下平面的平行度公差在任意100 mm长度范围内为0.08 mm。

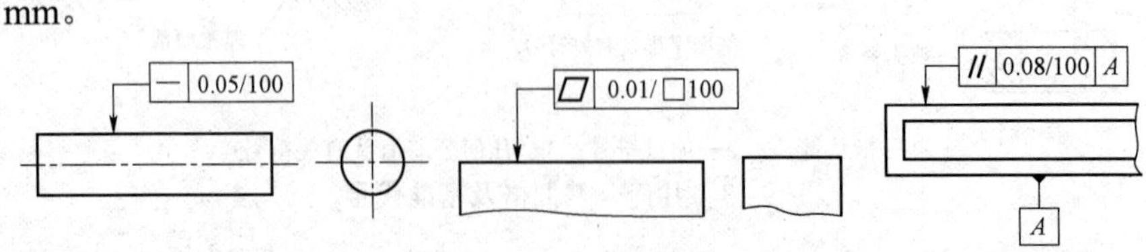

(a) 圆柱面　(b) 平面　(c) 两平面

图9-7　对被测要素任意局部范围内的公差要求的标注

当被测要素为视图上的整个轮廓线（面）时，应在指示箭头的指引线的转折处加注全周符号。如图 9–8（a）所示线轮廓度公差 0.1 mm 是对该视图上全部轮廓线的要求。其他视图上的轮廓不受该公差要求的限制。以螺纹、齿轮、花键的轴线为被测要素时，应在几何公差框格下方标明节径 PD、大径 MD 或小径 LD，如图 9–8（b）所示。

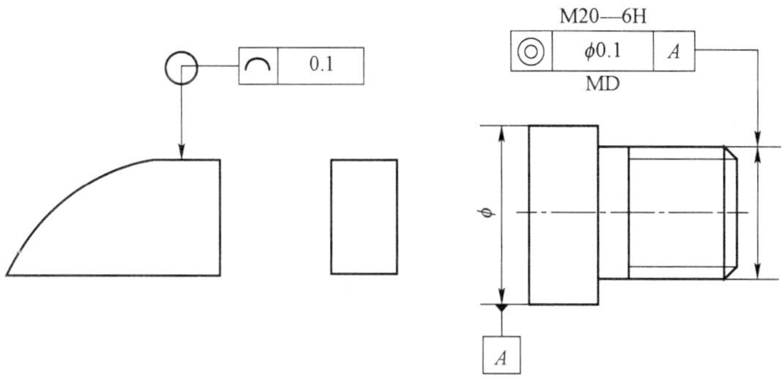

(a) 视图上的整个轮廓线为被测要素　(b) 轴线为被测要素

图 9–8　被测要素的其他标注

（2）基准要素的标注

对关联被测要素的方向、位置和跳动公差要求必须注明基准。如图 9–9 所示，方框内的字母应与公差框格中的基准字母对应，且不论基准代号在图样中的方向如何，方框内的字母均应水平书写。单一基准由一个字母表示，如图 9–9（a）所示；公共基准采用由横线隔开的两个字母表示，如图 9–9（b）所示；基准体系由两个或三个字母表示。

当以轮廓要素作为基准时，基准符号在基准要素的轮廓线或其延长线上，且与轮廓的尺寸线明显错开，如图 9–9（a）所示；当以中心要素为基准时，基准连线应与相应的轮廓要素的尺寸线对齐，如图 9–9（b）所示（基准符号可以是涂黑的或空白的三角形）。

此外，国家标准中还规定了一些其他特殊符号，如ⒺⓂⓁⓇ（详见公差原则）及Ⓟ（延伸公差带）、Ⓕ（非刚性零件的自由状态）等，需要时可参见国家标准。

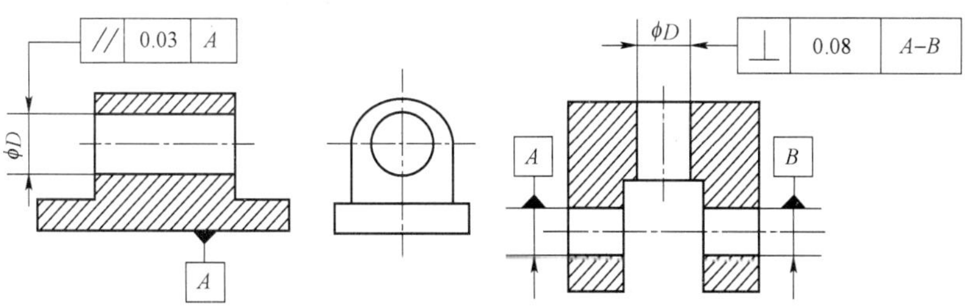

(a) 单一基准　(b) 公共基准

图 9–9　基准要素的标注

4. 几何公差带

几何公差带是用来限制被测实际要素变动的区域。只要被测实际要素完全落在给定的公差带内，就表示其形状和位置符合设计要求。

几何公差带的形状由被测要素的理想形状和给定的公差特征所决定，其形状有如图 9–10 所示的几种。几何公差带的大小由公差值 t 确定，指的是公差带的宽度或直径等。

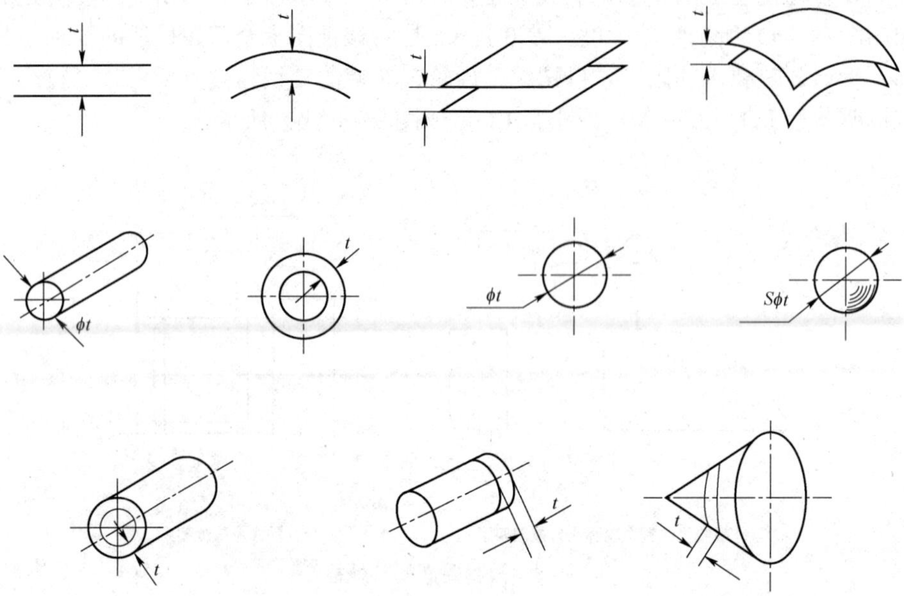

图 9-10　几何公差带的形状

二、形状、轮廓度公差与公差带

1. *形状公差与公差带*

形状公差是指单一实际要素的形状所允许的变动全量。形状公差带是限制实际被测要素形状变动的一个区域。形状公差带定义、标注示例和解释如表 9-2 所示。

表 9-2　形状公差带定义、标注示例和解释

特征	公差带定义	标注示例和解释
直线度	公差带为在给定平面内和给定方向上，间距等于公差值 t 的两平行直线所限定的区域 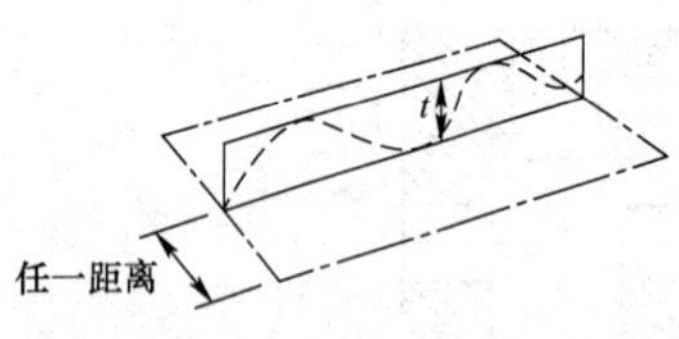	在任一平行于图示投影面的平面内，上平面的提取（实际）线应限定在间距等于 0.1 mm 的两平行直线之间 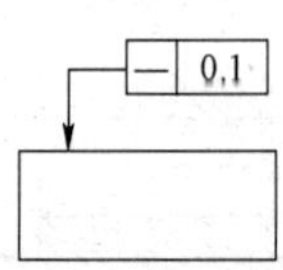
	公差带为间距等于公差值 t 的两平行平面所限定的区域 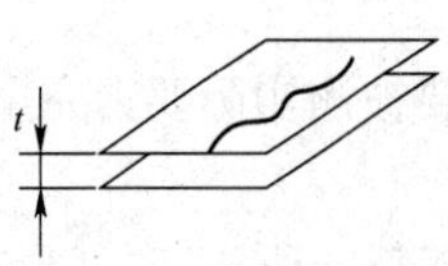	在任一平行于图示投影面的平面内，上平面的提取（实际）线应限定在间距等于 0.1 mm 的两平行直线之间 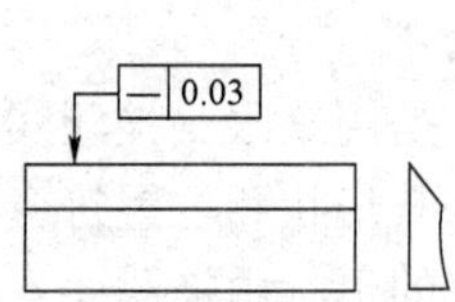

续表

特征	公差带定义	标注示例和解释
直线度	公差带为直径等于公差值 t 的圆柱面所限定的区域 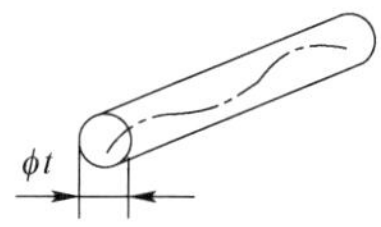	圆柱面的提取（实际）中心线应限定在直径等于公差值 ϕ0.08 mm 的圆柱面内 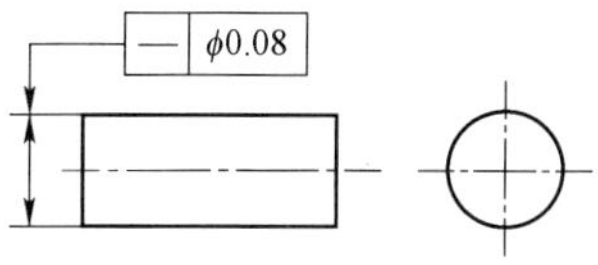
平面度	公差带为间距等于公差值 t 的两平行平面所限定的区域 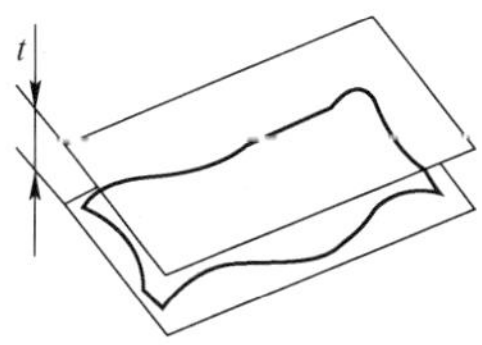	提取（实际）表面应限定在间距等于 0.06 mm 的两平行平面之间 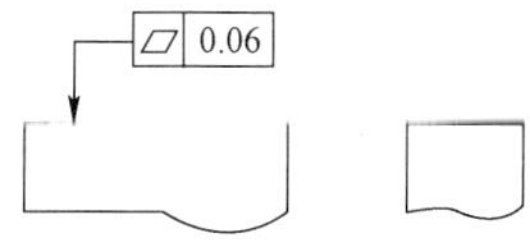
圆度	公差带为在给定横截面内，半径差为公差值 t 的两同心圆所限定的区域 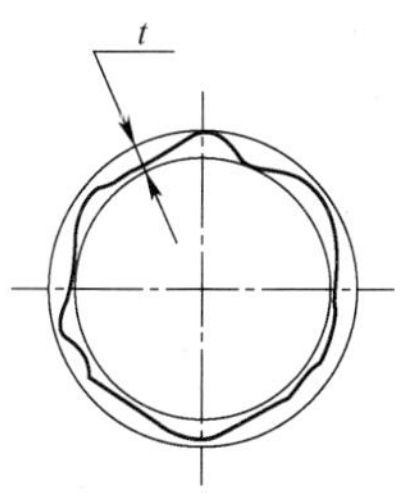	在圆柱面的任意横截面内，提取（实际）圆周应限定在半径差为公差值 0.02 mm 的两共面同心圆之间 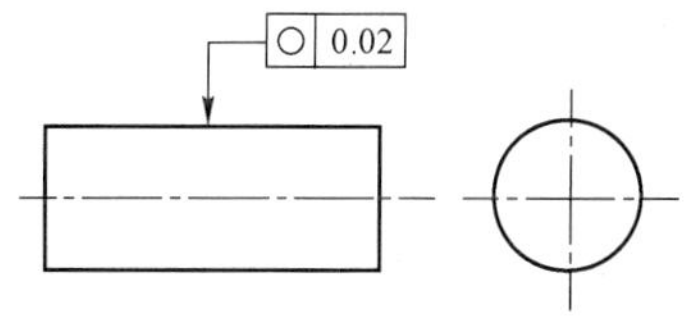
圆柱度	公差带为半径差等于公差值 t 的两同轴圆柱面所限定的区域 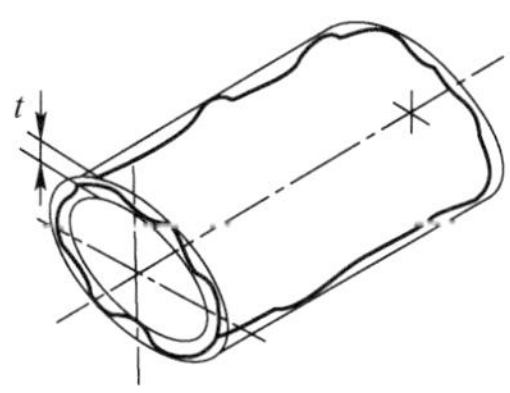	提取（实际）圆柱面应限定在半径差等于公差值 0.05 mm 的两同轴圆柱面之间 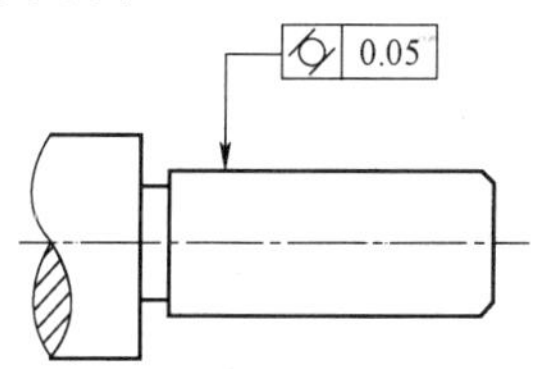

2. 轮廓度公差与公差带

轮廓度公差特征有线轮廓度和面轮廓度，均可有基准或无基准。轮廓度无基准要求时为形状公差，有基准要求时为方向公差或位置公差。轮廓度公差带定义、标注示例和解释如表 9−3 所示。

表 9−3　轮廓度公差带定义、标注示例和解释

特征	公差带定义	标注示例和解释
线轮廓度	公差带为直径等于公差值 t，圆心位于具有理论正确几何形状上的一系列圆的两包络线所限定的区域	在任一平行于图示投影面的截面内，提取（实际）轮廓线应限定在直径为公差值 0.04 mm，圆心位于被测要素理论正确几何形状上的一系列圆的两包络线之间

续表

特征	公差带定义	标注示例和解释
线轮廓度	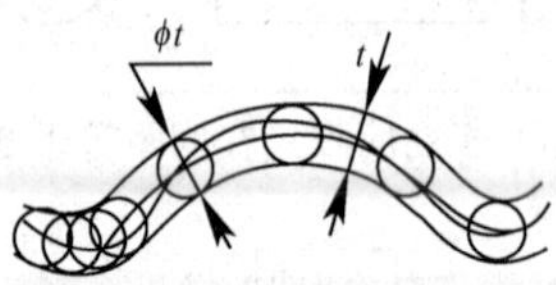	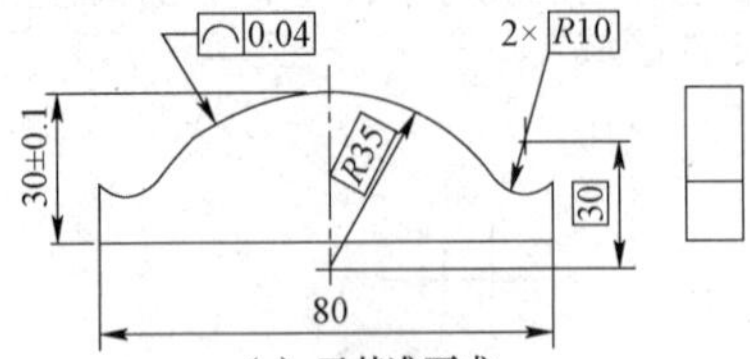 (a) 无基准要求 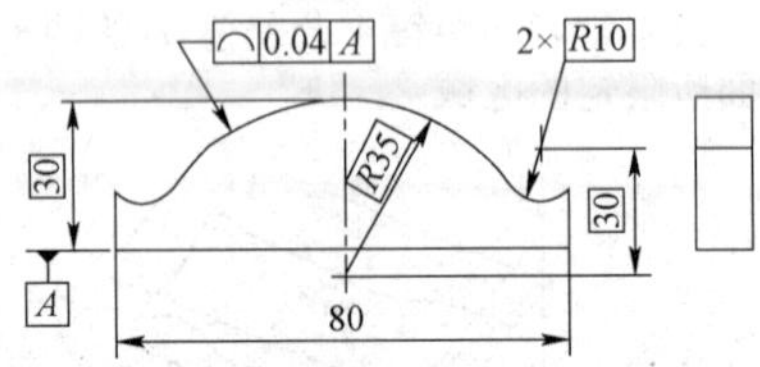 (b) 有基准要求
面轮廓度	公差带是直径为公差值 t，球心位于被测要素理论正确几何形状上的一系列圆球的两包络面所限定的区域 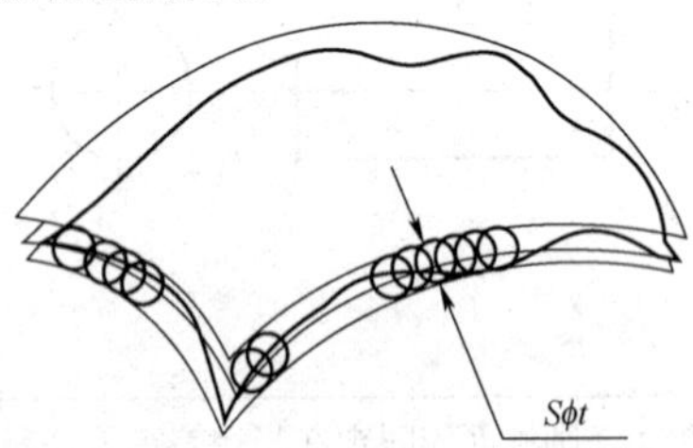	提取（实际）轮廓面应限定在球径为 $S\phi0.02$ mm，球心位于被测要素理论正确几何形状上的一系列圆球的两等距包络面之间 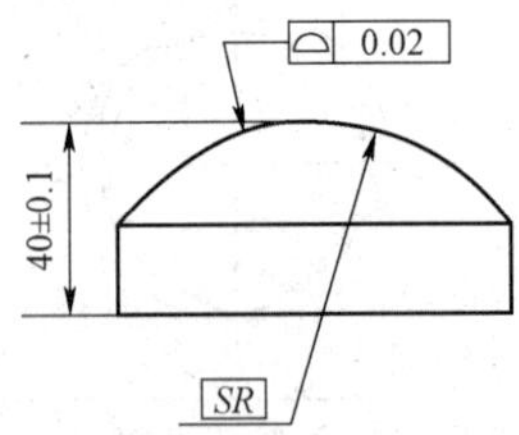

形状公差带（有基准的线、面轮廓度除外）的特点是不涉及基准，其方向和位置随相应实际要素的不同而不同。

3. 形状误差及其评定

形状误差是被测提取（实际）要素的形状对其拟合（理想）要素的变动量。当被测提取要素与拟合要素进行比较时，由于拟合要素所处的位置不同，得到的最大变动量就不同。为了正确和统一地评定形状误差，就必须明确拟合要素的位置，即规定形状误差的评定准则。

（1）形状误差的评定准则——最小条件

最小条件是指被测提取要素对其拟合要素的最大变动量为最小。如图 9-11 所示，拟合直线 I、II、III 处于不同的位置，被测提取要素相对于拟合要素的最大变动量分别为 f_1、f_2、f_3 且 $f_1<f_2<f_3$，所以拟合直线 I 的位置符合最小条件。

（2）形状误差的评定方法——最小区域法

形状误差值用拟合要素的位置符合最小条件的最小包容区域。最小包容区域是指包容被测提取要素时，具有最小宽度 f 或直径 ϕf 的包容区域。最小包容区域的形状与其公差带相同。最小区域是根据被测提取要素与包容区域的接触状态判别的。

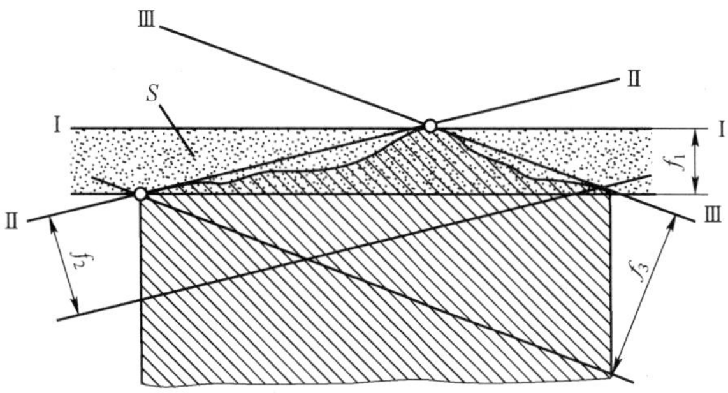

图 9－11　最小条件和最小区域

① 评定给定平面内的直线度误差，包容区域为两平行直线，实际直线应至少与包容直线有两高夹一低或两低夹一高三点接触，这个包容区域就是最小区域 S，如图 9－11 所示。

② 评定圆度误差时，包容区域为两同心圆间的区域，实际圆轮廓应至少有内外交替四点与两包容圆接触，如图 9－12（a）所示的最小区域 S。

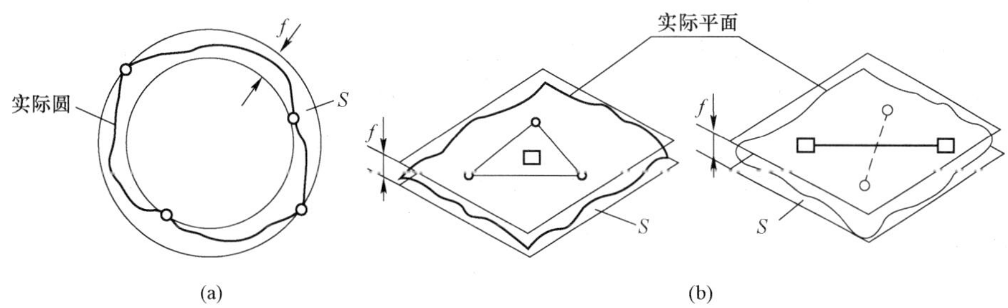

图 9－12　最小包容区域

③ 评定平面度误差时，包容区域为两平行平面间的区域，如图 9－12（b）所示的最小区域 S，被测平面至少有三点或四点按下列三种准则之一分别与此两平行平面接触。

三角形准则：三个极高点与一个极低点（或相反），其中一个极低点（或极高点）位于三个极高点（或极低点）构成的三角形之内。

交叉准则：两个极高点的连线与两个极低点的连线在包容平面上的投影相交。

直线准则：两平行包容平面与实际被测表面接触为高低相间的三点，且它们在包容平面上的投影位于同一直线上。

例题 9.1　用合像水平仪测量一窄长平面的直线度误差，仪器的分度值为 0.01 mm/m，选用的桥板节距 $L = 165$ mm，测量记录数据如表 9－4 所示，要求用作图法求被测平面的直线度误差。表中相对值为 $a_0 - a_i$，a_0 可取任意数，但要有利于数字的简化，以便作图，本例取 $a_0 = 497$ 格，累积值为将各点相对值顺序累加。

表 9－4　测量记录数据

测点序号	0	1	2	3	4	5
读数值/格	–	497	495	496	495	499
相对值/格	0	0	+2	+1	+2	−2
累计值/格	0	0	+2	+3	+5	+3

解：作图方法如下。

以 0 点为原点，累积值（格数）为纵坐标 y，被测点到 0 点的距离为横坐标 x，按适当的比例建立直角坐标系。根据各测点对应的累积值在坐标上描点，将各点依次用直线连接起来，即得误差折线，如图 9–13 所示。

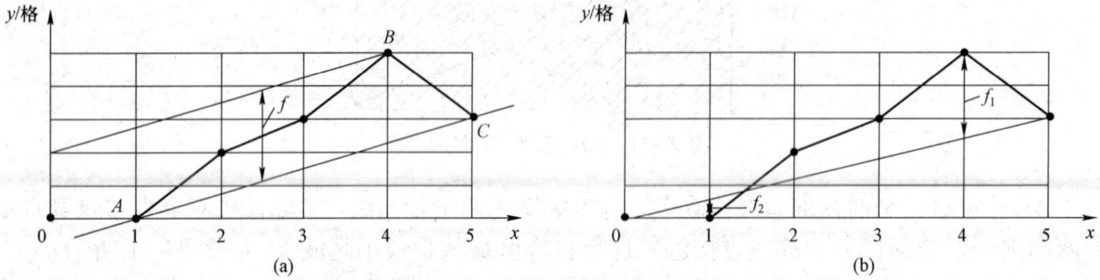

图 9–13　直线度误差的评定

① 用最小包容区域法评定误差值［图 9–13（a）］。

若两平行包容直线与误差图形的接触状态符合相间准则（即符合“两高夹一低”或“两低夹一高”的判断准则）时，此两平行包容直线沿纵坐标方向的距离为直线度误差格数。显然，在图 9–13（a）中，A、C 属最低点，B 为夹在 A、C 间的最高点，故 AC 连线和过 B 点且平行于 AC 连线的直线是符合相间准则的两平行包容直线，两平行线沿纵坐标方向的距离为 2.8 格，故按最小包容区域法评定的直线度误差为

$$f_{包} = 2.8\times0.01\times165 \approx 4.6\text{（μm）}$$

② 用两端点连线法评定误差值［图 9–13（b）］。

以折线首尾两点的连线作为评定基准（理想要素），折线上最高点和最低点到该连线的 y 坐标绝对值之和，就是直线度误差的格数。即

$$f_{端} = (f_1 + f_2) \times 0.01 \times L = (2.5 + 0.6) \times 0.01 \times 165 \approx 5.1\text{（μm）}$$

一般情况下，两端点连线法的评定结果大于最小包容区域法，即 $f_{端} > f_{包}$，只有当误差图形位于两端点连线的一侧时，两种方法的评定结果才相同，但按 GB/T 1958—2017 的规定，有时允许用两端点连线法来评定直线度误差，但如发生争议，以最小包容区域法来仲裁。

例题 9.2　用打表法测量一块 350×350 的平板，各测点的读数值如下，用最小包容区域法求平面度误差值。

a1	a2	a3
b1	b2	b3
c1	c2	c3

=

0	+15	+7
−12	+20	+4
+5	−10	+2

解：用最小包容区域法求平面度误差值。将第一列的数都+7，而将第三列的数都−7，将结果列表后，再将第一行−5，而将第三行+5，又将结果列表，可得

0	+15	+7
−12	+20	+4
+5	−10	+2

→⋯（+7 ⋮ −7）

+7	+15	0
−5	+20	−3
+12	−10	−5

⋯→（第一行 −5，第三行 −5）

+2	+10	−5
−5	+20	−3
+17	−5	0

经两次坐标变换后，符合三角形准则，故平面度误差值为

$$f = \left|+20-(-5)\right| = 25\ (\mu m)$$

三、方向、位置、跳动公差与公差带

方向、位置、跳动公差是关联提取要素对基准允许的变动全量。

1. 方向公差与公差带

方向公差是关联提取要素对基准在方向上允许的变动全量。方向公差有平行度、垂直度和倾斜度三项。它们都有面对面、线对面、面对线和线对线几种情况。典型的方向公差带定义、标注示例和解释如表 9-5 所示。

表 9-5　方向公差带定义、标注示例和解释

特征		公差带定义	标注示例和解释
平行度	面对面	公差带是间距为公差值 t，平行于基准平面的两平行平面所限定的区域 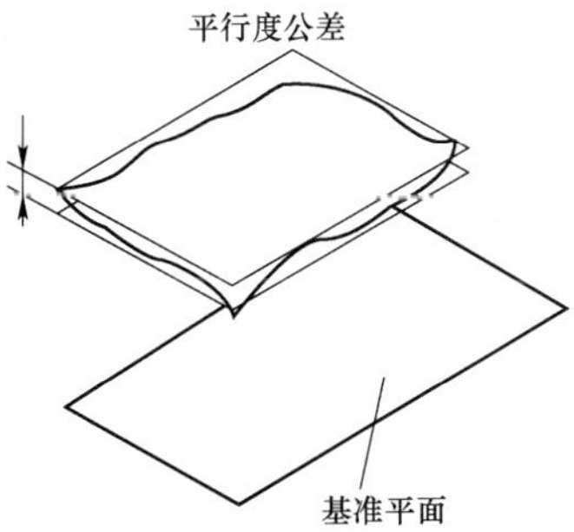	提取（实际）表面应限定在间距为 0.05 mm，平行于基准平面 A 的两平行平面之间 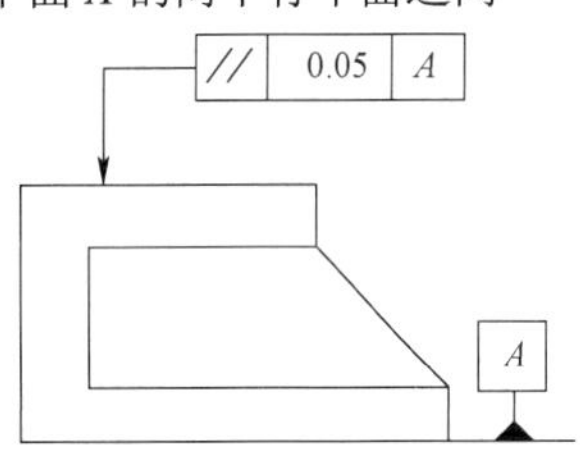
	线对面	公差带是平行于基准平面，间距为公差值 t 的两平行平面所限定的区域 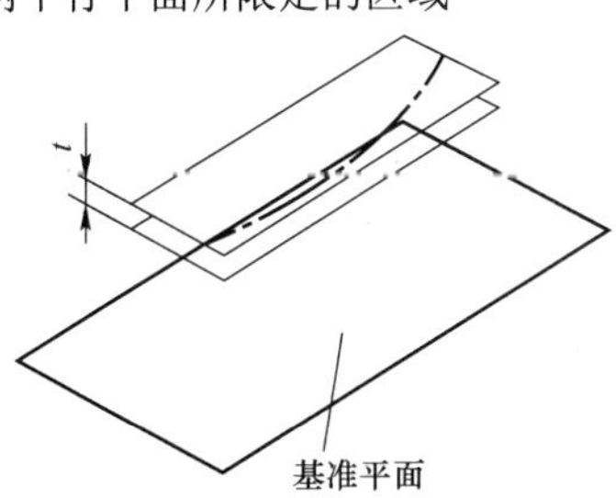	提取（实际）中心线应限定在平行于基准平面 A，间距等于 0.03 mm 的两平行平面之间 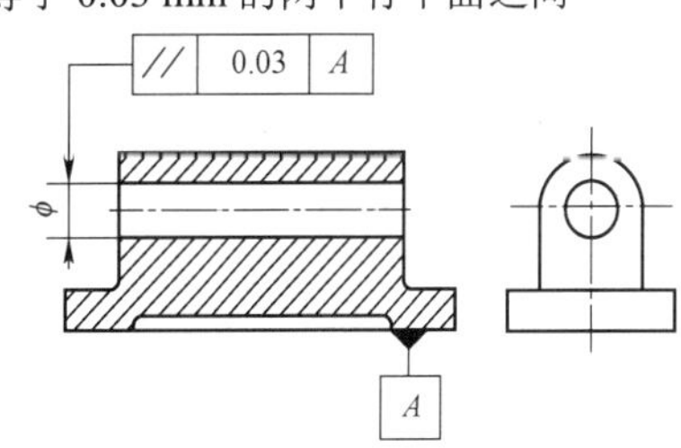
	面对线	公差带是间距为公差值 t，平行于基准轴线的两平行平面所限定的区域 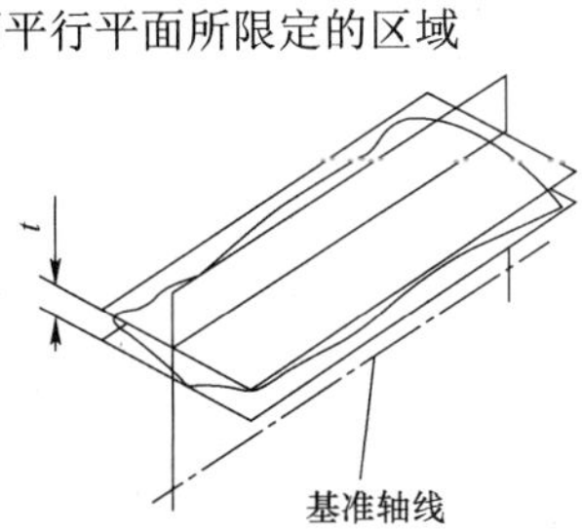	提取（实际）表面应限定在间距为 0.05 mm，平行于基准平面 A 的两平行平面之间 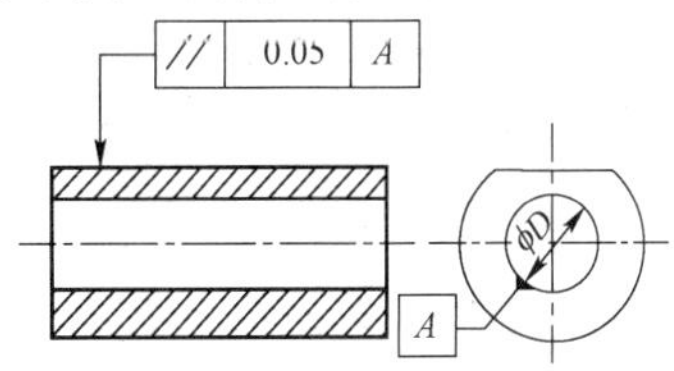

续表

特征		公差带定义	标注示例和解释
平行度	线对面基准体系	公差带为间距等于公差值 t，平行于两基准的两平行平面所限定的区域 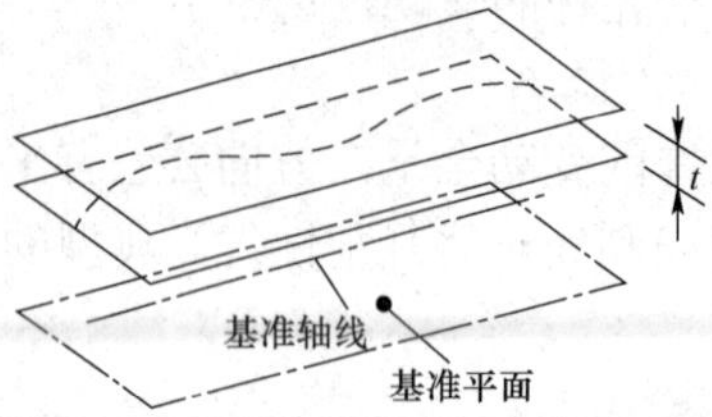	提取（实际）中心线应限定在间距等于 0.1 mm，平行于基准轴线 A 和基准平面 B 的两平行平面之间 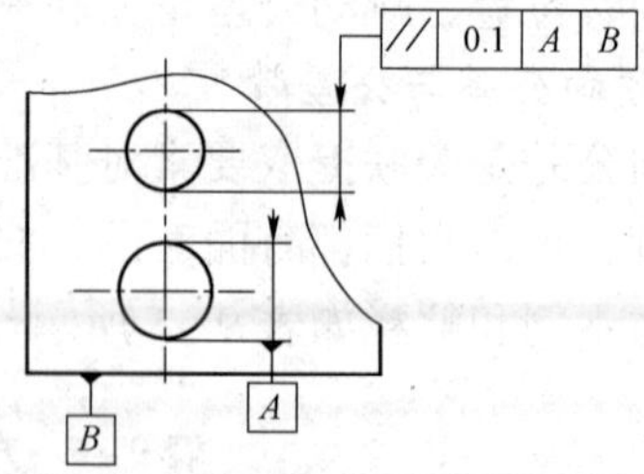
	线对线	公差带为平行于基准轴线，直径等于公差值 t 的圆柱面所限定的区域 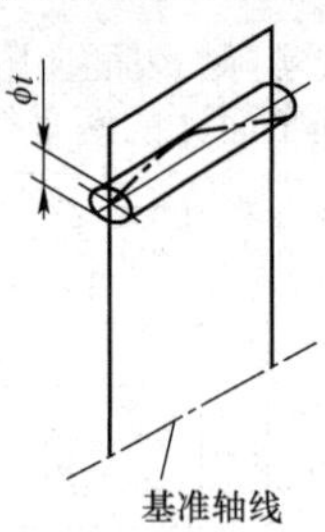	提取（实际）中心线应限定在平行于基准轴线 B，直径等于 0.1 mm 的圆柱面内 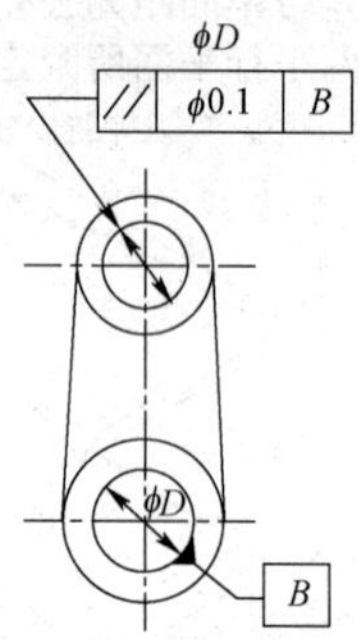
垂直度	面对线	公差带是距离为公差值 t 且垂直于基准轴线的两平行平面所限定的区域 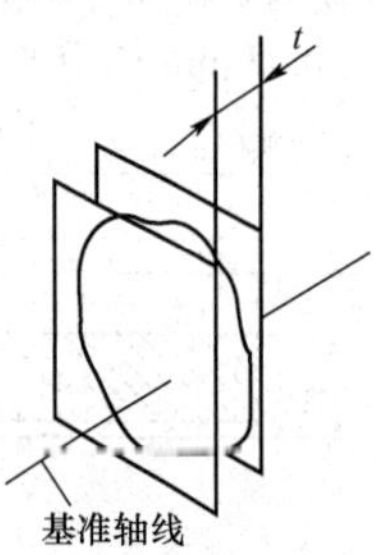	提取（实际）表面应限定在间距等于 0.05 mm 的两平行平面之间，该两平行平面垂直于基准轴线 A 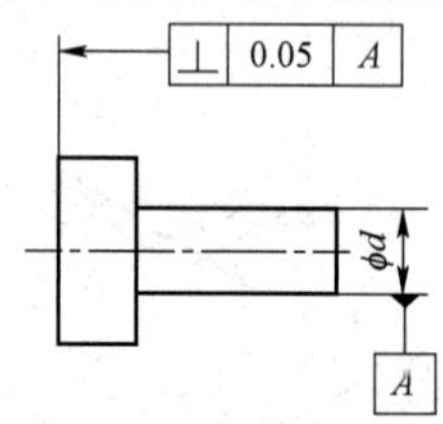
	线对面	公差带是直径为公差值 t，轴线垂直于基准平面的圆柱面所限定的区域 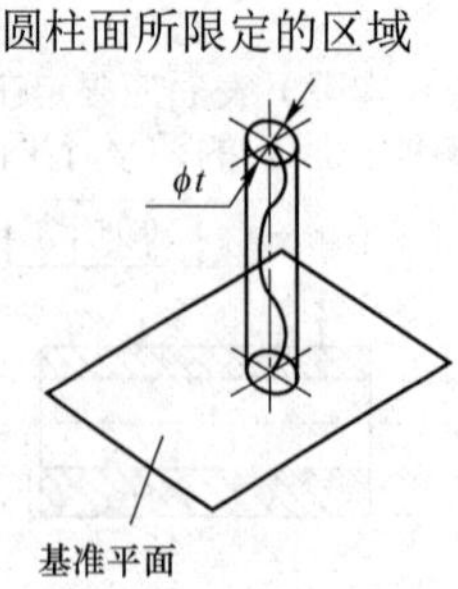	提取（实际）中心线应限定在直径等于 0.05 mm，垂直于基准平面 A 的圆柱面内 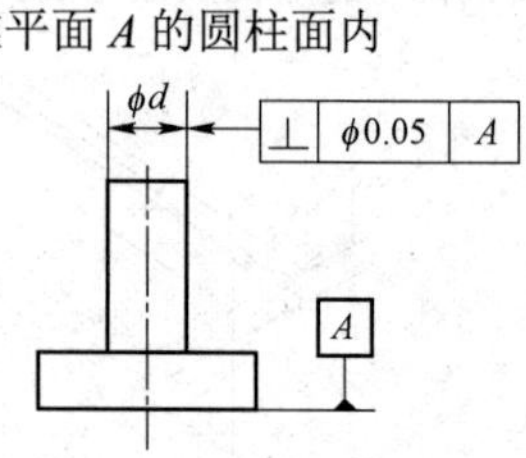

续表

特征		公差带定义	标注示例和解释
倾斜度	面对面	公差带为间距等于公差值 t 的两平行平面所限定的区域，该两平行平面按给定角度倾斜于基准平面 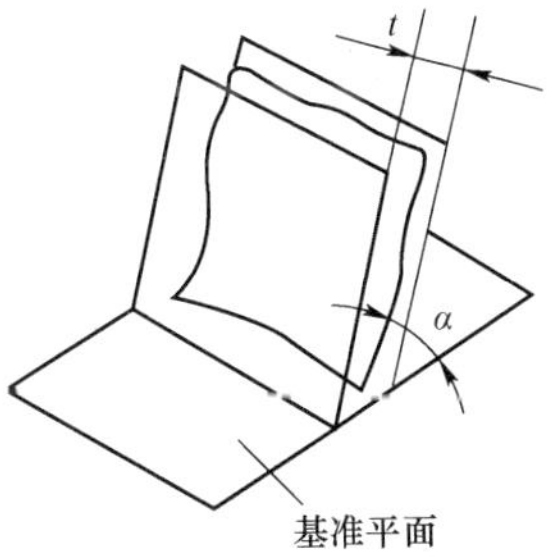	提取（实际）表面应限定在间距等于 0.08 mm 的两平行平面之间，该两平行平面按 45° 理论正确角度倾斜于基准平面 A 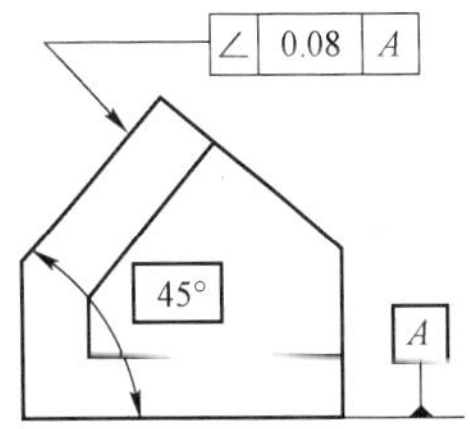
	线对面	公差带为直径等于公差值 t 的圆柱面所限定的区域，且与基准平面（底平面）呈理论正确角度的圆柱面 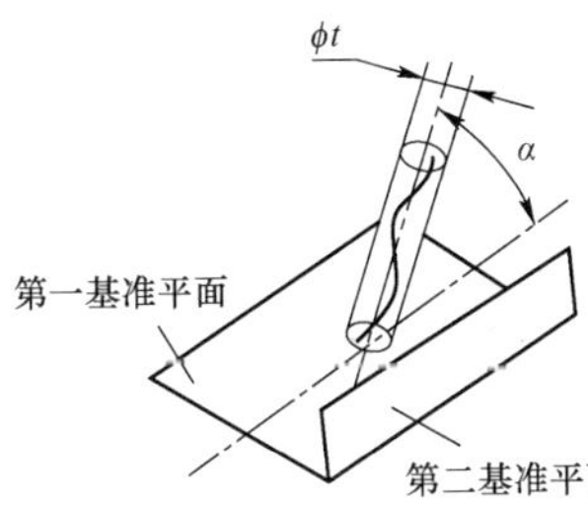	提取（实际）中心线应限定在直径等于 ϕ0.05 mm 的圆柱面内，该圆柱面的中心线按 60° 理论正确角度倾斜于基准平面 A 且平行于基准平面 B 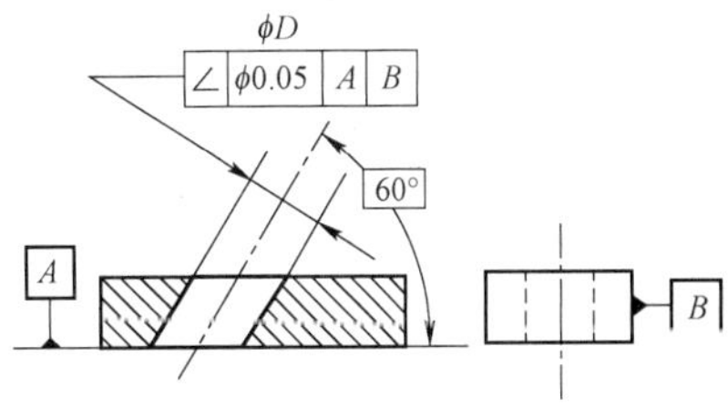

2. 位置公差与公差带

位置公差是关联提取要素对基准在位置上所允许的变动全量。位置公差有同轴度（对中心点称为同心度）、对称度和位置度。位置公差带定义、标注示例和解释如表 9–6 所示。

表 9–6　位置公差带定义、标注示例和解释

特征	公差带定义	标准示例与解释
同轴度	公差带是直径为公差值 ϕt，且以基准轴线为轴线的圆柱面所限定的区域 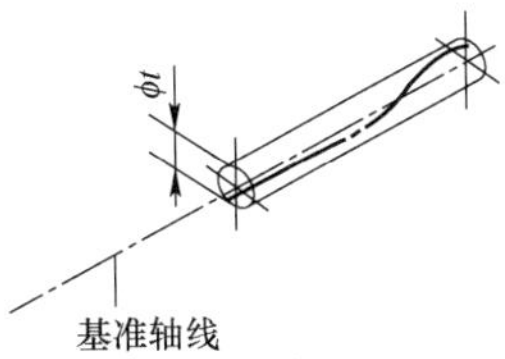	大圆柱面的提取（实际）中心线应限定在直径等于 0.1 mm，以公共基准轴线 $A-B$ 为轴线的圆柱面内 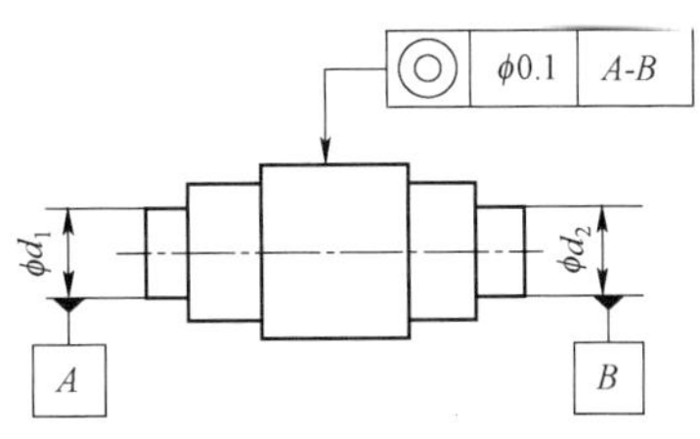

续表

<table>
<tr><th colspan="2">特征</th><th>公差带定义</th><th>标准示例与解释</th></tr>
<tr><td colspan="2">同心度</td><td>公差带是直径为公差值 ϕt 的圆周所限定的区域。该圆周的圆心与基准点重合
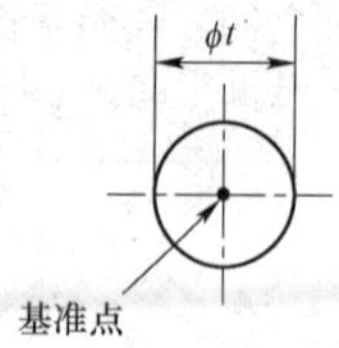</td><td>在任意横截面内，内圆的提取（实际）中心应限定在直径等于 ϕ0.1 mm，以基准点 B 为圆心的圆周内
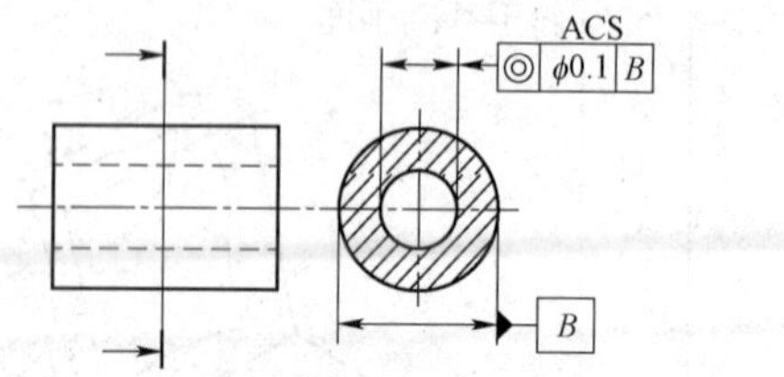</td></tr>
<tr><td colspan="2">对称度</td><td>公差带为间距等于公差值 t，对称于基准中心平面的两平行平面所限定的区域
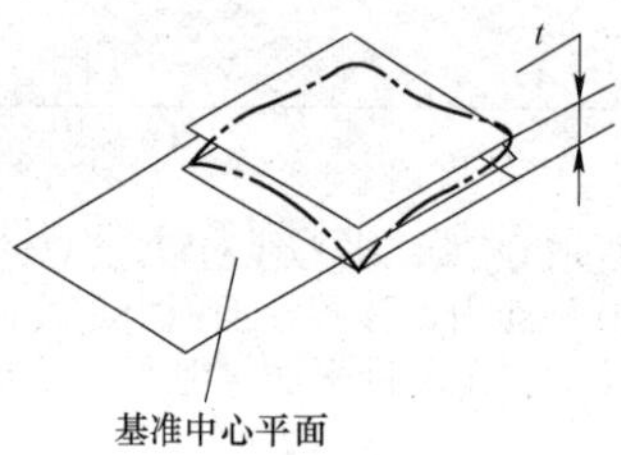</td><td>提取（实际）中心面应限定在间距等于 0.08 mm，对称于基准中心平面 A 的两平行平面之间
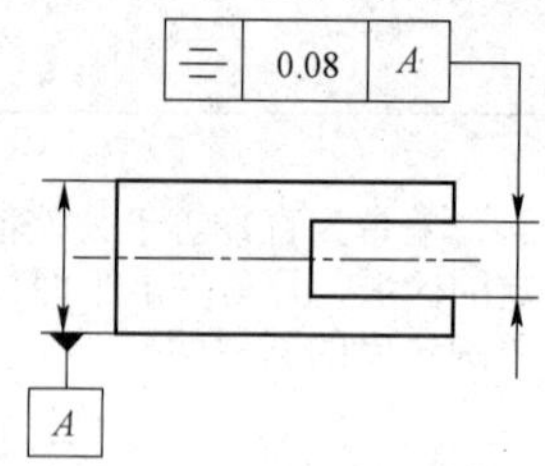</td></tr>
<tr><td rowspan="2">位置度</td><td>点的位置度</td><td>公差带为直径等于公差值 $S\phi t$ 的圆球面所限定的区域。该圆球面中心的理论正确位置由基准 A、B 和理论正确尺寸确定
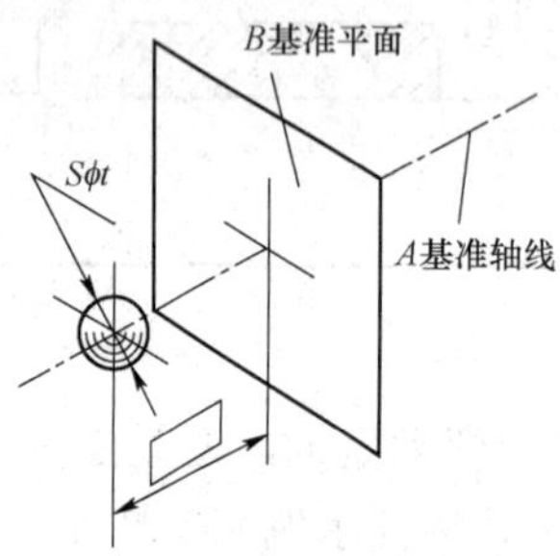</td><td>提取（实际）球心应限定在直径等于 $S\phi$0.08 mm 的圆球面内。该圆球面的中心由基准轴线 A、基准平面 B 和理论正确尺寸 30 确定
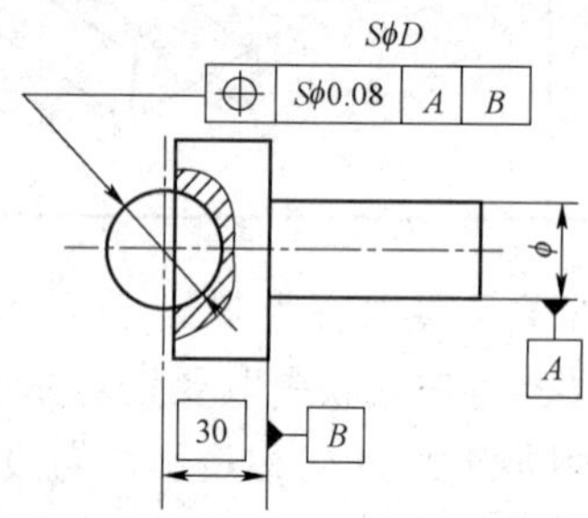</td></tr>
<tr><td>线的位置度</td><td>当给定一个方向时，公差带为间距等于公差值 t，对称于线的理论正确位置的两平行平面所限定的区域；任意方向上（如图）公差带是直径为公差值 ϕt 的圆柱面所限定的区域。该圆柱面的轴线位置由基准平面 A、B、C 和理论正确尺寸确定
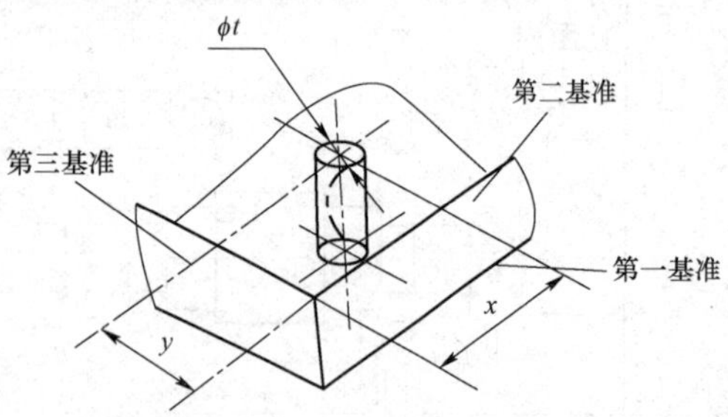</td><td>提取（实际）中心线应限定在直径等于 ϕ0.1 mm 的圆柱面内。该圆柱面的轴线位置应处于由基准平面 A、B、C 和理论正确尺寸 90、30、40 确定的理论正确位置
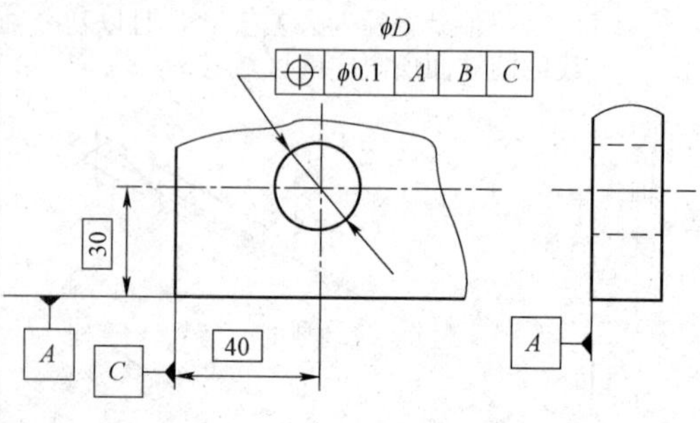</td></tr>
</table>

续表

特征		公差带定义	标准示例与解释
位置度	面的位置度	公差带为间距等于公差值 t，且对称于被测面理论正确位置的两平行平面所限定的区域。面的理论正确位置由基准轴线、基准平面和理论正确尺寸确定 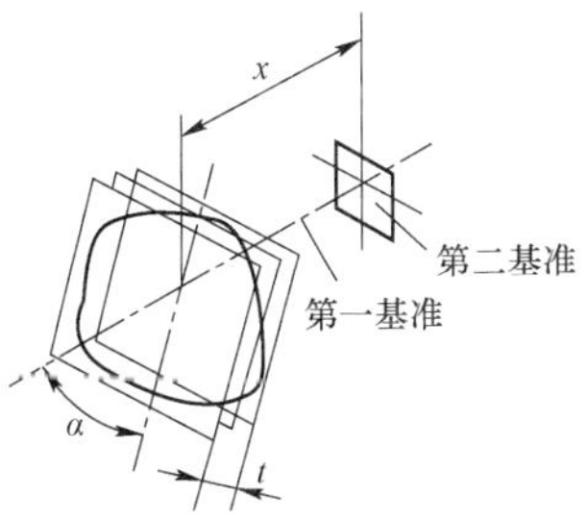 	提取（实际）表面应限定在间距等于 0.05 mm，且对称于被测面的理论正确位置的两平行平面之间。该两平行平面对称于由基准轴线 A、基准平面 B 和理论正确尺寸 60°、50 确定的被测面的理论正确位置 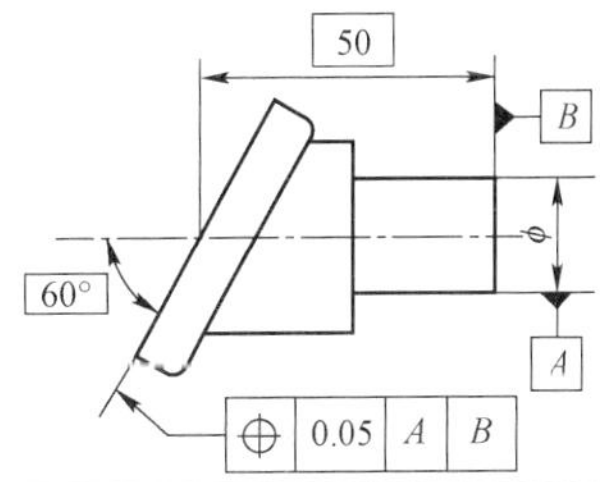

3. *跳动公差与公差带*

跳动公差是关联提取要素绕基准轴线回转一周或连续回转时所允许的最大跳动量。跳动公差分为圆跳动和全跳动。圆跳动是指被测提取要素在某个测量截面内相对于基准轴线的变动量；全跳动是指整个被测提取要素相对于基准轴线的变动量。跳动公差带定义、标注示例和解释如表 9–7 所示。

表 9–7　跳动公差带定义、标注示例和解释

特征		公差带定义	标注示例和解释
圆跳动	径向圆跳动	公差带为在任一垂直于基准轴线的横截面内，半径差为公差值 t，圆心在基准轴线上的两同心圆所限定的区域 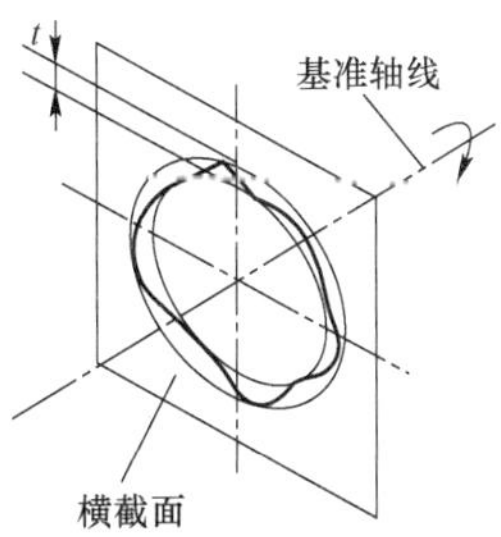 	在任一垂直于基准 A 的横截面内，提取（实际）圆应限定在半径差等于 0.05 mm，圆心在基准轴线 A 上的两同心圆之间 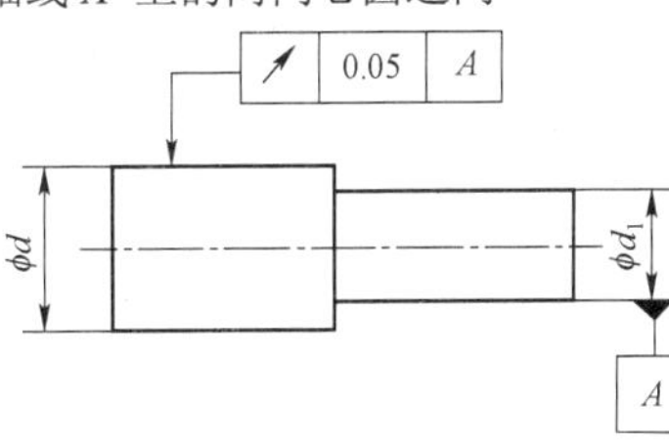
	轴向圆跳动	公差带为与基准轴线同轴的任一半径的圆柱截面上，间距等于公差值 t 的两圆所限定的圆柱面区域 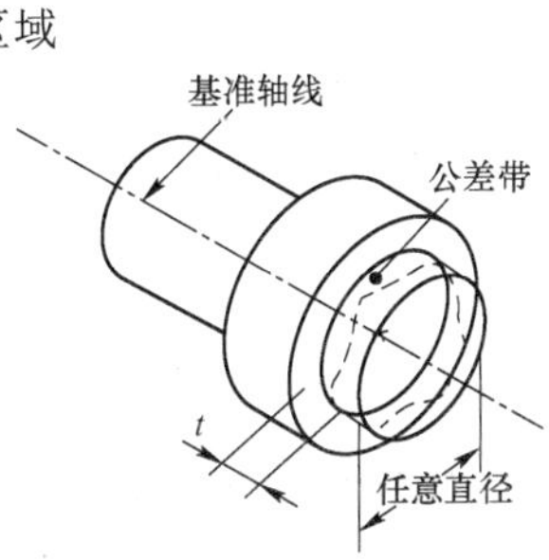 	在与基准轴线 D 同轴的任一圆柱形截面上，提取（实际）圆应限定在轴向距离等于 0.1 mm 的两个等圆之间 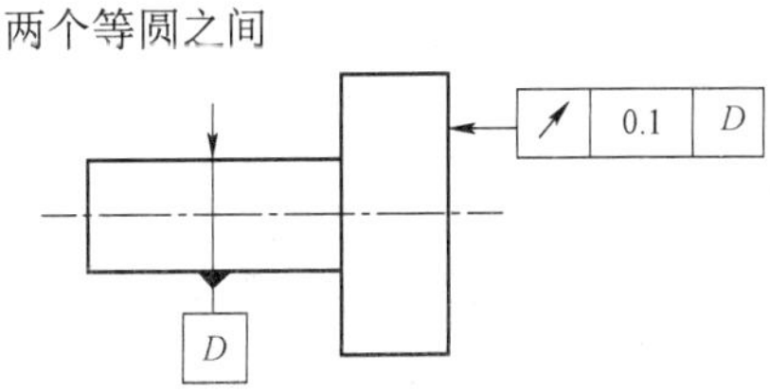

续表

<table>
<tr><th colspan="2">特征</th><th>公差带定义</th><th>标注示例和解释</th></tr>
<tr><td>圆跳动</td><td>斜向圆跳动</td><td>公差带为与基准轴线同轴的某一圆锥截面上，间距等于公差值 t 的两圆所限定的圆锥面区域（除非另有规定，测量方向应沿被测表面的法向）
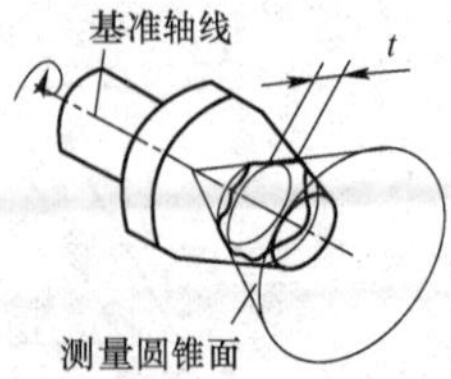</td><td>在与基准轴线 A 同轴的任一圆锥截面上，提取（实际）线应限定在素线方向间距等于 0.05 mm 的两不等圆之间
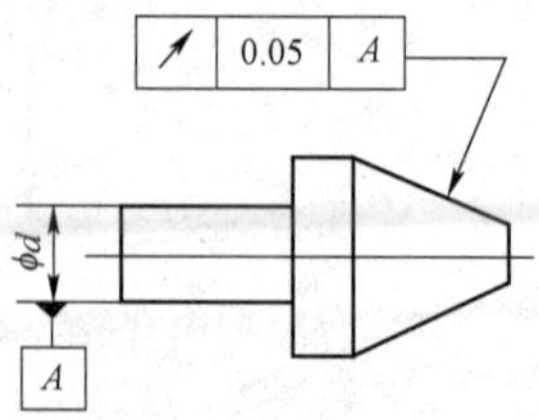</td></tr>
</table>

4. 方向、位置和跳动误差及其评定

方向、位置和跳动误差是关联提取要素对拟合要素的变动量，拟合要素的方向或位置由基准确定。

方向、位置和跳动误差的最小包容区域的形状完全相同于其对应的公差带，用方向或位置最小包容区域包容实际被测提取要素时，该最小包容区域必须与基准保持图样上给定的几何关系，且使包容区域的宽度和直径为最小。

图 9-14（a）所示面对面的垂直度的方向最小包容区域是包容被测实际平面且与基准保持垂直的两平行平面之间的区域；图 9-14（b）所示阶梯轴的同轴度的位置最小包容区域是包容被测实际中心线且与基准轴线同轴的圆柱面内的区域。

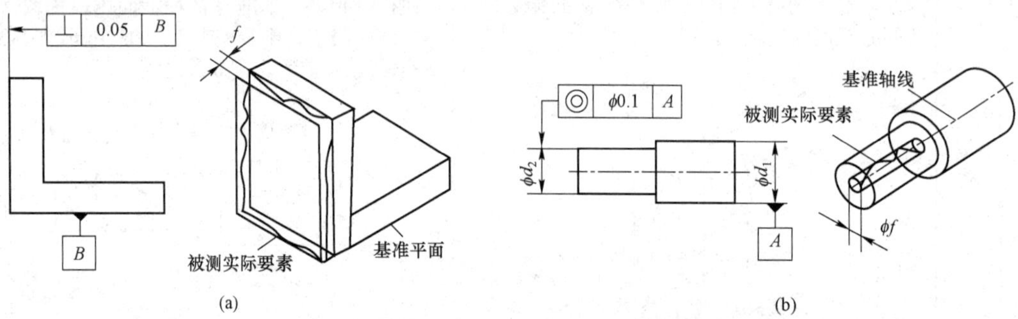

图 9-14　方向和位置最小包容区域

任务二　公差原则

任务引入

图 9-15 为孔和轴配合图，为保证轴能在孔中自由回转，要求最小功能间隙（配合孔轴尺寸考虑几何误差后所得到的间隙）X_{min} 不得小于 0.02 mm，根据要求确定公差原则及孔和轴的尺寸公差和几何公差。

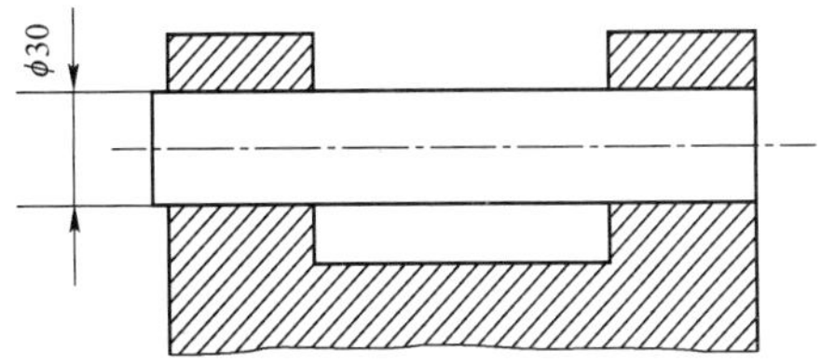

图 9-15 孔和轴配合图

相关知识准备

公差原则是确定零件的形状、位置公差和尺寸公差之间相互关系的原则。它分为独立原则和相关要求。公差原则的国家标准包括 GB/T 4249—2018 和 GB/T 16671—2018。

一、有关术语定义

1. 作用尺寸

① 体外作用尺寸（D_{fe}、d_{fe}）。在被测要素的给定长度上，与实际内表面（孔）体外相接的最大理想面，或与实际外表面（轴）体外相接的最小理想面的直径或宽度，如图 9-16 所示。

② 体内作用尺寸（D_{fi}、d_{fi}）。在被测要素的给定长度上，与实际内表面体内相接的最小理想面，或与实际外表面体内相接的最大理想面的直径或宽度，如图 9-16 所示。

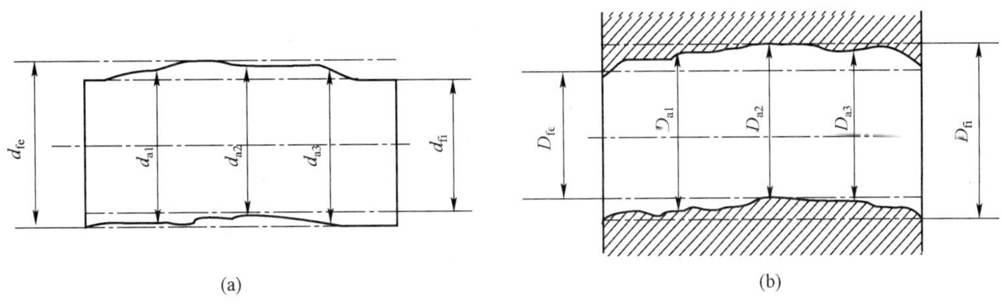

图 9-16 体外作用尺寸与体内作用尺寸

对于关联要素（关联体外作用尺寸为 D'_{fe}、d'_{fe}），该理想面的轴线或中心平面必须与基准保持图样上给定的几何关系，如图 9-17 所示。

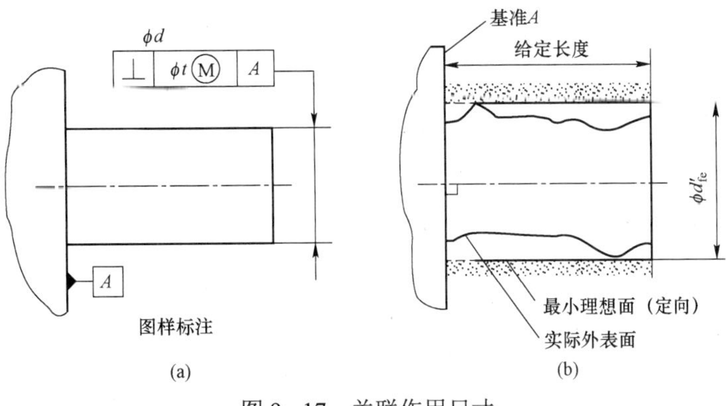

图 9-17 关联作用尺寸

对于关联要素（关联体内作用尺寸为 D'_{fi}、d'_{fi}），该理想面的轴线或中心平面必须与基准保持图样上给定的几何关系。

2. 最大实体状态、最大实体尺寸和最大实体边界

① 最大实体状态（MMC）与最大实体尺寸（MMS）如前项目八所述。

② 最大实体边界（MMB）尺寸为最大实体尺寸的边界。由设计给定的具有理想形状的极限包容面称为边界。边界尺寸为极限包容面的直径或距离。

3. 最小实体状态、最小实体尺寸和最小实体边界

① 最小实体状态（LMC）与最小实体尺寸（LMS）如前项目八所述。

② 最小实体边界（LMB）是指尺寸为最小实体尺寸的边界。

4. 最大实体实效状态、最大实体实效尺寸和最大实体实效边界

① 最大实体实效状态（MMVC）是指拟合要素的尺寸为其最大实体实效尺寸时的状态。

② 最大实体实效尺寸（MMVS）是指尺寸要素的最大实体尺寸与其导出要素的几何公差共同作用产生的尺寸。对内表面用 D_{MV} 表示；对外表面用 d_{MV} 表示；关联最大实体实效尺寸用 D'_{MV} 或 d'_{MV} 表示。

即

$$D_{MV}（D'_{MV}）= D_M - t = D_{min} - t \qquad d_{MV}（d'_{MV}）= d_M + t = d_{max} + t \tag{9-1}$$

③ 最大实体实效边界（MMVB）是指尺寸为最大实体实效尺寸的边界。如图 9-18（a）所示。

5. 最小实体实效状态、最小实体实效尺寸和最小实体实效边界

① 最小实体实效状态（LMVC）是指拟合要素的尺寸为其最小实体实效尺寸时的状态。

② 最小实体实效尺寸（LMVS）是指尺寸要素的最小实体尺寸与其导出要素的几何公差共同作用产生的尺寸。对内表面用 D_{LV} 表示；对外表面用 d_{LV} 表示；关联最小实体实效尺寸用 D'_{LV} 或 d'_{LV} 表示。即

$$D_{LV}（D'_{LV}）= D_L + t = D_{max} + t \qquad d_{LV}（d'_{LV}）= d_L - t = d_{min} - t \tag{9-2}$$

③ 最小实体实效边界（LMVB）是指尺寸为最小实体实效尺寸的边界，如图9-18（b）所示。

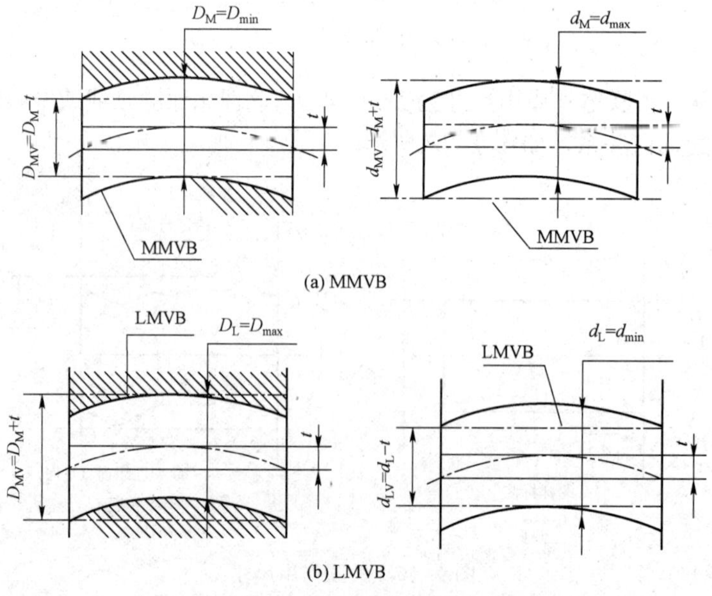

(a) MMVB

(b) LMVB

图 9-18　最大、最小实体实效尺寸及边界

二、独立原则

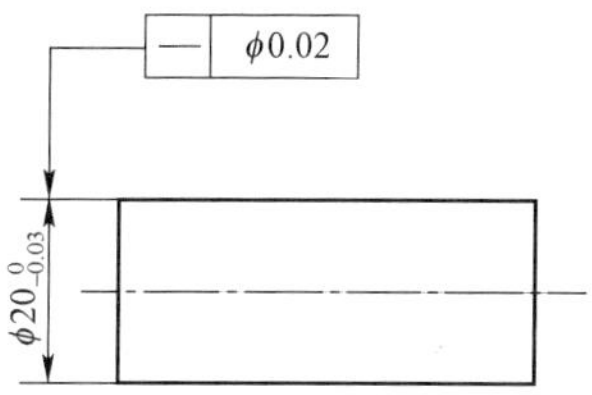

图 9－19 独立原则应用示例

独立原则是指图样上给定的各个尺寸和几何形状、方向或位置要求都是独立的，应该分别满足各自的要求。独立原则是尺寸公差和形位公差相互关系遵循的基本原则，它的应用最广。

图 9－19 所示为独立原则应用示例，不需标注任何相关符号。图示轴的局部实际尺寸应在 ϕ19.97～20 mm，且中心线的直线度误差不允许大于 0.02 mm。

三、相关要求

相关要求是图样上给定的尺寸公差与几何公差相互有关的设计要求。它分为包容要求、最大实体要求和最小实体要求。最大实体要求和最小实体要求还可用于可逆要求。

1. 包容要求

包容要求是被测实际要素处处不得超越最大实体边界的一种要求。它只适用于单一尺寸要素（圆柱面、两平行平面）的尺寸公差与几何公差之间的关系。

采用包容要求的尺寸要素，应在其尺寸极限偏差或公差代号后标注符号Ⓔ。

包容要求表示提取组成要素不得超越其最大实体边界，即其体外作用尺寸不超出最大实体尺寸，且其局部实际尺寸不超出最小实体尺寸。

对于内表面（孔）：

$$D_f = D_M = D_{min} \text{ 且 } D_a \leqslant D_L = D_{max} \quad (9-3)$$

对于外表面（轴）：

$$d_{fe} = d_M = d_{min} \text{ 且 } d_a \geqslant d_L = d_{min} \quad (9-4)$$

在图 9－20 中，轴的尺寸 $\phi 20^{\ 0}_{-0.03}$ Ⓔ表示采用包容要求，则实际轴应满足下列要求

$$d_{fe} \leqslant d_M = d_{max} = \phi 20 \text{ mm}$$
$$d_a \geqslant d_L = d_{min} = \phi 19.97 \text{ mm}$$

动态公差图表达了实际尺寸和形状公差变化的关系。当实际尺寸为ϕ19.97 mm，偏离最大实体尺寸 0.03 mm 时，允许的直线度误差为 0.03 mm；而当实际尺寸为最大实体尺寸 ϕ20 mm 时，允许的直线度误差为 0。

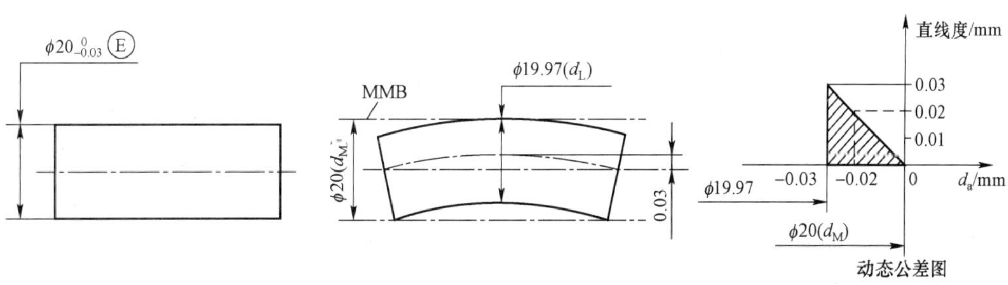

图 9－20 包容要求应用示例

包容要求是将尺寸误差和几何误差同时控制在尺寸公差范围内的一种公差要求，主要用于必须保证配合性质的要素。

2. 最大实体要求

最大实体要求是指尺寸要素的非理想要素不得超越其最大实体实效边界的一种尺寸要素

要求。它既可应用于被测中心要素，也可用于基准中心要素。

最大实体要求应用于被测中心要素时，应在被测要素几何公差框格中的公差值后标注符号Ⓜ；用于基准中心要素时，应在公差框格中相应的基准字母代号后标注符号Ⓜ。

（1）最大实体要求用于被测提取要素

被测提取要素的实际轮廓应遵守其最大实体实效边界，即其体外作用尺寸不得超出最大实体实效尺寸；而且其局部实际尺寸在最大与最小实体尺寸之间。

对于内表面：$D_{fe} \geqslant D_{MV} = D_{min} - t$ 且 $D_M = D_{min} \leqslant D_a \leqslant D_L = D_{max}$　　（9-5）

对于外表面：$d_{fe} \leqslant d_{MV} = d_{max} + t$ 且 $d_M = d_{max} \geqslant d_a \geqslant d_L = d_{min}$　　（9-6）

最大实体要求用于被测提取要素时，其几何学公差值是在该要素处于最大实体状态时给出的。当被测提取要素的实际轮廓偏离其最大实体状态时，几何误差值可以超出在最大实体状态下给出的几何学公差值，即此时的几何公差值可以增大。

图 9-21 表示 $\phi 20_{-0.3}^{\ 0}$ 轴的中心线直线度公差采用最大实体要求。当该轴处于最大实体状态时，其中心线的直线度公差为 ϕ0.1 mm；若轴的实际尺寸向最小实体尺寸方向偏离最大实体尺寸，则其中心线直线度误差可以超出图样给出的公差值 0.1 mm，但必须保证其体外作用尺寸不超出轴的最大实体实效尺寸 ϕ20.1 mm；当轴的实际尺寸处处为最小实体尺寸 19.7 mm，其中心线的直线度公差可达最大值，t=0.3+0.1 =0. 4 mm。

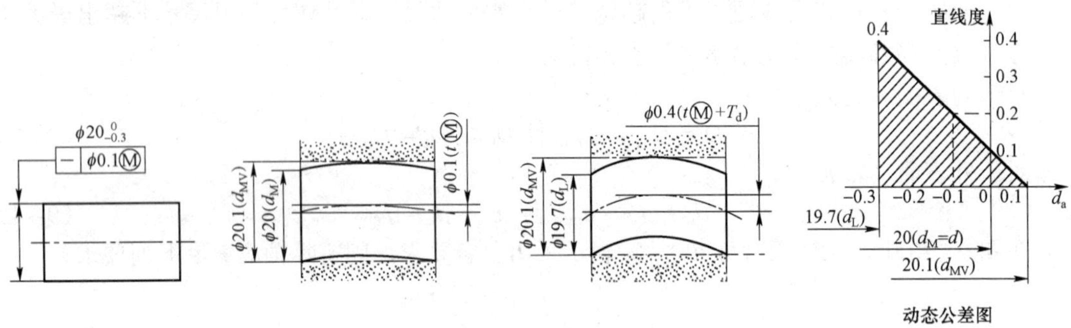

图 9-21　最大实体要求应用示例 1

图 9-21 所示轴的尺寸与轴线直线度的合格条件为

$$d_{min} = 19.7\ \text{mm} \leqslant d_a \leqslant d_{max} = 20\ \text{mm}$$

$$d_{fe} \leqslant d_{MV} = 20.1\ \text{mm}$$

当给出的导出要素的几何公差值为零（原称“零形位公差”）时，尺寸要素的最大实体实效边界 MMVB 等于最大实体边界 MMB。

图 9-22 表示 $\phi 50_{-0.08}^{+0.13}$ 孔的中心线对基准平面在任意方向的垂直度公差采用最大实体要求。当该孔处于最大实体状态时，其中心线对基准平面的垂直度公差为零，即不允许有垂直度误差；只有当孔的实际尺寸向最小实体尺寸方向偏离最大实体尺寸，才允许其中心线对基准平面有垂直度误差，但必须保证其定向体外作用尺寸不超出其最大实体实效尺寸 $D_{MV} = D_M - t$ =49.92－0=49.92 mm；当孔的实际尺寸处处为最小实体尺寸 50.13 mm，其中心线对基准平面的垂直度公差可达最大值，即孔的尺寸公差 ϕ0.21 mm。

图 9-22 所示零件的合格条件为

$$D_a \leqslant D_L = D_{max} = 50.13\ \text{mm}$$

$$D_{fe} \geqslant D_{MV} = D_M = D_{min} = 49.92\ \text{mm}$$

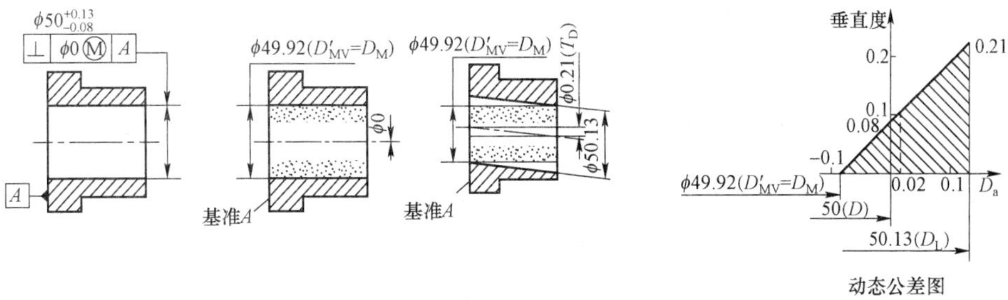

图 9－22　最大实体要求应用示例 2

（2）最大实体要求应用于基准要素

最大实体要求应用于基准要素，基准要素应遵守相应的边界。若基准要素的实际轮廓偏离其相应的边界，则允许基准要素在一定范围内浮动，其浮动范围等于基准要素的体外作用尺寸与其相应边界尺寸之差。但这种允许浮动并不能相应地允许增大被测要素的几何公差值。

最大实体要求应用于基准要素时，基准要素应遵守的边界有两种情况，具体如下。

① 基准要素本身采用最大实体要求时，应遵守最大实体实效边界。此时，基准代号应直接标注在形成该最大实体实效边界的形位公差框格下面。

图 9－23 表示最大实体要求应用于 4× $\phi8^{+0.1}_{0}$ 均布四孔的轴线对基准轴线的任意方向位置度公差，且最大实体要求也应用于基准要素，基准本身的轴线直线度公差采用最大实体要求。因此，对于均布四孔的位置度公差，基准要素应遵守由直线度公差确定的最大实体实效边界，其边界尺寸为 $d_{MV} = d_M + t = 20 + 0.02 = 20.02$ mm。

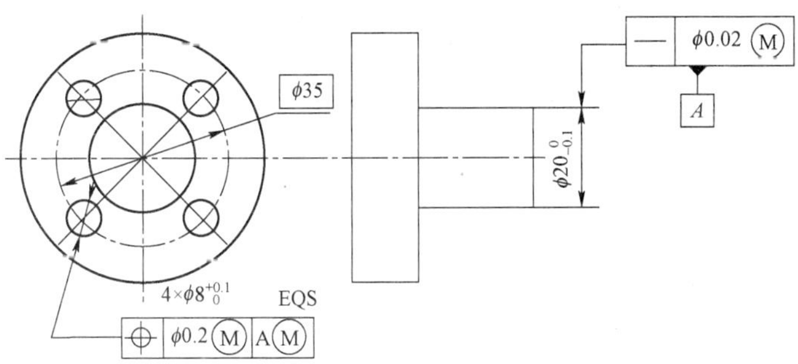

图 9－23　最大实体要求应用于基准要素且基准本身采用最大实体要求

② 基准本身不采用最大实体要求时，应遵守最大实体边界。此时，基准代号应标注在基准的尺寸线处，其连线与尺寸线对齐。

基准要素不采用最大实体要求可能有两种情况：遵循独立原则或采用包容要求。

图 9－24（a）表示最大实体要求应用于 4× $\phi8^{+0.1}_{0}$ 均布四孔的轴线对基准轴线的任意方向位置度公差，且最大实体要求也应用于基准要素，基准本身遵循独立原则（未注形位公差）。因此基准要素应遵守其最大实体边界，其边界尺寸为基准要素的最大实体尺寸 $D_M = \phi20$ mm。

图 9－24（b）表示最大实体要求应用于 4× $\phi8^{+0.1}_{0}$ 均布四孔的轴线对基准轴线的任意方向位置度公差，且最大实体要求也应用于基准要素，基准本身采用包容要求。因此基准要素也应遵守其最大实体边界，其边界尺寸为基准要素的最大实体尺寸 $D_M = \phi20$ mm。

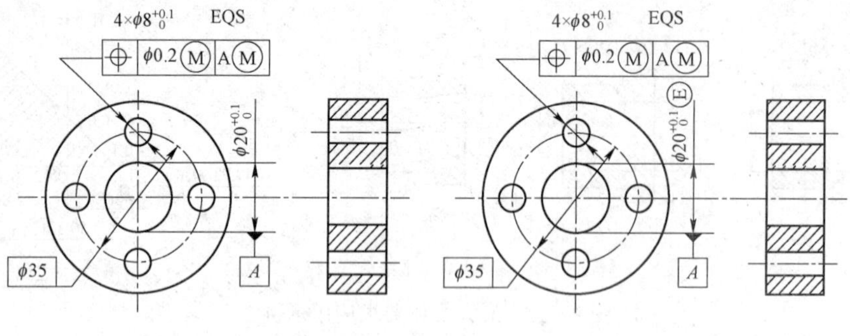

(a) 基准本身遵循独立原则　(b) 基准本身采用包容原则

图 9-24　最大实体要求应用于基准要素但基准本身不采用最大实体要求

最大实体要求适用于中心要素，主要用于仅需保证零件的可装配性时。

3. 最小实体要求

最小实体要求是指尺寸要素的非理想要素不得超越其最小实体实效边界的一种尺寸要素要求。当其实际尺寸偏离最小实体尺寸时，允许其几何误差值超出在最小实体状态下给出的公差值。它既可用于被测中心要素，也可用于基准中心要素。

最小实体要求用于被测提取要素时，应在被测提取要素几何公差框格中的公差值后标注符号Ⓛ；应用于基准中心要素时，应在被测提取要素几何公差框格内相应的基准字母代号后标注符号Ⓛ。

（1）最小实体要求应用于被测提取要素

此时被测提取要素的几何公差值是在该要素处于最小实体状态时给出的。当被测提取要素的实际轮廓偏离其最小实体状态，即其实际尺寸偏离最小实体尺寸时，几何误差值可以超出在最小实体状态下给出的几何公差值。

最小实体要求应用于被测提取要素时，被测提取要素的实际轮廓在给定长度上处处不得超出最小实体实效边界。即其体内作用尺寸不得超出最小实体实效尺寸，且其局部实际尺寸不得超出最大和最小实体尺寸。

$$对于内表面：D_{fi} \leqslant D_{LV} = D_{max} + t \qquad D_M = D_{min} \leqslant D_a \leqslant D_L = D_{max} \tag{9-7}$$

$$对于外表面：d_{fi} \geqslant d_{LV} = d_{min} - t \qquad d_M = d_{max} \geqslant d_a \geqslant d_L = d_{min} \tag{9-8}$$

图 9-25 表示孔的中心线对基准平面在任意方向的位置度公差采用最小实体要求。当该孔处于最小实体状态时，其中心线对基准平面任意方向的位置度公差为 ϕ0.4 mm。若孔的实际尺寸向最大实体尺寸方向偏离最小实体尺寸，即小于最小实体尺寸 ϕ8.25 mm，则其中心线对基准平面的位置度误差可以超出图样给出的公差值 ϕ0.4 mm，但必须保证其定位体内作用尺寸 D_{fi} 不超出孔的定位最小实体实效尺寸 $D_{LV} = D_L + t = 8.25+0.4 = 8.65$ mm。所以，当孔的实际尺寸处处相等时，它对最小实体尺寸 ϕ8.25 mm 的偏离量就等于轴线对基准平面任意方向的位置度公差的增加值。当孔的实际尺寸处处为最大实体尺寸 ϕ8 mm，即处于最大实体状态时，其中心线对基准平面任意方向的位置度公差可达最大值，且等于其尺寸公差与给出的任意方向位置度公差之和，t =（0.25+0.4）mm = ϕ0.65 mm。

图 9-25 所示孔的尺寸与中心线对基准平面任意方向的位置度的合格条件为

$$D_L = D_{max} = 8.25\ \text{mm} \geqslant D_a \geqslant D_M = D_{min} = 8\ \text{mm}$$

$$D_{fi} \leqslant D_{LV} = 8.65\ \text{mm}$$

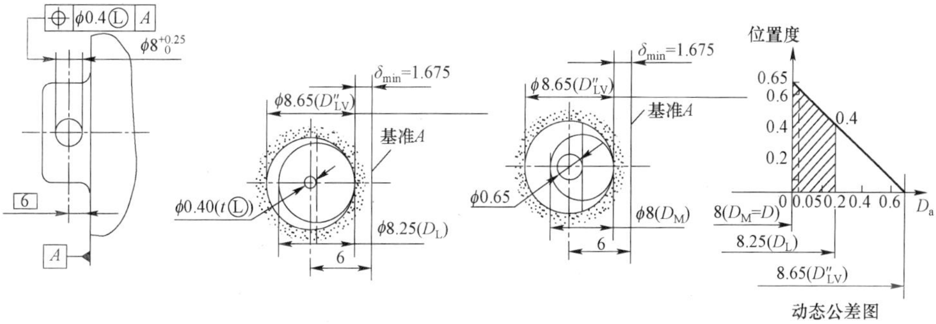

图 9–25 最小实体要求应用于被测提取要素

图 9–25 与图 9–26 两种尺寸公差和位置度公差的标注，具有相同的边界和综合公差，因此具有基本相同的设计要求。它们间的差别在于对综合公差的分配有所不同。从两者的定位最小实体实效边界来看，这种设计要求主要是为了在被测孔与基准平面之间保证最小壁厚

$$\delta_{min}=6-（D_{LV}/2）=6-（8.65/2）=1.675（mm）$$

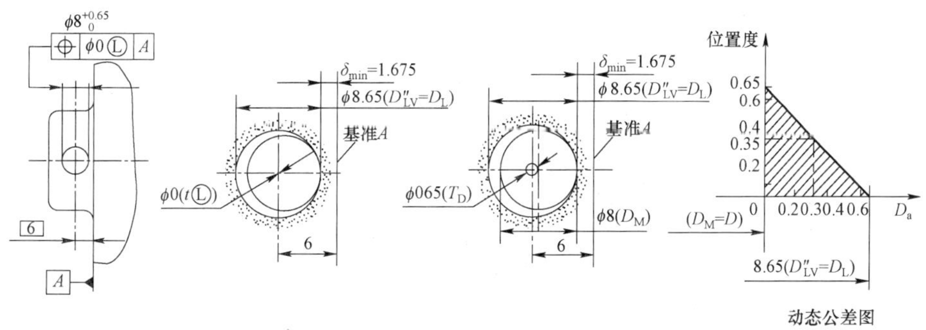

图 9–26 最小实体要求应用示例

（2）最小实体要求应用于基准要素

此时基准要素应遵守相应的边界。若基准要素的实际轮廓偏离其相应的边界，则允许基准要素在一定范围内浮动，其浮动范围等于基准要素的体内作用尺寸与其相应的边界尺寸之差。

最小实体要求应用于基准要素时，基准要素应遵守的边界也有两种情况。

① 基准要素本身采用最小实体要求时，应遵守最小实体实效边界。此时基准代号应直接标注在形成该最小实体实效边界的几何公差框格下面，如图 9–27（a）所示。

② 基准要素本身不采用最小实体要求时，应遵守最小实体边界。此时基准代号应标注在基准的尺寸线处，其连线与尺寸线对齐，如图 9–27（b）所示。

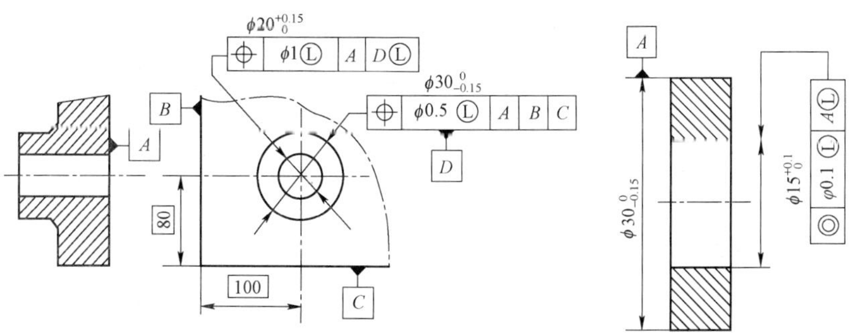

(a) 本身采用 (b) 本身不采用

图 9–27 最小实体要求应用于基准要素

最小实体要求应用于中心要素，主要用于需保证零件的强度和壁厚时。

4. 可逆要求

可逆要求是在不影响零件功能要求的前提下，当被测中心线或中心面的几何误差值小于给出的几何公差值时，允许相应的尺寸公差增大。它是最大实体要求或最小实体要求的附加要求。采用可逆的最大实体要求，应在被测要素的几何公差框格中的公差值后标注ⓂⓇ。

图 9−28 所示是中心线的直线度公差采用可逆的最大实体要求的示例。当该轴处于最大实体状态时，其中心线直线度公差为 $\phi0.1$ mm，若轴的直线度误差小于给出的公差值，则允许轴的实际尺寸超出其最大实体尺寸 $\phi20$ mm，但必须保证其体外作用尺寸不超出其最大实体实效尺寸 $\phi20.1$ mm，所以当轴的中心线直线度误差为零（即具有理想形状）时，其实际尺寸可达最大值，即等于轴的最大实体实效尺寸 $\phi20.1$ mm。

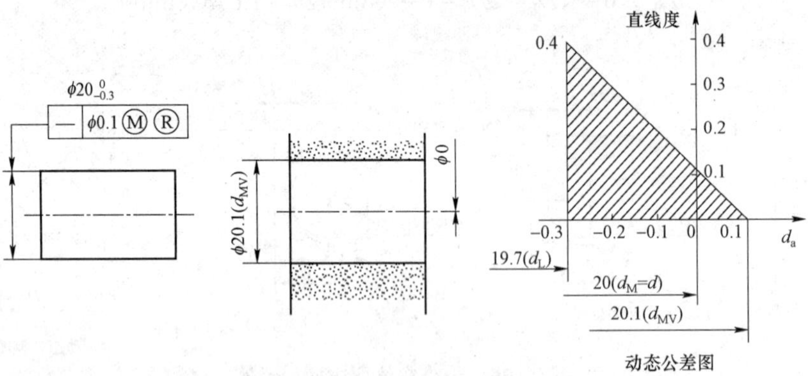

图 9−28　可逆要求应用于最大实体要求的示例

图 9−28 所示的轴的尺寸与轴线直线度的合格条件为

$$d_a \geqslant d_L = d_{min} = 19.7 \text{ mm}$$

$$d_{fe} \geqslant d_{MV} = d_M + t = 20+0.1 =20.1 \text{ mm}$$

采用可逆的最小实体要求，应在被测要素的几何公差框格中的公差值后标注ⓁⓇ。图 9−29 表示 $\phi8^{+0.25}_{0}$ 孔的中心线对基准平面的任意方向的位置度公差采用可逆的最小实体要求。当孔处于最小实体状态时，其中心线对基准平面的位置度公差为 0.4 mm。若孔的中心线对基准平面的位置度误差小于给出的公差值，则允许孔的实际尺寸超出其最小实体尺寸（即大于 8.25 mm），但必须保证其定位体内作用尺寸不超出其定位最小实体实效尺寸（即 $D_{fi} \leqslant D_{LV} = D_L + t = 8.25 + 0.4 = 8.65$ mm）。所以当孔的中心线对基准平面任意方向的位置度误差为零时，其实际尺寸可达最大值，即等于孔定位最小实体实效尺寸 8.65 mm。

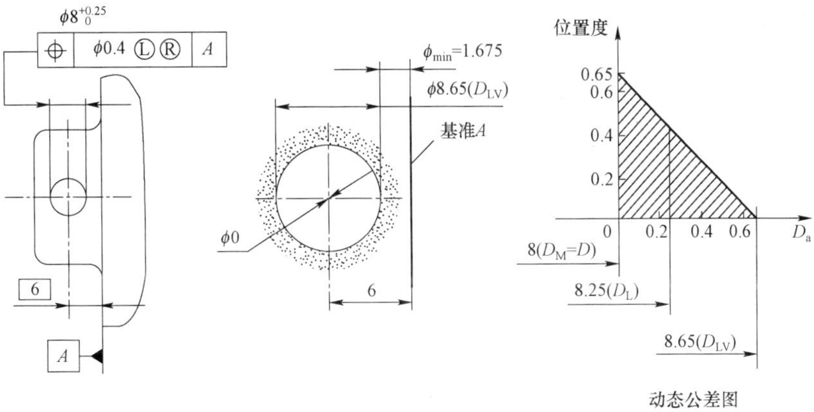

图 9-29 可逆要求应用于最小实体要求的示例

任务三 合理选用几何公差

任务引入

图 9-30 所示为减速器的输出轴，两轴颈 ϕ55j6 与 P0 级滚动轴承内圈相配合；在两轴颈上安装滚动轴承后，将分别与减速器箱体的两孔配合；ϕ62 mm 处的两轴肩都是止推面，起一定的定位作用；ϕ56r6 和 ϕ45 m6 分别与齿轮和带轮配合。根据以上要求，试选择合理的几何公差并在图中进行标注。

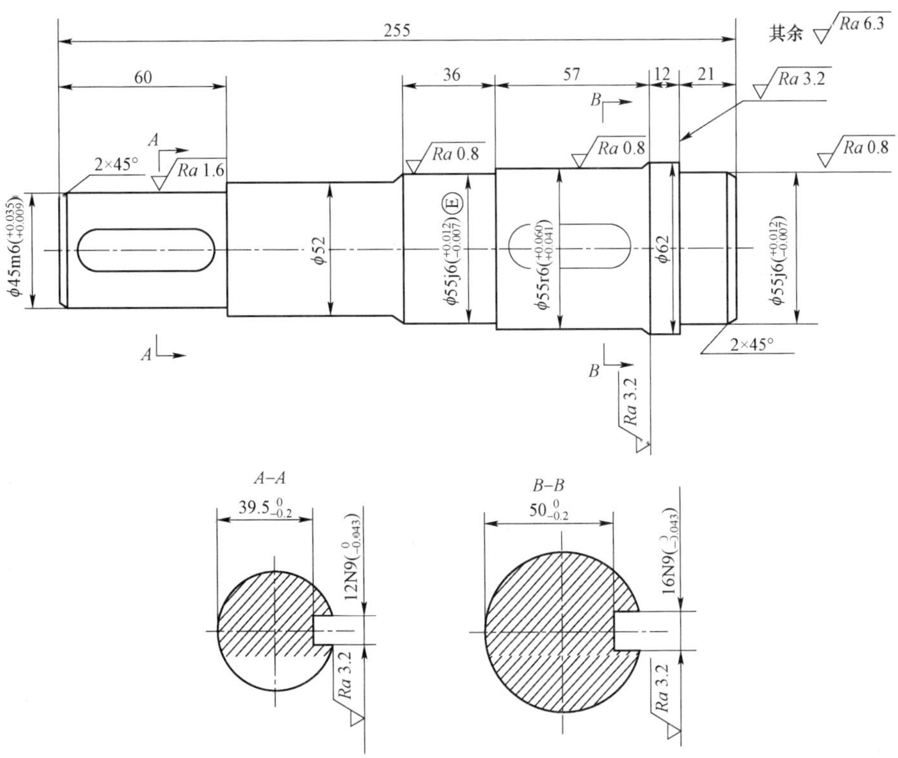

图 9-30 减速器的输出轴

相关知识准备

几何公差的设计选用对保证产品质量和降低制造成本具有十分重要的意义，它对保证轴类零件的旋转精度、保证结合件的连接强度和密封性、保证齿轮传动零件的承载均匀性等都有很重要的影响。几何公差的选用主要包括几何公差项目的选择、几何公差值的选择、公差原则的选择、公差要求的选择及基准的选择。

一、几何公差项目的选择

几何公差项目的选择，取决于零件的几何特征与功能要求，同时也要考虑检测的方便性。

1. 零件的几何特征

形状公差项目主要是按要素的几何形状特征制定的，因此要素的几何特征自然是选择单一要素公差项目的基本依据。例如，控制平面的形状误差应选择平面度；控制导轨导向面的形状误差应选择直线度；控制圆柱面的形状误差应选择圆度或圆柱度等。

方向或位置公差项目是按要素间几何方位关系制定的，所以关联要素的公差项目应以它与基准间的几何方位关系为基本依据。对线（中心线）、面可规定方向和位置公差，对点只能规定位置度公差，只有回转零件才规定同轴度公差和跳动公差。

2. 零件的功能要求

零件的功能要求不同，对几何公差应提出不同的要求，所以应分析几何误差对零件使用性能的影响。一般说来，平面的形状误差将影响支承面安置的平稳和定位可靠性，影响贴合面的密封性和滑动面的磨损；导轨面的形状误差将影响导向精度；圆柱面的形状误差将影响定位配合的连接强度和可靠性，影响转动配合的间隙均匀性和运动平稳性；轮廓表面或中心要素的方向或位置误差将直接决定机器的装配精度和运动精度，如齿轮箱体上两孔轴线不平行将影响齿轮副的接触精度，降低承载能力，滚动轴承的定位轴肩与轴线不垂直，将影响轴承旋转时的精度等。

二、几何公差值的选择

GB/T 1184—1996 规定图样中标注的几何公差有两种形式：未注公差值和注出公差值。未注公差值是各类工厂中常用设备能保证的精度。零件大部分要素的几何公差值均应遵循未注公差值的要求，不必注出。只有当要求要素的公差值小于未注公差值时，或者要求要素的公差值大于未注公差值而给出大的公差值后，能给工厂的加工带来经济效益时，才需要在图样中用框格给出几何公差要求。

注出几何公差要求的几何精度高低是用公差等级数字的大小来表示的。按国家标准的规定，对 14 项形位公差特征，除线面轮廓度及位置度未规定公差等级外，其余项目均有规定。一般划分为 12 级，即 1～12 级，1 级精度最高，12 级精度最低；圆度、圆柱度则最高级为 0 级，划分为 13 级。各项目的各级公差值如表 9-8～表 9-11 所示。

表 9-8 直线度和平面度公差值 μm

主参数 L/mm	公差等级											
	1	2	3	4	5	6	7	8	9	10	11	12
	公差值											
≤10	0.2	0.4	0.8	1.2	2	3	5	8	12	20	30	60
>10～16	0.25	0.5	1	1.5	2.5	4	6	10	15	25	40	80
>16～25	0.3	0.6	1.2	2	3	5	8	12	20	30	50	100
>25～40	0.4	0.8	1.5	2.5	4	6	10	15	25	40	60	120
>40～63	0.5	1	2	3	5	8	12	20	30	50	80	150
>63～100	0.6	1.2	2.5	4	6	10	15	25	40	60	100	200
>100～160	0.8	1.5	3	5	8	12	20	30	50	80	120	250
>160～250	1	2	4	6	10	15	25	40	60	100	150	300
>250～400	1.2	2.5	5	8	12	20	30	50	80	120	200	400
>400～630	1.5	3	6	10	15	25	40	60	100	150	250	500
>630～1 000	2	4	8	12	20	30	50	80	120	200	300	600

注：主参数 *L* 为轴、直线、平面的长度。

表 9-9 圆度和圆柱度公差值 μm

主参数 d（D）/mm	公差等级												
	0	1	2	3	4	5	6	7	8	9	10	11	12
	公差值												
≤3	0.1	0.2	0.3	0.5	0.8	1.2	2	3	4	6	10	14	25
>3～6	0.1	0.2	0.4	0.6	1	1.5	2.5	4	5	8	12	18	30
>6～10	0.12	0.25	0.4	0.6	1	1.5	2.5	4	6	9	15	22	36
>10～18	0.15	0.25	0.5	0.8	1.2	2	3	5	8	11	18	27	43
>18～30	0.2	0.3	0.6	1	1.5	2.5	4	6	9	13	21	33	52
>30～50	0.25	0.4	0.6	1	1.5	2.5	4	7	11	16	25	39	62
>50～80	0.3	0.5	0.8	1.2	2	3	5	8	13	19	30	46	74
>80～120	0.4	0.6	1	1.5	2.5	4	6	10	15	22	35	54	87
>120～180	0.6	1	1.2	2	3.5	5	8	12	18	25	40	63	100
>180～250	0.8	1.2	2	3	4.5	7	10	14	20	29	46	72	115
>250～315	1.0	1.6	2.5	4	6	8	12	16	23	32	52	81	130
>315～400	1.2	2	3	5	7	9	13	18	25	36	57	89	140
>400～500	1.5	2.5	4	6	8	10	15	20	27	40	63	97	155

注：主参数 *d*（*D*）为轴（孔）的直径。

表 9-10　平行度、垂直度和倾斜度公差值　μm

主参数 L、d（D）/mm	公差等级											
	1	2	3	4	5	6	7	8	9	10	11	12
	公差值											
≤10	0.4	0.8	1.5	3	5	8	12	20	30	50	80	120
>10～16	0.5	1	2	4	6	10	15	25	40	60	100	150
>16～25	0.6	1.2	2.5	5	8	12	20	30	50	80	120	200
>25～40	0.8	1.5	3	6	10	15	25	40	60	100	150	250
>40～63	1	2	4	8	12	20	30	50	80	120	200	300
>63～100	1.2	2.5	5	10	15	25	40	60	100	150	250	400
>100～160	1.5	3	6	12	20	12	20	30	60	120	200	400
>160～250	2	4	8	15	25	40	60	100	150	250	400	600
>250～400	2.5	5	10	20	30	50	80	120	200	300	500	800
>400～630	3	6	12	25	40	60	100	150	250	400	600	1 000
>630～1 000	4	8	15	30	50	80	120	200	300	500	800	1 200

注：① 主参数 *L* 为给定平行度时轴线或平面的长度，或给定垂直度、倾斜度时被测要素的长度。

② 主参数 *d*（*D*）为给定面对线垂直度时，被测要素的轴（孔）直径。

表 9-11　同轴度、对称度、圆跳动和全跳动公差值　μm

主参数 d（D）、B、L/mm	公差等级											
	1	2	3	4	5	6	7	8	9	10	11	12
	公差值											
≤1	0.4	0.6	1.0	1.5	2.5	4	6	10	15	25	40	60
>1～3	0.4	0.6	1.0	1.5	2.5	4	6	10	20	40	60	120
>3～6	0.5	0.8	1.2	2	3	5	8	12	25	50	80	150
>6～10	0.6	1.0	1.5	2.5	4	6	10	15	30	60	100	200
>10～18	0.8	1.2	2	3	5	8	12	20	40	80	120	250
>18～30	1	1.5	2.5	4	6	10	15	25	50	100	150	300
>30～50	1.2	2	3	5	8	12	20	30	60	120	200	400
>50～120	1.5	2.5	4	6	10	15	25	40	80	150	250	500
>120～250	2	3	5	8	12	20	30	50	100	200	300	600
>250～500	2.5	4	6	10	15	25	40	60	120	250	400	800
>500～800	3	5	8	12	20	30	50	80	150	300	500	1 000
>800～1 250	4	6	10	15	25	40	60	100	200	400	600	1 200

注：① 主参数 *d*（*D*）为给定同轴度，或给定圆跳动、全跳动时的轴（孔）直径。

② 圆锥体斜向圆跳动公差的主参数为平均直径。

③ 主参数 *B* 为给定对称度时槽的宽度。

④ 主参数 *L* 为给定两孔对称度时的孔心距。

对位置度，国家标准只规定了公差值数系，而未规定公差等级，如表 9–12 所示。

表 9–12 位置度公差值数系

1	1.2	1.5	2	2.5	3	4	5	6	8
$1\times10n$	$1.2\times10n$	$1.5\times10n$	$2\times10n$	$2.5\times10n$	$3\times10n$	$4\times10n$	$5\times10n$	$6\times10n$	$8\times10n$

注：n 为正整数。

几何公差值的选择原则，是在满足零件功能要求的前提下，兼顾工艺的经济性的检测条件，尽量选取较大的公差值。选择的方法有计算法和类比法。

（1）计算法

用计算法确定形位公差值，目前还没有成熟系统的计算步骤和方法，一般是根据产品的功能要求，在有条件的情况下计算求得形位公差值。

（2）类比法

几何公差值常用类比法确定，除主要考虑零件的使用性能、加工的可能性和经济性等因素外，还应考虑以下几个方面的内容。

① 形状公差与方向、位置公差的关系。同一要素上给定的形状公差值应小于方向、位置公差值，方向公差值应小于位置公差值（$t_{形状}<t_{方向}<t_{位置}$）。如同一平面上，平面度公差值应小于该平面对基准平面的平行度公差值。

② 几何公差和尺寸公差的关系。圆柱形零件的形状公差一般情况下应小于其尺寸公差值；线对线或面对面的平行度公差值应小于其相应距离的尺寸公差值。

圆度、圆柱度公差值约为同级的尺寸公差的 50%，因而一般可按同级选取。例如，尺寸公差为 IT6，则圆度、圆柱度公差通常也选 6 级，必要时也可比尺寸公差等级高 1～2 级。

位置度公差通常需要经过计算确定，对用螺栓连接两个或两个以上零件时，若被连接零件均为光孔，则光孔的位置度公差的计算公式为

$$t \leqslant KX_{min} \tag{9-9}$$

式中：t——位置度公差；

K——间隙利用系数，其推荐值为，不需调整的固定连接 $K=1$，需调整的固定连接 $K=0.6\sim0.8$；

X_{min}——光孔与螺栓间的最小间隙。

用螺钉连接时，被连接零件中有一个是螺孔，而其余零件均是光孔，则光孔和螺孔的位置度公差计算公式为

$$t \leqslant 0.6KX_{min} \tag{9-10}$$

式中：X_{min}——光孔与螺钉间的最小间隙。

按以上公式计算确定的位置度公差，经圆整并按表 9–15 选择标准的位置度公差值。

③ 几何公差与表面粗糙度的关系。通常表面粗糙度的 Ra 值可约占形状公差值的 20%～25%。

④ 考虑零件的结构特点。对于刚性较差的零件（如细长轴）和结构特殊的要素（如跨距较大的轴和孔、宽度较大的零件表面等），在满足零件的功能要求下，可适当降低 1～2 级选用。此外，孔相对于轴、线对线和线对面相对于面对面的平行度、垂直度公差可适当降低 1～2 级。

表 9–13～表 9–17 为各种几何公差等级应用，可供类比时参考。

表 9–13　直线度、平面度公差等级应用

公差等级	应用举例
1，2	用于精密量具、测量仪器及精度要求高的精密机械零件，如量块、零级样板、平尺、零级宽平尺、工具显微镜等精密量仪的导轨面等
3	1 级宽平尺工作面，1 级样板平尺的工作面，测量仪器圆弧导轨的直线度量仪的测杆等
4	零级平板，测量仪器的 V 形导轨，高精度平面磨床的 V 形导轨和滚动导轨等
5	1 级平板，2 级宽平尺，平面磨床的导轨、工作台，液压龙门刨床导轨面，柴油机进气、排气阀门导杆等
6	普通机床导轨面，柴油机机体结合面等
7	2 级平板，机床主轴箱结合面，液压泵盖、减速器壳体结合面等
8	机床传动箱体、挂轮箱体、溜板箱体，柴油机汽缸体，连杆分离面，缸盖结合面，汽车发动机缸盖，曲轴箱结合面，液压管件和法兰连接面等
9	自动车床床身底面，摩托车曲轴箱体，汽车变速箱壳体，手动机械的支承面等

表 9–14　圆度、圆柱度公差等级应用

公差等级	应用举例
0，1	高精度量仪主轴，高精度机床主轴，滚动轴承的滚珠和滚柱等
2	精密量仪主轴、外套、阀套高压油泵柱塞及套，纺锭轴承，高速柴油机进、排气门，精密机床主轴轴颈，针阀圆柱表面，喷油泵柱塞及柱塞套等
3	高精度外圆磨床轴承，磨床砂轮主轴套筒，喷油嘴针，阀体，高精度轴承内外圈等
4	较精密机床主轴、主轴箱孔，高压阀门，活塞，活塞销，阀体孔，高压油泵柱塞，较高精度滚动轴承配合轴，铣削动力头箱体孔等
5	一般计量仪器主轴、测杆外圆柱面，陀螺仪轴颈，一般机床主轴轴颈及轴承孔，柴油机、汽油机的活塞、活塞销，与 P6 级滚动轴承配合的轴颈等
6	一般机床主轴及前轴承孔，泵、压缩机的活塞、汽缸，汽油发动机凸轮轴，纺机锭子，减速传动轴轴颈，高速船用发动机曲轴、拖拉机曲轴主轴颈，与 P6 级滚动轴承配合的外壳孔，与 P0 级滚动轴承配合的轴颈等
7	大功率低速柴油机曲轴轴颈、活塞、活塞销、连杆、汽缸，高速柴油机箱体轴承孔，千斤顶或压力油缸活塞，机车传动轴，水泵及通用减速器转轴轴颈，与 P0 级滚动轴承配合的外壳孔等
8	低速发动机、大功率曲柄轴轴颈，压气机连杆盖、体，拖拉机汽缸、活塞，炼胶机冷铸轴辊，印刷机传墨辊，内燃机曲轴轴颈，柴油机凸轮轴承孔，凸轮轴，拖拉机、小型船用柴油机汽缸套等
9	空气压缩机缸体，液压传动筒，通用机械杠杆与拉杆用套筒销子，拖拉机活塞环、套筒孔

表 9-15 平行度、垂直度、倾斜度公差等级应用

公差等级	应用举例
1	高精度机床、测量仪器、量具等主要工作面和基准面等
2，3	精密机床、测量仪器、量具、模具的工作面和基准面，精密机床的导轨，重要箱体主轴孔对基准面的要求，精密机床主轴轴肩端面，滚动轴承座圈端面，普通机床的主要导轨，精密刀具的工作面和基准面等
4，5	普通机床导轨，重要支承面，机床主轴孔对基准的平行度，精密机床重要零件，计量仪器、量具、模具的工作面和基准面，床头箱体重要孔，通用减速器壳体孔，齿轮泵的油孔端面，发动机轴和离合器的凸缘，汽缸支承端面，安装精密滚动轴承壳体孔的凸肩等
6，7，8	一般机床的工作面和基准面，压力机和锻锤的工作面，中等精度钻模的工作面，机床一般轴承孔对基准的平行度，变速器箱体孔，主轴花键对定心直径部位轴线的平行度，重型机械轴承盖端面，卷扬机、手动传动装置中的传动轴，一般导轨、主轴箱体孔，刀架，砂轮架，汽缸配合面对基准轴线，活塞销孔对活塞中心线的垂直度，滚动轴承内、外圈端面对轴线的垂直度等
9，10	低精度零件，重型机械滚动轴承端盖，柴油机、煤气发动机箱体曲轴孔、曲轴颈、花键轴和轴肩端面，皮带运输机法兰盘等端面对轴线的垂直度，手动卷扬机及传动装置中的轴承端面，减速器壳体平面等

表 9-16 同轴度、对称度、跳动公差等级应用

公差等级	应用举例
1，2	精密测量仪器的主轴和顶尖，柴油机喷油嘴针阀等
3，4	机床主轴轴颈，砂轮轴轴颈，汽轮机主轴，测量仪器的小齿轮轴，安装高精度齿轮的轴颈等
5	机床轴颈，机床主轴箱孔，套筒，测量仪器的测量杆，轴承座孔，汽轮机主轴，柱塞油泵转子，高精度轴承外圈，一般精度轴承内圈等
6，7	内燃机曲轴，凸轮轴轴颈，柴油机机体主轴承孔，水泵轴，油泵柱塞，汽车后桥输出轴，安装一般精度齿轮的轴颈，涡轮盘，测量仪器杠杆轴，电机转子，普通滚动轴承内圈，印刷机传墨辗的轴颈，键槽等
8，9	内燃机凸轮轴孔，连杆小端铜套，齿轮轴，水泵叶轮，离心泵体，汽缸套外径配合面对内径工作面，运输机械滚筒表面，压缩机十字头，安装低精度齿轮用轴颈，棉花精梳机前后滚子，自行车中轴等

三、公差原则、公差要求及基准的选择

选择公差原则和公差要求时，应根据被测要素的功能要求，各公差原则的应用场合、可行性和经济性等方面来考虑，表 9-17 为几种公差原则和公差要求的应用示例，可供选择时参考。

表 9-17 公差原则和公差要求的应用示例

公差原则	应用场合	示　　例
独立原则	尺寸精度与形位精度需要分别满足要求	齿轮箱体孔的尺寸精度与两孔轴线的平行度；连杆活塞销孔的尺寸精度与圆柱度；滚动轴承内、外圈滚道的尺寸精度与形状精度

续表

公差原则	应用场合	示 例
独立原则	尺寸精度与形位精度要求相差较大	滚筒类零件尺寸精度要求很低，形状精度要求较高；平板的尺寸精度要求不高，形状精度要求很高；通油孔的尺寸有一定精度要求，形状精度无要求
	尺寸精度与形位精度无联系	滚子链条的套筒或滚子内、外圆柱面的轴线同轴度与尺寸精度；发动机连杆上的尺寸精度与孔轴线间的位置精度
	保证运动精度	导轨的形状精度要求严格，尺寸精度一般
	保证密封性	汽缸的形状精度要求严格，尺寸精度一般
	未注公差	凡未注尺寸公差与未注形位公差都采用独立原则，如退刀槽、倒角、圆角等非功能要素
包容要求	保证国标规定的配合性质	如 ϕ30H7Ⓔ孔与 ϕ30h6Ⓔ轴的配合，可以保证配合的最小间隙等于零
	尺寸公差与形位公差间无严格比例关系要求	一般的孔与轴配合，只要求作用尺寸不超越最大实体尺寸，局部实际尺寸不超越最小实体尺寸
最大实体要求	保证关联作用尺寸不超越最大实体尺寸	关联要素的孔与轴有配合性质要求，在公差框格的第二格标注Ⓜ
	保证可装配性	如轴承盖上用于穿过螺钉的通孔；法兰盘上用于穿过螺栓的通孔
最小实体要求	保证零件强度和最小壁厚	如孔组轴线的任意方向位置度公差，采用最小实体要求可保证孔组间的最小壁厚
可逆要求	与最大（最小）实体要求联用	能充分利用公差带，扩大被测要素实际尺寸的变动范围，在不影响使用性能要求的前提下可以选用

基准是确定关联要素间方向和位置的依据。在选择公差项目时，必须同时考虑要采用的基准。基准有单一基准、组合基准及多基准几种形式。选择基准时，一般应从如下几个方面考虑。

① 根据要素的功能及对被测要素间的几何关系来选择基准。如轴类零件，常以两个轴承为支承运转，其运动轴线是安装轴承的两轴颈公共轴线。因此，从功能要求和控制其他要素的位置精度来看，应选这两处轴颈的公共轴线（组合基准）为基准。

② 根据装配关系应选零件上相互配合、相互接触的定位要素作为各自的基准。如盘、套类零件多以其内孔轴线径向定位装配或以其端面轴向定位，因此根据需要可选其轴线或端面作为基准。

③ 从零件结构考虑，应选较宽大的平面、较长的轴线作为基准，以使定位稳定。对结构复杂的零件，一般应选三个基准面，以确定被测要素在空间的方向和位置。

④ 从加工检测方面考虑，应选择在加工、检测中方便装夹定位的要素为基准。

四、未注几何公差的规定

为了简化图样，对一般机床加工能保证的几何精度，不必在图样上注出几何公差。图样上没有具体注明几何公差值的要素，其几何精度应按下列规定执行。

① 对未注直线度、平面度、垂直度、对称度和圆跳动各规定了 H、K、L 三个公差等级，其公差值如表 9–18～表 9–21 所示。采用规定的未注公差值时，应在标题栏附件或技术要求中注出公差等级代号及标准编号，如“GB/T 1184—H”。

② 未注圆度公差值等于直径公差值，但不能大于径向圆跳动值。

③ 未注圆柱度公差由圆度、直线度和素线平行度的注出公差或未注公差控制。

④ 未注平行度公差值等于尺寸公差值或直线度和平面度未注公差值中的较大者。

⑤ 未注同轴度的公差值可以和表 9–21 中规定的圆跳动的未注公差值相等。

⑥ 未注线、面轮廓度、倾斜度、位置度和全跳动的公差值均应由各要素的注出或未注线性尺寸公差或角度公差控制。

表 9–18　直线度和平面度未注公差值

公差等级	基本长度范围/mm					
	≤10	>10～30	>30～100	>100～300	>300～1 000	>1 000～3 000
H	0.02	0.05	0.1	0.2	0.3	0.4
K	0.05	0.1	0.2	0.4	0.6	0.8
L	0.1	0.2	0.4	0.8	1.2	1.6

表 9–19　垂直度未注公差值

公差等级	基本长度范围/mm			
	≤100	>100～300	>300～1 000	>1 000～3 000
H	0.2	0.3	0.4	0.5
K	0.4	0.6	0.8	1
L	0.6	1	1.5	2

表 9–20　对称度未注公差值

公差等级	基本长度范围/mm			
	≤100	>100～300	>300～1 000	>1 000～3 000
H	0.5	0.5	0.5	0.5
K	0.6	0.6	0.8	1
L	0.6	1	1.5	2

表 9　21　圆跳动未注公差值

公差等级	公差值/mm
H	0.1
K	0.2
L	0.5

五、几何公差的检测原则

由于零件结构的形式多种多样，几何误差的项目又较多，所以其检测方法也很多。为了能正确地测量几何误差和合理地选择检测方案，国家标准 GB/T 1958—2017《产品几何量技术规范（GPS）形状和位置公差检测规定》规定了几何误差检测的五条原则，它是各种检测方案的概括。检测几何误差时，应根据被测对象的特点和检测条件，按照这些原则选择最合理的检测方案。

1. 与拟合要素比较原则

与拟合要素比较原则就是将被测实际要素与拟合（理想）要素相比较，量值由直接法或间接法获得。测量时，拟合要素用模拟法获得。拟合要素可以是实物，也可以是一束光线、水平面或运动轨迹。

图 9-31（a）所示为用刀口尺测量给定平面内的直线度误差，刀口尺体现拟合直线，将刀口尺与被测提取要素直接接触，并使两者之间的最大空隙为最小，则此最大空隙即为被测提取要素的直线度误差。当空隙较小时，可用标准光隙估读；当空隙较大时，可用厚薄规测量。

图 9-31（b）所示为用水平仪测量机床床身导轨的直线度误差，将水平仪放在桥板上，先调整被测零件，使被测要素大致处于水平位置，然后沿被测要素按节距移动水平仪进行测量。将测得数据列表作图进行处理，如前述例题 9.1 所示，即可求得导轨的直线度误差。

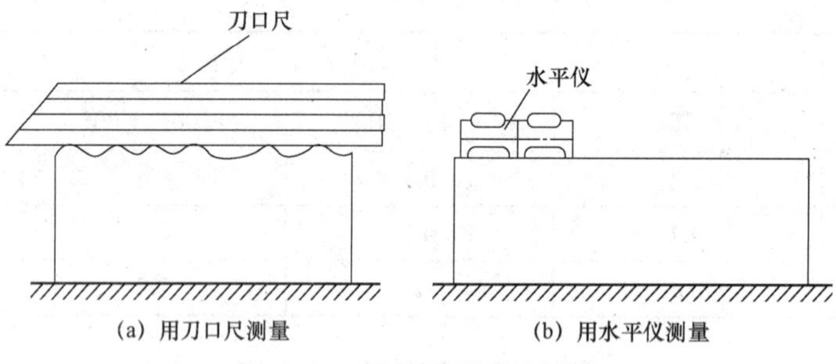

图 9-31　直线度误差的测量

对平面度要求很高的小平面，如量块的测量表面和测量仪器的工作台等，可用平晶测量。如图 9-32（a）所示，用平晶测量是利用光的干涉原理，以平晶的工作平面体现拟合平面，测量时，将平晶贴在被测表面上，观测它们之间的干涉条纹，被测表面的平面度误差为封闭的干涉条纹数乘以光波波长之半；对于不封闭的干涉条纹，为条纹的弯曲度与相邻两条纹间距之比再乘以光波波长之半。

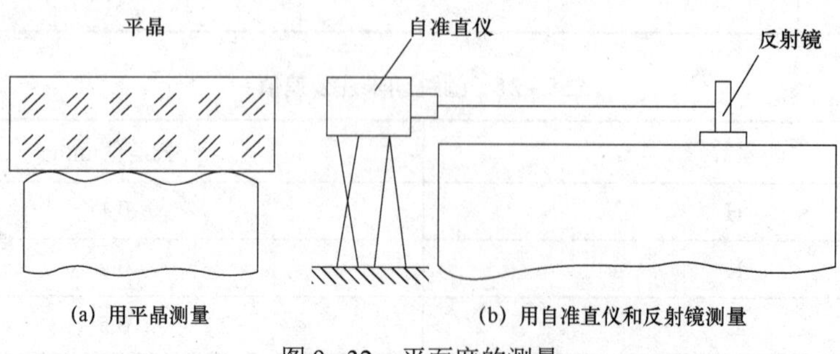

图 9-32　平面度的测量

对于较大平面的平面度误差，可用自准直仪和反射镜测量，如图 9－32（b）所示，将反射镜放在被测表面上，调整自准直仪大致与被测表面平行，按一定的布点和方向逐点测量。也可用指示表打表测量。所得数据需进行坐标变换，使其数据符合最小包容区域法的评定准则之一，然后取其最大值与最小值之差即得平面度误差值。

圆度误差可用圆度仪或光学分度头等进行测量，将实际测量出的轮廓圆与理想圆进行比较，得到被测轮廓的圆度误差。

线、面轮廓度误差可用轮廓样板进行比较测量。

2. 测量坐标值原则

测量坐标值原则就是用坐标测量装置（如三坐标测量机、工具显微镜）测量被测实际要素的坐标值（如直角坐标值、极坐标值、圆柱坐标值），并经过数据处理获得几何误差值。图 9－33 所示为用坐标测量机测量位置度误差的示例。由坐标测量机测得各孔实际位置的坐标值（x_1，y_1）、（x_2，y_2）、（x_3，y_3）、（x_4，y_4），计算出相对理论正确尺寸的偏差为：

$$\begin{cases} \Delta x_i = x_i - \boxed{x_i} \\ \Delta y_i = y_i - \boxed{y_i} \end{cases}$$

于是，各孔的位置度误差值可按下式求得：

$$\phi f_i = 2\sqrt{(\Delta x_i)^2 + (\Delta y_i)^2} \qquad (i = 1,2,3,4)$$

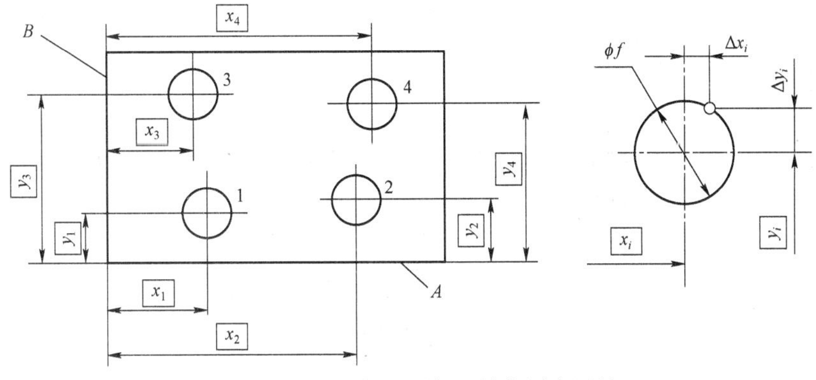

图 9－33 用坐标测量机测量位置度误差

3. 测量特征参数原则

测量特征参数原则就是测量被测实际要素中具有代表性的参数（即特征参数）来表示几何误差值。特征参数是指能近似反映几何误差的数。因此，应用测量特征参数原则测得的几何误差，与按定义确定的几何误差相比，只是一个近似值。例如，以平面内任意方向的最大直线度误差来表示平面度误差；在轴的若干轴向截面内测量其素线的直线度误差，然后取各截面内测得的最大直线度误差作为任意方向的轴线直线度误差；用两点法测量圆度误差，在一个横截面内的几个方向上测量直径，取最大、最小直径差之半作为圆度误差。

虽然测量特征参数原则得到的形位误差只是一个近似值，存在着测量原理误差，但该原则的检测方法较简单，应用该原则不需复杂的数据处理，可使测量过程和测量设备简化。因此，在不影响使用功能的前提下，应用该原则可以获得良好的经济效果，常用于生产车间现场，是一种应用较为普遍的检测原则。

4. 测量跳动原则

测量跳动原则就是在被测实际要素绕基准轴线回转过程中，沿给定方向测量其对某参考点或线的变动量，变动量是指指示器最大与最小读数之差。

当图样上标注圆跳动或全跳动公差时，用该原则进行测量。图 9-34 所示为测量跳动误差的例子：图 9-34（a）所示为被测工件通过心轴安装在两同轴顶尖之间，此两同轴顶尖的中心线体现基准轴线；图 9-34（b）所示为用 V 形块体现基准轴线。测量时，当被测工件绕基准轴线回转一周中，指示表不作轴向（或径向）移动时，可测得径向圆跳动误差（或端面圆跳动误差）；若指示表在测量中作轴向（或径向）移动时，可测得径向全跳动误差（或端面全跳动误差）。

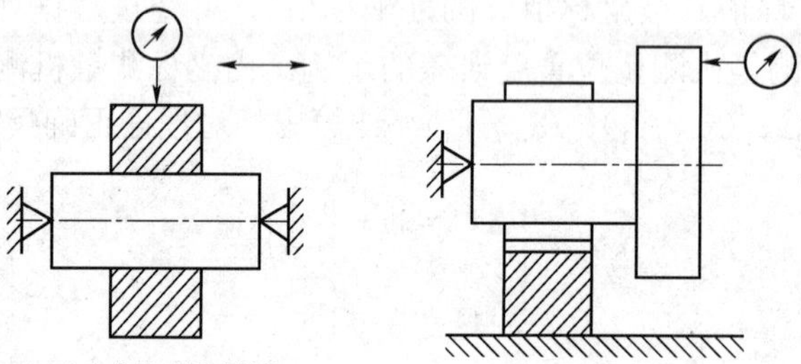

(a) 中心线体现基准轴线　　(b) V形块体现基准轴线

图 9-34　测量跳动误差

5. 控制实效边界原则

控制实效边界原则就是检验被测实际要素是否超过最大实体实效边界，以判断零件合格与否。该原则只适用于采用最大实体要求的零件。一般采用位置量规检验。

位置量规是模拟最大实体实效边界的全形量规。若被测实际要素能被位置量规通过，则被测实际要素在最大实体实效边界内，表示该项形位公差要求合格。若不能通过，则表示被测实际要素超越了最大实体实效边界。

图 9-35（a）所示零件的位置度误差可以用图 9-35（b）所示的位置量规测量。工件被测孔的最大实体实效边界尺寸为 7.506 mm，故量规 4 个小测量圆柱的基本尺寸也是 7.506 mm，基准要素 B 本身也按最大实体要求标注，应遵守最大实体实效边界，其边界尺寸为 ϕ10.015 mm，故量规定位部分的基本尺寸也为 ϕ10.015 mm。

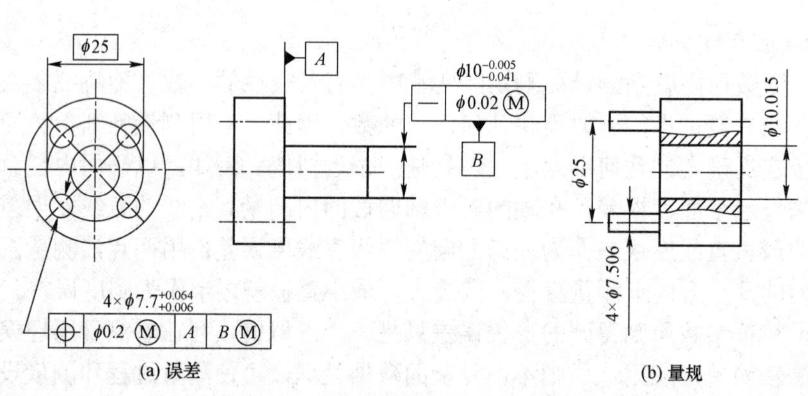

(a) 误差　　(b) 量规

图 9-35　用位置量规测量位置度误差

思考与练习

1. 试将下列各项几何公差要求标注在图 9-36 上。

（1）圆锥面 A 的圆度公差为 0.008 mm、圆锥面素线的直线度公差为 0.005 mm，圆锥面 A 的中心线对 ϕd 轴线的同轴度公差为 ϕ0.015 mm。

（2）ϕd 圆柱面的圆柱度公差为 0.009 mm，ϕd 中心线的直线度公差为 ϕ0.012 mm。

（3）右端面 B 对 ϕd 轴线的圆跳动公差为 0.01 mm。

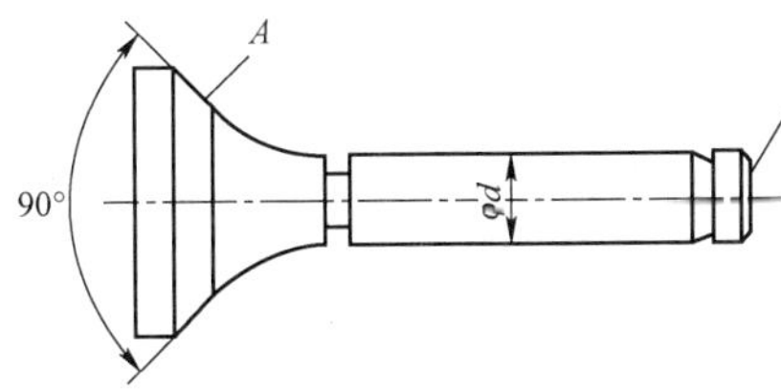

图 9-36　题 1 图

2. 改正图 9-37 所示几何公差标注的错误（直接改在图上，不改变几何公差项目）。

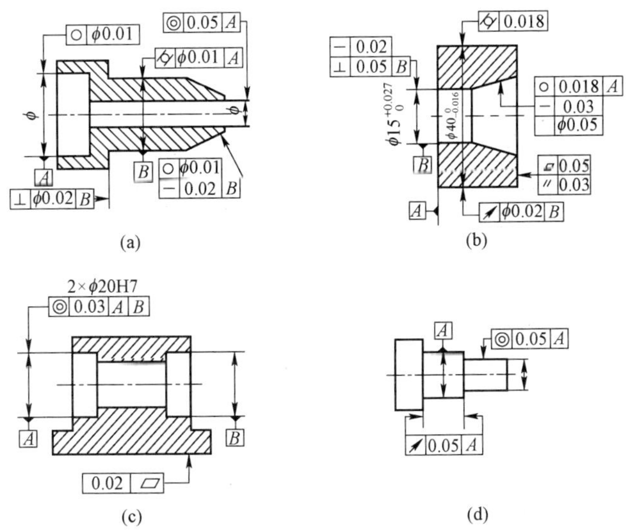

图 9-37　题 2 图

3. 试将下列各项几何公差要求标注在图 9-38 上。

（1）ϕ100h8 圆柱面对 ϕ40H7 孔轴线的径向圆跳动公差为 0.025 mm。

（2）ϕ40H7 孔圆柱度公差为 0.007 mm。

（3）左右两凸台端面对 ϕ40H7 孔轴线的圆跳动公差为 0.012 mm。

（4）轮毂键槽（中心面）对 ϕ40H7 孔轴线的对称度公差为 0.02 mm。

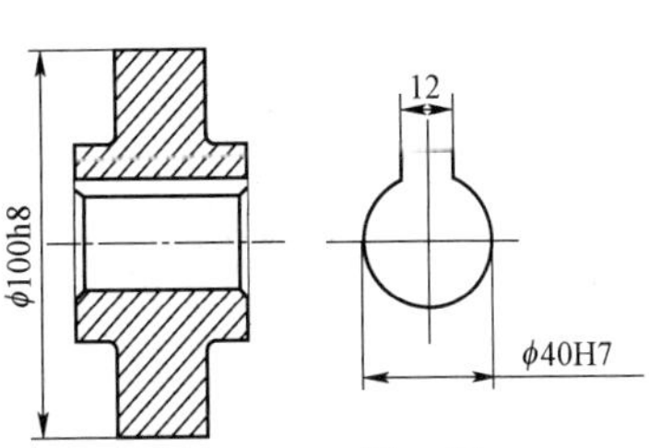

图 9-38　题 3 图

4. 试将下列各项几何公差要求标注在习题图 9-39 上。

（1）ϕD 中心线对 $2\times\phi D_1$ 公共轴线的垂直度公差为 0.01。

（2）ϕD 中心线对 $2\times\phi D_1$ 公共轴线的对称度公差为 0.01。

（3）ϕD 中心线的直线度公差为 0.006。

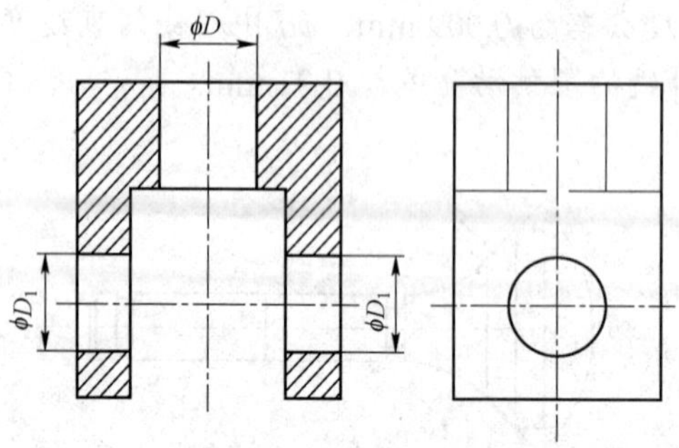

图 9-39　题 4 图

5. 改正图 9-40 所示各图上的几何公差标注的错误（几何公差特征符号不允许变更）。

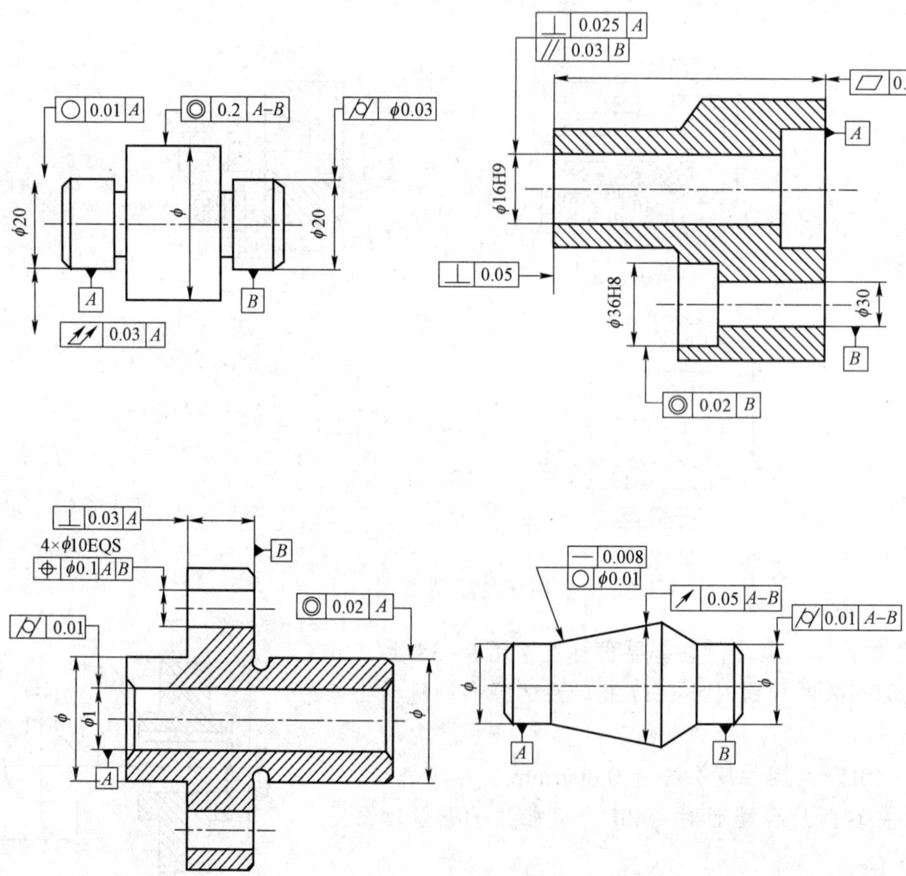

图 9-40　题 5 图

6. 试将下列各项几何公差要求标注在图 9–41 上。

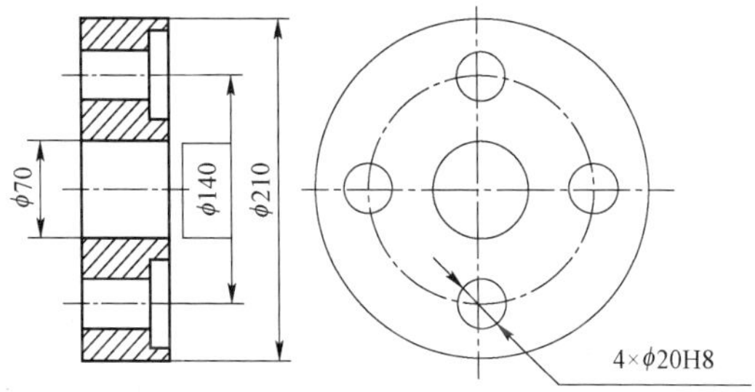

图 9–41　题 6 图

（1）左端面的平面度公差为 0.012 mm。

（2）右端面对左端面的平行度公差为 0.03 mm。

（3）ϕ70 孔按 H7 遵守包容要求。

（4）4×ϕ20H8 孔中心线对左端面及 ϕ70 mm 孔轴线的位置度公差为 ϕ0.15 mm（要求均匀分布），被测中心线的位置度公差与 ϕ20H8 尺寸公差的关系应用最大实体要求。

7. 将下列各项几何公差要求标注在图 9–42 上。

（1）$\phi 40_{-0.03}^{\ 0}$ mm 圆柱面对 2×$\phi 25_{-0.021}^{\ 0}$ mm 公共轴线的圆跳动公差为 0.01 mm。

（2）2×$\phi 25_{-0.021}^{\ 0}$ mm 轴颈的圆度公差为 0.01 mm。

（3）$\phi 40_{-0.03}^{\ 0}$ mm 左右端面对 2×$\phi 25_{-0.021}^{\ 0}$ mm 公共轴线的端面圆跳动公差为 0.02 mm。

（4）键槽 $10_{-0.036}^{\ 0}$ 中心平面对 $\phi 40_{-0.03}^{\ 0}$ mm 轴线的对称度公差为 0.015 mm。

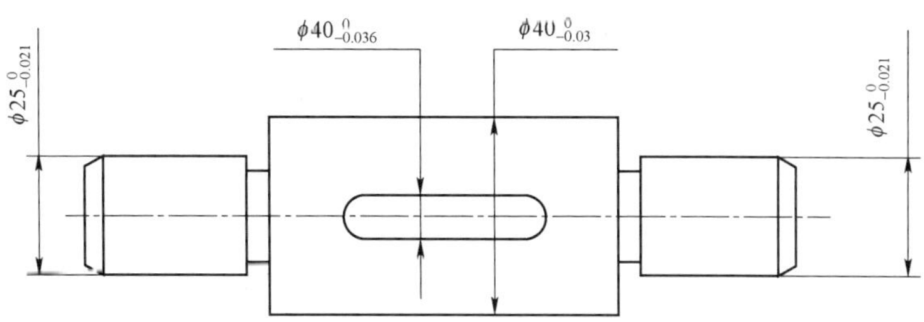

图 9–42　题 7 图

8. 将下列各项几何公差要求标注在图 9–43 上。

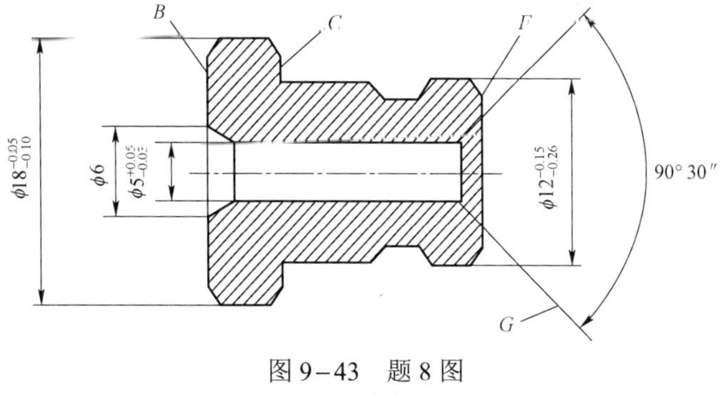

图 9–43　题 8 图

（1）$\phi 5^{+0.05}_{-0.03}$ mm 孔的圆度公差为 0.004 mm，圆柱度公差为 0.006 mm。

（2）B 面的平面度公差为 0.008 mm，B 面对 $\phi 5^{+0.05}_{-0.03}$ mm 孔轴线的端面圆跳动公差为 0.02 mm，B 面对 C 面的平行度公差为 0.03 mm。

（3）平面 F 对 $\phi 5^{+0.05}_{-0.03}$ 孔轴线的端面圆跳动公差为 0.02 mm。

（4）$\phi 18^{+0.05}_{-0.10}$ mm 的外圆柱面轴线对 $\phi 5^{+0.05}_{-0.03}$ mm 孔轴线的同轴度公差为 0.08 mm。

（5）90° 30″密封锥面 G 的圆度公差为 0.002 5 mm，G 面的轴线对 $\phi 5^{+0.05}_{-0.03}$ mm 孔轴线的同轴度公差为 0.012 mm。

（6）$\phi 12^{-0.15}_{-0.26}$ mm 外圆柱面轴线对 $\phi 5^{+0.05}_{-0.03}$ mm 孔轴线的同轴度公差为 0.08 mm。

9. 按图 9–44 所示的 5 个图样的解释，填写表 9–22。

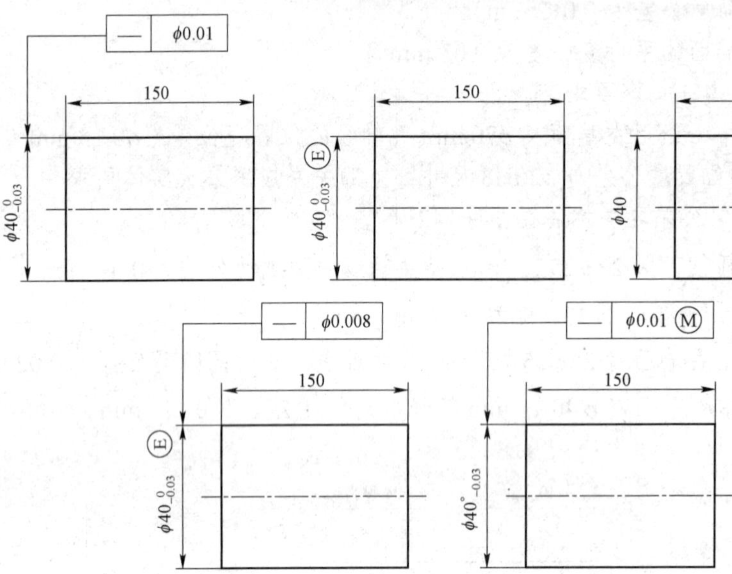

图 9–44　题 9 图

表 9–22　题 9 表

图样序号	采用的公差要求	理想边界名称及边界尺寸/mm	允许的最大形位公差值/mm	实际尺寸合格范围/mm
（a）				
（b）				
（c）				
（d）				
（e）				

项目十

表面粗糙度

为了保证零件的使用要求，除了要对零件各部分结构的尺寸、形状和位置给出公差要求外，还应根据功能需要对其表面结构给出要求。表面结构是表面粗糙度、表面波纹度、表面缺陷、表面纹理和表面几何形状的总称。目前大部分零件的表面结构是通过限制表面粗糙度来给出要求。表面粗糙度值越大，则表面越粗糙，零件的耐磨性越差，配合性质越不稳定（使间隙增大，过盈减小），对应力集中越敏感，疲劳强度越差。所以，在设计零件时提出表面粗糙度要求，是几何精度设计中不可缺少的一个方面。

知识目标

1. 熟悉表面粗糙度的有关术语。
2. 掌握表面粗糙度的标注要点。
3. 能够在图纸上正确标注。
4. 正确使用测量工具检测表面粗糙度。

任务一　表面粗糙度的术语

任务引入

零件的加工精度包括什么？如何评定表面粗糙度？

相关知识准备

一、表面粗糙度的定义

在机械加工过程中，由于刀具或砂轮切削后遗留的刀痕、切削过程中切屑分离时的塑性变形，以及机床的振动等原因，会使被加工零件的表面存在一定的几何形状误差。其中造成零件表面的凹凸不平、形成微观几何形状误差的较小间距（通常波距小于 1 mm）的峰谷，称为表面粗糙度。它与表面形状误差（宏观几何形状误差）和表面波度的区别，大致可按波距划分。通常波距在 1～10 mm 的属于表面波纹度，波距大于 10 mm 的属于形状误差，如图 10－1 所示。

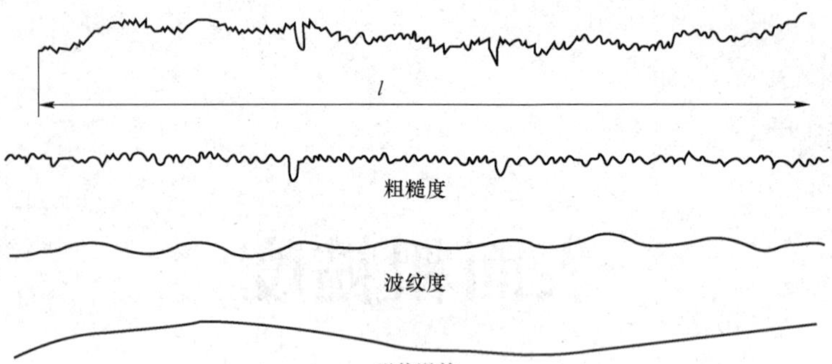

图 10－1　表面几何形状误差分析

二、表面粗糙度对机械零件使用性能的影响

表面粗糙度对机械零件使用性能及其寿命影响较大，尤其对在高温、高速和高压条件下工作的机械零件影响更大，其影响主要表现在以下几个方面。

1. 对耐磨性的影响

具有表面粗糙度的两个零件，当它们接触并产生相对运动时只是一些峰顶间的接触，从而减小了接触面积，比压增大，使磨损加剧。零件越粗糙，阻力就越大，零件磨损也越快。

但需指出，零件表面越光滑，磨损量不一定越小。因为零件的耐磨性除受表面粗糙度影响外，还与磨损下来的金属微粒的刻划，以及润滑油被挤出和分子间的吸附作用等因素有关。所以，过于光滑表面的耐磨性不一定好。

2. 对配合性质的影响

对于间隙配合，相对运动的表面因其粗糙不平而迅速磨损，致使间隙增大；对于过盈配合，表面轮廓峰顶在装配时易被挤平，实际有效过盈量减小，致使连接强度降低。因此，表面粗糙度影响配合性质的可靠性和稳定性。

3. 对抗疲劳强度的影响

零件表面越粗糙，凹痕越深，波谷的曲率半径也越小，对应力集中越敏感。特别是当零件承受交变载荷时，由于应力集中的影响，使疲劳强度降低，导致零件表面产生裂纹而损坏。

4. 对接触刚度的影响

由于两表面接触时，实际接触面仅为理想接触面积的一部分。零件表面越粗糙，实际接触面积就越小，单位面积压力增大，零件表面局部变形必然增大，接触刚度降低，影响零件的工作精度和抗震性。

5. 对抗腐蚀性的影响

粗糙的表面易使腐蚀性物质存积在表面的微观凹谷处，并渗入到金属内部，致使腐蚀加剧。因此，提高零件表面粗糙度的质量，可以增强其抗腐蚀的能力。

此外，表面粗糙度大小还对零件结合的密封性，对流体流动的阻力，对机器、仪器的外观质量及测量精度等都有很大影响。

为提高产品质量，促进互换性生产，适应国际交流和对外贸易，保证机械零件的使用性能，应正确贯彻实施新的表面粗糙度标准。到目前为止，我国常用的表面粗糙度国家标准为：GB/T 3505—2009《产品几何技术规范（GPS）　表面结构　轮廓法　表面结构的术语、定义及参数》、GB/T 1031—2009《产品几何技术规范（GPS）　表面结构　轮廓法　表面粗糙度参数及其数值》、GB/T 131—2006《产品几何技术规范（GPS） 技术产品文件中表面结构的表示法》、GB/T 10610—2009《产品几何技术规范（GPS） 表面结构 轮廓法 评定表面结构的规则和方法》等。

三、表面粗糙度的评定

1. 基本术语

由于加工表面的不均匀性，在评定表面粗糙度时，需要规定取样长度和评定长度等技术参数，以限制和减弱表面波纹度对表面粗糙度测量结果的影响。

（1）轮廓滤波器

把轮廓分成长波和短波成分的滤波器。长波滤波器和短波滤波器分别用 λ_c 和 λ_s 表示。确定粗糙度与波纹度成分之间相交界限的滤波器即长波滤波器 λ_c。

（2）传输带

传输带是从短波滤波器至长波滤波器之间的波长范围。

（3）取样长度

取样长度是用于判别被评定轮廓的不规则特征的 X 轴方向上的长度，即测量或评定表面粗糙度时所规定的一段基准线长度，它至少包含 5 个以上轮廓峰和谷，如图 10-2 所示，取样长度 lr 在数值上与 λ_c。滤波器的标志波长相等，X 轴的方向与轮廓走向一致。

取样长度值的大小对表面粗糙度测量结果有影响。一般表面越粗糙，取样长度就越大。

（4）评定长度

评定长度是用于判别被评定轮廓的 X 轴方向上的长度。由于零件表面粗糙度不均匀，为了合理地反映其特征，在测量和评定时所规定的一段最小长度称为评定长度 ln。

一般情况下，取 $ln = 5lr$，称为“标准长度”，如图 10-2 所示。如果评定长度取为标准长度，则不需在表面粗糙度代号中注明。当然，根据情况，也可取非标准长度，此时则需在表面粗糙度代号中注明，如果被测表面均匀性较好，测量时，可选 $ln < 5lr$；若均匀性差，可选 $ln > 5lr$。

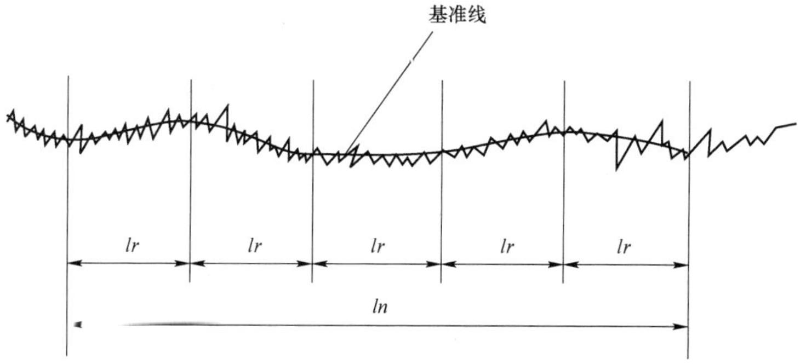

图 10-2 取样长度 lr 和评定长度 ln

（5）轮廓中线

用轮廓滤波器 λ_c 抑制了长波轮廓成分相对应的中线。轮廓中线是具有几何轮廓形状并划分轮廓的基准线，基准线有下列两种。

① 轮廓最小二乘中线（m）。轮廓最小二乘中线是指在取样长度内，使轮廓线上各点轮廓偏距 Z_i 的平方和为最小的线，即 $\int_0^{lr} Z_i^2 \mathrm{d}x$ 为最小，轮廓偏距的测量方向 Z 如图 10-3 所示。

② 轮廓算术平均中线。轮廓算术平均中线是指在取样长度内，划分实际轮廓为上、下两

部分，且使上下两部分面积相等的线，即 $F_1+F_2+\cdots+F_n=F_1'+F_2'+\cdots+F_n'$，如图 10-3 所示。

在轮廓图形上确定最小二乘中线的位置比较困难，可用轮廓算术平均中线代替，通常用目测估计确定算术平均中线。

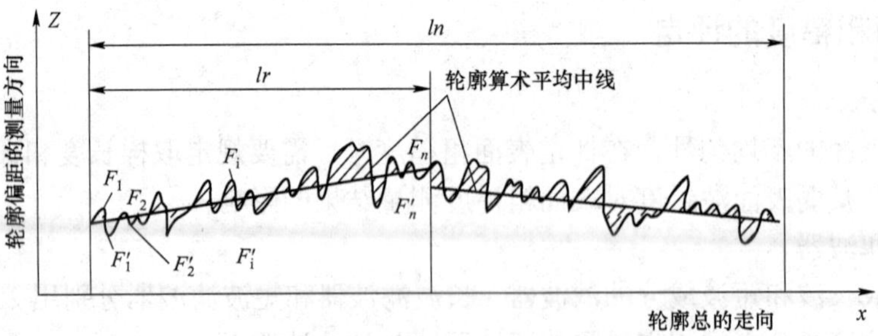

图 10-3　轮廓中线

2. 评定参数

为了满足对零件表面不同的功能要求，国标 GB/T 3505—2009 从表面微观几何形状幅度、间距和形状三个方面的特征规定了相应的评定参数。

1）幅度参数

（1）轮廓的算术平均偏差 *Ra*

在一个取样长度内纵坐标值 *Z*（*x*）绝对值的算术平均值，如图 10-4 所示，用 *Ra* 表示。即

$$Ra=\frac{1}{lr}\int_0^{lr}\left|Z(x)\right|\mathrm{d}x \tag{10-1}$$

或近似为

$$Ra=\frac{1}{n}\sum_{i=1}^{n}\left|Z_i\right| \tag{10-2}$$

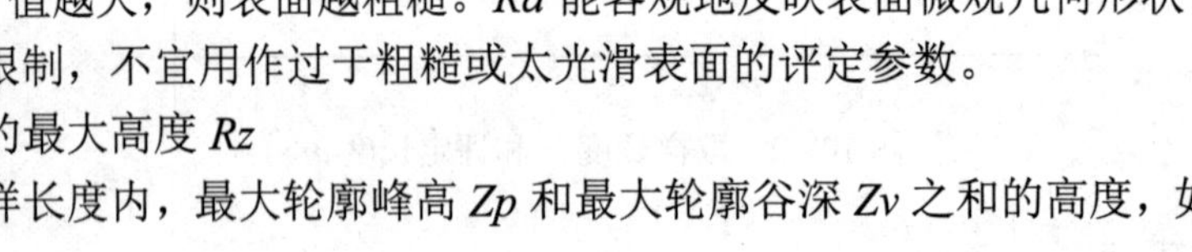

图 10-4　轮廓的算术平均偏差

测得的 *Ra* 值越大，则表面越粗糙。*Ra* 能客观地反映表面微观几何形状误差，但因受到计量器具功能限制，不宜用作过于粗糙或太光滑表面的评定参数。

（2）轮廓的最大高度 *Rz*

在一个取样长度内，最大轮廓峰高 *Zp* 和最大轮廓谷深 *Zv* 之和的高度，如图 10-5 所示，用 *Rz* 表示。即

$$Rz=Zp+Zv \tag{10-3}$$

式中 *Zp*、*Zv* 都取正值。

幅度参数（*Ra*、*Rz*）是标准规定必须标注的参数（二者只需取其一），故又称为基本参数。

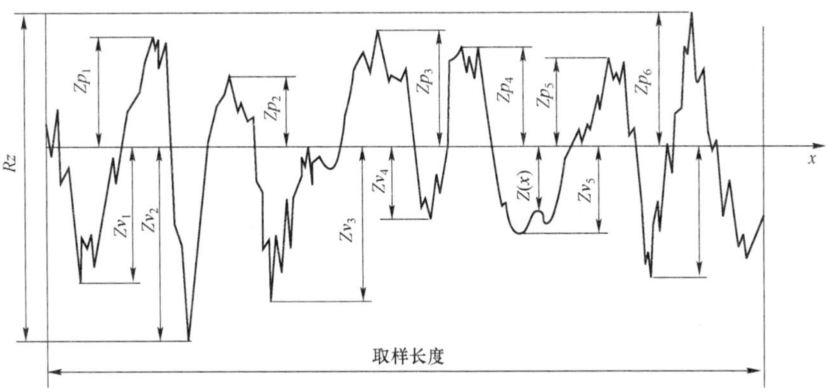

图 10-5　轮廓的最大高度

2）间距参数

轮廓单元的平均宽度 *Rsm*：在一个取样长度内轮廓单元宽度 *Xs* 的平均值，如图 10-6 所示，用 *Rsm* 表示。即

$$Rsm = \frac{1}{m}\sum_{i=1}^{m} Xs_i \tag{10-4}$$

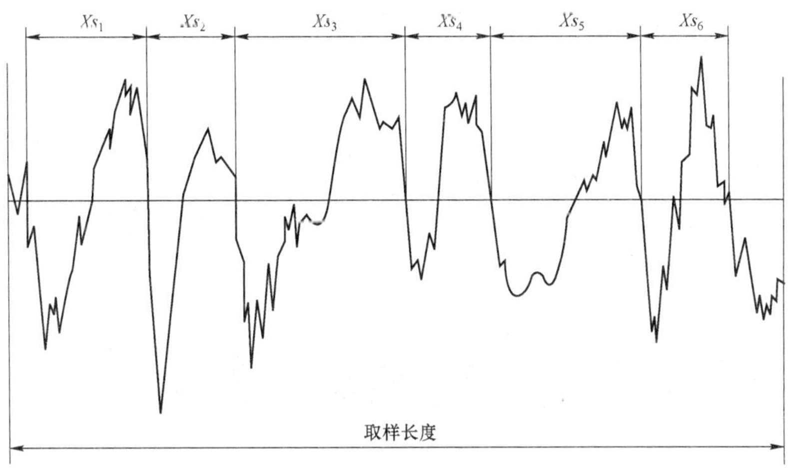

图 10-6　轮廓单元的宽度

零件的加工精度包括零件的尺寸误差、几何误差及表面粗糙度。表面粗糙度的评定有幅度参数（也称高度参数），包括轮廓的算术平均偏差 *Ra*、轮廓的最大高度 *Rz*，幅度参数（*Ra*、*Rz*）是标准规定必须标注的参数（二者只需取其　），故又称为基本参数；还包括间距参数 *Rsm*，相对基本参数而言，称为附加参数，其应用限于零件重要表面并有特殊使用要求时。

任务二　表面粗糙度的选用及标注

任务引入

正确标注阶梯轴的中心孔的工作表面，键槽工作表面、圆角、倒角的表面粗糙度。如图 10-7 所示。

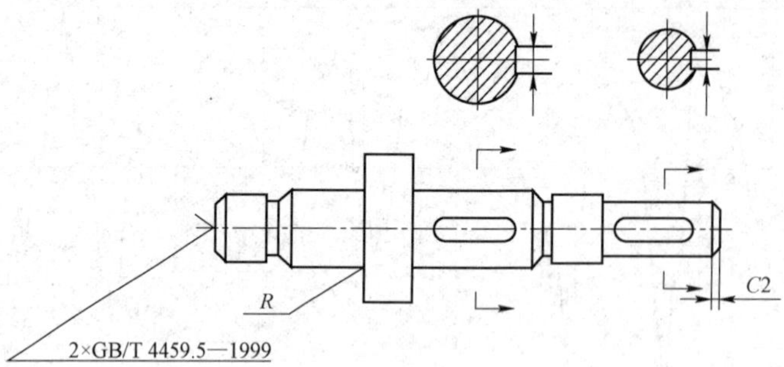

图 10－7　阶梯轴

相关知识准备

一、表面粗糙度的选用

1. 评定参数的选用

（1）对幅度参数的选用

一般情况下可以从幅度参数 *Ra* 和 *Rz* 中任选一个，但在常用值范围内（*Ra* 为 0.025～6.3 μm)，优先选用 *Ra*。因为通常采用电动轮廓仪测量零件表面的 *Ra* 值，其测量范围为 0.02～8 μm。

Rz 通常用光学仪——双管显微镜或干涉显微镜测量。粗糙度要求特别高或特别低（$Ra <$ 0.025 μm 或 $Ra >$ 6.3 μm）时，选用 *Rz*。*Rz* 用于测量部位小、峰谷小或有疲劳强度要求的零件表面的评定。

如图 10－8 中，三种表面的轮廓最大高度参数相同，而使用质量显然不同，由此可见，只用幅度参数不能全面反映零件表面微观几何形状误差。

图 10－8　微观形状对质量的影响

（2）对间距参数的选用

对附加评定参数 *Rsm*，一般不能作为独立参数选用，只有少数零件的重要表面且有特殊使用要求时才附加选用。

Rsm 主要在对涂漆性能，冲压成形时抗裂纹、抗振、抗腐蚀、减小流体流动摩擦阻力等有要求时选用。

2. 参数值的选用

表面粗糙度参数值的选用原则是满足功能要求，其次是考虑经济性及工艺的可能性。在满足功能要求的前提下，参数的允许值应尽可能大些。在工程实际中，由于表面粗糙度和功能的关系十分复杂，因而很难准确地确定参数的允许值，在具体设计时，一般多采用经验统计资料，用类比法来选用。

根据类比法初步确定表面粗糙度后，再对比工作条件进行适当调整。这时应注意下述原则。

① 同一零件上，工作表面的 Ra 或 Rz 值比非工作表面小。

② 摩擦表面 Ra 或 Rz 值比非摩擦表面小。

③ 运动速度高、单位面积压力大，以及受交变应力作用的重要零件的圆角沟槽的表面粗糙度要求应较高。

④ 配合性质要求高的配合表面（如小间隙配合的配合表面）、受重载荷作用的过盈配合表面的表面粗糙度要求应较高。

⑤ 在确定表面粗糙度参数值时，应注意它与尺寸公差和形位公差协调。尺寸公差值和几何公差值越小，表面粗糙度的 Ra 或 Rz 值应越小，同一公差等级时，轴的粗糙度 Ra 或 Rz 值应比孔小。

⑥ 要求防腐蚀、密封性能好或外表美观的表面粗糙度要求应较高。

⑦ 凡有关标准已对表面粗糙度要求作出规定（如与滚动轴承配合的轴颈和外壳孔的表面粗糙度），则应按该标准确定表面粗糙度参数值。

通常尺寸公差、表面形状公差小时，表面粗糙度要求也高。但表面粗糙度参数值和尺寸公差、表面形状公差之间并不存在确定的函数关系，如手轮、手柄的尺公差较大，但表面粗糙度要求却较高。一般情况下，它们之间有一定的对应关系。设表面形状公差值为 T，尺寸公差值为 IT，可参照以下对应关系：

若 $T\cong 0.6IT$，则 $Ra\leqslant 0.05IT$，$Rz\leqslant 0.2IT$。

若 $T\cong 0.4IT$，则 $Ra\leqslant 0.025IT$，$Rz\leqslant 0.1IT$。

若 $T\approx 0.25IT$，则 $Ra\leqslant 0.012IT$，$Rz\leqslant 0.05IT$。

若 $T\leqslant 0.25IT$，则 $Ra\leqslant 0.015IT$，$Rz\leqslant 0.6T$。

二、表面粗糙度的标注

图样上所标注的表面粗糙度符号、代号，是该表面完工后的要求。表面粗糙度的标注应符合国家标准 GB/T 131—2006 的规定。

1. *表面粗糙度的符号*

图样上表示的零件表面粗糙度符号，如表 10-1 所示。若仅需要加工（采用去除材料的方法或不去除材料的方法）但对表面粗糙度的其他规定没有要求时，允许只注表面粗糙度符号。

表 10-1　表面粗糙度符号（摘自 GB/T 131—2006）

符号	意义及说明
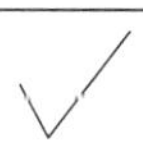	基本符号，表示表面可用任何方法获得。当不加注粗糙度参数值或有关说明时，仅适用于简化代号标注
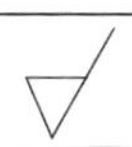	基本符号加一短划，表示表面是用去除材料的方法获得。如车、铣、钻、磨、电加工等
	基本符号加一小圆，表示表面是用不去除材料的方法获得。如铸、锻、冲压变形、热轧、粉末冶金等或用于保持原供应状况的表面（包括保持上道工序的状况）
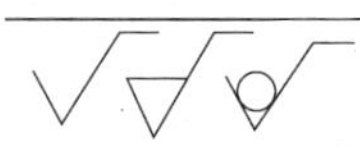	在上述三个符号的长边上均可加一横线，用于标注有关参数和说明
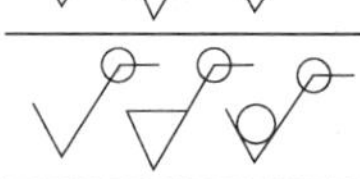	在上述三个符号上均可加一小圆，表示所有表面具有相同的表面粗糙度要求

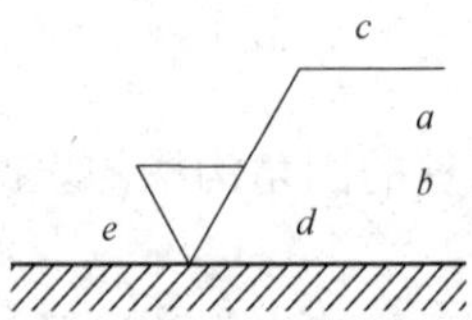

图 10-9　表面粗糙度代号注法

2. 表面粗糙度的代号及其注法

表面粗糙度代号注法如图 10-9 所示。当允许在表面粗糙度参数的所有实测值中超过规定值的个数少于总数的 16%时，应在图样上标注表面粗糙度参数的上限值或下限值，称“16%规则”。当要求在表面粗糙度参数的所有实测值中不得超过规定值时，应在图样上标注表面粗糙度参数的最大值或最小值，称“最大值规则”。

a——传输带或取样长度（单位为 mm）/粗糙度参数代号及其数值（第一个表面结构要求，单位为 μm）；

b——粗糙度参数代号及其数值（第二个表面结构要求）；

c——加工要求、镀覆、涂覆、表面处理或其他说明等；

d——加工纹理方向符号；

e——加工余量（单位为 mm）；

f——取样长度（单位为 mm）或波纹度（单位为 μm）。

（1）表面粗糙度基本参数的标注

表面粗糙度幅度参数 *Ra* 和 *Rz* 是基本参数，标注在参数值前。表面粗糙度幅度（高度）参数的标注如表 10-2 所示。

表 10-2　表面粗糙度幅度（高度）参数的标注（摘自 GB/T 131—2006）

代号	意义	代号	意义
Ra 3.2	用任何方法获得的表面粗糙度，*Ra* 的上限值为 3.2 μm	*Ra* max 3.2	用任何方法获得的表面粗糙度，*Ra* 的最大值为 3.2 μm
Ra 3.2	用去除材料方法获得的表面粗糙度，*Ra* 的上限值为 3.2 μm	*Ra* max 3.2	用去除材料方法获得的表面粗糙度，*Ra* 的最大值为 3.2 μm
Ra 3.2	用不去除材料方法获得的表面粗糙度，*Ra* 的上限值为 3.2 μm	*Ra* max 3.2	用不去除材料方法获得的表面粗糙度，*Ra* 的最大值为 3.2 μm
U *Ra* 3.2 L *Ra* 1.6	用去除材料方法获得的表面粗糙度，*Ra* 的上限值为 3.2 μm，*Ra* 的下限值为 1.6 μm	*Ra* max 3.2 *Ra* min 1.6	用去除材料方法获得的表面粗糙度，*Ra* 的最大值为 3.2 μm，*Ra* 的最小值为 1.6 μm
Rz 3.2	用任何方法获得的表面粗糙度，*Rz* 的上限值为 3.2 μm	*Rz* max 3.2	用任何方法获得的表面粗糙度，*Rz* 的最大值为 3.2 μm
U *Rz* 3.2 L *Rz* 1.6 *Rz* 3.2 *Rz* 1.6	用去除材料方法获得的表面粗糙度，*Rz* 的上限值为 3.2 μm，*Rz* 的下限值为 1.6 μm（在不引起误会的情况下，也可省略标注 U、L）	*Rz* max 3.2 *Rz* min 1.6	用去除材料方法获得的表面粗糙度，*Rz* 的最大值为 3.2 μm，*Rz* 的最小值为 1.6 μm
U *Ra* 3.2 U *Rz* 1.6	用去除材料方法获得的表面粗糙度，*Ra* 的上限值为 3.2 μm，*Rz* 的上限值为 1.6 μm	*Ra* max 3.2 *Rz* max 1.6	用去除材料方法获得的表面粗糙度，*Ra* 的最大值为 3.2 μm，*Rz* 的最大值为 1.6 μm

续表

代号	意义	代号	意义
√0.008–0.8/*Ra* 3.2	用去除材料方法获得的表面粗糙度，*Ra* 的上限值为 3.2 μm，传输带 0.008 ～0.8 mm	√–0.8/*Ra* 3 3.2	用去除材料方法获得的表面粗糙度，*Ra* 的上限值为 3.2 μm，取样长度 0.8 mm，评定包含 3 个取样长度

（2）表面粗糙度附加参数的标注

表面粗糙度的间距参数为附加参数，图 10–10（a）所示为 *Rsm* 上限值的标注示例；图 10–10（b）所示为 *Rsm* 最大值的标注示例。

（3）表面粗糙度其他项目的标注

取样长度若按标准规定的默认值，且评定长度为 5 个取样长度，在图样上可以省略标注；若选用非标准值或评定长度不为 5 个取样长度，则应在相应位置标注取样长度的值（见表 10–2）或取样长度的个数［见图 10–11（a）表示评定长度为 3 个取样长度］。

若某表面的粗糙度要求由指定的加工方法（如铣削）获得时，可用文字标注在图 10–9 规定之处，如图 10–11（b）所示。

若需要标注加工余量（设加工总余量为 7 mm），应将其标注在图 10–9 规定之处，如图 10–11（c）所示。

若需要控制表面加工纹理方向时，可在图 10–9 的规定之处，加注加工纹理方向符号，如图 10–11（c）所示。标准规定了加工纹理方向的符号，如表 10–3 所示。

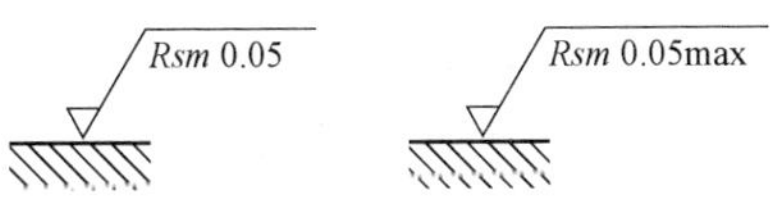

（a）上限值　（b）最大值

图 10–10　表面粗糙度附加参数标注

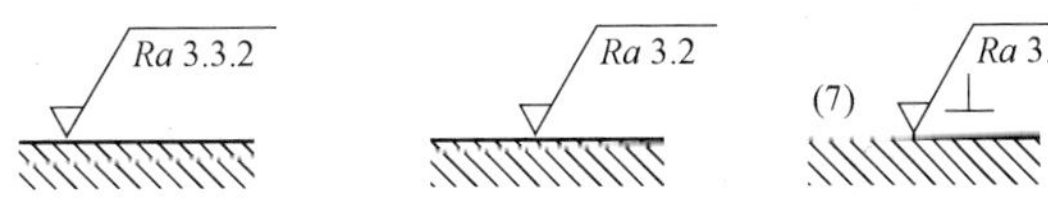

（a）非标准值　（b）指定方法　（c）加工余量

图 10–11　表面粗糙度其他项目标注

表 10–3　加工纹理方向的符号（摘自 GB/T 131—2006）

符号	图例与说明	符号	图例与说明
=	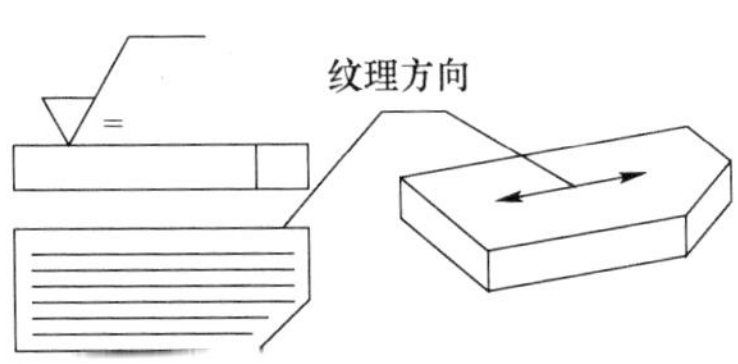 纹理沿平行方向	M	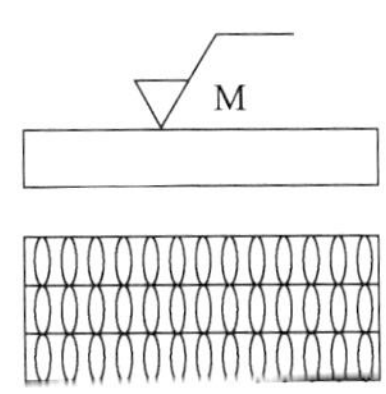 纹理呈多方向
⊥	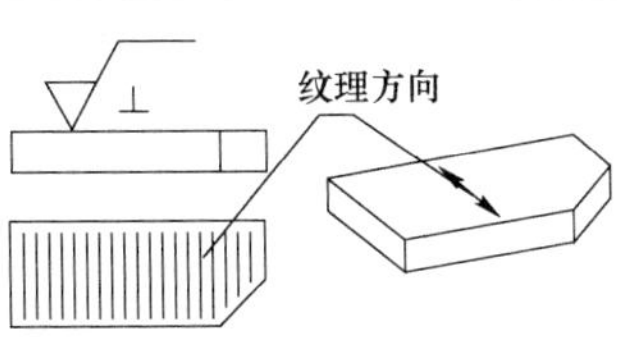 纹理沿垂直方向	C	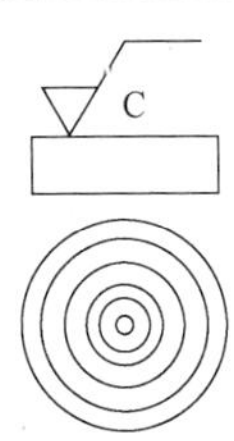 纹理近似为以表面中心为圆心的同心圆

续表

符号	图例与说明	符号	图例与说明
X	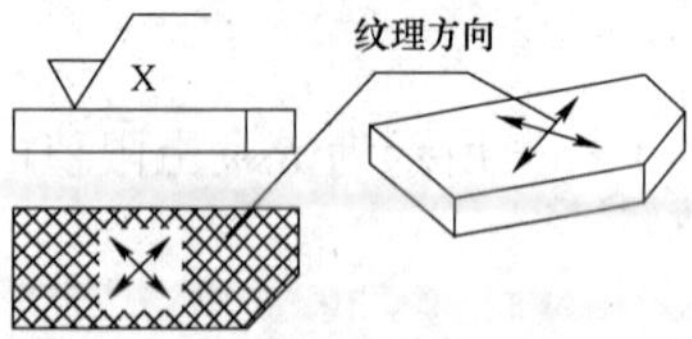 纹理沿二交叉方向	R	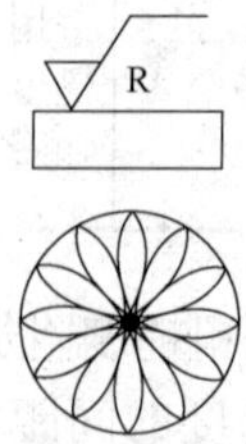 纹理近似为通过表面中心的辐线
		P	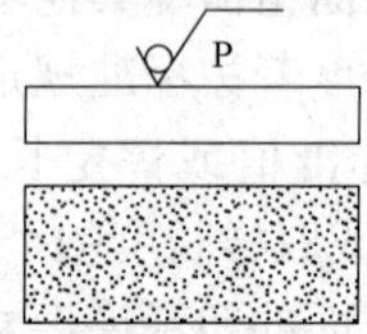 纹理无方向或呈凸起的细粒状

注：若表中所列符号不能清楚表明所要求的纹理方向，应在图样上用文字说明。

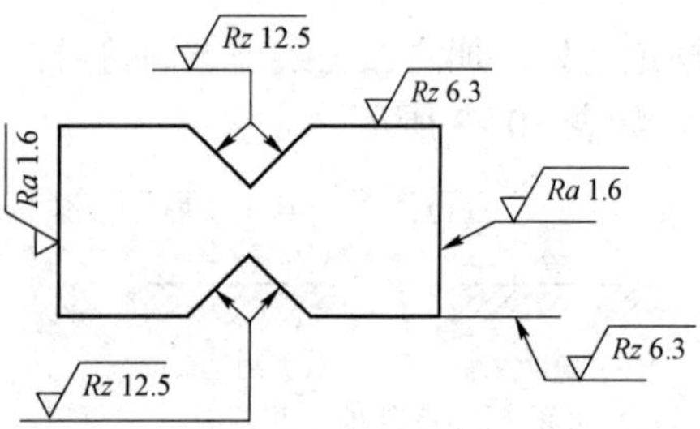

图 10-12　表面粗糙度在轮廓线上的标注

3. 表面粗糙度图样上的标注方法

表面粗糙度符号、代号一般注在可见轮廓线或其延长线（图 10-12 和图 10-15）和指引线（见图 10-13）、尺寸线、尺寸界线上，也可标注在公差框格上方（见图 10-14）或圆柱和棱柱表面上。

符号的尖端必须从材料外指向表面。其中注在螺纹直径上的符号表示螺纹工作表面的粗糙度。在同一图样上，每一表面一般只标注一次符号、代号，并尽可能靠近有关的尺寸线（图 10-15）；如果每个棱柱表面有不同的要求，则分别单独标注。倒角、圆角和键槽的粗糙度标注方法，如图 10-16 和图 10-17 所示。

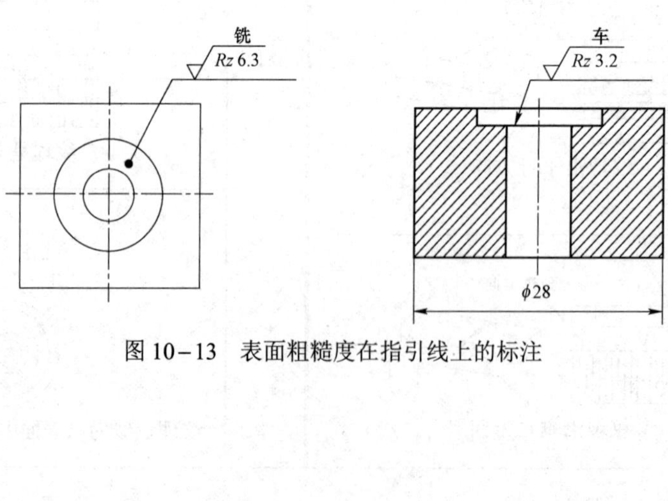

图 10-13　表面粗糙度在指引线上的标注

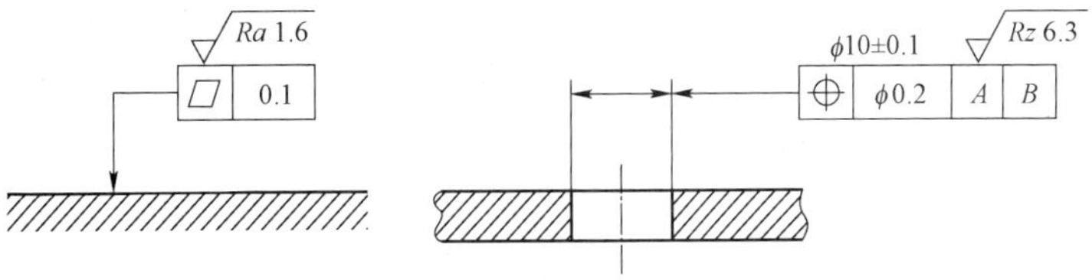

图 10－14 表面粗糙度标注在形位公差框格的上方

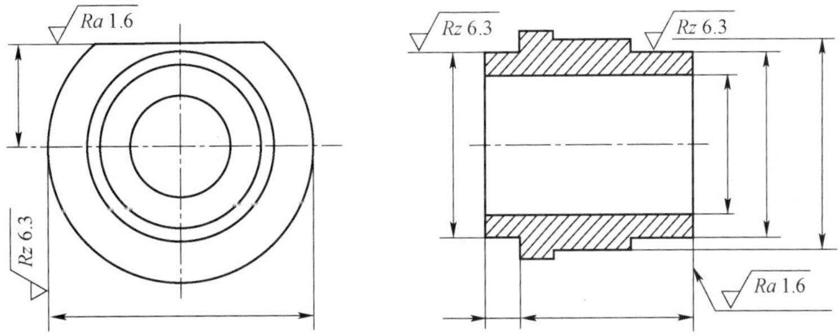

图 10－15 表面粗糙度标注在圆柱特征的延长线上

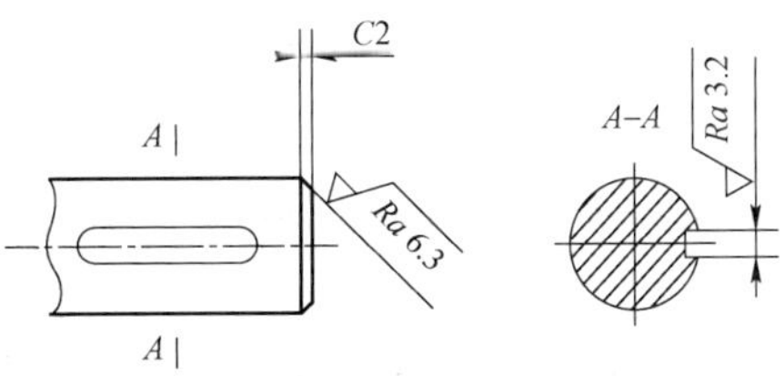

图 10－16 键槽的表面粗糙度注法

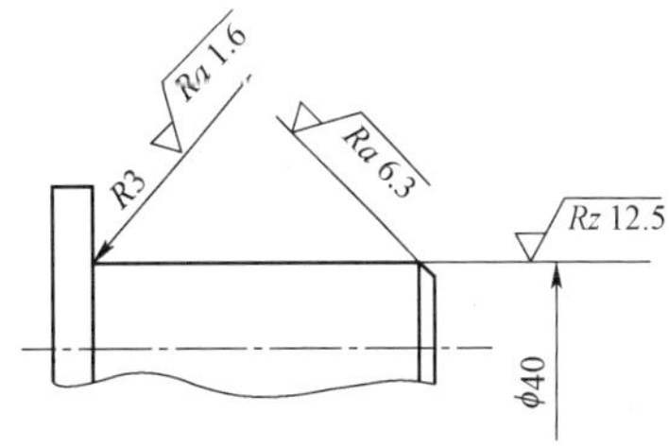

图 10－17 圆角和倒角的表面粗糙度注法

4. 简化注法

当零件除注出表面外、其余所有表面具有相同的表面粗糙度要求时，其符号、代号可在图样上统一标注，并采用简化注法，如图 10－18 和图 10－19 所示，表示除 *R* 值为 1.6 和 6.3 的表面外，其余所有表面粗糙度值均为 *Ra*3.2，两种注法意义相同。

当多个表面具有相同的表面结构要求或图纸空间有限时，也可采用简化注法，以等式的形式给出，如图 10－20 和图 10－21 所示。

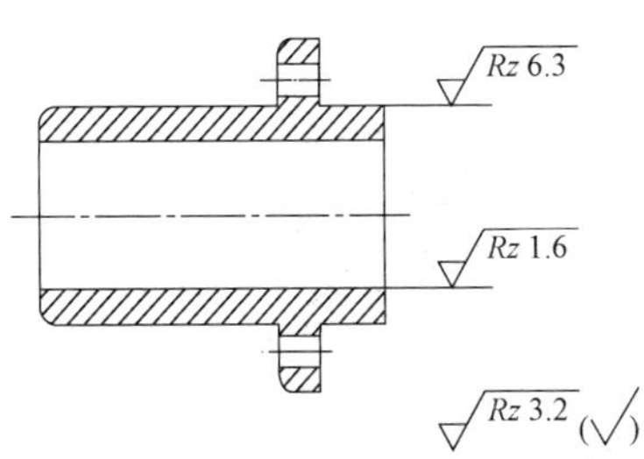

图 10－18 简化标注 1

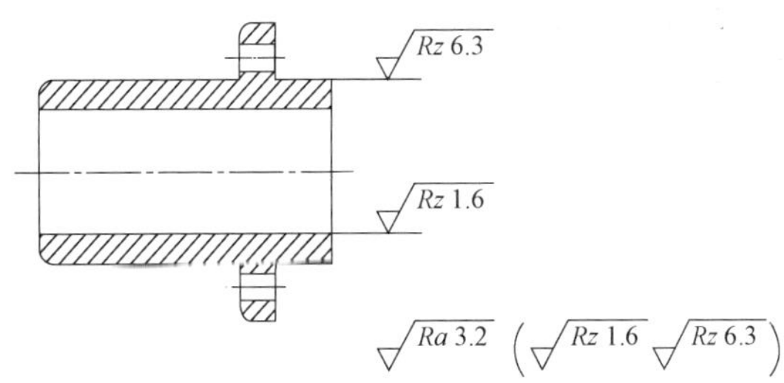

图 10－19 简化标注 2

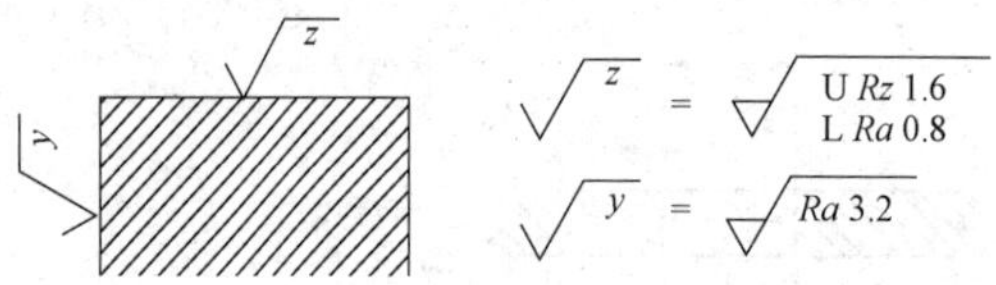

图 10-20　图纸空间有限时的简化注法

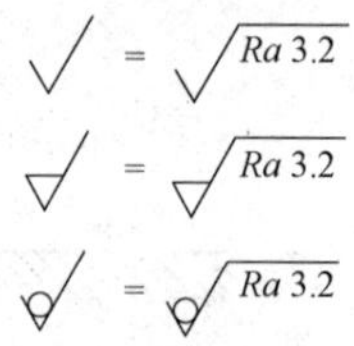

图 10-21　只用符号的简化注法

任务三　表面粗糙度的检测

任务引入

根据实际被检测零件的表面情况，选择合适的粗糙度检测方法，写出测量报告。

相关知识准备

目前常用的表面粗糙度的测量方法主要有比较法、光切法、针描法、干涉法、激光反射法等。

一、比较法

比较法是将被测表面与已知其评定参数值的粗糙度样板相比较，如被测表面精度较高时，可借助于放大镜、比较显微镜进行比较，以提高检测精度。比较样板的选择应使其材料、形状和加工方法与被测工件尽量相同。

比较法简单实用，适合于车间条件下判断较粗糙的表面。比较法的判断准确程度与检验人员的技术熟练程度有关。

二、光切法

光切法就是利用“光切原理”来测量零件表面的粗糙度，所用仪器是光切显微镜，又称双管显微镜，如图 10-22 所示。

光切法一般用于测量表面粗糙度的 *Rz* 与 *Ry* 参数，参数的测量范围依仪器的型号不同而有所差异。

光切显微镜的工作原理（光切原理）如图 10-23 所示，光切显微镜光学系统由两个互成 90° 的光管组成，一个为照明光管，另一个为观察光管。从光源 1 发出的光，经聚光镜 2、

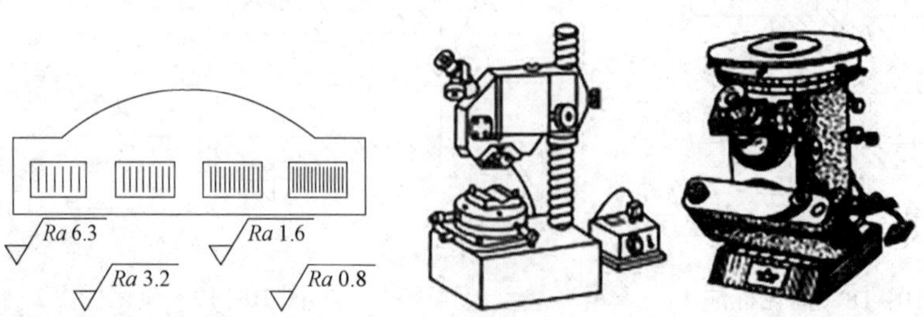

(a) 表面粗糙度样板　(b) 双管显微镜　(c) 干涉显微镜

图 10-22　表面粗糙度常用测量仪器

狭缝 3 和物镜 4 后，变成一扁平光束，以 45° 倾斜的方向投射到被测表面 8 上。再经被测表面反射，通过物镜 5，在目镜视场中可以看到一条狭亮光带，光带的边缘为经过放大了的光束与被测表面相交的轮廓线（即被测表面在 45° 斜向截面上的轮廓线），也就是被测表面的波峰和波谷通过物镜 5 分别成像在分划板 6 上的 a 和 a'点，因此从 a 和 a'点之间的距离（即峰与谷影像之间高度）可以求出被测表面不平度 h。

$$h=\frac{h'}{V}\cos 45° \tag{10-7}$$

式中：V 为物镜实际放大倍数，可通过仪器所附的一块“标准玻璃刻度尺”来确定。目镜中影像高度 h' 可用测微目镜千分尺测出。

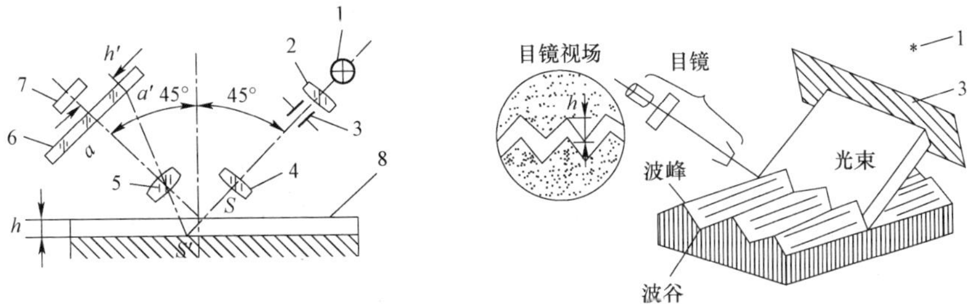

1—光源；2—聚光镜；3—狭缝；4，5—物镜；6—分划板；7—目镜；8—S 和 S'被测表面

图 10－23　光切显微镜的工作原理

三、针描法

针描法是利用触针在被测表面上轻轻划过，从而测出其表面粗糙度数值。针描法所用仪器是电动轮廓仪，又名表面粗糙度检查仪，其外形结构如图 10－24 所示。

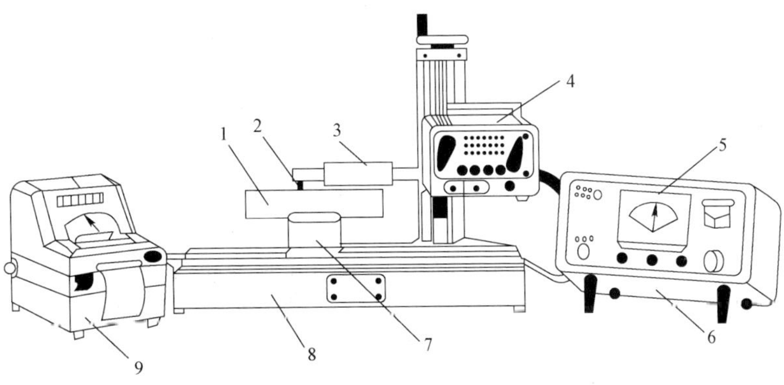

1—工件；2—触针；3—传感器；4—驱动箱；5—指示表；6—电器箱；7—V 形铁；8—工作台；9—记录器

图 10－24　电动轮廓仪

传感器 3 的一端装有金刚石触针 2，其针尖与被测工件 1 表面垂直接触，针尖圆弧半径很小。测量时，将触针 2 搭在工件 1 上，利用驱动箱 4 以一定的速度拖动传感器。由于被测表面的峰谷起伏，迫使触针 2 作上下运动，经杠杆使磁芯同步地上下运动，引起传感器 3 内的电量变化。再经电子装置将电量放大和数据处理，即可将触针 2 所描过的表面微观几何形

状用图形记录下来，或由电表直接示出被测参数 *Ra* 值。

电动轮廓仪测量迅速方便，测量精度较高，一般适宜于测量 *Ra* 值 0.02～5 μm。由于触针尖用金刚石制造，若测量过于粗糙的零件表面，会损伤触针；由于受到触针圆弧半径的限制，测量十分光滑的零件表面，微小的峰谷难以用触针描绘出来，所以它只能测量常用范围内的 *Ra* 值。一般电动轮廓仪附有记录装置，既可测出 *Ra* 值，也可通过记录图形求出 *Ry*、*Rz* 等多种参数，或者直接显示出表面粗糙度参数 *Ra* 值。

四、干涉法

干涉法就是利用光波干涉原理来测量表面粗糙度，使用的仪器为干涉显微镜，干涉显微镜的工作原理如图 10－25（a）所示。

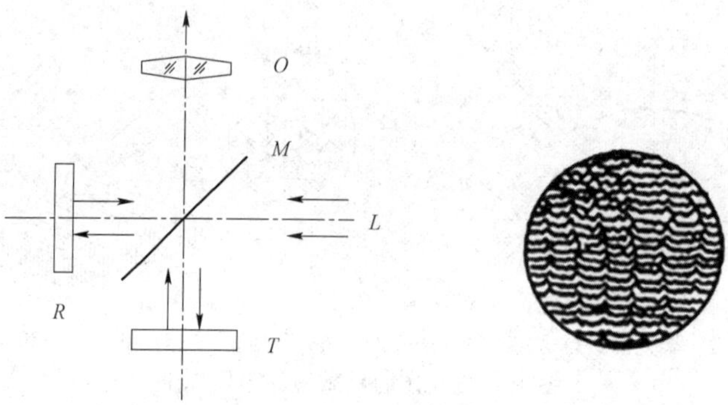

(a) 工作原理　　(b) 干涉图像

L—光源；*M*—分光镜；*O*—物镜子；*R*—参考反射镜；*T*—被测工件

图 10－25　干涉显微镜的工作原理

光源 *L* 发出平行光，经分光镜 *M* 分为两束相干光；一束射向参考反射镜 *R*；另一束射向被测工件表面，各自反射后汇合产生干涉，经过物镜 *O*，射向目镜。从目镜中可以看到放大的干涉图像，如图 10－25（b）所示。仪器的测微装置可按定义测出相应的评定参数 *Rz* 值，其测量范围为 0.025～0.8 μm。

五、激光反射法

激光反射法的基本原理是用激光束以一定的角度照射到被测表面，除一部分光被吸收以外，大部分被反射和散射。反射光与散射光的强度及其分布与被照射表面的微观不平度状况有关。通常，反射光较为集中形成明亮的光斑，散射光则分布在光斑周围形成较弱的光带。较为光洁的表面，光斑较强、光带较弱且宽度较小；较为粗糙的表面，则光斑较弱、光带较强且宽度较大。

六、三维几何表面测量

表面粗糙度的一维和二维测量，只能反映表面不平度的某些几何特征，把它作为表征整个表面的统计特征是很不充分的，只有用三维评定参数才能真实地反映被测表面的实际特征。为此国内外都在致力于研究开发三维几何表面测量技术，现已将光纤法、微波法和电子显微镜等测量方法成功地应用于三维几何表面的测量。

思考与练习

1. 表面粗糙度评定参数 *Ra* 和 *Rz* 的含义是什么？

2. 轮廓中线的含义和作用是什么？为什么规定了取样长度还要规定评定长度？两者之间有什么关系？

3. 表面粗糙度的图样标注中，什么情况注出评定参数的上限值、下限值？什么情况要注出最大值、最小值？上限值和下限值与最大值和最小值如何标注？

4. ϕ60H7/6 和 ϕ60H7/ h6 相比，哪一个应选用较小的表面粗糙度 *Ra* 和 *Rz* 值？为什么？

5. 解释图 10–26 中标注的各表面粗糙度要求的含义。

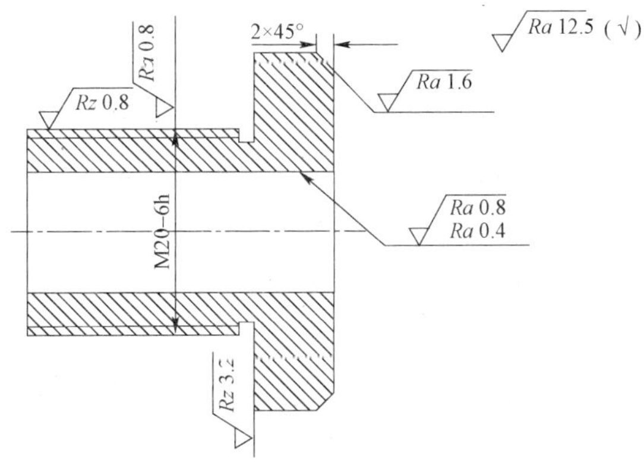

图 10–26　题 5 图

参考文献

[1] 孙学强．机械制造基础[M]．3 版．北京：机械工业出版社，2020．

[2] 鞠鲁粤．机械制造基础[M]．7 版．上海：上海交通大学出版社，2018．

[3] 齐乐华．工程材料与机械制造基础[M]．2 版．北京：高等教育出版社，2018．

[4] 沈莲．机械工程材料[M]．4 版．北京：机械工业出版社，2018．

[5] 胡业发，张宏．互换性与测量技术[M]．北京：机械工业出版社，2017．

[6] 全国钢标准化技术委员会．碳素结构钢：GB/T 700—2006 [S]．北京：中国标准出版社，2006．

[7] 全国铸造标准化技术委员．灰铸铁件：GB/T 9439—2010 [S]．北京：中国标准出版社，2010．

[8] 全国铸造标准化技术委员．球墨铸铁件：GB/T 1348—2019 [S]．北京：中国标准出版社，2019．

[9] 全国焊接标准化技术委员会．非合金钢及细晶粒钢焊条：GB/T 5117—2012 [S]．北京：中国标准出版社，2012．

[10] 全国焊接标准化技术委员会．热强钢焊条：GB/T 5118—2012 [S]．北京：中国标准出版社，2012．

[11] 全国有色金属标准化技术委员会．变形铝及铝合金牌号表示方法：GB/T 16474—2011 [S]．北京：中国标准出版社，2011．

[12] 全国产品尺寸和几何技术规范标准化技术委员会．一般公差 未注公差的线性和角度尺寸的公差：GB/T 1804—2000 [S]．北京：中国标准出版社，2000．

[13] 全国产品几何技术规范标准化技术委员会．产品几何技术规范（GPS）几何公差 形状、方向、位置和跳动：GB/T 1182—2018 [S]．北京：中国标准出版社，2018．

[14] 全国形状和位置公差标准化技术委员会．形状和位置公差：未注公差值：GB/T 1184—1996 [S]．北京：中国标准出版社，1996．

[15] 全国产品几何技术规范标准化技术委员会．产品几何技术规范（GPS）：基础：概念、原则和规则：GB/T 4249—2018 [S]．北京：中国标准出版社，2018．

[16] 全国产品几何技术规范标准化技术委员会．产品几何技术规范（GPS）：几何公差：最大实体要求（MMR）、最小实体要求（LMR）和可逆要求（RPR）：GB/T 16671—2018 [S]．北京：中国标准出版社，2018．

[17] 全国产品尺寸和几何技术规范标准化技术委员会．产品几何技术规范（GPS）：表面结构：轮廓法：术语、定义及表面结构参数：GB/T 3505—2009 [S]．北京：中国标准出版社，2009．

[18] 全国产品尺寸和几何技术规范标准化技术委员会．产品几何技术规范（GPS）：表面结构：轮廓法：表面粗糙度参数及其数值：GB/T 1031—2009 [S]．北京：中国标准出版社，2009.

[19] 全国产品尺寸和几何技术规范标准化技术委员会．产品几何技术规范（GPS）：技术产品文件中表面结构的表示法：GB/T 131—2006 [S]．北京：中国标准出版社，2006.

[20] 全国产品尺寸和几何技术规范标准化技术委员会．产品几何技术规范（GPS）：表面结构：轮廓法：评定表面结构的规则和方法：GB/T 10610—2009 [S]．北京：中国标准出版社，2009.

[21] 全国产品几何技术规范标准化技术委员会．产品几何技术规范（GPS）：几何公差：检测与验证：GB/T 1958—2017 [S]．北京：中国标准出版社，2017.